中国生产力促进中心协会
沈阳高新技术生产力促进中心　联合组编

中国科技服务的探索与实践

——生产力促进中心科技服务典型50例

主　编：薛　强
副主编：赵　静　李楠林　李学荣

东北大学出版社

图书在版编目（CIP）数据

中国科技服务的探索与实践：生产力促进中心科技服务典型 50 例/薛强主编．—沈阳：东北大学出版社，2014．6　（2025.7重印）
ISBN 978-7-5517-0655-1

Ⅰ．①中…　Ⅱ．①薛…　Ⅲ．①科技服务—案例—中国
Ⅳ．①G322

中国版本图书馆 CIP 数据核字（2014）第 143355 号

出 版 者：东北大学出版社
地址：沈阳市和平区文化路 3 号巷 11 号
邮编：110004
电话：024—83680267（社务室）　83687331（市场部）
传真：024—83680265（办公室）　83680178（出版部）
网址：http：//www．neupress．com
E-mail：neuph@ neupress．com
印 刷 者：三河市天润建兴印务有限公司
发 行 者：东北大学出版社
幅面尺寸：170mm × 255mm
印　　张：25．75
字　　数：578 千字
出版时间：2014 年 8 月第 1 版
印刷时间：2025 年7 月第 3 次印刷
责任编辑：刘振军
责任校对：文　义
封面设计：刘江旸
责任出版：唐敏志

ISBN 978-7-5517-0655-1　　　　定　　价：69．00 元

《中国科技服务的探索与实践》编辑委员会

序

Xu

科技服务业是现代服务业的重要组成部分，是为促进科技和生产力的进步，运用先进科学知识、技术手段和方法，为新知识和新技术的产生、传播和应用提供服务的新兴产业，在国民经济和社会发展中具有十分重要的地位。科技服务业主要包括研发和设计服务、技术转移服务、创业及产业化服务、科技金融服务、科技咨询服务等行业。随着全球科技发展竞争态势日益激烈，全球服务型经济迅猛发展，大力发展科技服务业已成为我国经济结构转型、构建区域创新体系、建设自主创新体系的战略需要和重要支撑。

生产力促进中心是国家创新体系的重要组成部分，是市场经济条件下，深化科技体制改革，推动企业尤其是中小企业技术创新的科技中介服务机构。生产力促进中心经过近20年的发展历程，不仅成为科技服务体系的一支中坚力量，更是科技服务业中的一面旗帜。

到2010年，我国生产力促进中心已达到2032家，遍布全国31个省、自治区、直辖市，从业人员23472人，当年取得服务收入30多亿元，已成为行业规模最大的科技中介服务机构，组织网络化、功能社会化、服务产业化的格局已经形成，在推动中小企业创新发展、促进科技与经济结合、提升社会生产力水平方面作出了重要贡献，体现出强大的生命力。生产力促进中心的发展直接推动了我国中小企业的发展，而且促进了国家综合国力以及国际竞争力的提高。

生产力促进中心的蓬勃发展是我国经济发展的必然需求和有力支撑，《中国科技服务的探索与实践》一书通过对广大生产力促进工作者近20年来科技服务的总结和归纳，根据《生产力促进中心服务业务规范》，收录了9大业务领域的50个经典案例，每个案例包括业务背景、业务内容、工作步骤和方法、服务团队、服务成效、经验和体会。不仅以生动的案例形式全方位地再现了生产力促进中心在科技服务领域所取得的杰出业绩，更是探索过程的真实写照，形成了科技服务业的服务模式，极具借鉴和推广意义。

《中国科技服务的探索与实践》的策划和编写人员从生产力业务的领域细分到案例的选编，对全国业务领域进行了深入分析和精心筛选，视角选择全面、领域透视深入，并考虑了我国科技服务业发展的现状和规划，以及我国生产力促进中心发展的前端需求。参加编写的人员绝大多数是生产力促进中心的专家、学者，他们在长期的研究和实践中积累了丰富的经验，不仅使该书的内容具有鲜明的代表意义，而且使其具有实务指南的重要作用。

鉴于《中国科技服务的探索与实践》的上述特点，相信此书将成为中国科技服务探索与实践发展史上的瑰宝，成为我国生产力促进中心发展的一个里程碑，是我国生产力促进中心在关键发展阶段的珍贵文献资料。此书的数据材料将是我国经济腾飞、科技服务猛进的例证史料，同时将在中国科技服务探索与实践发展道路上、生产力促进中心发展史上起到承前启后的重要作用，成为我国“科技服务旗帜、经济促进典范”，成为全国生产力促进中心的从业人员操作实际业务的指南，为广大的科技、经济工作者提供借鉴和参考。

科技部高新司巡视员
中国生产力促进中心协会副理事长

2014 年 6 月于北京

寄语之一

看到《中国科技服务的探索与实践》，我深为中国科技服务发展的迅猛和取得的卓越成就而欣慰与自豪。科技服务业是现代服务业的重要组成部分，是为促进科技和生产力的进步，运用先进科学知识、技术手段和方法，为新知识和新技术的产生、传播和应用提供服务的新兴产业。通过多年的努力，全国各地涌现出一大批这样的典型。在全国各先进单位经验的启示下，江西实施了“科技入园”工程，以科技机构入园为先导，服务园区产业集群，在创新基层科技工作模式上进行了一些探索。此书让我看到了我国的科技服务成熟与完善的坚定步伐，更看到了我国生产力促进中心科技服务的新思路、新水平。衷心期待生产力促进中心在促进科技创新和战略性新兴产业发展中发挥更加突出的作用！

江西省科技厅厅长 王海

寄语之二

《中国科技服务的探索与实践》是一部全景式展现我国生产力促进中心发展面貌的力作。此书收录的案例极具代表性，涵盖业务领域全面，对我国生产力促进中心体系乃至现代科技服务业的发展都具有较强的实践指导意义。此书让我看到了我国生产力促进事业的勃勃生机，更看到了我国科技服务业发展的广阔前景。作为一名科技工作者，我为此深感欣慰。相信在广大科技服务工作者的积极进取、不懈努力下，我国的科技服务事业必将迈上新的台阶！

广西壮族自治区科学技术厅党组书记 陈大克

寄语之三

《中国科技服务的探索与实践》，突出展现了我国生产力促进中心的发展全貌。我国生产力促进中心经过近20年的发展建设，取得了长足进步，已经成为推动中小企业技术创新、提升经营管理水平和市场竞争力的重要力量。当前科技创新已进入又一个新的跃升期，经济社会发展对科技创新的需求日益强烈。作为一个从事装备制造业制造技术（基础共性技术）研究开发的研究院所，我们也正在力求走出一条先进制造业与现代服务业联动并进的发展道路。这本书使我对科技服务业及生产力促进中心的发展和建设的方向、思路和具体措施都有了更深入的思考，将在帮助我们切实推动科技服务业发展方面有重要的参考价值。

机械科学研究总院院长 李新亚

寄语之四

随着经济社会的发展和科学技术的不断进步，以提供智力服务为主要特征的科技服务业蓬勃发展，已成为促进科技与经济紧密结合的桥梁和纽带。大力发展科技服务业，是加快区域科技创新体系建设、促进产业结构调整、提高企业科技创新能力、提升城市竞争力的重要举措。《中国科技服务的探索与实践》一书，通过对典型案例的总结和归纳，深入剖析了科技服务业在促进科学与经济结合、促进科技成果转化工作中的功能和作用，对于国家高新技术产业开发区构建和完善科技服务体系具有较强的参考价值和借鉴作用。

沈阳高新技术产业开发区管委会副主任
沈阳市东陵区（浑南新区）人民政府副区长　裴希岩

寄语之五

生产力促进中心强大的生命力既凝结在辉煌的过去，更体现在不断展现勃勃生机的未来。愿生产力促进中心与时俱进、开拓创新，以服务企业为根本、以技术创新为动力、以提升能力为核心，努力成为现代科技服务业的中坚力量！

西南交通大学教授(博士生导师)
四川省现代服务科技研究院院长　孙林夫

寄语之六

在举国上下大力发展战略性新兴产业的关键时期，《中国科技服务的探索与实践》从实践中总结经验、发现问题，以案例形式探索路径、凝结共识，对我们认识科技服务业的一般规律和促进我国战略性新兴产业的发展具有长远的启迪与指导意义。

中国科学院科技政策与管理科学研究所研究员　刘会武

寄语之七

生产力促进中心服务体系是我国科技服务业的重要组成部分，在促进中小企业和地方特色产业集群发展方面发挥了重要的作用。《中国科技服务的探索与实践》一书，对我国生产力促进中心的发展进行系统的回顾，精选的50个案例集中体现了生产力促进中心专业化、特色化服务的探索与实践。在我国调整经济结构、转变经济发展方式的战略背景下，科技服务业发展的战略机遇期已经到来，这为生产力促进中心提供了新的发展空间。我们期望，生产力促进中心在服务模式创新、服务内容深化和特色化方面进行更深入的探索，创造更多精彩的案例。

北京市长城企业战略研究所副所长
北京智识企业管理咨询有限公司总经理　武文生

前 言

Qian Yan

《中国科技服务的探索与实践》一书是由中国生产力促进中心协会和沈阳高新技术生产力促进中心联合组织全国有关省市生产力促进中心及其他机构的专家、学者共同完成编写工作的。

《中国科技服务的探索与实践》一书共分 3 个部分，第一部分介绍了生产力促进中心发展背景、现状及主体业务；第二部分按生产力促进中心服务的 9 大业务领域，即服务外包、研发设计、咨询诊断、技术转移、科技金融、“三农”服务、技术服务、产业集群、产学研合作，在概述相应每个领域业务情况的基础上，共收录 50 个经典案例进一步展示其具体的运行情况；第三部分收录了中国科技服务的探索与实践过程逐步标准化的制度、法规、管理办法及服务标准等。

本书案例收录全面真实，业务运行的指导性很强，在编写中主要突出了案例的代表性和业务的典型性，展现了中国科技服务探索与实践的成果，揭示了当前生产力促进中心的运作过程，力求再现中国科技服务探索与实践历程和生产力促进中心的服务水平、发展业绩，不仅可以作为生产力促进中心的业务指南和操作范本，而且也是全国生产力促进中心发展史的重要资料，成为代表其阶段发展水平的具有里程碑意义的历史典藏。

本书第一部分由薛强、赵静、李楠林、李学荣、赵强、孙莹、孙庭筠执笔。第二部分第一章由李晶莹、徐明君、高蔚、马咏、刘畅、金光宇执笔；第二章由郭小燕、崔国起、许崇春、肖承翔、戚晓霞、张伟娟、侯斌执笔；第三章由王丹阳、陈延东、周瑞云、李小燕、杨前进、封传发、李红琴、周灵峰、贝京、隰永才执笔；第四章由王宇行、王彦砾、李春水、贾思军、张敏涛、包斯琴、永春、丁志文执笔；第五章由韩天明、刘素辉、邢慧婧、李哲、汪志忠、高毅、范近近执笔；第六章由陈别锐、刘晓辉、曹鲁民、吴晓红、王洪凤、肖佑民、谭增夫、谢晓霞、田芳执笔；第七章由郭小燕、王剑荣、王剑、朱晔、芦俊、陆茂林、陈伟、胡耀辉、李小燕、陆桂军、刘畅、全越执笔；第八章由周逢良、李军、王军、闫洪奎、刘宝铭、张伟、李小燕 、张明、陆桂军、刘畅、李雪娇、方杰执笔；第九章由熊仁章、秦小剑、李军、孙海涛、高桓水、范近近、徐琴平执笔。

在编写《中国科技服务的探索与实践》一书的过程中，编委会人员借鉴了国内外科技服务业的著作以及相应领域的优秀案例精编的书籍、资料，参考了多位专家、学者的涉及科技服务、生产力促进中心方面的专著、资料，并全面、深入地对全国生产力促进中心的业务进行了分析研究。在选编的过程中，得到了科技部高新司、科技部火炬中心以及有关生产力促进中心的支持和帮助，在此一并表示衷心的感谢。

由于编写时间有限，书中难免存有疏漏之处，请各位专家、学者不吝赐教。

编　者

2014 年 6 月

目录

Mu Lu

第一部分

生产力促进中心概况

sheng chan li cu jin zhong xin gai kuang

第一章　生产力促进中心发展背景

中小企业技术创新是影响各国经济增长的重要因素。自20世纪以来，随着中小企业在经济发展中地位的提高和作用的不断加强，各国政府重视和加强中小企业技术创新以促进本国经济振兴已成为一种普遍趋势。当今时代，经济增长主要依靠技术进步的贡献，而作为世界各国技术创新体系内重要主体的中小企业，实际上已经成为促进经济增长的源泉之一。很多国家纷纷制订专门计划，鼓励和支持中小企业技术创新，积极引导中小企业的创新活动。其目的主要是充分利用中小企业灵活机动的特点及其对技术创新的适应性，开拓更为广阔的国际、国内市场，冲破经济发展的僵局，赢得可贵的经济增长。现阶段，中小企业已成为各国经济的重要支柱，在增创就业机会、扩大外贸出口、推动技术创新、促进高新技术产业发展等诸多方面发挥了极大的作用。可以说，是否拥有一批技术创新能力较强的中小企业，已成为各转型国家和新兴工业化国家经济稳定增长的关键因素。

生产力促进中心是国家创新体系的重要组成部分，是市场经济条件下，深化科技体制改革、推动企业尤其是中小企业技术创新的科技中介服务机构。我国在1992年7月，由国家科委工业司正式批准成立了全国第一家生产力促进中心——山东生产力促进中心，随后，其他省市和地区也纷纷成立了本地区或行业生产力促进中心。总体规模稳步扩大，体系建设进展顺利，生产力促进中心已经遍布全国，组织网络化、功能社会化、服务产业化的格局已经形成。总体来看，生产力促进中心的发展历程大体可分为三个阶段。

（一）试点阶段（1992.7—1993.3）

20世纪90年代初，国家科委在与发达国家和地区的交流中，率先把生产力促进中心的概念引入我国，并于1992年4月在成都召开研讨会，对生产力促进中心体系建设问题进行了探讨。1992年7月，经国家科委工业司批准，全国第一个试点单位——山东生产力促进中心——在山东威海市成立。不久，江苏、四川、北京等地也开始了试点工作，生产力促进中心很快增加到了10个。这一阶段主要是借鉴国外科技中介机构建设的成功经验，在一些省市试办生产力促进中心。

（二）培育阶段（1993.4—1995.12）

1993年4月，国家科委在南京召开了第一次生产力促进中心工作会议。会议明确了生产力促进中心的宗旨（在科技与经济之间架设桥梁）和主要服务对象（中小企业），催生了我国生产力促进中心的建立。1993年，国家科委制定了《关于建立生产力促进中心的若干意见》。1995年，生产力促进中心被列为贯彻落实科教兴国战略的措施之一。这是我国生产力促进中心发展史上的一个里程碑。

这一阶段是我国生产力促进中心探索发展的时期。由于没有现成的经验和模式，政府相关配套政策和措施也未出台，因此建设速度比较缓慢，“八五”末，全国生产力促进中心只有55家。

（三）发展阶段（1996年至今）

1996年，国家科委将生产力促进中心工作纳入国家技术创新工程，制定了《关于加强生产力促进中心工作的若干意见》，相继推出了100家国家级生产力促进中心创建活动和生产力促进中心重点省建设行动，同年，制定了生产力促进中心“九五”发展规划纲要。1997年，出台了生产力促进中心管理办法，认定了10家中心为首批国家级示范生产力促进中心。1998年4月，科技部“三定”规定明确，由高新技术发展及产业化司负责推动生产力促进中心等技术服务体系建设。1999年，全国技术创新大会召开。2000年1月，科技部认定21家中心为第二批国家级示范生产力促进中心，同年，第四次全国生产力促进中心工作会议召开。2002年6月29日，《中华人民共和国中小企业法》正式出台，生产力促进中心第一次被写进国家法律。2003年12月，科技部印发了《生产力促进中心管理办法》，同时将2003年定为“科技中介机构建设年”。2004—2007年，科技部先后印发了《关于进一步加快生产力促进中心发展的意见》《生产力促进中心“十一五”发展规划纲要》《国家级示范生产力促进中心认定和管理办法》等相关文件，加强了对国家级示范生产力促进中心的动态管理，新认定了4批共148个国家级示范生产力促进中心，颁布了《国家级示范生产力促进中心绩效评价工作细则》，完善了年度绩效评价体系，并从2008年起公布当年考核获得优秀的中心名单。2008年6月，选择9个省、自治区开展生产力促进中心体系建设重点省行动试点，并首次在绩效评价中确定优秀等次，25家中心获此殊荣。2009年6月，选择8个省、直辖市扩大体系建设重点省行动试点范围，同年7月，启动生产力促进中心“十二五”发展规划编制工作。2010年3月，选择5个省、自治区、直辖市扩大体系建设重点省行动试点。

在国家有关政策的强力推动下，涌现出了涉及各个领域的具有各种性质、各种形式、各种类别的生产力促进中心。我国生产力促进中心的数量从1992年的10家，2004年达到1218家，居世界第一。到2010年，我国生产力促进中心已达到2032家，遍布全国31个省、自治区、直辖市，从业人员23472人，当年取得服务收入30多亿元，已成为全国行业规模最大的科技中介服务机构，生产力促进中心组织网络化的格局基本形成，在推动中小企业创新发展、促进科技与经济结合、提升社会生产力水平方面作出了重要贡献，体现出强大的生命力。

第二章　生产力促进中心发展现状

一、机构概况

（一）数量情况

据统计，2010 年全国生产力促进中心总数为 2032 家，其中行业中心 290 家，上报统计中心数 1705 家。近两年，生产力促进中心增长速度加快，2009 年增加了 276 家，2010 年增加了 224 家，与上年相比，分别增长 18%、12.4%。历年生产力促进中心的数量情况见表 1.2-1 及图 1.2-1。

表 1.2-1　　生产力促进中心的数量情况

年份	2000	2001	2002	2003	2004	2005	2006	2007	2008	2009	2010
中心数量	581	701	865	1071	1218	1270	1331	1425	1532	1808	2032

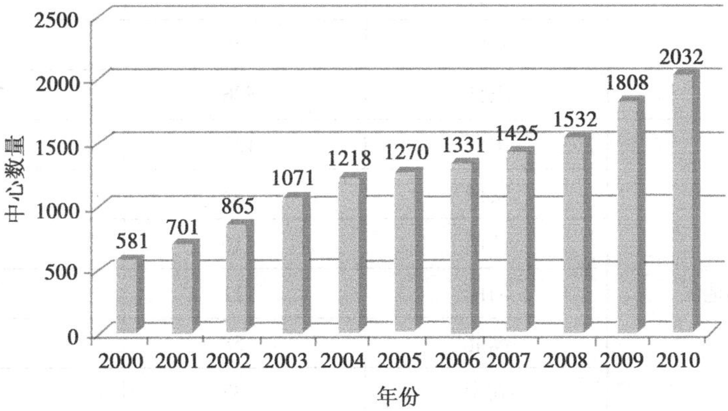

图 1.2-1　2000—2010 年全国生产力促进中心数量情况

截至 2010 年底，全国共有生产力促进中心 2032 家，上报统计中心数 1705 家，占中心总数的 83.9%。以下情况是根据上报的 1705 家中心得出的。

（二）全国生产力促进中心地区分布情况

2032 家生产力促进中心遍布全国 31 个省、市、自治区。其中 17 家化工行业中心单独进行了统计。具体分省分布情况见表 1.2-2 及图 1.2-2、图 1.2-3。

表 1.2-2　　生产力促进中心的地区分布情况

区域	省份	辖区内中心数	辖区内示范中心数
东北地区	辽宁	105	18
	吉林	42	4
	黑龙江	113	13
	小计	**260**	**35**
西部地区	内蒙古	11	4
	广西	103	11
	重庆	52	8
	四川	143	7
	云南	3	2
	贵州	41	5
	西藏	3	1
	陕西	117	15
	甘肃	19	4
	青海	3	2
	宁夏	8	1
	新疆	25	10
	小计	**528**	**70**
中部地区	山西	135	7
	安徽	55	6
	江西	116	6
	河南	111	10
	湖北	58	9
	湖南	37	4
	小计	**512**	**42**

续表 1. 2-2

区域	省份	辖区内中心数	辖区内示范中心数
东部地区	北京	49	9
	上海	6	1
	天津	36	4
	河北	104	18
	山东	104	12
	江苏	66	20
	浙江	132	12
	广东	116	7
	福建	101	10
	海南	1	0
	小计	**715**	**93**
全国	**总计**	**2015**	**240**

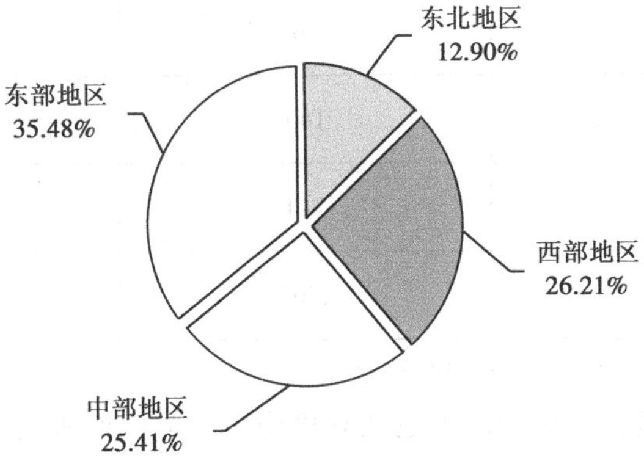

图 1. 2-2　2010 年全国生产力促进中心区域分布情况

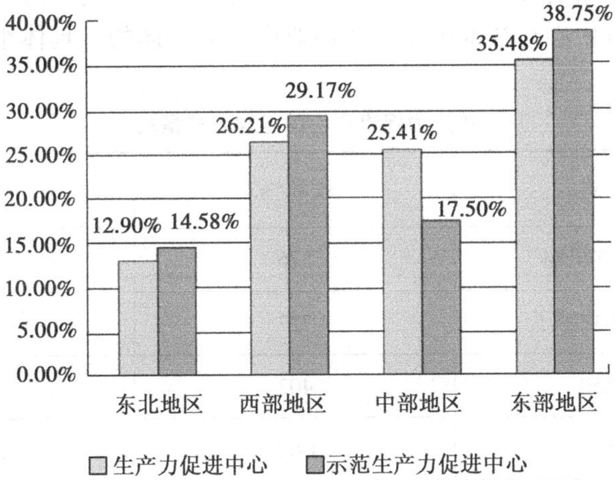

图 1. 2-3　2010 年全国示范生产力促进中心区域分布情况

截至 2010 年底，全国共有 243 家国家级示范生产力促进中心，分布在除海南以外的 30 个省、市、自治区。

（三）构成情况

1. 事业法人占中心数量的一半以上。

根据生产力促进中心的法人组成情况，在统计中分别按企业法人、事业法人、社团法人、民办非企业法人以及非独立法人进行分类。统计结果显示，事业法人有941家，占统计中心数量的55.19%，事业法人仍然是生产力促进中心的主体；企业法人有244家，占总统计数量的14.30%。具体法人性质组成情况如表1.2-3所示。

表1.2-3　　生产力促进中心法人组成情况

法人类型	数量/家	比例/%
企业法人	244	14.30
事业法人	941	55.19
社团法人	16	0.94
民办非企业法人	160	9.40
非独立法人	344	20.17
合计	1705	100.00

2. 组建方式以一个机构两块牌子为主。

统计中，把组建方式分为新组建独立机构、一个机构两块牌子以及内设机构3种。对1705家中心统计的结果显示，一个机构两块牌子的组建方式比较多，有727家，占统计中心数量的42.64%。在一个机构两块牌子的生产力促进中心中，有一部分是生产力促进中心与技术市场以及创业中心为一体的。具体组建方式情况见表1.2-4和图1.2-4。

表1.2-4　　生产力促进中心的组建方式情况

组建方式	数量/家	比例/%
新组建独立机构	576	33.78
一个机构两块牌子	727	42.64
内设机构	402	23.58
合计	1705	100.00

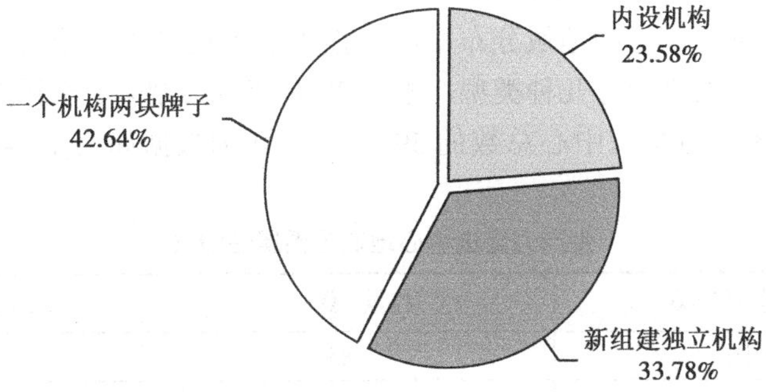

图 1. 2-4　2010 年生产力促进中心组建方式情况

3. 80% 生产力中心业务以综合性为主。

根据全国生产力促进中心开展业务的情况，统计中分为综合性、行业性以及专业性。开展综合性业务的中心有 1374 家，占全国生产力促进中心的 80. 58% 。行业与专业中心服务的主要对象是某一类企业，根据统计，全国专业和行业生产力促进中心有 331 家，占统计总量的 19. 42% 。全国生产力促进中心业务属性的详细情况见表 1. 2-5 及图 1. 2-5。

表 1. 2-5　　　　　　　　生产力促进中心业务属性情况

业务范围属性	数量/家	比例/%
综合性	1374	80. 58
行业性	288	16. 89
专业性	43	2. 53
合计	1705	100. 00

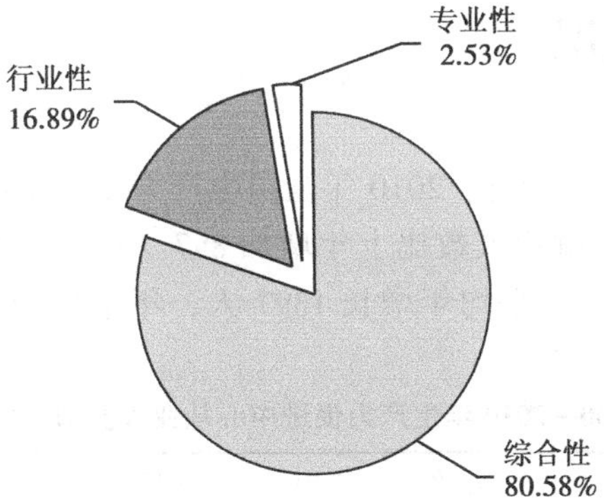

图 1. 2-5　2010 年生产力促进中心业务属性结构

4. 区县生产力促进中心占全国的一半。

根据生产力促进中心的地域分布情况，把生产力促进中心分为全国、省级、地市、区县、乡镇以及其他等几种类型，根据2010年统计结果，全国共有区县生产力促进中心1020家，占全国中心总数的59.82%。详细数据如表1.2-6及图1.2-6所示。

表1.2-6　　生产力促进中心地域范围属性情况

地域范围分类	数量/家	比例/%
全国	85	4.99
省级	195	11.44
地市	363	21.29
区县	1020	59.82
乡镇	23	1.35
其他	19	1.11
合计	1705	100.00

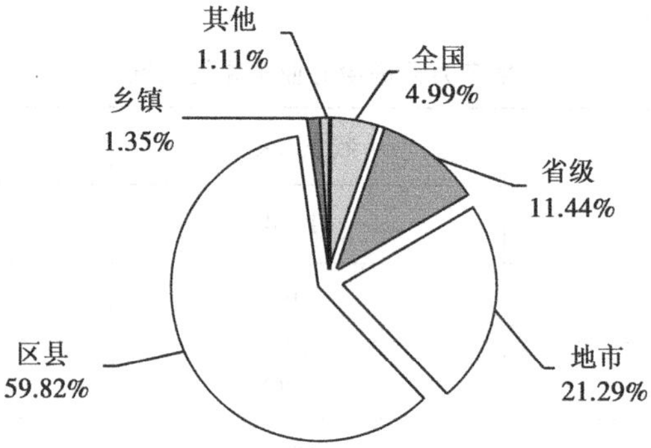

图1.2-6　2010年生产力促进中心地域范围属性

（四）从业人员情况

1. 职工总数变化情况。

根据对1705家中心的统计，2010年全国生产力促进中心就业人数为23472人，平均每个中心近14人；就业人数比上年增加897人，增长率约3.97%，同比下降12.16%。自2000年至今，平均年增长1397人，年平均增长比例为8.80%。如表1.2-7及图1.2-7所示。

表1.2-7　　2000—2010年生产力促进中心从业人员增长情况

年份	人数	增长人数	增长比例/%
2000	8108		
2001	9564	1456	15.22
2002	11466	1902	16.59

续表 1. 2-7

年份	人数	增长人数	增长比例/%
2003	14198	2732	19. 24
2004	15268	1070	7. 01
2005	15893	625	3. 93
2006	16027	134	0. 84
2007	18993	2966	15. 62
2008	19438	445	2. 34
2009	22575	3137	16. 14
2010	23472	897	3. 97
年平均	15909	1397	8. 80

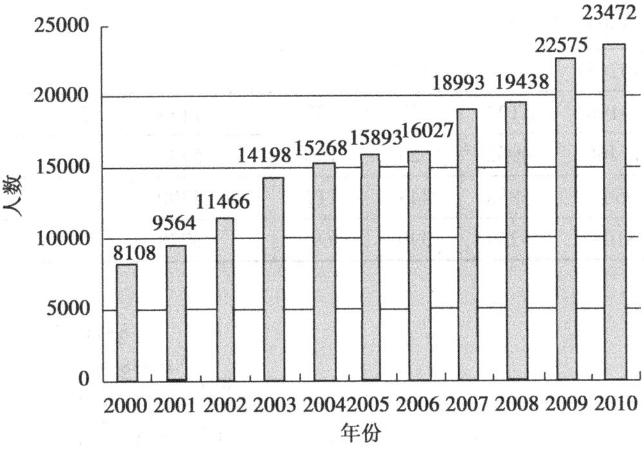

图 1. 2-7　2000—2010 年生产力促进中心从业人员增长情况

2. 在岗人员年龄结构情况。

2010 年在岗职工 23472 人中，年龄小于 35 岁的员工有 9715 人，占总在岗职工的 41. 39%。35～50 岁的员工有 10803 人，占总职工数的 46. 02%。年龄小于 50 岁的员工有 20524 人，占总人数的 87. 41%。2000 年至 2010 年，生产力促进中心系统的职工年龄结构基本稳定，小于 35 岁的职工一般占总人数的 40% 左右，50 岁以下的职工一般占总人数的 87% 左右。如表 1. 2-8 所示。

表 1. 2-8　在岗人员年龄结构情况

	人数/人	比例/%	合计比例/%
在岗职工人数汇总	23472	100. 00	
其中：<35 岁	9715	41. 39	87. 41
35～50 岁	10803	46. 02	

3. 在岗人员学历结构情况。

2010 年，全国生产力促进中心共有大专及以上学历职工 20233 人，占总人数的

86. 20%，其中博士生 477 人，占总人数的 2. 03%；硕士生 2241 人，占总人数的 9. 55%；大学生 11480 人，占总人数的 48. 91%；学士学位及以上的职工累计 14198 人，占总人数的 60. 49%，博士、硕士学历职工的比例逐步上升。如表 1. 2-9 及图 1. 2-8 所示。

表 1. 2-9　　在岗人员学历结构情况

年份	职工总数	大学生	硕士生	博士生	学士学历及以上累计人数	学士学历及以上累计比例/%
2010	23472	11480	2241	477	14198	60. 49
2009	22575	11463	2038	423	13924	61. 68
2008	19438	9426	1611	366	11403	58. 66
2007	18993	8844	1537	360	10741	56. 55
2006	16027	7230	1262	307	8799	51. 98
2005	15893	6737	1119	254	8110	51. 03
2004	15268	6519	1002	262	7783	50. 98
2003	14198	6124	857	192	7173	50. 52
2002	11466	4962	629	156	5747	50. 12
2001	9564	3830	443	117	4390	45. 90
2000	8108	3269	390	69	3728	45. 98

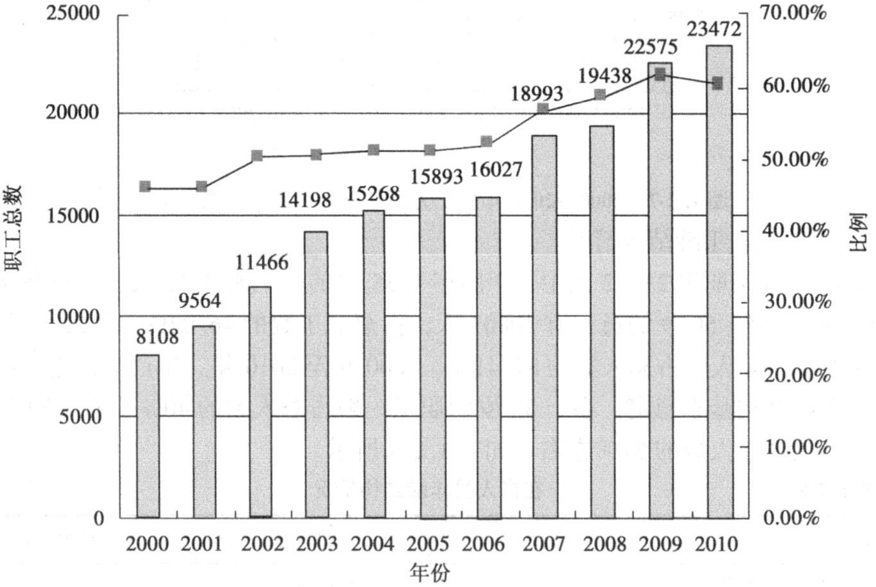

图 1. 2-8　2000—2010 年生产力促进中心学士学位及以上人员总数及比例

4. 近六成的在岗职工具有中级及以上职称。

全国生产力促进中心中，具有高级职称的人数为 5843 人，占总数的 24. 89%；具有中级职称的人数为 7703 人，占总数的 32. 81%。中级及以上职称人员累计占总职工人数的 57.70%。

2010 年在岗员工的年龄结构、学位结构以及职称结构情况如表 1.2-10 所示。

表 1.2-10　　2010 年在岗员工构成总体情况

	人数/人	比例%	分类合计比例/%
在岗职工数汇总	23472	100.00	
其中：<35 岁	9715	41.39	87.41
35~50 岁	10803	46.02	
其中：大专及以上学历	20233	86.20	86.20
其中：博士学位	477	2.03	60.69
硕士学位	2241	9.55	
学士学位	11480	48.91	
其中：高级职称	5843	24.89	57.70
中级职称	7703	32.81	

二、资产及投入

(一) 资产情况

1. 资产情况。

根据对 1705 家生产力促进中心的统计，2010 年生产力促进中心系统总资产达到 157.13 亿元，其中流动资产 68.93 亿元，固定资产原值 64.81 亿元。2001 年至 2010 年，全国生产力促进中心资产情况如表 1.2-11 及图 1.2-9 所示。

表 1.2-11　　2001—2010 年生产力促进中心资产状况　　亿元

年份	2001	2002	2003	2004	2005	2006	2007	2008	2009	2010
资产总额	31.2	61.4	67	77.1	90.6	109.9	116.41	126.76	209.26	157.13

2. 国家级示范生产力促进中心资产情况。

2010 年全国共有 243 家国家级示范生产力促进中心，占全国生产力促进中心总数的 11.96%，占参加统计的生产力促进中心总数的 14.25%。据统计，243 家国家级示范生产力促进中心总资产为 63.61 亿元，占全国生产力促进中心总资产的 40.48%；其中流动资产 24.8 亿元，占全国总数的 35.99%。2010 年国家级示范生产力促进中心资产状况如表 1.2-12 所示。

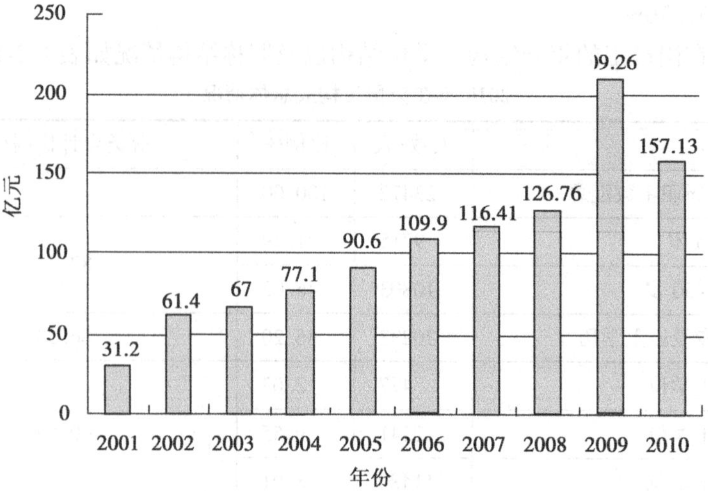

图 1.2-9　2001—2010 年生产力促进中心资产变化情况

表 1.2-12　　2010 年国家级示范生产力促进中心资产状况

资产名称	单位	全国资产情况	示范中心资产情况	比例/%
总资产	千元	15713029	6360678	40.48
其中：流动资产	千元	6892652	2480522	35.99
固定资产原值	千元	6481020	2802387	43.24
技术装备原值	千元	1964464	824498	41.97
技术装备台数	台	28899	33482	115.86
电脑台数	台	28899	15800	54.67
办公面积	平方米	2141976	1076154	50.24

（二）投入情况

1. 政府投入占总投入的 84% 以上。

2010 年全国生产力促进中心系统共投入 17.31 亿元，比上年增长 18.32%，其中政府投入 13.34 亿元，占全部投入的 77.06%；非政府投入 3.97 亿元，占总投入的 22.94%。具体数据如表 1.2-13 所示。

表 1.2-13　　2010 年生产力促进中心系统总投入情况

	数量/亿元	占总投入的比例/%
政府投入	13.34	77.06
非政府投入	3.97	22.94
合计	17.31	100.00

除 2005 年和 2009 年外，2001 至 2010 年各年生产力促进中心获得政府投入均保持正增长，但增长幅度有高有低。年均增长最大的是 2002 年，较 2001 年增长

40.71%；增幅最低的是2006年，较2005年增长3.76%。历年政府投入情况如表1.2-14所示。

表1.2-14　　2001—2010年政府投入情况

年　份	2001	2002	2003	2004	2005	2006	2007	2008	2009	2010
政府投入总额/亿元	3.86	6.51	8.49	11.00	9.21	9.57	11.54	15.73	11.30	13.34
增加金额/亿元		2.65	1.98	2.51	-1.79	0.36	1.97	4.19	-4.43	2.04
增加比例/%		40.71	23.32	22.82	-19.4	3.76	17.07	36.31	-28.16	15.29

2. 科技部拨款大幅度增加。

根据对1705家生产力促进中心的统计，2010年科技部共向生产力促进中心拨款24397万元，比上年的13117万元增加11280万元，增加幅度85.5%。详见表1.2-15。

表1.2-15　　2001—2010年科技部拨款情况

年份	政府投入总额/亿元	科技部拨款/亿元	比例/%
2001	3.86	0.19	4.81
2002	6.51	0.95	14.6
2003	8.49	0.94	11.13
2004	11.00	0.84	7.60
2005	9.21	1.14	12.38
2006	9.57	0.83	8.68
2007	11.54	0.94	8.14
2008	15.73	1.69	10.74
2009	11.30	1.31	11.59
2010	13.34	2.44	18.29

3. 国家级示范生产力促进中心投入情况。

2010年，243家国家级示范中心共获得政府投入7.15亿元，占全国中心获得政府投入总额的53.59%；科技部2010年在示范中心投入1.32亿元，占科技部投入生产力促进中心总金额的54.09%；其他部委、地方政府分别投入生产力促进中心比重为25.31%和58.26%，地方政府投入生产力促进中心的比重逐年增长。由此看来，国家级示范生产力促进中心在占有政府资源尤其是科技部资源方面具有愈来愈大的优势，而地方政府资源也倾向于示范生产力促进中心，对示范生产力促进中心的支持力度开始加强。2010年国家级示范生产力促进中心获得政府投入情况如表1.2-16所示。

表 1.2-16　　2010 年生产力促进中心获得政府投入情况

	政府投入总额/亿元	科技部拨款/亿元	其他部委拨款/亿元	地方投入/亿元
全国中心	13.34	2.44	1.58	9.32
国家级示范生产力促进中心	7.15	1.32	0.40	5.43
比例/%	53.59	54.09	25.31	58.26

三、服务内容及收入

（一）服务内容及收入

2010 年，全国生产力促进中心取得服务总收入 31.99 亿元，较上年增加 127.53%。2000 年至 2010 年，全国生产力促进中心平均服务总收入为 25.27 亿元，年均增长 5.55 亿元，平均增长比例为 14.34%。生产力促进中心服务总收入情况如表 1.2-17 所示。

表 1.2-17　　生产力促进中心服务总收入情况

年份	中心总服务收入/亿元	增加金额/亿元	增长比例/%
2000	8.90		
2001	11.30	2.40	21.24
2002	10.30	-1.00	-9.71
2003	13.60	3.30	24.26
2004	19.00	5.40	28.42
2005	18.40	-0.60	-3.26
2006	24.80	6.40	25.81
2007	40.60	15.80	38.92
2008	30.40	-10.20	-25.12
2009	30.76	0.36	1.18
2010	31.99	39.23	127.53
平均	25.27	5.55	14.34

生产力促进中心开展的服务主要可分为咨询服务、信息服务、技术服务、培训服务、人才和技术中介、培育科技型企业 6 大类。2010 年全国生产力促进中心服务收入主要来源于咨询服务、技术服务和培育科技型企业，这三项收入总计占到收入

总额的80%以上。

技术服务是生产力促进中心最主要的收入来源之一，近三年来占收入总额的比重均在30%左右。其中又可细分为技术推广、技术开发和产品检测，2010年这三项服务的收入分别为79660万元、49989万元和66209万元。具体情况如表1.2-18及图1.2-10所示。

表1.2-18　生产力促进中心服务内容及收入情况

服务内容	2010年收入/亿元	比重/%	2009年收入/亿元	比重/%
咨询服务	25.33	36.19	8.93	29.00
信息服务	1.47	2.10	1.28	4.16
技术服务	19.58	27.98	10.15	32.96
培训服务	13.00	18.57	2.28	7.14
人才和技术中介	4.41	6.30	2.98	9.69
培育科技型企业	6.20	8.86	5.14	16.71

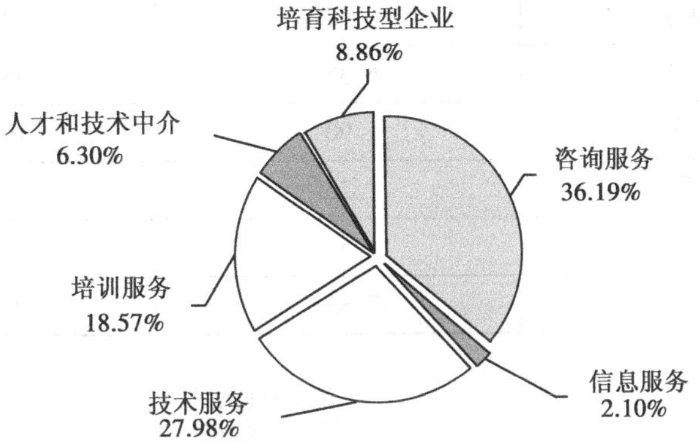

图1.2-10　2010年生产力促进中心服务内容结构及比重

（二）国家级示范生产力促进中心服务内容及收入情况

2010年243家国家级示范生产力促进中心共取得收入17.83亿元，相比2009年的14.84亿元增长20.15%。在全国中心年度总收入实现翻一番的背景下，示范中心的增长起到积极作用，占全国中心总收入的比重为26.80%，示范带动作用进一步增强。2010年国家级示范生产力促进中心服务收入情况见表1.2-19。

表 1.2-19　　2010 年国家级示范生产力促进中心服务收入情况　　亿元

服务内容	全国情况	国家级示范中心	比例/%
咨询服务	25.33	6.23	24.59
信息服务	1.47	0.52	35.37
技术服务	19.58	6.35	32.43
培训服务	13.00	1.90	14.61
人才和技术中介	4.41	1.26	28.57
培育科技型企业	6.20	1.57	25.32
合计	31.99	17.83	26.80

同全国情况类似，2010 年国家级示范生产力促进中心的收入来源主要是技术服务和咨询服务，这两项服务之和占示范中心全部收入的 70.55%。其中技术服务收入 6.35 亿元，占全部收入的 35.61%，咨询服务收入 6.23 亿元，占全部收入的 34.94%，均高于全国水平。具体情况详见表 1.2-20 及图 1.2-11。

表 1.2-20　　2010 年国家级示范生产力促进中心服务收入结构　　亿元

服务内容	服务收入	比例/%
咨询服务	6.23	34.94
信息服务	0.52	2.92
技术服务	6.35	35.61
培训服务	1.90	10.66
人才和技术中介	1.26	7.07
培育科技型企业	1.57	8.80
合计	17.83	100.00

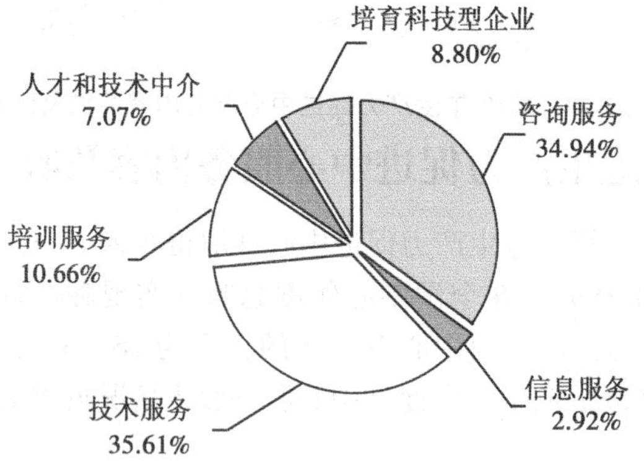

图 1.2-11　2010 年国家级示范生产力促进中心服务内容结构及比重

四、服务业绩

（一）服务情况

生产力促进中心的服务业绩主要体现在服务企业数量、联系科研机构和专家情况、开展国际及与我国港澳台合作、为企业增加收益及为社会增加就业等方面。

1. 服务企业数量情况。

2010 年 1705 家生产力促进中心共服务企业 244730 家，比上年增加 183 家，平均每家中心服务企业超过 143 家，生产力促进中心服务企业的数量逐年增加，但增长的幅度有所缓慢。

2. 联系科研机构和专家情况。

2010 年，联系科研机构 25967 家，比上年增加 831 家；联系专家 71530 人，比上年增加 393 人，联系专家数量逐年增加。

3. 开展国际及与我国港澳台合作。

2010 年，全国生产力促进中心在国际及与我国港澳台合作方面共组织人员交流 40956 人次，引进项目 2320 项，引进资金 132.26 亿元，均比上年有所下降。

4. 为企业增加收益及为社会增加就业情况。

2010 年，全国生产力促进中心为企业增加销售额 1578.62 亿元，增加利税 203.94 亿元，为社会增加就业人数 1655713 人。

2010 年全国生产力促进中心服务业绩增长情况见表 1.2-21。

表 1.2-21　　2010 年生产力促进中心服务业绩情况

服务业绩		全国中心	国家级示范中心	比例/%
服务企业数量/个		244730	180607	73.80
联系科研机构和专家	科研机构/个	25967	16994	65.44
	专家/名	71530	48819	68.25
开展国际及与我国港澳台合作	人员交流/人次	40956	21064	51.43
	引进项目/项	2320	1210	52.16
	引进资金/亿元	132.26	43.7	33.04
为企业增加收益	增加销售额/亿元	1578.62	962.6	60.98
	增加利税/亿元	203.94	131.79	64.62
为社会增加就业/人		1655713	775007	46.80
中心总服务收入/亿元		31.99	17.83	26.62

（二）国家级示范生产力促进中心开展服务情况

2010 年，243 家国家级示范生产力促进中心在服务企业数量、联系科研机构数、联系专家数、为企业增加销售额、为企业增加利税 5 项服务业绩方面均占到全国的一半以上，此外在人员交流、引进项目、为社会增加就业、总服务收入等方面也占到全国三分之一以上。具体数据见表 1. 2-22。

表 1. 2-22　　2010 年国家级示范生产力促进中心服务业绩情况

服务业绩		2010 年	2009 年	增长率%
服务企业数量/个		180607	145461	24. 16
联系科研机构和专家	科研机构/个	16994	14973	13. 50
	专家/名	48819	42109	15. 93
开展国际及与我国港澳台合作	人员交流/人次	21064	21049	0. 01
	引进项目/项	1210	1110	0. 90
	引进资金/亿元	43. 7	36. 8	18. 75
为企业增加收益	增加销售额/亿元	962. 6	858. 51	12. 12
	增加利税/亿元	131. 79	127. 53	0. 33
为社会增加就业/人		775007	655502	18. 23
中心总服务收入/亿元		17. 83	14. 84	20. 06

与 2009 年相比，国家级示范生产力促进中心各项服务业绩继续保持增长，增长的速度有所缓慢，其中引进资金增长 18. 75%，联系专家数增长 15. 93%，联系科研机构数增长 13. 50%，人员交流次数增长 0. 01%，为社会增加就业人数增长 18. 23%，服务企业数量增长 24. 16%，为企业增加销售额增长 12. 12%，中心总服务收入增长 20. 06%，为企业增加利税额增长 0. 33%，引进项目数增长 0. 90%。

第三章　生产力促进中心主体业务

生产力促进中心的主要功能是在中小企业与政府机构、科研机构、教育机构、金融机构等之间架起桥梁，通过整合社会科技资源，为中小企业提供技术信息、技术咨询、技术转让和人才培训等服务，提高中小企业的技术创新能力和市场竞争力，促进科技与经济的紧密结合。根据《生产力促进中心服务业务规范》，我国生产力促进中心的主体业务主要包括如下内容。

（一）信息服务

就是通过采集、整理、筛选有关信息，根据顾客需求向其提供的有效服务。主要包括：有关政策法规信息、技术信息、管理信息、市场信息等。

政策法规信息：这方面的信息可以是国家的法律法规、标准和规范，也可以是行业的有关规定等信息。

技术信息：主要指各类新技术信息，包括产品技术信息、产品设计技术信息、制造工艺技术信息、软件系统及应用技术信息等。

管理信息：主要指企业信息化管理信息，现代管理技术与发展信息，管理经验分析、管理系统分析与实施等相关信息。

市场信息：主要指产品或技术的供应信息和需求信息、新产品信息、新产品开发与发展趋势信息以及市场的调查、分析与预测信息等。

（二）咨询服务

是为企业提供技术、管理等咨询服务与顾问服务。技术咨询主要包括信息化技术、农业技术、环保技术、设计技术、制造技术等，管理咨询主要包括发展战略、市场营销、人力资源管理、财务管理、生产管理及管理体系认证、管理的信息化等。

咨询服务与信息服务既有联系，又有区别。咨询服务与信息服务相对于产品制造来说，都是一种软服务，而且两种服务内容常常相互关联。在向顾客提供某种产品的市场情况信息，如果需要将了解到的情况进行分析研究，提出指导性意见或建议，帮助顾客决策，属于咨询服务的范畴；但是如果仅仅是将了解到的情况提供给顾客，由顾客自己去分析研究并作出判断和决策，则属于信息服务的范畴。

虽然两种情况都需要向顾客传递信息，但两者是有区别的。一般来讲，咨询服务是根据具体服务对象的具体需求进行个性化服务，而信息服务常常为多个对象提供服务。其次，两者提供服务的形式不同。咨询服务要根据顾客提出的具体问题进行解答并且要为顾客拿出解决方案，而信息服务一般不提供结论性的意见。因此，咨询服务和信息服务是不同的服务，在具体实施时应有所区别。

（三）信息化服务

生产力促进中心所从事的信息化服务，从服务分类的角度可划分为技术支持及推广应用服务、信息化咨询服务、信息化培训服务等。对于技术支持及推广应用服务，其主要内容可分为以下几个方面。

计算机技术应用：当今计算机技术的发展日新月异，其应用的领域和深度发展迅速。只要是顾客有与计算机技术应用相关的服务需求，都应属于这个范畴。

网络及网络技术应用：网络技术的应用是很广泛的，如企业、行业与专用网站建设、国际互联网（Internet）的接入服务、企业内部网（Intranet）的建立等。

软件技术：产品设计、产品制造和企业管理过程中的软件系统的开发、集成、实施、代理、技术咨询、技术支持和培训服务等，如办公自动化系统（OA）、计算机辅助系统（CAX）、产品数据管理系统（PDM）、电子商务系统（EB/EC）、电子政务系统、客户关系管理系统（CRM）、供应链管理系统（SCM）、企业信息系统（MIS）和企业资源管理系统（MRPII/ERP）等。

（四）培训服务

培训是指提供和开发知识、技能和行为方式以满足要求的过程。生产力促进中心的培训服务从服务内容上主要包括技术培训和管理培训两大类，技术培训是指向顾客提供科学技术知识，科技成果的推广应用，传授劳动技能、技巧的过程；管理培训是指向顾客提供科学管理知识和成功管理经验的过程。

技术培训的内容主要包括：先进技术，如信息化技术、光机电一体化技术、高科技农业技术、现代工业设计技术、先进制造技术等；实用技术，如专利技术、科技成果的推广应用等；劳动技能、技巧，如计算机应用、焊接作业、设备维修等；其他，如技术标准的培训等。

管理培训的内容主要包括：发展战略，包括发展目标、发展思路、具体措施等；市场营销，包括市场研究、市场开发、销售管理等；人力资源管理，包括人事管理、工资管理、组织控制等；财务管理，包括预算控制、成本分析等；生产管理，包括生产计划及控制、动作和时间研究、质量控制、作业研究、安全生产、物料配送等；管理的信息化，包括电子政务、电子商务、企业内部管理网络系统等；其他，包括国际贸易、技术法规、标准化知识等。

（五）服务外包

服务外包是指企业将其非核心的业务外包出去，利用外部最优秀的专业化团队来承担其业务，从而使其专注核心业务，达到降低成本、提高效率、增强企业核心竞争力和对环境应变能力的一种管理模式。根据服务外包的形式可以将服务外包分为产品或组件和服务项目外包。

如国际工业分包是按照非营利的模式运作，可较好地促进制造业企业之间的生产联系，并与国际产业供应链对接，其基本作用是搭建一个信息对接交换平台，把发包商的“产品加工订单信息”与供应商的“产能信息”匹配到一起，与联合国工业发展组织的信息数据库进行对接，为本地区制造业企业寻求合作的机会。工业分包是国际上通行的一种贸易形式，对于促进全球工业资源在技术、成本、人力方面的优化组合发挥着重要作用。

（六）技术转移

技术转移是指制造某种产品、应用某种工艺或提供某种服务的系统知识，通过各种途径从技术供给方向技术需求方转移的过程。技术转移服务具体包括如下内容。

1. 技术信息的获取和分析。不同委托方有不同的信息要求，因此，希望获取的信息内容和方式也不尽相同。对技术需求方而言，需要获取的是可供或可替代的技术商品信息、技术供方信息以及技术需求方的技术发展路径和策略等，以便有针对性地寻找和选择技术供给方和技术商品；对技术供给方而言，需要获取的是供方的技术商品的信息以及可供选择的需求方相关信息等，以便实现该技术商品与技术需求方的匹配。通过直接或间接的途径获取到信息以后，因为各种技术信息量大而杂，需要对这些信息进行分类、筛选和整理，从中获取有价值的部分，并在此基础上进行技术项目的可行性分析。

2. 技术交易的策划与谈判。技术交易又称技术贸易，是技术转移的商业形式。在进行技术转移活动时，技术经纪人员需要就选择技术交易方式、确定技术商品价格、分配技术交易利益等事项进行策划，并在此基础上进行谈判。

3. 技术交易合同的签订。技术交易所涉及的事项比其他类别的交易复杂，一般都要签订书面技术合同。技术合同是当事双方为实现技术交易某一特定目的而规定双方权利与义务的法律文件，是技术成果商品化、产业化、国际化的法律形式，合同条款比其他合同相对烦琐。

4. 技术合同的履行。技术交易的内容复杂、周期较长、不确定性很大，且项目的条件、人员素质及相关的社会与环境因素的影响不同，交易结果可能与合同内容大相径庭。因此，生产力促进中心从业人员在合同履行过程中应积极发挥协调作用。

（七）科技金融

科技金融是促进科技开发、成果转化和高新技术产业发展的一系列金融工具、金融制度、金融政策与金融服务的系统性、创新型安排，是由科学和技术创新活动提供金融资源的政府、企业、市场、社会中介机构等各种主体及其在科技创新融资过程中的行为活动共同组成的一个体系，是国家科技创新体系和金融体系的重要组成部分。

生产力促进中心开展的科技金融服务模式主要包括：承担起政策性科技风险投资基金、企业投资引导基金的管理工作，引导创业投资机构对于当地重点产业的投资；作为主体开展委托贷款、知识产权质押融资担保、科技企业信用互助担保服务，引导银行向科技型企业贷款；承担各类科技发展资金的管理、申报受理等工作，为企业争取各级政府机构的无偿资助；推进股改工作的开展，促进企业上市等。

（八）“三农”服务

生产力促进中心“三农”服务主要指通过建立农业产业化科技服务平台，开展农业科技成果转化、农业信息、农民培训等服务。

农业科技成果转化是技术与经济之间的中间环节，其本质是在利益最大化动机驱使下，农业科技成果从成果生产方向成果需求方转移的过程，是智性商品向物性商品转化的过程，是成果所有权从智性商品生产者向物性商品生产者转移的过程。农业科技成果转化的形式多种多样，各种形式都包含有成果产权在成果供给方与成果需求方之间的转移，这种转移一般在成果交易市场完成。所以，农业科技成果转化过程可以被看成是一种在成果交易市场完成的、农业科技成果产权单向流动的契约形成过程。

农业信息不仅泛指农业及农业相关领域的信息集合，在信息技术得到广泛应用的今天，更特指农业信息的整理、采集、传播等农业信息化进程。农业信息服务在不断提高信息工程实施管理能力、应用系统的需求分析能力、电子政务运转支持能力、信息系统安全保障能力、网络信息宣传导向能力、数据处理分析预测能力等服务外，在构建完备的农业信息网络的基础上，还需进一步建立完善的农业市场信息体系。

农民培训包括科技专题培训，即通过科普宣传画、读本、举办科普展览等方式，学习现代农业、种植业、养殖业、渔业、林业等高产高效的适用技术知识；劳动力就业创业专题培训，即以职业技能、实用技术、市场知识等为重点进行的劳动力转移培训，以提高农民的就业创业能力；种植大户专项培训，即以农业新知识、新技术和标准化生产为重点对各类种植大户进行的专项培训，进一步提高他们的技术、技能和经营管理能力。此外，还包括农业机械手培训、法律知识培训等。

（九）研发设计

研发设计是为研发制造产品所进行的设计，它包含产品外部和内部设计的整个过程，对产品的外观和性能、生产技术的发挥以及品牌建设产生最直接的影响。这个定义使研发设计的含义超越了产品设计的范围，把产品研发、包装、宣传、市场开发的设计也纳入研发设计的范畴。

研发设计的内容非常广泛。广义而言，企业的经营战略、产品创新等任何方面“从构思到建立一个切实可行的实施方案”的行为过程均属于研发设计范畴。从专业角度讲，研发设计主要包括产品研发、产品设计、环境设计和视觉传达设计。生产力促进中心可以通过构建公共专业技术服务平台、建立研发设计产业园区和孵化器、构建网络信息服务平台等形式提供研发设计服务。

第二部分

生产力促进中心服务案例

sheng chan li cu jin zhong xin fu wu an li

第一章　服务外包

服务外包的主要业务领域包括软件外包、财务管理外包、项目管理外包以及工业分包等，本章所选案例主要针对工业分包和科技项目服务外包。工业分包是在国际贸易中由国际主流发包商（一般为国际大型成套设备制造商）将部分设备、零部件乃至原材料的生产或采购任务交由分包商完成，并在分包商所完成的任务基础上形成最终产品的过程。工业分包在国内也被叫做配套或协作生产，已经成为一种通行的国际贸易形式，它对于促进全球工业资源在技术、成本、人力方面的优化组合发挥着重要的作用。随着经济全球化进程的加快，工业分包越来越成为一种流行趋势，是提高效率、增加产能、改善管理、促进技术、提升质量、创造效益的有效形式。不仅对于大型生产企业和主流发包商而言是一种生产的重新组织、效能的最大化和资源的合理分配，对于广大分包商和供应商，尤其是众多中小型企业的生存和发展的重要性更是不言而喻，是现代社会大生产和全球经济一体化对专业性生产在全球范围内的再组织和再分配。科技项目服务外包是指中小企业的科技项目管理工作全程交给科技服务机构完成的一种服务模式。

［案例一］

开展工业分包全流程服务　促升中小企业市场竞争力

一、业务背景

中机生产力促进中心是中央直属大型科技企业机械科学研究总院的全资子公司，是我国首家行业生产力促进中心。2007 年 4 月，中机生产力促进中心被国家科技部批准为开展国际工业分包业务的试点单位，并加入了国际工业分包中国联盟。依照国际工发组织 SPX 项目的运作模式，成立了国际工业分包与合作交流中国联盟中机中心（简称 CSPX 中机中心）。根据联盟对工业分包从业人员构成的相关要求，组建了工业分包工作团队。中机中心运用自身业务资源，开展了行业调研、企业产能信息收集、国际订单匹配、制造过程跟踪指导、SPX 项目宣传推广等工作。

二、业务内容

中机中心充分整合了内部资源，包括机电产品开发、网络化制造、系统安全及可靠性研究等技术服务，以及振华机电技术公司、中联认证中心、中汽认证中心等单位的业务资源和人力资源，围绕工业分包服务内容，为企业开展从订单匹配到产品出口全过程的技术服务和商务服务。主要业务内容如下。

（一）企业产能数据库建设

在长江三角洲、珠江三角洲等汽车零部件产业集聚区进行了十几次大规模的企业调研，对企业在产量和产能方面的各项信息，包括企业基本信息、设备情况、财务数据、合作情况、行业与产品分类、环境控制等进行了系统的收集、分析和整理，建立了企业基本信息数据库，为订单的初步匹配提供依据。

（二）订单匹配服务

结合订单的技术要求与供应商的产能，进行匹配分析。主要对获得的订单按照汽车零部件产品类型、制造批量、采购商类型、工艺类型、材料类型进行分类组织，提供图纸翻译分析、可制造性分析与制造工艺选择、订单匹配等技术服务，并提出相应的制造技术要求和设备、管理要求等信息，为供应商选择和订单选择提供基础信息。

（三）技术指导与咨询服务

根据企业要求，为企业提供相关咨询服务。包括技术咨询（产品设计、技术和设备引进、节能减排设计等）、管理咨询（精益生产、财务管理、物流控制等）、流程咨询（企业如何获得订单等）、贸易咨询（进出口手续、办理、注意事项等）、标准咨询（国内外技术标准转换）等多项咨询服务。

（四）检测服务

中机中心下属的机械工业通用零部件产品质量监督检测中心是具有第三方公正地位的检验机构，可以承担国内外企业和机构委托的进出口商品检验、仲裁检验、型式检验、定期检验、产品定型试验等检测工作。涉及的产品包括弹簧、紧固件、链传动、带传动、筛网、管路附件及滑动轴承等，还可承担工程材料和其他产品的力学性能、工艺性能、化学成分、金相组织、疲劳寿命、表面防护、失效分析测试等服务。

（五）认证服务

依托中联认证中心，为企业会员提供ISO 9000、ISO 14000、GB/T 28001 - OHSAS 18000、QS 9000和TS 16949等认证服务。

（六）商贸服务

国际报价服务：针对出口订单信息，在完成工艺设计的前提下，进行符合国际规则的材料费用、加工费用、运输费用、人员费用、税收等的全成本核算，保证报价的准确性。

出口商务服务：为企业提供整个商务流程的全方位服务，包括：合同服务（合同审查、合同规则咨询、合同执行协调、索赔理赔）、报关服务（报关材料、退税免税手续、咨询）、出口运输服务等。

三、工作步骤和方法

（一）分析订单信息，筛选供应商

订单信息的准确分析是成功进行供应商匹配的关键。面对海量的零部件订单信息，中心产业工程师需要根据产品的材料、加工工艺（是否有特殊加工工艺）和关键生产设备、产品用途、数量要求（例如：每年每月多少件）、质量要求（TS 16949，AQAP，PPAP，FMEA，SPC，DOE等）、报价要求（工厂交货，到岸价格，完税后交货）和出货港口等进行细致分类，形成一系列检索关键字，然后从产能数据库中按上述关键字进行检索和匹配，形成初步可选的供应商列表。但是供应商的产能很可能会饱和，所以要对其剩余产能进行跟踪调查，核对之后形成实际可供选择的供应商列表，并要求其提供详细报价。

（二）评价加工工艺方案，辅助国际报价

针对一种零件，采用不同的加工工艺达到相同的加工精度，通常会有成本上的差别，所以在制订机械加工工艺方案时，一般会考虑几种不同的加工工艺方案，然后进行技术经济分析，选出经济合理的最佳方案。通过长期的工作实践，中心产业工程师创建了工艺方案评价的指标体系，并确定了各项指标的权重，针对备选供应商提供的加工工艺方案，通过计算综合评价值，从而确定出最优方案。

常用的报价有 3 种，即装运港船上交货价（FOB），成本加运费价（CFR）和成本加保险费、运费价（CIF）。辅助国际报价也是中心为供应商提供的一种服务。通常需要预测原材料价格上涨以及汇率变化、我国政府的行业退税政策等因素，因为订单的供货周期往往长达几年，报价存在一定的风险。

（三）确定供应商，签订分包合同

通过综合考虑工艺及报价、资金实力、信誉、质量控制能力、与货物出口港距离等因素，确定最终承接订单的供应商并签订分包合同。

（四）协助样品试制，提供技术服务

样品试制是指根据设计图纸、工艺文件和少数必要的工装，由试制车间试制出一件（非标设备）或数十件样品，然后按要求进行试验，借以考验产品结构、性能和设计图的工艺性，考核图样和设计文件的质量。

样品试制过程需要工程、制造、质量、试验团队的同步参与，分工协作、行动一致。中心主要负责协助供应商制定与执行样件控制计划，主要内容涉及样件制造过程的尺寸测量、材料与功能的试验，并提供检查清单，评审所有样件，以便保证产品符合采购商所要求的规范。

依托中心下属的机械工业通用零部件产品质量监督检测中心，向缺乏检测设施的中小型企业提供检测服务，并将检测报告提交采购商。

（五）跟踪批量生产，监督产品质量

小批试制是在样品试制的基础上进行的，它的主要目的是考核产品工艺性，验证全部工艺文件和工艺装备，并进一步校正和审验设计图纸。一般小批试制可以满足合同要求，但进入大批量生产环节则会出现各种各样的问题，因此需要及时追踪质量问题并调整设备工况。为了协助供应商控制产品质量，在订单交货紧张的时候，工程师会长期蹲守在工厂，指导供应商及时调整设备，提高质量控制水平与产品合格率。

基于长期的质量管理工程实践，中心开发了 SPC 在线统计过程控制软件，可以实现监控、预防和对过程的持续改进，在多家零部件企业进行了应用，取得了良好的效果。

（六）业务流程图

中心按照如图 2.1-1 所示的通行商务流程管理订单的流动，提供技术支持服务，进行从制造到出口的全程监控。

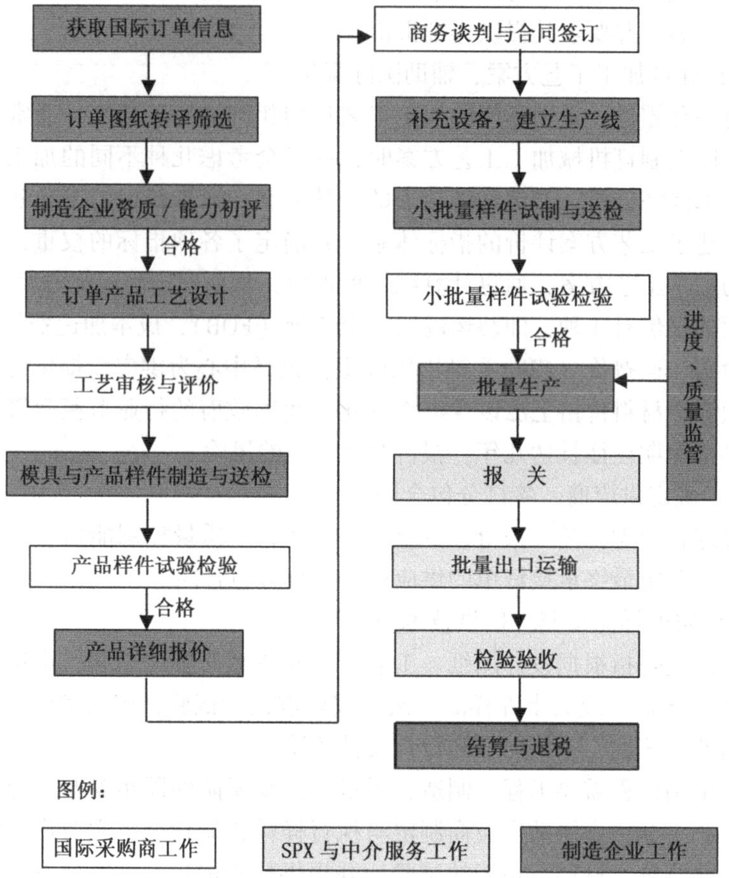

图 2.1-1　汽车零部件工业分包业务流程图

四、服务团队

在服务团队建设方面，中心一方面优化人力资源，挑选业务骨干参与工业分包服务工作，另一方面通过建立分包专家库，聘请有经验的技术专家帮助解决企业在生产过程中遇到的具体问题。工业分包业务核心服务团队由 8 人组成，其中工业分包项目负责人 1 名，商务助理 1 名，产业工程师 4 名，网络工程师 2 名。

五、服务成效

中心通过几年的努力，尤其是与加拿大 Magna 建立了业务合作关系之后，零部件分包业务能力逐渐得到提升，目前服务区域主要集中在长三角汽车零部件产业集聚区。中心基于分包订单，开展“外贸—检测—认证—质量—信息”全方位集成式分包服务，可以满足中小企业的多层次服务需求，提升了中小零部件企业的外包订单承接能力，产生了良好的经济效益。主要表现在如下几个方面。

（一）产能调查积累资源

在长江三角洲、珠江三角洲等汽车零部件产业集聚区进行了大量的企业调研，对企业在产量和产能方面的各项信息，包括企业基本信息、设备情况、财务数据、合作情况、行业与产品分类、环境控制等进行了系统的收集、分析和整理。目前已经实地走访企业 383 家，结合电话调查、展会现场问卷调查、网络信息表格调查等方式收集企业基本信息 1500 多份，建立了企业基本信息数据库，为订单的初步匹配提供了基本的资源。

（二）订单匹配促进出口

迄今为止，中心已向 1000 多家零部件企业提供了订单信息，并成功完成了 31 份订单（价值达 2.6 亿元人民币）的匹配工作。

江苏盐城××集团、温州××锻造有限公司、宁波××工业有限公司等单位通过中心获得了长期的出口订单，目前出口货值已达 6300 多万元。

（三）培训认证提升能力

通过积极推广国际通行的质量管理体系和认证标准，增强了会员企业的质量意识，提高了企业的质量管理水平，近三年完成认证企业 510 多家。

面向供应商开展针对性的业务培训工作，提升其分包综合服务能力，取得了良好的效果。

（四）出国参展宣传实力

中心共组织企业参加了国内外二十余次展会，宣传工业分包的理念，推广工业分包联盟业务，参会期间共回收有效企业产能信息 500 多份。

为了宣传国内优质零部件产品，中心每年要组织产业工程师参加与国外汽车零部件相关的展会。

六、经验和体会

工业分包业务经过四年的发展，通过开展“外贸—检测—认证—质量—信息”全方位集成式、一站式、立体化的服务，满足了企业多层次的服务需求。在业务开展的过程中，中机中心也积累了大量的服务经验。

国内很多中小型制造企业，对获取国际订单非常感兴趣，但是订单供求匹配的过程中却存在矛盾。例如：获得 TS 16949 认证的企业订单已经饱和了，无力承接新的订单，而大部分中小企业虽然产能过剩，却因未通过认证或者未满足其他采购商的管理要求而无法承接订单。中心通过为企业开展认证服务、管理咨询等服务，帮助企业获得承接国际订单的资格。

同时，通过技术服务，解决企业在产品开发和生产过程中的实际问题。

例 1：A 企业获得国际订单后，发现原材料供应有困难，中心及时与原材料供应商沟通，提出有效建议为企业调配原材料，解决了材料紧缺的问题，保证了供货的及时性。

例 2：B 企业在制造过程中，热处理工艺出现了问题，致使零件的硬度超差，中心的技术工程师与工厂共同试验，改进工艺，提高了产品质量，达到了外商的订单要求。

例 3：C 厂从来没有做过产品出口，对外商的要求非常陌生，中心将自己的经验介绍给工厂，使工厂少走了很多弯路。对于承接国际订单，C 厂没有任何经验，在遇到问题后经常出现畏难情绪，中心不仅在技术上提供支持，还巧妙地与企业的管理人员沟通，帮助他们打消顾虑，保证合作项目的顺利进行。

案例提供单位：中机生产力促进中心

[案例二]

构筑SPX网络平台　推广国际工业分包业务

一、业务背景

（一）西安市制造业发展概述

西安作为全国的老工业基地之一，工业门类齐全，覆盖了38个大类，群体产业优势明显，资产存量可观。在国家重点支持发展的4类重点装备和国家鼓励发展的11类重点装备，西安现有的装备类产品全部囊括。在关系国防安全的重要装备制造领域，西安也是重要的装备研制和生产基地。

但西安作为内陆城市，一方面企业具有雄厚的技术力量，制造业发达，加工设备良好，但另一方面普遍存在一些问题：条块分割，资源分散，不容易形成协同一致和分工合作的机制；企业规模小，产业集成度低；产业关联度不高，没有形成产业配套体系；信息闭塞，管理落后；企业知名度小，行业技术地位和影响力低等。这些制约企业发展问题的产生都与缺乏国际间、地区间的交流与合作有关。

（二）工业分包发展趋势

自20世纪80年代后期起，“工业分包”开始成为国际上一种重要的工业战略。工业分包是目前欧美非常流行的企业业务发展模式，也是国际流行的贸易形式。

自20世纪90年代以来，联合国工业发展组织在全球范围内建立和推广国际工业分包中心（SPX）（以下简称“SPX中心”）。SPX中心是以统一模式、统一编码和统一运作的技术信息网络服务平台，也是联合国工业发展组织在世界各地推行现代工业分包合作伙伴关系的项目管理机构。迄今为止，在联合国工业发展组织的指导下，在全世界已建立了60余家国际工业分包中心，这种中介服务平台对发展中国家的经济发展和工业建设起到了巨大的推动作用，为分包商和供应商创造了大量的就业机会，使分散的生产资源得到最佳合理配置，提高了地区企业的生产力和竞争力，带动了地区中小型企业和其他经济部门的协调发展，促进产品出口、参与全球分包，促进在当地投资等。

二、业务内容

（一）工业分包（SPX）网络平台建设

1. 引进联合国工发组织国际工业分包项目先进的方法和运营模式；

2. 消化吸收国际工业分包标准数据库建立技术及数据库管理软件；

3. 搭建符合联合国工发组织要求的国际工业分包与合作交流信息网络平台；

4. 开发适合国内实际产业状况的数据库管理软件及相关共性技术，制定科学的标准运行规范；

5. 通过对本地区企业的产能信息进行收集、调查分析，将其集成并构建达到一定规模数量的生产企业信息的数据库。

2007年3月28日，国际工业分包与合作交流西安中心（简称“SPX西安中心”）的揭牌仪式在西安唐城宾馆隆重举行，SPX西安中心资质的取得，标志着它正式跨入联合国工业发展组织 SPX 网络。

（二）面向企业，大力开展国际工业分包项目的宣传推广

据统计，中心开展各种宣传推广活动超过 50 余次，宣传面达到数百家企业，参与人员超过 2000 人次。

开展的活动主要有：国际工业分包西安中心的启动仪式大会；西安交通大学金融管理学院的现代服务业联盟倡议活动；在西安市科技局系统全体员工会上的工业分包专业知识讲座；在陕西省贸促会组织的中澳经贸洽谈会，陕航系统外贸工作会议，宝鸡市政府组织的中小企业论坛会，西安高新区 CIO 精英会、经济开发区企业知识产权沙龙会活动中，中心都对与会机构和企业进行了工业分包业务的推广宣传；在西安市发改委组织的西安装备制造业产业能力座谈会、“中国铸造协会精铸分会第十届年会”和“中国通用航空大会”上都做了宣传推广工业分包的主题发言。

在西安举行的 2008 第十二届、2010 第十四届中国东西部合作与投资贸易洽谈会上，中心利用大会参展摊位和参加大会活动（“跨国公司西部投资论坛”和“国际跨国公司采购大会”等）的机会，广泛联系与会企业和外商。在与国内知名的盖世汽车网联合参展的第 64 届中国汽车配件交易会上、在西安市政府组织的 2008 年西安市中小企业服务日活动中、在第三届中国民营企业科技产品博览会参展过程中，通过展位接待、发放工业分包宣传资料、走访参展企业、与企业会谈等多种形式，宣传推广工业分包网络平台，与企业建立联系。

（三）开展工业分包专业培训

在联合国工发组织的技术支持下，开展对工业分包区域中心和行业中心的专业技术和业务培训。协助分包联盟组织对专业人员进行业务培训，建立起工业分包的业务骨干队伍。

SPX 西安中心在西安组织完成了 8 期国际工业分包平台建设项目专业人员业务能力培训。培训时间累计 30 多天，培训项目专业人员共计 259 人次。培训的内容涉及：国际工业分包项目基本理念；与 UNIDO（联合国工业发展组织）合作项目背景情况及 UNIDO 全球拓展计划；国际工业分包项目运作特点；SPX 基本原理和方法论；供应商产能信息的收集；数据库的建立；数据库软件的应用等专业知识，培训中 UNIDO 专家还介绍了 SPX 土耳其伊斯坦布尔中心工作的一些经验等。经过培训的人员现在已经成为工业分包联盟各中心的工作骨干。

（四）广泛收集采购订单信息，为联盟会员中心提供订单信息，为企业提供订单匹配对接服务

国际工业分包服务体系平台对企业最直接、最基本的服务就是为供应商提供合适的订单或合作信息，组织生产企业与采购商进行匹配对接。中心多方联系国际采购商，收集采购订单和合作信息，定期向联盟会员中心进行发布。中心已经为企业提供了来自美国福特、英国 ABB 公司、DABA 公司、联合国工发组织、固特异公司、Schuler 公司、奥地利商会、印度等多家国际采购商的订单信息，订单分别涉及汽车零部件、风力发电机部件、平板拖车、精密机械零件、化工设备、化工产品、机车空调设备、紧固标准件、电力机械、微型电机、电子元器件、铸锻件加工等多

种订单。中心对订单进行分析、分级，把具备匹配条件的订单发布给产能符合要求的当地供应商企业，实现采供双方匹配对接，如有合作意愿，中心及时与供需企业沟通，促进双方进一步合作。

（五）面向企业开展相关业务培训、咨询、技术指导工作

对企业开展工业分包相关培训和咨询指导，是中心为企业服务的一个重要举措。据不完全统计，SPX西安中心针对制造业很多行业企业进行过培训和咨询指导活动，接受培训和咨询服务的企业人数达1600余人次。

SPX西安中心与西安高新区管委会一起，联合举办了关于欧盟议会和欧盟理事会通过的《关于在电气电子设备中限制使用某些有害物质指令》RoHS指令标准宣传专题暨SPX业务推广研讨会，对高新区部分电子电器类生产企业进行专业培训和业务咨询。

SPX西安中心还针对西安经济开发区内汽车产业企业较为集中的情况，与经开区管委会联合举办了“国际汽车产业供应商开发流程及质量管理体系研讨会”、举办了“TS 16949国际质量认证体系的培训”咨询活动，邀请德国汽车质量协会（VDA）、美国拜科集团（PAC）、德国莱茵技术有限公司等专家分别帮助汽车生产企业按国际汽车产业的标准完善质量保证体系，建立进出口渠道。接受培训和咨询的本地生产商是以陕西重型汽制造集团为主的汽车零部件制造企业。中心还和德国莱茵技术有限公司一道为陕西的部分汽车生产企业举办了TS 16949国际质量认证体系的培训和咨询活动。

中心利用与UNIDO合作的机会，曾邀请工发组织专家，先后到西安的黄河机器厂、秦川机械厂、西电科技实业有限公司、普声机电有限公司、华山工程机械有限公司、西安远飞机电有限公司、西安绝缘材料厂、西安启源机电有限公司等多家企业进行现场咨询指导。

2010年8月，应经济开发区的邀请，中心对区内部分外向性生产企业进行了“国际工业分包与合作交流工作”专题讲座，全面系统地介绍了工业分包网络平台的基本知识，并和与会的近20家企业就外贸出口具体业务开展了广泛深入的探讨。

2009年11月，为帮助西安地区的中小企业提高人力资源队伍的素质，中心与西安市台商投资协会一起，邀请我国台湾省台北市生产力协会理事长偕同台湾庄周企业管理公司资深顾问，上海宏利企业管理咨询有限公司总经理、培训师，为西安市相关企业举办了题为“非人力资源主管的人力资源及工作的教导与部属的培训”的讲座。

三、工作步骤和方法

（一）引进联合国工发组织关于国际工业分包网络平台的先进理念和方法，消化吸收网络平台建立及管理软件的应用技术

按照2006年底与工发组织签署的项目合作协议及合作谅解备忘录等文件，中心引进了工发组织关于SPX的先进理念、方法和为推广工业分包制定的标准工具（如调查表格或问卷调查表、进入UNIDO数据库的术语代码、UNIDO分析和操作系统等）。

（二）SPX 网络平台工作流程管理规范与网络信息标准的研究和制定

为了符合工发组织 SPX 机构的统一要求，结合中心的工作实际，首先研究制定了工业分包的工作流程标准，使得国际工业分包服务体系整个工作过程都程序化、规范化。

中心研究制定出供应商产能信息标准数据表、数据表填写标准和供应商信息调查记录标准，订单分级标准、订单分析标准表，制定出供应商推荐标准表、订单标准报价单、订单匹配跟踪标准表。研究制定出订单发布标准。

通过以上标准规范化工作，中心作为标准起草单位之一，为生产力促进中心协会制定并颁布《工业分包服务规范》（SZ/T 6—2011）奠定了基础。

（三）研究开发和制定 SPX 网络平台建设技术方案，搭建符合联合国工发组织要求的 SPX 全国联盟统一标准的信息网络平台

按照工发组织的要求，并结合工作实际情况，中心研究开发了企业区域合作信息网络系统。该网络系统支撑整个网络的信息交换与交流，支撑核心工作内容，并形成网络数据与资源中心。具体内容包括：研究开发出基于网络技术的 SPX 区域网络信息管理系统（双语界面）；研究并开发出区域制造业企业产能信息资源数据库和数据交换中心。根据具体的业务流程，SPX 系统负责搭建工业分包业务服务应用平台，开发了基于 IBM DB2 的供应商数据库，完成了共性技术开发，如“国际工业分包数据库技术软件 Outsourcing 2007”的汉化和二次开发，并且根据业务运行特点，开发出“分布式工业分包信息资源数据库和数据交换中心”等。

（四）建设符合标准的企业产能信息资源数据库

建立符合标准的企业信息资源数据库，是工业分包信息服务网络平台的基础之一，并且这个数据库必须满足以下几个方面的要求：一是数据库必须是标准的，以便于实现数据的信息化；二是数据库的样本量应该达到一定的数量，这样才可以形成较完整的产业链；三是数据库应该是按照行业的产业特点来建立的。

通过数据库来收集、分析、整理工业企业在产量、产能等方面的各项信息、数据，涉及设备状况、技术规格、质量管理体系、空闲产能、产品类型等方面内容。该项工作是进行订单匹配的基础。

（五）在科技部和中国生产力促进中心协会的支持和协调下，共同建立国际工业分包中国联盟网络体系

2007 年 3 月组建了由 25 家各成员中心组成的国际工业分包与合作交流中国联盟。SPX 西安中心在联盟中主要承担争取工发组织资源渠道、组织开展工业分包专业培训、建立供应商标准数据库开发与集成、提供国际采购商的订单信息等核心业务功能。

（六）探讨出工业分包服务体系的运行流程、运营模式和具体的工作流程

1. 制定国际工业分包服务体系及平台的运行流程。

国际工业分包服务体系及平台的运行流程，概括地说，就是以采购商发布的订单或合作信息为导向，利用工业分包服务平台数据库中所搜集的供应商企业的产能信息，为采购商的订单或合作信息作出相应匹配，然后反馈给采购商进行筛选，最

后达成采购商与供应商合作的过程（也可能会有多个反复）。

2. 确定国际工业分包服务体系及平台的运营模式。

国际工业分包服务体系及平台是以订单匹配（包括合作项目）为主要业务流程的商务平台。在订单匹配过程中形成对采购商和供应商的服务需求，针对这些需求，联络专业服务机构提供专业性服务，因而这一商务平台由以下三个网络构成：

（1）以国际主流发包商为主的采购商网络；

（2）具有地域和行业优势的供应商网络；

（3）以提供专业服务的相关机构网络。

建立了以供应商、采购商和专业服务机构为客户的群体之后，不断提升信息服务体系及平台在制造业产业供应链中的专业服务能力，逐渐寻求和形成国际工业分包中心的特色专业服务领域，并利用国内庞大的区域（行业）生产力促进中心系统的业务资源开展增值服务，形成自己良性循环的经济造血功能，维持并发展服务平台的健康运营。

SPX 西安中心服务网络平台运营模式见图 2. 1-2。

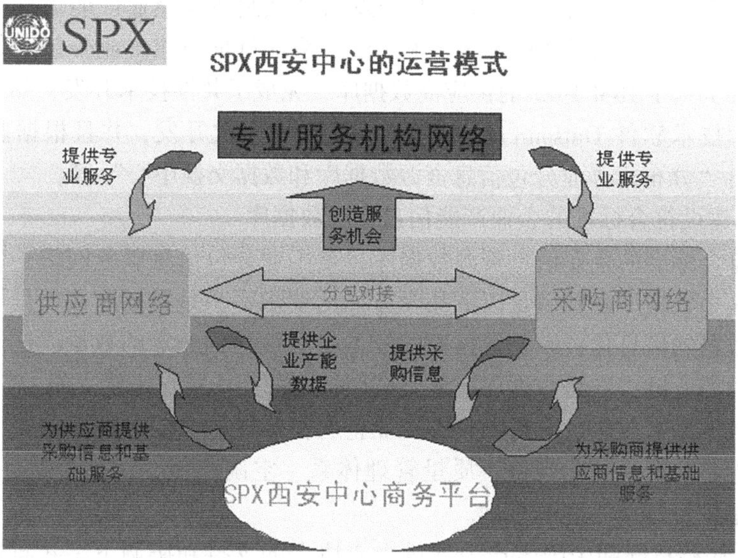

图 2. 1-2　SPX 西安中心服务网络平台

3. 工业分包以订单匹配为主线，具体工作流程见图 2. 1-3。

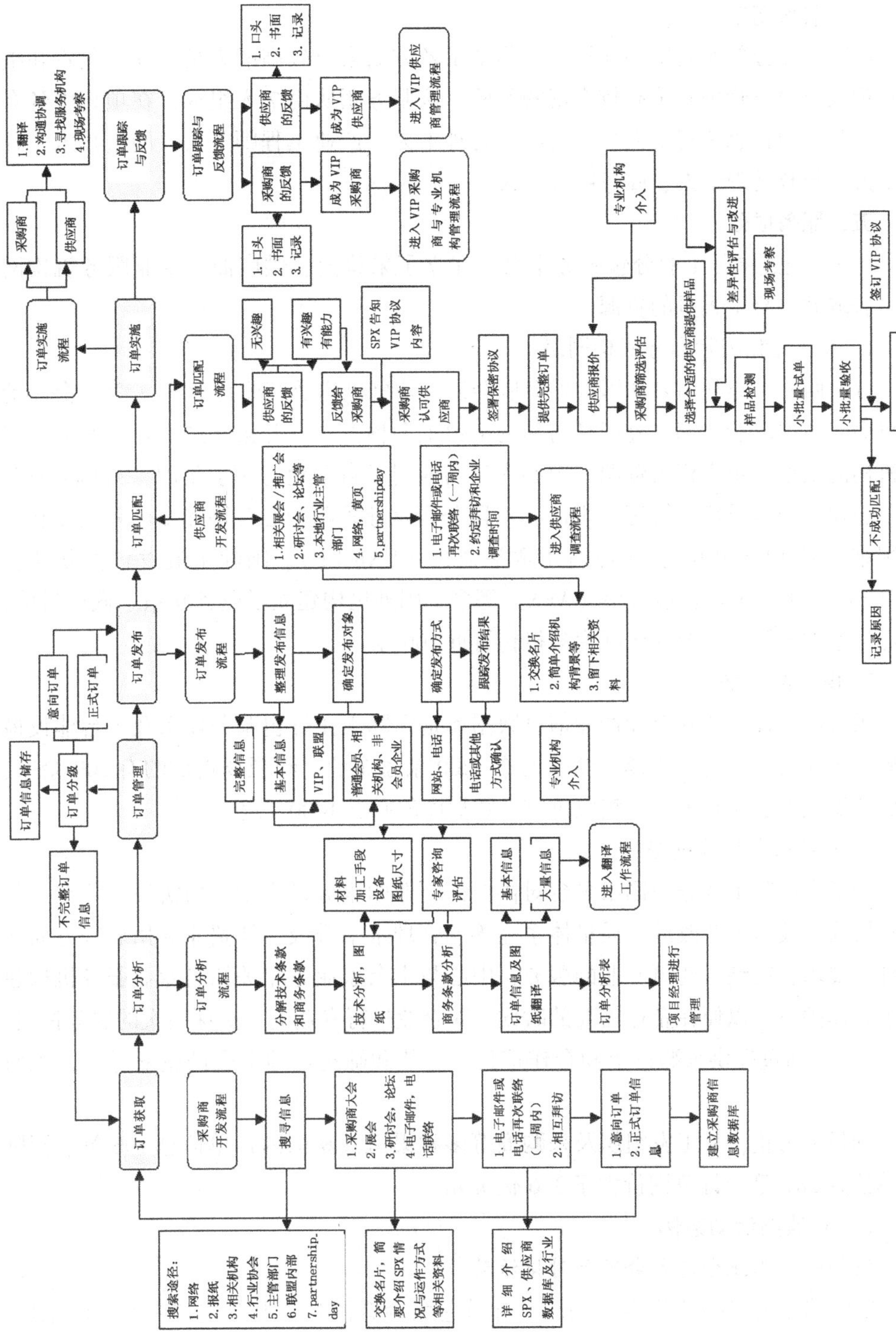

图 2.1-3　工业分包流程图

四、服务团队

国际工业分包西安中心项目团队集结了各方面素质较高的人员，项目负责和组织管理人对项目管理实施有较丰富的经验。该服务团队由 7 人组成，在项目中各有分工，其中项目总负责 1 人、项目组织管理 1 人、产业工程师 2 人、网络技术工程师 1 人、行政助理 1 人、商务助理 1 人。

五、服务成效

（一）通过国际工业分包服务平台，建立了采购商、供应商、专业服务机构网络，获取并整合了大量的资源

1. 采购商和国际商务机构网络。

SPX 西安中心利用参加国内外会展会议、外事机构及产业行业协（学）会活动的机会，采取政府协调、登门拜访和网络通讯多种方式，开拓联系国际采购商及有关机构的渠道，积累相关资源。中心先后与西门子自动化与驱动集团、Adidas 采购有限公司、固特异轮胎管理（上海）有限公司全球采购中心等国际知名采购商和联合国难民署（UNHCR）、联合国儿童基金会（UNICEF）、国际主流发包商联合会（RIOST）、美国工业转包协会（ASA）等多个国外机构建立了业务联系。截至目前，中心联系的国际采购商和国际商务机构有近 100 家。

2. 供应商网络。

供应商开发、建立企业产能信息数据库是国际工业分包服务体系及平台建设最基础的工作之一，与中心建立联系的有 1200 余家企业，经现场走访的有 200 余家，完成数据调查表 900 余家，集成供应商数据库的有近 1000 余家。

3. 专业服务机构网络。

为了在国际工业分包网络平台对供应商企业的服务过程中，切实使企业在产品更新换代、技术工艺改进、质量体系完善、管理水平升级、外贸业务拓展等方面达到外商要求，得到一些更专业的服务，中心与十余家业务相关知名专业服务机构建立了合作关系，以便在企业需要的时候，对企业进行专业的、更深层次的服务拓展。

（二）通过提供采购订单和合作信息，寻找和筛选当地适合的企业进行匹配对接。

到目前为止，从工发组织及采购商等多种渠道共获国内订单信息 106 笔、国际订单信息 281 笔，订单询价大于 3.6 亿美元。

（三）典型活动案例

案例一：工业分包大会匹配对接活动

2009 年，中心举办了西安国际工业分包大会暨国际工业分包与合作交流论坛。大会期间，组织的企业与国际采购商直接见面匹配对接活动，安排了外商与企业直接见面，组织多家国际采购商与本地企业进行订单匹配和合作信息交流。

参加大会的有国家商务部、科技部及省市领导，联合国工发组织国别代表处、驻中国投资促进办事处等国际组织和机构的特别代表和首席代表；参加大会的外商

代表和采购商有 IBM 采购（中国）有限公司、印度阿斯霍克雷兰德公司、印度 AMW 卡车公司、阿塞拜疆国家电力公司、奥地利驻华使馆商务处、捷克维特科维北京代表处以及多家国际知名的专业服务机构，与会的外商机构和企业代表合计达 115 人之多。参加大会的本地企业主要有陕汽集团、西飞集团、西电集团、黄河集团、咸阳彩虹集团等近百家省内各地市生产供应商，与会代表共计 400 余名。

由于中心前期做了大量的准备工作和精心的安排，在充分了解采购商需求的基础上，积极联络相关的供应商，深入调查了解供应商的生产技术条件和采购商的要求，对部分企业作了及时的拜访和现场考察，安排了二十多次匹配对接。匹配洽谈的近 20 多个项目中，绝大多数供应商都派出公司副总以上人员带队参加。经过采供双方企业面对面匹配对接商议，共签署了 6 个合同和合作协议，签约总金额达 2.64 亿美元。

案例二：开展跨地区产业转移信息合作，参加“欧盟—中国山西地区企业合作项目”对接会

2008 年 9 月 25 日至 28 日，“欧盟—中国山西地区企业合作项目”对接会在太原举行。对接会是由欧盟委员会和太原市政府共同举办的中欧企业间的经济技术合作活动。欧洲外商伙伴有：比—中经贸委员会、捷克共和国经济促进会、德—中经济联合会、法国里昂商会、意大利亚洲商会、波兰国家商会及 50 多家国外企业，国内有来自山西、陕西、内蒙、宁夏、甘肃等地区的 100 多家国内企业。对接会的重点是机械制造、煤化工、新材料、资源综合利用及相关领域的企业。

中心组织相关企业参加了对接活动。西安 × × 有限公司（生产硬齿面减速箱、机械传动高速齿轮箱等产品的专业生产制造厂）代表与来自比利时商会的官员、西班牙等国外的公司代表进行了匹配对接，并与外商建立了联系，初步达成合作意向。会后，公司副总经理表示，对接会使公司获得大量有价值的生产和市场信息，受益匪浅。该公司还主动邀请 SPX 西安中心帮其建立企业 ERP 系统（主要包括原材料管理、库存管理、财务管理、市场营销管理等）和 TS 16949 认证。SPX 西安中心了解到企业所在的经济开发区管委会在建立 ERP 等管理信息系统方面有资金扶持的政策后，及时向 × × 公司转达和指导，减轻了企业的经济负担，降低了企业的管理成本等。

案例三：为西安 × × 公司提供英国 × × 集团订单匹配服务

2009 年 3 月，SPX 西安中心接到英国 × × 集团公司发来的订单，表示需要在中国长期采购行程开关。中心在接到订单后，及时发布订单信息，经中心考察筛选，确定西安 × × 有限公司有合作意向，并且有能力生产该产品，遂将该企业推荐给采购商。采购商在对该企业信息作了初步审核后，表示认可该企业的生产能力，希望该企业能提供产品的报价。通过 SPX 西安中心多次与采购商及供应商对产品报价相关事宜沟通与协调，此有限公司提供了该产品的初步报价。采购商在经过多方对比后，表示接受这家公司的报价，希望此公司能提供相关样品，待样品测试通过后考

虑与西安××公司进行合作。但因为样品试制过程中的相关技术、模具费用等问题，没能达成一致，导致合作陷入僵局。SPX 西安中心及时与双方沟通，对供应商多次进行实地走访，并提出建设性意见。最终双方协定：采购商垫付所需的部分零件模具费，并提供现有产品外壳给供应商作为试制样品外壳，这样就节省了试制样品外壳的模具费。××公司也同意投入费用，试制该产品内部部件，利用采购商提供产品的外壳组成试制样品，交由采购商作样品性能测试。2010 年，SPX 西安中心已将该公司试制的样品寄发给采购商作性能测试。待测试结果出来后采购商与供应商将进行下一步具体合作事宜。

六、经验和体会

（一）政府的重视和支持

工业分包项目的开展受到了国家科技部、省科技厅、省商务厅、西安市科技局的帮助与大力支持，不仅在项目经费上给予了支持，借助政府的公信力和影响力，在宣传工业分包理念、引导企业参与国际产业循环起到了帮助。

（二）对项目实行了科学管理

按照国际 SPX 机构的规范要求，项目从开始实施到逐步深入，都要注意调查研究，制定切实可行的阶段计划，针对国际工业分包的特点和工作内容，着手制定出主要的工作流程，同时结合中国国情制定出业务规范标准，保证了对项目实施的科学管理和顺利开展。

（三）必须要拓展获取订单信息的渠道

工业分包工作主要是以订单为契机、以供需双方匹配对接进行合作为核心的服务，所以获取可靠的订单信息是工作深入发展的保证。只要有一定数量高等级的订单，就可以有效地吸引广大供应商企业积极参加工业分包，单纯靠组织宣传活动效果不会理想。

虽然联盟通过 SPX 西安中心与一些国际采购商建立了联系，也收到了一定数量的订单，但数量十分有限，订单来源的渠道仍不足；开发订单来源的渠道成本较高，时间也较长，人力成本投入较大。订单匹配的成功率较低。究其原因具体如下：

1. 订单信息本身可靠性不高，时效性低；
2. 采购商订单的要求太高，供应商很难满足要求；
3. 匹配的专业水平和技术手段有限。

（四）要继续探讨工业分包机构的经济获益方式

工业分包机构是一个公益性组织。联合国工发组织明确规定，在 SPX 中心提供供需对接服务时不能收取任何一方的佣金。工业分包机构可以通过对企业更深层次的服务来获取经济收益，但获取的方式还有待进一步探讨，使工业分包机构逐步完善自身的经济造血功能，进入良性循环。作为 SPX 机构，其经费来源不能长期依赖政府提供，然而订单匹配又不能收取中介费用，SPX 提供什么样的增值服务获取收入，或者可以借鉴哪些国家的运行模式，这是关乎今后 SPX 可持续性发展的关键问题。

案例提供单位：西安生产力促进中心

［案例三］

实施国际工业分包　助推区域经济发展

一、业务背景

目前，联合国工业发展组织在45个国家建立了近60个工业分包及合作交流中心。工业分包与合作交流中心（SPX）是联合国工业发展组织在世界各地推行现代工业分包合作伙伴关系的项目管理机构，是全球工业信息网络的重要组成部分。工业分包及合作交流中心是为主承包商、供货商及分包商之间进行工业分包及合作交流而成立的平台。它是一个非盈利产业组织，人仅在实际中成为工业分包项目供需双方相遇及规范有关实务的工具，而且还成为帮助供需双方特别是中小型供货商及分包商的理想交流平台。

国际工业分包是国际发包商将部分设备、零部件或原材料的生产或采购任务，给具备认可能力的分包商完成，并在其基础上形成最终产品的过程。2007年3月，由科技部牵头，中国区域与行业生产力促进中心成立了“国际工业分包与合作交流中国联盟”，它是推行国际工业分包与合作交流项目管理的全国性业务协作组织。联盟遵照联合国工业发展组织SPX项目的运作模式，面向中国中小型企业开展信息、技术、商务、展会等服务。目前联盟共有成员单位25家，覆盖航空航天、汽车零部件制造、化工装备制造、生物医药、日用五金、集成电路、软件、家用电器、服装、制鞋等行业。

二、业务内容

山东济南生产力促进中心作为国际工业分包与合作交流中国联盟发起人之一和国际工业分包的山东节点，在项目执行期内，致力于山东省工业分包体系的建设，借鉴全球工业分包及供应链网络的管理经验和技术，使山东省中小企业分享SPX平台获得的市场产品需求信息，在经济全球化进程中获得更多的赢利机会，从而提升山东省企业在全球供应链中的整体地位。

1. 通过与贸易主管部门、国际国内贸易集团、重点贸易网站合作寻求稳定的订单来源和贸易渠道。

2. 建立国际工业分包区域中心网络服务体系，使贸易对接简便高效。

3. 收集、分析、整理省内工业企业在产量和产能方面的各项信息、数据，并协助企业将标准化整理后的数据录入联合国工业发展组织统一的信息数据库。

4. 帮助省内企业寻找、确定对口的国际主流发包商或采购商，并把分包或采购订单分配给具备条件的本地企业。

5. 帮助省内企业形成协作系统或产业集群。

6. 向国际投资者推荐省内具有潜力的工业投资项目。

7. 帮助省内企业在原材料采购、最终产品服务的销售等方面，寻找、确定国内符合企业，促进企业商业性合作。

8. 帮助省内企业在提高企业管理、优化生产流程等专业技术领域，寻找、确定国内大专院校、科研院所及相关企业，促进企业技术性合作。

三、工作步骤和方法

1. 建立山东中心在全省各重点地区的联络分支机构，扎扎实实做好宣传培训工作，形成全省工业分包网络体系，实现全省国际工业分包工作体系的建设。

2. 加强与国际工业分包联盟间的密切合作与交流，充分发挥联盟优势，为采购商、供应商提供良好的对接服务，通过与兄弟联盟的交流取长补短，学习各地的先进经验和做法，促进联盟建设和发展壮大。

3. 树立示范企业，加强与山东大型企业集团在国内、国外贸易上的合作，充分利用大集团丰富的贸易经验和工作渠道，带动全省中小企业开展国际工业分包。

4. 借助省商务厅、省对外科技交流中心、市贸促会、市侨办、贸易网站、海外贸易公司等部门的贸易资源，抓好订单来源，拓展工业分包业务渠道，力争订单匹配对接有新的突破。

5. 加强硬件建设，做好山东中心企业产能信息数据库建设和完善山东中心工业分包网站的内容。

6. 不断完善组织结构和管理体系，创新工作激励机制，建立完善的工作业务流程，引进高端人才，提高队伍服务能力，为国际工业分包的顺利开展提供长效保障制度。

7. 加强业务学习，抓好分工协作，提高工作效率，落实年度工作计划。

具体流程详见图 2.1-4 和图 2.1-5。

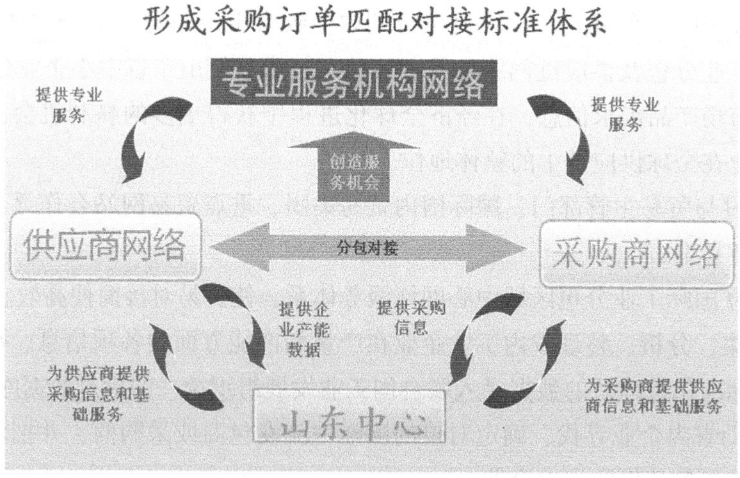

图 2.1-4　业务流程图

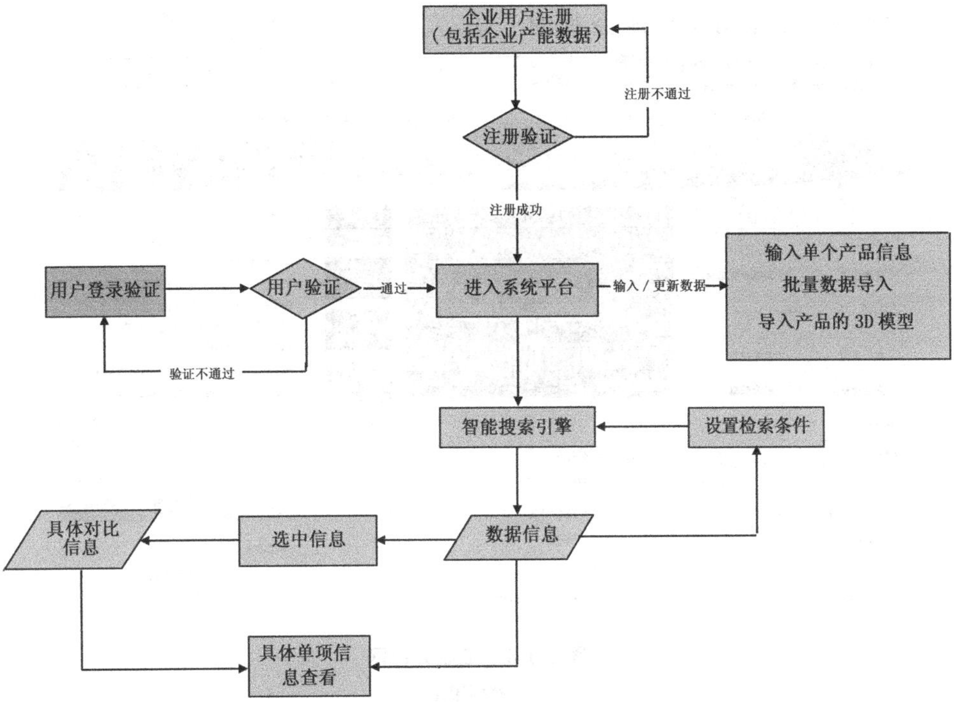

图 2. 1-5　网站流程图

四、服务团队

2007 年 5 月，中心组建了工业分包办公室，安排 5 名专业人员负责工业分包业务。2008 年初，中心按照科技部以及中国联盟会议精神，正式挂牌成立了“国际工业分包与合作交流中国联盟山东中心”，增加配备工作人员 10 名，分别由项目经理 2 名、商务助理 1 名、行政助理 1 名、产业工程师 4 名、软件工程师 2 名、咨询顾问 5 名组成，建立起了一支高素质、专业化的服务团队，各项工作开始步入轨道。同时，全省各市级生产力分中心和行业分中心也分别成立了办事处，确定了具体分管人员，形成覆盖全省的工业分包服务网络。图 2. 1-7 为区域中心网络体系图。

五、服务成效

1. 遵循国际工业分包与合作交流中国联盟（CSPX）运行机制与规范标准，建立山东省国际工业分包网络平台（山东国际工业分包网：www. cspx-sd. org，见图 2. 1-6）和标准企业产能数据库。目前，中心已经发展和培育了 4000 多家符合 SPX 标准的会员企业。

2. 整合各地市生产力中心、行业生产力中心的优势资源，借助济南都市圈技术转移联盟的成功经验，先后在淄博、济宁、青岛、泰安、烟台、威海、东营、省皮革等生产力中心设立试点单位，逐步建立工业分包山东服务网络体系。

3. 开展 SPX 知识培训，先后组织培训企业人员 1100 人，组织 200 余家企业参加了工业分包展会、论坛和商务座谈会。

例：2010 年 2 月 25 日，在山东济南生产力促进中心中厅会议室召开了“国际工业分包山东中心—美国 × × 集团合作洽谈会”。美国 × × 集团总裁作了题为“RV

图 2. 1-6　工业分包网

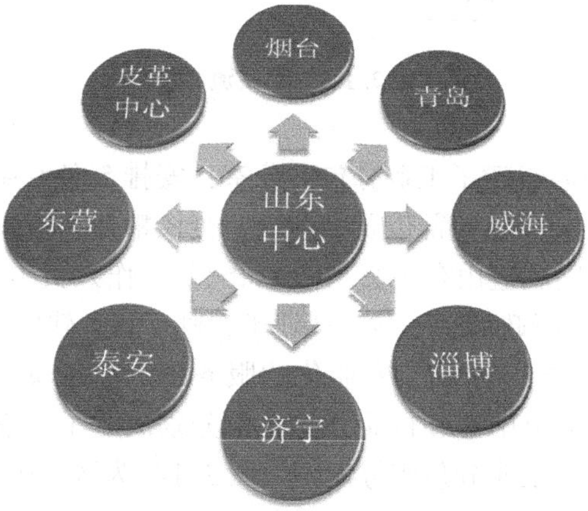

图 2. 1-7　区域中心网络体系图

in CHINA”的精彩演讲。介绍了当前美国房车业的发展状况以及房车业在中国未来几年房车发展前景，美国房车业的巨头们拥有大量房车生产、运营、管理及推广经验，迫切需要开拓新的市场，××集团作为美国商务部授意企业，希望借助山东济南生产力促进中心良好的服务品牌及国际工业分包中国联盟山东中心在山东境内庞大的企业服务会员，为美国房车企业在山东与本地企业的联合发展提供更好的帮助。会后，山东××有限公司、济南××有限公司等 4 家公司与美国××集团就房车在山东省内的发展签订了合作意向。

4. 借助省商务厅、市贸促会、市侨办、山东省对外科技交流中心、中国阿拉伯国家山东贸易促进会、部分国家驻国外领使馆经济参赞处等政府资源，整合国际著名贸易公司、国内知名贸易网站的优势资源，开拓国际工业分包的订单来源，为企业提供国际主流发包商的订单信息160条，并帮助企业与供应商的产能信息进行配对，累计成功协助企业获得订单金额6000余万元。

例1：通过与贸易公司开展良好合作，中心先后与济南嘉鸿进出口贸易公司、日本诏藤株式会社、澳大利亚中联集团、印度国家技术开发公司、香港生产力促进局、香港凯诺集团、香港利丰贸易公司等建立了良好的合作伙伴关系。济南××有限公司主要从事轻工业产品的出口，2009年底一批围裙订单发至国际工业分包办公室，数量约15万件，含三种不同规格的围裙产品。中心进行订单分析后，通过国际工业分包网站和各市区域中心的联系，收到德州、淄博、济南、济宁、威海等地的五家企业的报价，最终德州××服装有限公司和淄博××有限公司中标，总出口额120万元，成功帮助企业在金融危机时刻接收国际订单业务，摆脱了企业困境。

例2：2009年3月，中心接到日本诏藤株式会社的贸易采购意向，采购产品有桐木面板、衣柜桐木支架等。货物采购量为每年5个货柜，约100万元人民币。中心通过网络匹配对接，联系组织了4家生产企业进行了产品报价，并把厂家的生产能力、车间生产情况照片发往采购商，最后确定由山东××公司和青岛××公司提供产品样品，发往日本采购厂家。经过几次价格磋商，确立了基本价格，日方公司总裁亲赴大陆考察厂家，最终确定由××木业有限公司供货。

例3：2010年初，中心在与××集团合作开展工业分包业务工作过程中，了解到集团当时所需的部分采购信息，于是在第一时间对订单信息进行了整理和发布。采购订单内容包括：fx16－7型防水连接器，cy401系列、y50ex系列航插，48vdc马达，24vdc线圈，非接触式感应器，纸币识别控制单元、票卡回收和发售单元，计算机散热片、扇门等，共计7大项。涉及采购金额约合人民币1130万元。采购订单信息进行网上发布后，先后收到中国联盟区域中心及省内不同地区的十几家企业的来电咨询。通过匹配筛选，中心根据以往工作经验向该集团提供了7家企业名单，由企业集团再进行了进一步的核实和技术交流，并进行了企业集团的采购招投标程序。经过中心与集团的紧密合作，其中的两项订单已经签订合同并完成交易，实现贸易金额830万元人民币。

六、经验和体会

（一）与政府贸易主管部门携手，开展工业分包

通过与省商务厅、市贸促会、市侨办、山东省对外科技交流中心、中国阿拉伯国家山东贸易促进会、部分国家驻国外领使馆经济参赞处等政府贸易主管部门的联系和沟通，建立起良好的合作伙伴关系，为国际工业分包的订单来源提供了稳定渠道。仅市侨办及市贸促会就提供了离合器、玉米、辣椒、电动车、海水淡化设备等100多项采购订单。

（二）牵手国际贸易公司，打造分包模式

中心与澳大利亚中联集团及日本诏藤株式会社、英国ywschinrect贸易公司、美国全速达集团、旅英工程师协会等国外贸易机构进行合作，拓宽了订单信息渠道，为企业带来更多的商业机会。先后发布了吸尘器、面膜、童装、汽车发动机、木雕艺术品、广告器材、聚乙烯、石墨化石油焦等各类采购订单信息60余条。

（三）加强与国内贸易网站的合作，开拓更多的合作渠道

通过中心与贸易中国网、中国贸易网等贸易网站加强了沟通与合作，使订单来源更加丰富和多元化。

（四）与大型集团的合作，扩大国际工业分包业务规模

通过和浪潮、济南二机床等大型企业集团合作，借助与大集团长期协作的零部件供应商网络，丰富了中心在零部件配套方面的厂商信息资源。同时，中心还接到众多国内需求订单，做到国内、国际相结合，提高了区域服务网络的利用率。

（五）发挥联盟优势，更好地做好节点工作

联盟单位都有不同的重点行业和资源优势，借助联盟优势，加强快捷的信息沟通，实现联盟间国内外订单交流，为企业提供快速、广泛的信息资源服务。

案例提供单位：山东济南生产力促进中心

[案例四]

科技项目服务外包　给力中小科技企业

一、业务背景

沈阳高新技术生产力促进中心，自成立以来，面向中小企业提供多项科技中介服务，科技项目外包服务是中心重点服务业务之一。通过对中小企业的走访、调研，中小企业在项目管理中主要存在以下几方面不足：

1. 由于大多数中小企业缺少项目专门管理人员，企业项目无人管理，没有专门的项目管理部门进行专项管理、建档、设账、进度、流程等，同时，普遍存在对科技项目的财务列支不规范、使用不合理等诸多问题。

2. 中小企业大多忙于生产、销售等环节，对科技项目管理无暇顾及，心有余而力不足。将项目外包给专业化服务团队，通过这样的简单分工，发挥各自特长，实现共赢。

3. 多数中小企业不会管理科技项目，不清楚中小企业扶持政策以及项目申报时间、程序、要求，不会写项目申报书、可行性研究报告，对中期检查、结题验收束手无策，表现为慌乱不已。

4. 项目管理成本高、效率低，若企业自身设专人管理，成本支出约 5 万元。而且涉及可研报告撰写等问题时还要请专家来做，费用不菲，时间也不一定能够得到保证。

因此，中小企业对科技项目的申报、材料组织、中期审查、验收、经费列支、管理等各个环节存在迫切需求，急需为其提供系统化的科技项目外包服务，来指导、帮助其更好地实施科技项目。中心正是根据中小企业所面临的实际需求，积极开展了科技项目外包服务。

二、业务内容

科技项目外包服务的主要业务内容如下。

（一）政策信息服务

向中小企业提供扶持政策、科技计划（国家、省、市、区科技计划）以及知识

产权维护等信息服务。主要包括《关于促进高新技术产业带发展的政策》《关于促进科技企业孵化器发展的政策》《促进企业服务外包产业发展的政策》《沈阳市支持企业发展促进经济增长若干政策》《关于加强工业企业自主创新的政策》《关于实施重大科技专项的政策》《关于加强沈阳市科技工作中知识产权管理的若干意见》《促进科技成果转化的政策》《关于科技型中小企业技术创新和省专项配套资金的政策》《辽宁省自主创新产品认定管理办法》等。

（二）项目组织策划

对企业的科技成果、产品、技术等进行研究、分析，筛选出有价值的科技项目，并组织企业成立项目组，开展各项相关工作。根据企业产品、技术、市场等特点，结合各类科技项目的要求，有的放矢地开展一对一服务，对企业发展和项目申报指南的变化进行跟踪和预研，减少企业的工作负担，提高工作效率。

（三）编制项目可行性研究报告

利用中心的人才和专业知识，组织企业技术、财务、生产、销售等相关人员，共同参与编写可研报告，协调企业内部关系。进行包括市场分析、技术性能指标、创新度、生产条件、经费筹集、人员保障、财务分析、风险规避、环保分析、未来前景预测等方面的系统阐述。可行性研究报告编写的质量直接影响到项目专家的评审结果，关系到立项与否及资助额度，中心专业人员具有丰富经验和专业知识，可为企业提供高质量的可研报告，编制合理可行的财务预算、资金使用预算明细。

（四）填写项目申报书

项目申报需要在线申请注册验证，在线填写项目申报书、项目进度表、人员分工、课题分工，编制财务预算书，签订课题任务书等。此项工作需要一定的文字功底和细心，有时比较烦琐，还需要一定的经验和较丰富的相关知识。有时企业为了申报成功，夸大技术经济指标，造成验收时出现困难，填报申请书还需要一定的技巧。

（五）项目中期检查与验收

按项目实施节点安排，做好每一阶段项目实施进展检查、总结，及时提示和说明相关进展和要求。组织联系专利申请，核对技术指标和经济指标。项目经费需要单独立账，专款专用，收入和支出明细要清晰可查。尤其对于自筹经费部分，提示要及时拨付到位，便于项目审计报告的顺利通过。项目对财务经费支出情况、技术研发进展、市场研发情况等进行详细记录，总结企业阶段工作进展和经验，并指出下一阶段的任务和要求，指导企业形成知识产权或科技成果。

按照不同的计划要求编制项目最终报告书，总结项目完成情况、技术创新点及科技成果、财务决算等，配合企业做好项目资料审查、项目财务审计和验收工作。

三、服务团队及工作分工

1. 服务部门：项目咨询部负责市场开拓及任务分解、服务团队组建、专家协调，计划制定和检查以及项目完成情况的审核和内部验收。

2. 服务人员：由 3 ~ 4 人组成，项目管理 1 人，负责项目全面工作，为项目第一责任人，对项目作出总体安排、实施、指导直至项目结束；产业工程师 1 人，负责该项目的专业技术统盘；财务专家1人，负责项目的有关资金、财务分析、项目经费预算书及项目账务管理等内容；经营管理工程师1人，负责项目信息、策划及管理方面的内容。

四、服务流程

（一）企业洽谈

对中小企业进行实地走访，阐明服务模式、服务内容和预期效果等。重点服务于沈阳高新区企业尤其是中小科技型企业，普遍具有效益好、前景好、市场好、信誉好的特点。对于前期有过其他合作或通过相关人员介绍的企业，谈判起来往往效率较高，能够顺利开展后续工作，降低交易成本。

（二）企业分析

对有服务需求意向企业的现有技术状况、经营状况、企业发展前景、经营团队情况进行系统分析，确定服务价值。一般采取“一对一”服务模式，不同企业需求不同，由专门人员从头至尾跟踪服务，与企业建立深厚联系和情谊，便于业务开展和绩效考核。浑南新区各类中小企业将近6000余家，科技型企业3000余家，规模以上企业将近500家，而且随着“十二运”的日益临近、沈阳市行政中心的南移、沈阳高铁南站的建设等，高新区基础设施进一步完善，城市功能进一步提升，越来越多的国内外企业尤其是高新技术企业源源不断地到高新区安家落户，科技外包业务的市场不断扩大。

（三）确定服务内容

对企业提出的需求，进行归类、处理，形成服务条款。对于合理合法的需求一定要重视，对于有能力完成，则要保质保量按时完成；如果没有把握的事情，则要慎重处理，不能随便答应，若不能兑现则会影响双方合作。对于不合理要求，则要讲明利害关系，不能做违反原则的事情。

（四）组成服务团队

根据项目服务需求内容、所属领域等情况，成立服务团队，并与企业进行沟通、最终确定。服务团队成员负责人主要由中心咨询部人员牵头，吸纳中心人员和项目专家库成员，根据业务类型、专业知识和需求情况来确定初步人选。在进行沟通后，上报主管领导审批，然后即可开展工作。

（五）签订服务合同

对达成一致意见的企业签订年度服务合同或多年服务合同。一般服务费用3万元，付款方式采取灵活多样的方式，可以年初一次性付清，也可以先付80%，另20%年末付清。

（六）服务实施

对签订服务合同的企业认真履行合同条款，每个企业确定1名联络员进行信息沟通，以保障服务效果。一旦签订合同后，要保质保量按期完成各项任务要求，并且建立服务档案，主管领导不定期检查，督促项目服务人员做好企业咨询服务工作。

五、服务对象

1. 创业期的中小企业：登记注册在36个月以内的中小企业。

创业期中小企业由于处在初创期，企业各种业务繁杂，业务沟通、市场开发任务繁重，人员有时还需要磨合，迫切需要具有项目管理经验的人员进行指导和协调；同时初创企业需要的资金量偏大，对于政府财政资助资金十分渴求，兴趣浓厚，利于合作。

2. 科技型中小企业：从事电子信息、先进制造、生物技术等企业。

科技型中小企业技术基础较好，技术含量较高，创新点明确，科技成果突出，立项成功率较高，也是关注的重点服务对象。

3. 科技人员创办企业：由大学、科研院所、海外学子等创办的企业等。

诸如：沈阳××科技有限公司、沈阳××技术有限公司、沈阳××高技术有限公司等一批企业是由科技人员创办的，这些企业的管理团队素质较高，信誉高，技术含量高。企业发展潜力较大，合作比较顺利。

六、服务成效

（一）项目立项成功率高

国家创新基金以及省、市、区科技计划立项成功率高，每家企业平均每年至少有一个项目立项。有的企业连续获得资助，企业发展获得了很大的支撑，同时也为合作奠定了良好基础。

（二）项目验收100%合格

由于项目切入点选择准确，技术经济指标恰当，财务资金使用合理规范，全部项目均完成了合同书规定的内容和考核指标，全部通过各级验收。其中30%左右的项目还获得了包括辽宁省科技进步奖在内的各类省市奖励。

（三）提升了企业项目管理水平

申报项目不是目的，而是通过项目资助促进企业技术水平、研发能力和创新能力的提升，通过项目实施促进经营管理水平和竞争力的提高，也促进了企业的规范化管理、标准化管理水平的提高。

（四）为政府有关部门工作提供了方便

通过指导和服务，规范了企业验收资料和辅助证明材料，便于验收专家组的验收工作，清晰明确了科技管理部门的要求，使验收材料完整齐备，提高了验收效率，减少了科技管理部门的工作量，提高了工作效率。

（五）形成了长效合作机制

企业通过项目的实施，圆满完成了合同规定的内容和指标，按期保质保量完成项目，树立了良好形象和信誉。科技管理部门对新项目也愿意继续资助具有良好信誉的企业和公司，形成良性循环。同时也会延长技术链条，提供更加广阔的政策扶持和资助。

（六）经济、社会效益显著

中心对每个企业每年收取服务费3万元，经济效益显著。同时，还为被服务企业节约一定的成本支出，争取一定数额的国家项目拨付经费，促进了中小企业快速、健康发展。同时企业尤其是初创期科技型企业，不断做大做强，扩大市场占有率，吸纳大量人员就业，取得良好的经济和社会效益。

七、经验和体会

1. 通过帮助企业做创新基金项目咨询、高新技术企业认定咨询服务，引出了企业的专利服务、管理服务的需求，上一个咨询项目成为下一个咨询项目开发市场的钥匙。

2. 先公益后市场，交朋友、成伙伴侣。服务要着眼长远目标，首先面向潜力大、发展意识强的科技型中小企业提供1～2年的公益性服务，使其感动。像沈阳××激光集团、沈阳××环保科技有限公司等一批中小企业经过几年的相处，把与科技有关的咨询工作交给中心，形成了企业科技项目咨询服务外包业务。

案例提供单位：沈阳高新技术生产力促进中心

第二章　研发设计

研发设计是为研发制造产品所进行的设计，它包含产品外部和内部设计的整个过程，对产品的外观和性能、生产技术的发挥以及品牌建设产生最直接的影响。研发设计作为产品全生命周期的前端环节，是产品生产制造的指导书，是体现企业竞争力的关键。成功的研发设计是新技术创新的源泉，能让产品在激烈的市场竞争中脱颖而出，企业在竞争中处于有利位置。随着市场经济的全球化发展，发展研发设计已成为企业转型的重要战略。

在经济全球化日趋深入、国际市场竞争激烈的情况下，产品的国际竞争力将首先取决于产品的设计开发能力。由于研发设计在产业振兴与发展中的特殊地位和作用，许多国家已经把它作为国家创新战略的重要组成部分。为了加速该产业的发展，许多国家设置专门的管理部门，投入巨大资金，并在产业政策上给予扶持。发达国家的实践表明，产品研发设计已成为制造业竞争的源泉和核心动力之一。

［案例一］

创新产品设计服务　增强中小制造企业能力

产品设计服务是指根据企业需求，应用各种先进的设计技术和理念，协助企业开展产品创新过程中的各类设计活动。(为免泄密，案例图片为处理后的示意图)

一、业务背景

重庆是我国重要的工业基地，汽车、摩托车、医疗器械、机电仪表等为传统支柱产业。近年来重庆电子信息产业发展迅猛，已经成为新兴支柱产业。因此，重庆聚集了大量的中小制造企业，对产品设计服务的共性需求非常广泛。

1. 重庆的制造企业以前“重制造而轻设计”，产品仿造现象严重，采用“薄利多销”的发展思路。随着市场竞争日益激烈，劳动力成本不断提高，重庆的制造企业已经意识到产品设计的重要性。重庆企业的产品设计思路正在从单纯的模仿抄袭，逐渐向产品原理设计、原创设计发展；从对产品局部的小修小改，向全新的系统化的具有完全自主知识产权的产品设计发展。

2. 重庆地区制造业中小企业技术水平发展很不平衡，由于长期注重制造，在产品制造工艺等方面具有较强的技术基础。然而，在包括设计软件、设计人才等方面在内的设计资源配置上相对处于弱势。对重庆而言，优秀的设计人才短缺、设计理念滞后、设计技术手段相对落后的现状还没有根本改变。

3. 对于中小企业而言，如果每个企业都根据自己的需求引进相应的设计开发技术，除高额的一次性投入外，还需要用较高成本维系设计开发团队，而本企业的产品开发任务往往无法将人力资源效力最大化，增加了企业的管理难度和成本压力。因此，企业对产品设计服务外包的需求强烈。

重庆激光快速原形及模具制造生产力促进中心（简称 RP 中心），是为中小制造企业的新产品开发提供专业技术支持的中心。用高技术手段为重庆的中小制造业企业的产品设计提供专业技术服务是 RP 中心的一个重要业务领域。产品设计的主要服务内容包括创意设计、油泥模型制作、三维 CAD 设计、逆向设计、产品三维检测等技术服务，可为企业提供由产品创意设计到产品样件试制前的全套解决方案。经过多年建设，中心不断完善技术服务能力，基本形成了产品造型设计、结构设计、智能检测的产品创新设计服务链。

二、业务内容

根据服务对象的需求，RP 中心开展的产品设计技术服务可从设计链的各个环节入手，为客户提供各种产品设计服务，主要包括以下几个内容。

（一）产品创意设计服务

在产品详细设计之前，对产品进行创意、总体的定位，为企业提供产品的初步方案设计，包括产品的形态设计等。RP 中心的服务内容为：工业设计师结合客户要求，进行产品概念创意，应用各种工业设计软件绘制产品平面或三维效果图（数字模型，如图 2.2-1 所示）作为产品造型设计方案，并可提供多套方案供企业选择；还可根据需求，将效果图按比例制作成产品油泥模型，为企业提供更加直观的设计感受。

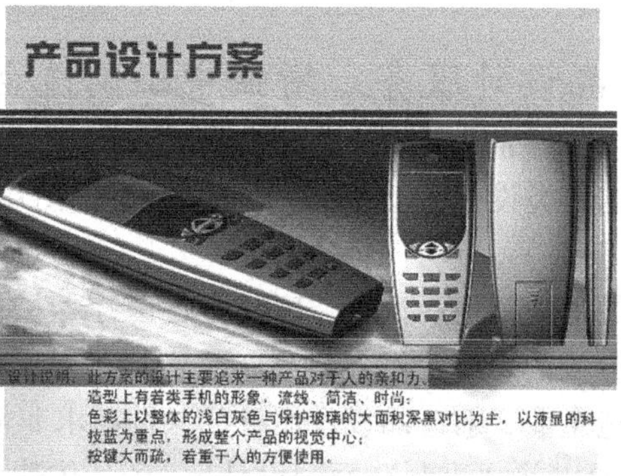

图 2.2-1　产品效果图设计方案

（二）产品三维设计服务

产品三维设计是在前期概念设计方案的基础上展开的，为产品的生产制造提供全部的详尽的技术数据，包括结构设计、工艺设计等。中心工程师采用三维 CAD 软件，在计算机数字化环境中完成设计，并在虚拟环境中进行虚拟装配、运动分析等仿真分析，最终形成数字样机。常见的产品三维设计模式主要有两种方式，也是中心开展的两种主要设计服务。

1. 正向设计。工程师运用自己的专业知识，根据产品的各项技术要求，应用设计软件（三维 CAD 软件）直接进行产品外形、结构等设计工作，建立产品的数字化模型。主要应用于结构产品的设计。见图 2.2-2。

图 2. 2-2　齿轮结构设计

2. 逆向设计。逆向设计是根据已经存在的产品实体模型，反向推出产品设计数据（包括设计图纸或数字模型）的过程。在实际服务当中，中心采用扫描仪等三维数据采集设备采集产品实体模型数据。由逆向设计工程师对采集数据进行重构，根据产品要求进行结构再设计。逆向设计在模具领域应用广泛，多应用于产品外形的设计开发。见图 2. 2-3。

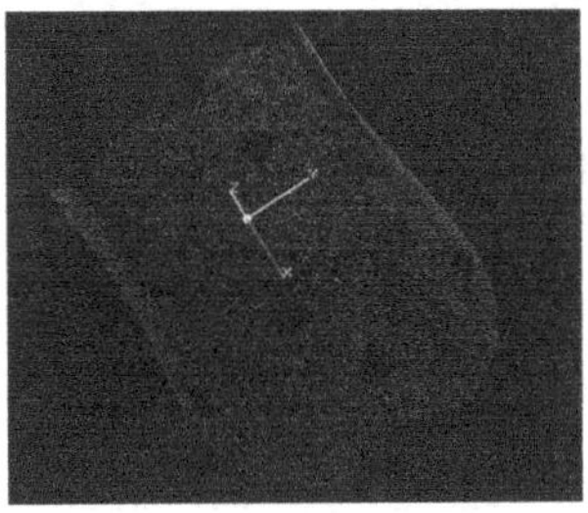

模型点云

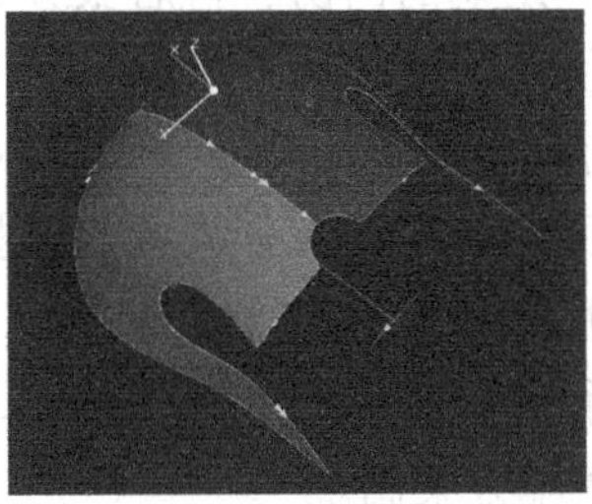

CAD 模型

图 2. 2-3　某产品逆向造型设计过程（示意）

（三）产品三维智能检测分析服务

企业提供实际工程样件和产品的三维数据，应用扫描仪或三坐标等数据采集设备，采集产品工程样件的实际三维数据，向企业提供检测数据。根据企业不同要求，中心专业工程师可结合分析检测软件将工程样件的实际检测数据与设计数字模型进行比对，出具产品检测误差分析报告（色温图），如图 2. 2-4 所示。

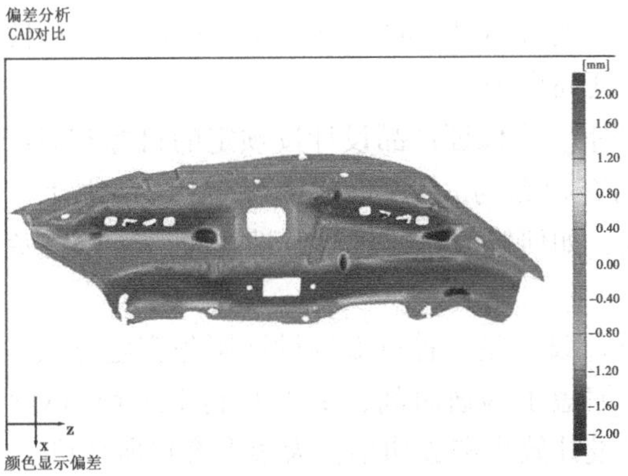

图 2. 2-4　产品检测误差分析报告（示意）

三、工作步骤和方法

开展产品设计服务的主要过程分为获取服务需求信息、客户需求分析、实施方案制定、项目实施4个环节。

（一）获取服务需求信息

获取服务需求信息是开展技术服务的先决条件，RP中心获取服务信息的两种方式是“宣传自己”“了解企业”。

宣传自己——通过走访企业、参加展会、建立网站等各种方式向企业展示自身的技术能力和设计理念。实际上，以往成功的服务案例是建立企业合作信心的关键，是最见成效的宣传“广告”。多年的技术服务，中心与大量企业结成了技术合作伙伴，很大一部分服务需求是客户主动提供的。

了解企业——作为服务提供方必须对服务对象有深入的了解，才能及时了解企业的技术需求。开展与客户之间的定期交流是RP中心了解客户的重要方法。这种交流主要以不定期的回访、售后服务等形式展开。

（二）客户需求分析

在接到客户的需求信息后，需要对其进行深入分析，为制定实施方案提供依据。产品设计方面的客户需求分析主要包括企业技术要求、输入技术条件、产品设计目标、产品所用材料及生产技术等方面。同时还需要对中心的技术能力、社会资源情况等方面进行分析，以确定实施方案。

（三）实施方案制定

RP中心在开展产品设计服务过程中，按照产品设计流程，根据客户产品不同需求量身制定项目实施方案。实施方案主要包括设计技术方案，投入的硬件、软件及人力资源，确定各个设计环节的时间节点。详尽科学的实施方案是后期项目实施的重要保障。

（四）项目实施

为确保产品设计服务项目的顺利实施，RP中心一般采用以下方式组织实施设计项目。

1. 成立项目小组。产品设计过程需要考虑多方面的要求，需要多名专业工程师的配合，因此必须成立项目小组，明确负责人。负责人严格按照项目实施方案组织成员之间分工协作，共同推进。

2. 各阶段进行评审。为保证产品设计按预定的目标和时间进行，必须定期开展设计评审（包括邀请客户参与），评审的内容包括：阶段性任务的目标是否达成，设计的结果是否合理，如何修改。通过阶段性评审，可以避免设计结果的偏移和不必要的返工。

3. 驻厂设计。驻厂设计是一种有效的设计服务实施方式，它提高了与客户工程师之间的沟通效率，缩短了沟通时间，更加有利于工程师对产品设计要求的理解。此种方式大大提高了设计效率和成功率，为很多客户所认可。

此外，通常在产品设计完成后需要进行样件制作来验证设计的合理性，检查设计失误，为设计整改提供依据。通过验证样件来进行设计定型已经成为产品设计的必需环节。

(五) 产品设计开发基本流程图

新的产品设计理念中，设计必须考虑人的生理、心理需求，在进行产品的功能、性能、形式定位的同时，还必须考虑材料、技术、结构、工艺、形态、色彩、表面处理、成本、市场宣传等因素，这才是真正意义的产品设计，也就是工业设计。现代产品设计开发过程可以用图 2. 2-5 表示。

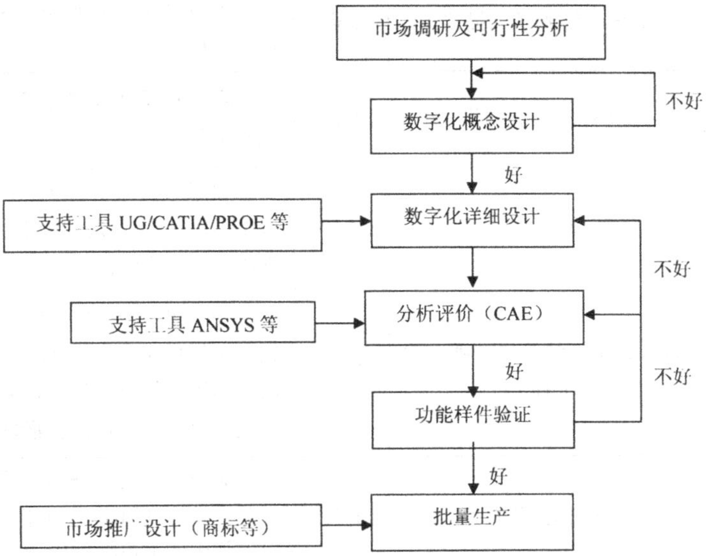

图 2. 2-5 产品设计开发的基本流程

此设计过程是“由外及内，内外兼顾”的思维方式，即从消费者的生理、心理需求出发，围绕市场展开产品设计，由市场决定产品。中心在为企业提供设计服务时会建议并协助企业开展产品市场战略研究，使产品定位更加准确，是提高设计成功率和附加值的重要保障。RP 中心正是按照此设计理念，根据具体产品、具体客户需求开展产品设计服务的。

四、服务团队

RP 中心开展产品设计服务的团队成员主要是利用各种先进的设计手段，为企业提供产品创意设计（平面/三维效果图）、逆向设计、产品结构设计、油泥模型制作、三维智能检测等专业技术支持，协助企业有效地开展产品设计活动。团队中既需要有创新灵感的年轻设计师，也需要经验丰富的高级工程师，团队人数有 10 余人。在此将中心进行产品设计服务的团队结构和软硬件资源情况作一下介绍。如表 2. 2-1 所示。

表 2. 2-1　　产品设计服务团队与软硬件资源结构

资源配置		数量	备注
软件系统	IDEA－S、Imageware 等		CAD、逆向设计软件
	PhotoShop		平面效果图软件
	Rhino		三维工业设计软件（CAID）
硬件系统	ATOS 三维光学扫描仪	1 台	三维数据采集检测设备，可应用于逆向工程
	三坐标划线检测机	1 台	三维数据采集检测设备，可应用于逆向工程，测量范围 2m×3m
人力资源	工业设计师	2 名	工业设计专业，熟悉专业软件，具有 4 年以上专业设计经验，本科以上学历，工程师职称
	逆向设计师、结构设计师、检测工程师	7 名	机械工程类专业，熟悉专业软件，具有 3 年以上专业设计经验，均本科以上学历，其中 2 名研究生学历，2 名高级工程师。另有 2 名兼职教授
	油泥造型师	1 名	工业设计专业，熟悉油泥模型制作工艺，具有 4 年以上工作经验，本科以上学历，工程师职称

五、服务成效

重庆 RP 中心多年来在产品设计过程中引入开展产品市场战略研究的理念，并通过运用数字技术产品设计方法改变了传统产品设计的方法。中心服务的中小企业涉及机械制造、汽车、摩托车、仪器仪表 、家用电器、工艺美术等 20 多个行业，直接服务中小企业数百家，积累了丰富的产品设计服务经验，取得了良好的效果。

（一）深化企业对产品设计重要性的认识

通过与 RP 中心产品设计合作，中小企业尝到产品设计的甜头，对产品设计的重要性有了进一步的认识。

例：2008 年，重庆××生物科技公司与 RP 中心联系，希望 RP 中心帮助其设计一系列产品，打开国际市场。RP 中心工程师详细了解了该公司的产品领域和目标市场——重庆××生物科技公司需要在美国市场推广其毒品测试器、早早孕检测仪等产品，外商要求这些产品的外观设计必须符合要求，产品批量要求月供 5 万套。RP 中心承担了该公司这些产品的创意和结构设计。根据要求中心制定了由创意设计到设计验证的一系列技术方案，并逐一实施。RP 中心为重庆××生物科技公司设计开发了毒品测试器、早早孕检测仪等 5 种产品的造型备选方案。最终，该公司用其中一种方案在竞争中获胜，取得了供货商资格。通过此次合作，中心取得了信任，建立了长期合作伙伴关系。

（二）协助企业树立品牌形象，开拓市场

例1：2010年，重庆某摩托车企业向重庆RP中心提出了需要在45天时间里完成一辆参加首届中国国际摩托车暨零部件交易会展览车的要求。企业希望通过此次参展，推广自己的品牌，并向外宣传企业的新产品开发实力。因为是参展车型，要求模型车三维造型设计必须线条流畅，如实反映工业设计师的意图，零部件结构满足强度需求和装配需求。RP中心接到任务后，立即组织相关工程师制定出从油泥模型制作、三维扫描、逆向设计、产品结构设计、结构仿真分析的设计方案，明确了项目负责人及项目实施节点，绘制了项目甘特图。中心应用三维扫描、逆向设计、三维结构设计等技术手段，派工程师进驻企业，与企业工程师共同开展设计工作，严格按照时间要求完成了此款模型车的设计任务，此车型在展会取得了良好的效果。

例2：2008年，RP中心为某企业开发的一款热辐射理疗仪进行产品设计服务，协助其成功打入了欧美国际市场。该企业拥有此产品的核心技术，并且经过竞争后代理商也有意合作，但必须设计出符合国际市场要求的造型，并提供功能齐全的样品。获得需求信息后，RP中心主动与该企业联系，承担了此项设计任务。按照要求，中心为该款产品进行了产品造型设计，在得到新加坡国际代理商的认可后，对产品进行了结构设计，并采用快速成形、快速模具的技术手段制作了功能样件，这一样件得到了外商的认可。在国际市场疲软的情况下，该企业凭借对此产品的全新设计，成功打入了欧美市场。

六、经验和体会

（一）深入了解企业，洞察市场先机

服务需求信息的获取是开展技术服务的先决条件，没有需求也就不存在服务。要想获得服务需求信息就必须深入企业，贴近行业，了解企业在干什么、行业发展方向是什么。在进行产品设计服务的过程中，必须经常与企业的相关人员进行沟通，了解企业的动向，同时要多方收集信息，了解市场动向，才能捕捉到新产品设计需求。

（二）保持紧密沟通，充分理解客户需求

产品设计是对客户设计思想的表达，是将一种无形的概念转换为实体的过程，所以深刻理解客户的设计要求是设计出合格产品的前提条件。如果不与客户保持密切的沟通，很容易错误地解读客户想法，结果设计出不能满足要求的产品，最后前功尽弃，延误项目执行进度。因此除了在设计前与客户进行密切沟通外，设计师驻厂、邀请客户参与各阶段评审都是较好的沟通方法。

（三）完善保密措施，多方防范泄密

产品设计不但关系到一种产品的市场推广的成败，甚至关系到一个企业的生命。外观设计作为一种使产品快速占领市场的有力武器，也是最容易被模仿抄袭的一种设计，因此必须制定严格的保密措施，加强管理，防止设计泄密事件的发生，这也是能否赢得客户信赖的关键因素。在设计过程中，必须加强保密管理工作，如计算机禁止上外网、拷盘统一管理、对设计师加强保密教育等。

（四）组织项目小组，协作推进设计实施

新产品的设计开发服务是一个复杂的服务过程，涉及的技术环节很多，需要多方面的技术人才协调开展工作。能否顺利地组织实施项目是保证产品设计开发质量和进度的关键。组织成立项目小组，明确负责人，由负责人协调各类资源，按照制定的各时间节点要求组织项目实施是顺利推进产品设计服务的有效方法。比如整车的设计，除考虑外型是否符合消费者的要求外，还要考虑其结构是否满足与其他零部件的装配要求等，这些都需要不同的专业设计师共同协作完成设计，通过组建项目组，应用现代项目管理模式，有序推进项目的实施。

案例提供单位：重庆激光快速原形及模具制造生产力促进中心

[案例二]

设计创新引领产品制造　工业设计支撑产品创造

一、业务背景

当前，创意产业已成为很多国家今后的产业发展方向和新的经济增长点，工业设计以其独特的魅力在创意产业中占据着重要地位。随着国际、国内市场竞争日益激烈，越来越多的国内企业意识到工业设计自主创新是提升产品竞争力，提高企业盈利能力的重要手段。推广工业设计技术，变“中国制造”为“中国创造”，创中国设计的品牌，可以作为当前推进科技创新的一项主要措施。之前有的企业只是看重产品的功能性，外形结构单一、色彩不具产品特点，忽略了产品的包装、造型、色彩对产品的重要性；有的企业只是模仿或者复制国外的成熟产品，丢失了企业产品自身的个性。随着相关生产要素成本不断上升，很多工业企业已经开始从简单的加工装配转向工业设计制造和品牌培育。这就需要企业有自己创新的产品，有自己的品牌效应，才能提高企业的竞争力，在市场中站稳脚跟。因此现在越来越多的企业开始重视工业设计，认为工业设计从视觉效果上，可以很好地突出产品的自身特点。但是一些企业从资源上、资金上、专业上存在着困难，尤其是经验方面不足，在产品的设计上会遇到很大的“瓶颈”。

设计是一个前沿性的创新工作，不仅要求设计师在设计的流行趋势和设计方法上有前瞻性的理解，也要求设计师对现有的加工工艺、材料以及新型的加工工艺、材料、电子技术的应用与拓展，新型的技术应用，产品的市场分析和定位等方面，也要有一些了解和认识。

通过调研了解到中小企业的产品开发项目少，自行配备设计人员从资金和资源方面都有一些困难。天大银泰快速制造生产力促进中心着手工业设计这方面的业务后，帮助解决企业在设计开发时遇到的困难，关注各种信息的资讯，了解企业的产品特点，从市场调研开始，了解市场导向，帮助企业完成从产品设计到产品快速成形样件一体化的服务。

二、业务内容

天大银泰快速制造生产力促进中心致力于在天津及邻近地区推广工业设计技术，建设支撑工业设计行业发展的共性技术服务平台，以工业设计的推广促进区域经济创新。中心以多种激光快速成形工艺的综合应用技术为核心，向上游拓展到光机电产品开发、工业设计、CAD 设计、强度和流场计算、光弹应力分析、快速测量和逆向工程设计，向下游拓展到快速制模、快速铸造和数控加工技术，实现了数字化新产品开发过程的 CAD/CFD /CAE/ CAM 技术集成及产品优化设计。

（一）工业设计

设计一个产品，不仅对产品自身的造型有更高的追求，还要了解产品的结构、材料、工艺、可实现性、产品自身的特点和市场的需求定位以及产品的文化内涵。根据设计产品行业，从市场调研开始，设计出一款产品平面效果图和三维效果图，然后是内部结构设计，通过快速成形完成产品首件样品，中间还要有多次修改、小批量产品的试销，最后产品定稿。

（二）逆向工程

逆向工程技术对设计产品的设计创新有着巨大的贡献。逆向工程，有的人也叫反求工程。它是研究实物 CAD 模型的重建和最终产品的制造。狭义来说，三维反求技术是将实物模型数据化成设计、概念模型，并在此基础上对产品进行分析、修改及优化等技术。有的客户就是要在现有的产品上作相应的改型设计，这时就需要逆向技术将产品实物模型数据转化成三维数据模型，在此基础上进行设计再创新。

（三）快速成形

快速成形（RP）技术是 20 世纪 90 年代发展起来的一项先进制造技术，是为制造业企业新产品开发服务的一项关键共性技术，可以在无须准备任何模具、刀具和工装卡具的情况下，直接接受产品设计（CAD）数据，快速制造出新产品的样件、模具或模型。对促进企业产品创新、缩短新产品开发周期、提高产品竞争力有积极的推动作用。

三、工作步骤和方法

工作步骤和方法详见图 2. 2-6。

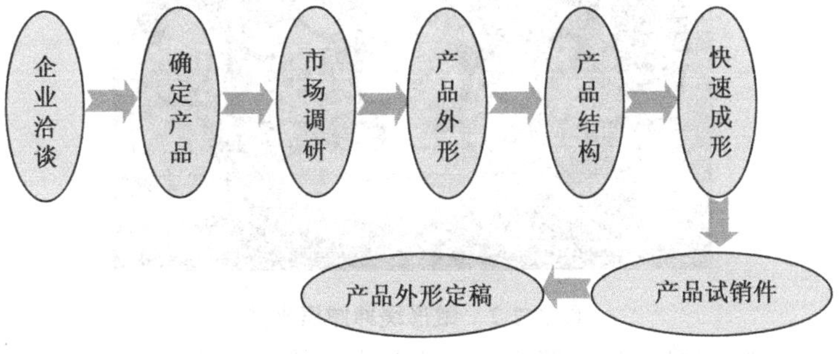

图 2. 2-6　业务流程图

四、服务团队

近年来，中心致力于在天津及邻近地区推广工业设计技术，建设支撑工业设计行业发展的共性技术服务平台，以工业设计的推广促进区域经济创新。以工业设计、CAD 设计为核心，实现了数字化新产品开发过程的 CAD/CFD /CAE/ CAM 技术集成及产品优化设计。

为了保障本项工作的顺利实施，中心组成了包括中心主任在内的6名骨干成员的工作团队具体负责项目的实施，由中心主任任项目组组长。成员专业涉及汽车内燃机、外贸英语、机电一体化、工业设计、力学、模具设计等多个学科领域，形成了一支高素质、专业化的服务团队。

五、服务成效

中心通过几年的努力，工业设计方面业务能力逐渐提升，范围不断扩大，目前服务区域以天津为中心辐射华北地区。作为生产力中心协会工业设计服务联盟的发起成员，中心参加了2010“第八届中国（无锡）国际工业设计博览会”、以“先进制造和工业设计”为主题的福州海峡科技论坛、“2010清华设计战略与原型创新主题周”活动。在“2010滨海新区首届（国际）工业设计成果展交会”上，获得“滨海新区国际工业设计政府奖”1项。

中心工业设计中的三个典型案例。

例1：集成多项技术服务载人航天工程。

依据乘员的身材量身设计定做的个性化坐垫，称为赋形坐垫。中心先后为“神舟”5号、6号和7号飞船航天员梯队量身设计了个性化的“赋形缓冲减振坐垫”，见图2.2-7。该项目是中心完成的一个典型的产品设计创新、应用创新和集成创新案例。项目集成了7项现代数字化的产品研发单元技术（ID /RE/RP/RT /CAD/CAM/CAE），解决了乘员人体三维赋形设计的复杂问题，并设计研制了赋形缓冲减振坐垫及其制造模具，确保了在短周期内一次研制成功，降低了研制成本。项目获得天津市科技进步一等奖。

图2.2-7 赋形缓冲减振坐垫

例2：工业CT扫描+光学照相+三维数据重构+三维CAD设计。

受用户委托，中心测量设计一款约100毫米厚且具有复杂内腔结构的铸铁缸盖。客户要求不能破坏样件。中心通过集成高能量工业CT扫描、快速制模、光学照相扫描、三维数据重构和三维CAD设计技术，顺利完成了设计任务。

部分数据图片如图2.2-8所示。

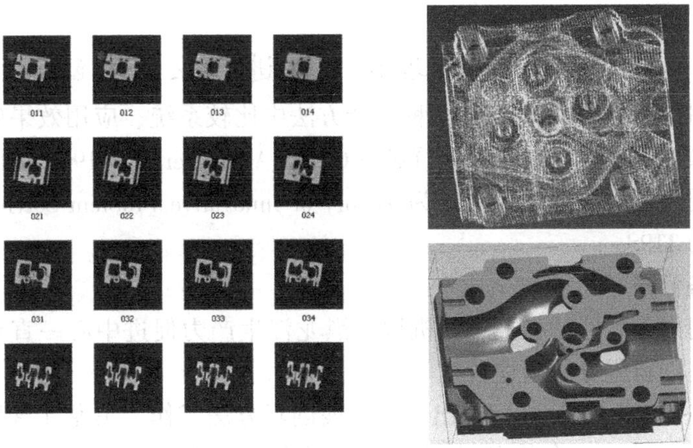

图 2. 2-8　服务案例图

例 3：抢险工具手柄。

受德国某独资企业委托，设计一款抢险工具的手柄。考虑到抢险工具的特殊使用用途，以自行车车把手为参照物，结合此款抢险工具的用途性，设计了三款手柄。最终选用图 2. 2-9 所示这款，符合了防滑、舒适、简单不笨拙的特点。在完成了快速成形试用件之后，实际的触感和外形都得到了客户的一致认可。

图 2. 2-9　抢险工具手柄

六、经验和体会

1. 每一个项目都站在产品的角度出发，才能抓住设计的感觉。
2. 要有一支专业化认真负责的队伍。
3. 为企业服务要坚持想客户之所想的理念。
4. 注重服务业务的拓展延伸。

中心服务业务已经从单一的快速成形服务发展到综合性的快速设计开发服务，从通用的共性技术服务发展到具有专业特长的共性技术增值服务。

案例提供单位：天大银泰快速制造生产力促进中心

[案例三]

推广应用TRIZ理论 促进企业自主创新

TRIZ理论是目前国际上360余种创新方法中比较系统、应用效果好的方法体系之一，是苏联发明家根里奇·阿奇舒勒（G. S. Altshuller）于1946年创立的。TRIZ的含义是发明问题解决理论，英语为Theory of Innovative Problem Solving，在欧美国家也可缩写为TIPS。

一、业务背景

作为面向中小企业的科技服务机构，黑龙江生产力促进中心一直在积极探索为中小企业自主创新服务的新途径。

2007年5月，国家科技部提出大力开展创新方法工作。黑龙江省从与俄罗斯具有地缘优势和国际科技合作基础雄厚的实际出发，选择了被前苏联称为“国术”“神奇点金术”的TRIZ理论进行推广应用。2007年8月，黑龙江省被科技部正式批准为国家首批技术创新方法试点省之一，这为中心提供了一个服务中小企业自主创新的切入点。

中心抓住这个有利契机，积极争取，成为了黑龙江省首批技术创新方法试点单位之一，并设立专职部门，将创新方法工作作为一项重点业务来开展。

二、业务内容

三年多来，中心围绕全省试点工作，面向企业、科研机构、教育系统3个群体，采取“培训先行、试点推动、典型引路”等方法，在TRIZ理论宣传、培训、学术交流和推广应用等方面作了大量探索和实践，开展了一系列卓有成效的工作。

（一）强化培训，培养TRIZ理论人才

中心联合有关部门和单位，针对不同层面和不同培训对象，精心策划和组织了多个TRIZ理论专题报告会，有计划、有步骤地举办集中封闭式专业培训班，宣传普及TRIZ理论，培养TRIZ理论专门人才，把试点工作推向深入。

1. 面向师资队伍，举办了“黑龙江生产力促进中心技术创新方法（TRIZ理论）培训班”（2007年）、“黑龙江省高校技术创新方法（TRIZ理论）培训班”，邀请北京亿维讯公司专家主讲，培养自己的师资队伍。

2. 面向管理人员，举办了3期“黑龙江省TRIZ理论（黑河）培训班”，聘请俄罗斯共青城国立工业大学专家主讲，进行“原汁原味”的经典TRIZ理论培训，培训对象主要是地市和行业科技部门管理人员、企业高管，以提高他们的创新意识和对创新方法的重视程度。

3. 面向企业，连续举办了3期“黑龙江省企业技术创新方法（TRIZ理论）培训班”，聘请德国柏林国际现代TRIZ学院创始人德籍白俄罗斯专家米哈伊尔·奥尔洛夫授课，讲解现代TRIZ理论，培养企业TRIZ理论应用人才，推进企业创新方法试点工作。

4. 举办专题报告会，营造创新氛围，推进TRIZ理论传播。先后举办了“2008年技术创新方法（TRIZ理论）专家报告会”“哈尔滨市高新技术企业技术创新方法（TRIZ理论）报告会”“2008年黑龙江省技术创新方法（TRIZ理论）专家培训会”

等大型报告会，分别邀请德籍白俄罗斯专家米哈伊尔·奥尔洛夫、河北工业大学副校长檀润华教授做专题学术报告。参加报告会的有党政机关、科技系统的公务员，有高校、科研院所、企业的管理人员和科技人员，总计1.2万人。

5. 深入地市、科技园区和企业开展培训服务。如2009年6月，中心3名同志赴齐齐哈尔轨道交通装备有限责任公司对其进行TRIZ理论培训。2009年7月，应伊春市新青区的邀请，中心2位同志赴该区开展TRIZ理论培训。2010年9月，在“第二期‘大庆科技大讲堂’暨技术创新方法（TRIZ理论）培训班”上，为大庆市科技部门负责人、高校学者、相关企业负责人等100余人进行了培训。2010年9月，举办了中航工业哈飞技术创新方法（TRIZ理论）培训班，为设计、工程技术人员等30余人进行了培训。2011年2月11日，为哈尔滨博实自动化股份有限公司共计66名技术人员成功举办了为期4天的技术创新方法（TRIZ理论）培训班，这也是中心在省内企业中以商业运作方式举办技术创新方法培训班的首次尝试。

同时，中心相关部门还结合高新技术企业认定、高新技术产品认定和科技型中小企业技术创新基金项目申报培训工作，面向高新技术企业、科技型中小企业开展TRIZ理论培训，受到企业的欢迎。

（二）组织专家咨询，深入推进企业试点应用

中心把技术创新方法试点企业应用作为突破口，组织专家团队深入企业开展服务，并注意挖掘和树立典型，及时总结经验，发挥其示范和带动作用。先后组织有关TRIZ理论专家深入哈尔滨电机厂、哈尔滨泰富电气有限公司、哈尔滨华威焊切股份有限公司、齐齐哈尔第二机床股份有限公司等国有和民营企业，进行TRIZ理论培训和咨询服务，帮助企业应用TRIZ理论解决技术难题和产品开发问题。

（三）夯实基础，搭建学术研究与合作交流平台

为集成全省优势资源，搭建TRIZ理论学术研究与合作交流平台，促进TRIZ理论国产化和标准化，2008年6月，中心组织成立了国内首家省级技术创新方法研究会——“黑龙江省技术创新方法研究会”，时任黑龙江省副省长孙尧同志为名誉会长。

研究会成立后，相继开展了与国内知名机构如中国TRIZ研究会、台湾中华系统性创新学会、台湾中华萃思学会的交流与合作。先后召开了TRIZ理论与软件研讨会、“2008年黑龙江省TRIZ理论学术研讨会”、“2010年黑龙江省技术创新方法研究会学术报告会”。参与承办了由国家科技部、省政府主办的“2009年第三届国际创新方法大会”，来自德国、俄罗斯、英国、意大利、日本、韩国和中国台湾等国家和地区的20位国际TRIZ专家，国内多家重点企业、高校及科研院所的专家学者350多人参加了会议。科技部副部长刘燕华、黑龙江省副省长孙尧出席大会开幕式并致辞。

（四）举办创新设计大赛，培养创新型人才

为促进省内高校普及推广TRIZ理论，2010年6月，中心和哈尔滨工程大学联合承办了“黑龙江省首届TRIZ杯大学生创新设计大赛”。本次大赛由省科技厅、省教育厅和团省委联合举办，参赛学生达500余人，92项参赛作品经过初评进入比

赛。

经专家评审，评出一等奖5项，二等奖11项，三等奖20项，优胜奖50项，最佳市场前景奖1项。黑龙江科技学院学生，凭借比赛三等奖获奖作品，在比赛的第二天就与用人单位成功签约。哈尔滨理工大学一名毕业生不但通过TRIZ完成了毕业设计，成为海信的一名产品设计师，还运用TRIZ理论对企业现有产品研发创新，成功地设计出了无边框酒柜和多媒体冰箱等产品。

三、工作步骤和方法

下面以××公司TRIZ理论培训服务为例。

××公司始建于2003年8月，注册资金13.5亿元。目前已经成为黑龙江省最大的钢铁公司、最大的焦化厂和最大的黑色金属公司，稳居三个行业的龙头。但该公司所在地区没有本科以上高等院校，也缺少科研院所，企业研发和技术攻关更多地是依靠自身科研人员，提升企业自主创新能力迫在眉睫。

（一）了解企业需求

2008年，该公司申报认定国家级高新技术企业，当时企业没有专利，险些因为没有自主知识产权而落选。获知企业情况后，中心人员主动与企业联系和沟通，获得了公司高层的认可，并明确了企业培训需求，最终商定由中心组织为企业开展创新方法培训。

（二）制定培训计划

根据企业要求和实际情况，中心制定培训计划，拟订培训大纲，准备了针对不同对象如管理人员、科研人员和工程技术人员的培训内容，并与企业沟通确认。

（三）组织实施培训

中心推荐该企业成为省技术创新方法试点企业，并分层次、有计划地组织该公司人员参加TRIZ理论培训。

首先，组织该公司总经理、总工程师参加在黑河举办的TRIZ理论专业培训班，培养企业高层领导的创新意识，提高其对创新方法的认识和重视程度。

其次，组织企业研发团队骨干4～6人参加面向企业科研人员举办的TRIZ理论培训班，培养企业自己的TRIZ理论研究、应用人才和核心团队。

最后，组织培训团队深入企业为科技人员和工程技术人员开展培训。2009年5月，中心组成五人培训团队，为该公司研发和工程技术人员开展为期四天的技术创新方法（TRIZ理论）培训班。培训过程中采用“六式教学法”即茶座式、启发式、互动式、研讨式、案例式、游戏式教学。培训前，将参训学员分成了九个小组，指定了培训班班长和各小组组长，宣布了学习纪律，公司的总工和各部门的技术负责人跟班全天学习，强调上课纪律。

（四）集成延伸服务，辅导申报专利

培训结束后，企业科技人员经过一段时间消化吸收TRIZ理论，提出并实践了许多技术解决方案。中心人员联系协调省知识产权局再次深入企业，开展专利申报培训服务。培训后，中心继续跟踪延伸服务，并联系省知识产权局帮助其申报专利。

（五）业务流程

企业培训服务流程如图 2. 2-10 所示。

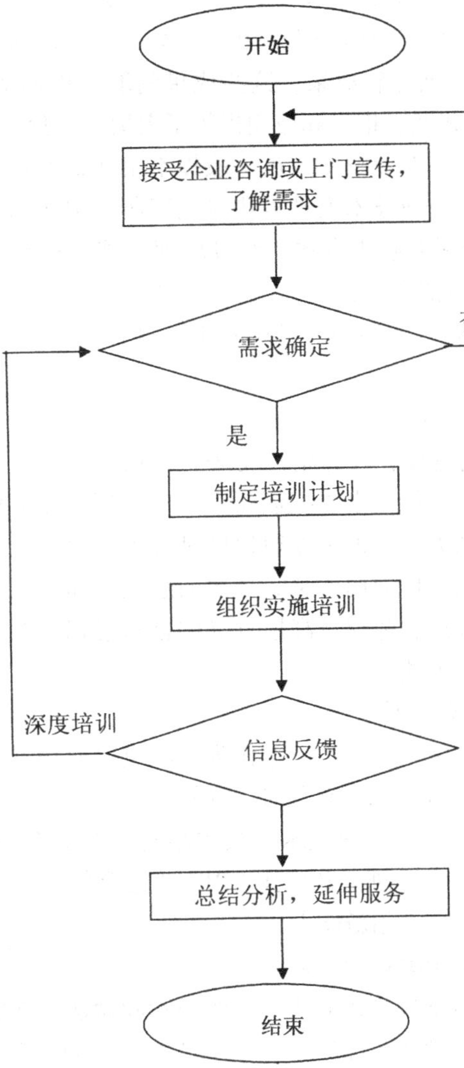

图 2. 2-10 培训服务流程图

四、服务团队

目前，中心 80% 的人员参加过 TRIZ 理论专业培训、专题报告会，培养出一支 18 人的 TRIZ 理论培训师队伍，形成了 9 人的核心服务团队。中心先后 9 次派出 55 人次参加由科技部、省科技厅举办的集中封闭式专业培训班，其中 2 人获得科技部创新方法培训师资格、1 人获得国际 TRIZ 协会一级认证、1 人获得二级认证，并联系国内外专家组成培训咨询服务团队，为深入普及、推广应用 TRIZ 理论奠定了坚实的基础。

五、服务成效

目前，黑龙江省参加TRIZ理论培训的学员已经成为本单位、本系统、本地区乃至全省TRIZ理论的传播者和讲授者，已经成为TRIZ理论推广和应用的有力推动者和实践者，其中21名学员已成为国际TRIZ协会二级培训师。该省技术创新方法试点企业也已经取得了一批专利成果，这些成果的取得更加坚定了全省推广TRIZ的信心，为TRIZ理论的普及、推广和应用提供了宝贵的经验。

为××公司培训初期，企业技术人员一般提不出什么问题。可是随着培训的深入，在培训师的引导下，企业技术人员很快对生产研发中遇到的技术问题，通过应用TRIZ理论提出很多全新的解决方案。经过培训和结业答辩，中心为通过考核的61名学员颁发了培训合格证书。目前，该公司共向省知识产权局提出了62项专利申请，现已得到了45项授权通知书（其中发明专利13项）。

六、经验和体会

（一）领导重视和支持是关键

黑龙江省技术创新方法试点工作能取得现在的成绩得益于省委省政府、省科技厅领导的高度重视和大力支持。中心把创新方法作为精品业务培育，选调优秀业务骨干组建团队，使得创新方法培训工作得以顺利开展。对于企业，只有高层领导重视，才能推动创新方法的推广应用。××公司的总经理和总工程师亲自带队参加为时七天的集中封闭式培训班，体现了高层领导的创新意识和竞争意识，从而推动企业学习、推广和应用创新方法。

（二）专业化的人才队伍是基础

作为科技服务机构，把创新方法工作作为一项重要业务开展，必须要培育自己的专业化队伍，包括师资培训和专家咨询等服务团队。

企业首先要在科研人员和工程技术人员中培育一个甚至多个学习和应用TRIZ理论的核心团队，坚持学习、研究和应用TRIZ理论等创新方法，并将之与工作实践相结合，才会逐渐形成自主创新能力。

（三）科学合理的培训模式是保障

在培训过程中，中心及时总结中外专家的经验和做法，在实践过程中不断丰富和完善，提出了“六式教学法+课后作业+学员答辩”的培训模式，并取得非常好的效果。

对企业的培训要从企业实际出发，讲求实际效果，分层次、区别培训对象，由上至下，采取灵活方式逐步深入。如对企业领导层，重点提高其创新意识，以及对创新方法的认识和重视程度，培训时间可在半天至一天；对普通科技人员，重点培养其创新思维，掌握TRIZ理论初中级知识，时间可在三四天；对研发骨干人员，要分期、分阶段地开展培训，使其在接收培训的同时不断消化吸收和应用TRIZ理论，并结合实际问题再接受深度培训和解题培训。

（四）注重实效，持之以恒是根本

在培训过程中，注重实效，引导企业科技人员边学习、边实践，结合工作实际，应用理论知识解决问题对于提高学习兴趣、掌握理论知识是非常重要的。××公司的科技人员认真听讲，积极思考问题，在培训师的引导下，能够主动将TRIZ理论的法则、原理与工作实践相结合，探索解决生产研发中的具体难题。在培训答辩过程中，有80%以上的学员选择了自己身边的技术矛盾作为答辩选题，学员们运用所学到的TRIZ理论解题程序、原理、法则，解决工作中遇到的各种技术问题，取得了十分理想的效果，为后续产生专利奠定了基础。

案例提供单位：黑龙江生产力促进中心

［案例四］

提供“标准”服务　增强企业核心能力

“标准软件化”服务是指将标准、规范与信息技术相融合，将标准和规范的要求进行整理、归纳、提炼，同时结合行业企业的共性和特点，形成软件产品并在企业中应用推广，既可以达到很好贯彻标准的目的，又可以提高企业相关业务工作的规范性、工作效率和质量，提升企业的标准化和信息化水平。

一、业务背景

（一）标准和规范基本上还停留在“文本”状态，标准应用效果不理想

大多数的标准、规范还停留在“文本”状态，由于在“文本”和贯彻应用之间还缺少有效的工具和“抓手”，这些标准、规范是否得到贯彻应用、应用的效果如何无法检验，致使标准和规范的应用效果大打折扣。

（二）传统的贯彻标准的方式和手段已经不适合企业标准化与信息化发展的要求

传统的贯彻标准的方式主要是教学影像、召开标准宣贯会等，这种方式存在3方面的问题，一是“填鸭式”教学，学员掌握程度有限；二是受众面窄，无法覆盖到企业应用标准的各部门和个人；三是标准宣贯与标准应用过程脱节，宣贯效果有限。这些问题与企业对标准化的重视程度和信息化及时、准确的要求不相符。

（三）市场中缺乏将标准规范与信息技术相融合的标准化应用软件

目前市场中符合“标准软件化”服务范畴的软件还很缺乏，主要原因是软件企业对标准不熟悉、不能深入理解，所以无法开发出既符合标准要求又满足企业需求的标准化应用软件。因此，中机生产力促进中心借助标准研究业务及承担过多项国家级信息化课题的优势，根据企业需求，开展了“标准软件化”技术服务。

二、业务内容

为了不断提升服务能力与服务质量，中机生产力促进中心积极组织标准化研究所等相关机构，以其为服务技术依托，进行软件研发，面向企业提供既符合标准要求又满足企业需求的标准化应用软件。

具体服务内容如表 2. 2-2 所示。

表 2. 2-2　　标准化服务业务

类别	软件产品名称	主要依据的标准和规范	主要功能
数字化设计与制造类	产品 CAD 数据质量检测及标准化审查系统	主要依据 1 项国际标准、10 项国家标准、23 项行业标准和部分企业标准，包括：GB/T 18229—2000 CAD 工程制图规则、GB/T 18784—2002 CAD/CAM 数据质量、GB/T 18784. 2—2005 CAD/CAM 数据质量保证方法、GB/T 24734. 1 –. 11—2009 技术产品文件数字化产品定义数据通则共 11 部分等	软件与 CAD 系统集成，将标准的要求融入产品设计过程中，对产品设计模型的规范性和质量进行自动检查并自动进行标准化审查
	工程图辅助设计系统	主要依据 6 项国家标准，包括 GB 12212—1990 技术制图，焊缝符号的尺寸、比例及简化表示法，GBT 324—2008 焊缝符号表示法，GB/T 131—2008 产品几何量技术规范（GPS）产品技术文件中表面结构的标注，GB/T 4458. 4—2003 机械制图尺寸注法，GB/T 1182—2008 产品几何技术规范（GPS）几何公差 形状、方向、位置和跳动公差标注，GB 1031—1995 表面粗糙度参数及其数值	软件与 CAD 系统集成，将标准的要求融入产品的工程图设计过程中，提供符合标准要求的快速、向导式的工程图设计功能
	中国国家三维标准件库	主要依据的标准包括螺钉、螺母、螺栓、垫圈、滚动轴承、铆钉、销等十五大类标准件的国家标准，还依据了管接头、卡箍、螺钉、螺母、螺栓等国家军用标准和航空行业标准	按国家标准要求建立三维标准件库，软件与 CAD 系统集成，可提供将标准件的三维模型快速导入 CAD 系统中，并进行定位和装配
	基于标准结构要素的设计系统	主要依据了键设计、花键设计、球面半径设计、润滑槽设计、砂轮越程槽设计、中心孔设计等方面的共计 21 项国家标准	软件与 CAD 系统集成，可按照标准要求以向导式的方式进行结构要素的标准化、快速设计

续表 2.2-2

类别	软件产品名称	主要依据的标准和规范	主要功能
管理类	企业标准化管理集成系统	主要依据6项国家标准和部分企业标准，主要包括：GB/T 1.1—2009 标准化工作导则 第1部分：标准的结构和编写、GB/T 19273—2003 企业标准体系 评价与改进 、GB/T 15496—2003 企业标准体系 要求 、GB/T 15498—2003 企业标准体系 管理标准和工作标准体系 、GB/T 15497—2003 企业标准体系 技术标准体系 、GB/T 13017—2008 企业标准体系表编制指南	按照标准要求对企业的标准体系表、标准明细表、标准及文件的制定、标准复审、标准意见反馈等工作进行管理
	企业计量器具管理系统	主要依据国家标准 GB/T 19022—2003（ISO 10012：2003）测量管理体系 测量过程和测量设备、ISO/IEC 17025—2005 检测和校准实验室认可准则的要求，以及部分行业企业的关于计量器具强制检定和计量规程方面的标准和规范	按照标准要求对企业计量器具的台账、计量器具检定、检定通知、溯源等工作进行管理
	SPC统计过程控制系统	主要依据国际标准 ISO/TS 16949：2002 质量管理体系要求	对产品生产线数据进行采集和处理，借助梳理统计学方法进行分析，以达到对生产过程的控制，降低不合格品的产生
	ISO 9000 系列软件		将标准中所提出的质量管理方法和公式形成软件，提供质量统计分析、测量系统分析、潜在失效模式与后果分析、质量体系审核等功能

三、工作步骤和方法

在“标准软件化”技术服务与软件开发过程中，着重在以下几个方面开展工作。

（一）集中专家力量，打造优势产品

首先收集了国内外近百项相关标准和规范，然后汇集标准化专家（部分相关标准的主要起草人）和企业研发人员组成标准分析小组，结合标准要求和企业特点，整理和提炼出适合企业个性化要求的数据质量检测和标准化审查项目，以确保软件系统的实用性。

（二）建立应用示范企业，树立“中机软件”品牌

在软件推广中紧紧依托中机生产力促进中心的业务资源，积极开拓销售渠道，同时选择重点行业重点企业作为应用示范企业，一方面可以以点代面，推动软件产品在重点行业中的推广应用；另一方面通过为应用示范企业提供优良的产品和服务，树立“中机软件”品牌形象，增强品牌的美誉度，带动软件推广。已建立的应用示范企业包括成都飞机设计研究所（航空行业）、兵器201所（兵器行业）、航天科工集团三院（航天行业）、三一集团（机械制造行业）等。

（三）建立完善的工作和服务流程

“标准软件化”技术服务工作已经形成了一套规范、有效的工作和服务流程，分为需求和技术交流、项目开发与实施、售后服务3个阶段。

1. 需求和技术交流：一般由项目经理带领技术人员与企业相关人员进行需求和技术交流，对于可能存在的技术难点问题，将组织技术人员进行预研。需求和技术交流、技术预研的情况将以报告的形式上报主管领导和企业用户。

2. 项目开发和实施：合同正式签订后，成立项目小组，其组织结构如图2.2-11所示。

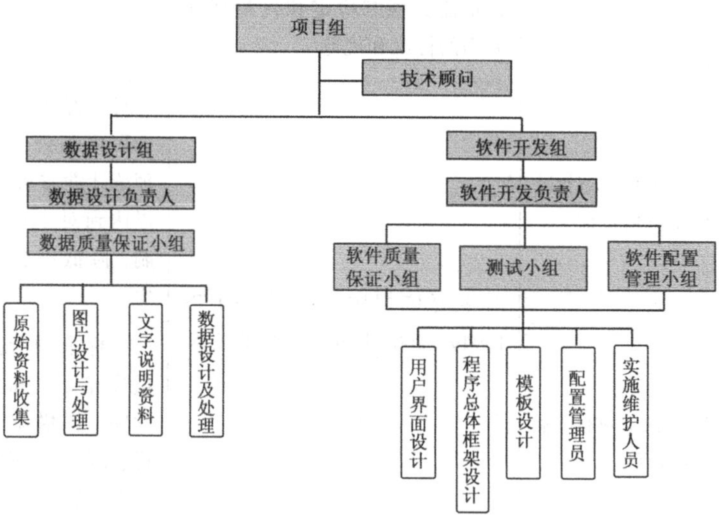

图2.2-11　项目组织结构图

项目开发和实施实行项目负责人制，项目负责人全权负责项目的开发和实施工作，并负责与需求方沟通和协调。项目方案的确立和变更由项目组集体讨论决定，并经需求方认可、主管领导批准后实行。为项目组设立了技术顾问，由软件开发方面的技术专家和项目所涉及的业务方面专家组成，专门负责解决项目中的技术难点

问题和业务问题。

项目开发和实施的基本流程包括需求分析、总体设计、详细设计、编码、集成测试、α测试、测试问题处理与设计文档改进、内部定版、系统试运行等。

3. 售后服务。

（1）已建立的售后服务保障制度。

• 项目负责人售后服务责任制度。项目负责人是项目售后服务的第一责任人。

• 售后服务专人负责制度。为项目指定专门的售后服务人员，这些人员熟悉项目需求、项目实施情况和相关技术，以便于同客户进行通畅、有效地沟通和技术交流，减少沟通成本，增强沟通效果。

• 售后服务实时汇报制度。项目售后服务人员在接到用户问题反馈后，需第一时间将信息反馈给项目负责人，以便于项目负责人及时安排售后服务工作。

• 售后回访制度。项目售后服务人员负责用户的售后电话和现场回访，听取用户的意见及建议，反馈用户对项目实施和应用的满意程度，并将用户意见和建议形成报告提交项目负责人。

（2）已建立的基础售后服务内容。

• 1年（12个月）的项目保证期。保证期从用户对软件验收之日起计算，在保证期内，提供以下免费服务（因用户保管、使用不善造成的原因除外）：提供软件的安装、使用、维护培训；提供完整的软件相关技术文档；委派资深工程师进行现场回访（不少于1次）；24小时电话支持；软件地及时更新、升级。

• 电话、传真、邮件服务。对于不超过3个工作日可以解决和答复的问题，可以通过电话、传真、邮件等方式提供技术支持，所有用户邮件和传真于12小时内答复，提供24小时的电话支持。

• 现场服务。若用户提出的软件问题在3个工作日内无法明确解决方案和解决的时间、方式，或者软件本身出现严重影响使用的问题，提供现场服务，具体内容见表2.2-3。

表2.2-3　　现场服务

序号	紧急状况	服务标准	适用情况
1	关键状态	1个工作日内到达现场	系统崩溃，无法使用 恢复数据
2	紧急状态	2个工作日内到达现场	严重数据错误 软件出现异常，影响正常使用
3	重要状态	2个工作日内到达现场	数据出错（不属于关键状态和紧急状态） 软件出错（不属于关键状态和紧急状态）

续表 2.2-3

序号	紧急状况	服务标准	适用情况
4	一般状态	根据客户要求到达现场，不超过 5 个工作日	使用指导 操作问题的错误排除 网络设置问题 根据客户需要作数据调整 其他需要现场解决的问题

四、服务团队

近年来，在“标准软件化”服务方面，中心以下属标准化研究所为依托，建立了一支高素质、专业化的服务团队。为了保障本项工作的顺利实施，中机生产力促进中心组成了 11 名骨干成员的工作团队具体负责项目的实施，其中硕士研究生 2 人，本科生 6 人，大专生 3 人。按职务分类，其中项目负责人 1 人，产业工程师 1 人，软件工程师 7 人，高工 2 人。

五、服务成效

中机生产力促进中心通过几年的努力，“标准软件化”服务业务能力逐渐提升，范围不断扩大，目前已经形成了具有自主知识产权的两大类八款软件产品，共取得了 10 余项软件著作权。这些软件产品在市场同类产品中具有核心优势，借助行业资源和市场销售手段，市场销售情况良好，已经形成了“中机软件”的品牌。目前，拥有企业用户 2000 多家，涵盖了航空、航天、兵器、电子、汽车、工程机械、钢铁、烟草、石油化工、船舶、冶金等行业，取得了很好的经济和社会效益。

例：××设计研究所主要从事飞行器设计和航空航天多学科综合性研究，是我国现代化歼击机设计研究的重要基地。

该研究所在进行新一代战机的研制过程中，在 CAD 模型数据质量检测和标准化审查方面遇到了如下问题：(1) 三维 CAD 模型的某些数据质量问题人工无法检测；(2) 若采用人工标准化审查方式，现有人力无法按照进度要求完成工作任务；(3) 为了保证新一代战机的整体研发进度，要求标准化审查必须要全面、准确，然而人工标准化审查的方式无法保证；(4) 新一代战机设计对 CAD 模型有特定要求。如何让设计人员在设计过程中遵循这些要求是一个需要解决的问题。

针对以上问题，研究所和中机生产力促进中心共同组成项目组，在分析相关国家标准、行业标准的基础上，结合新一代战机研发对 CAD 模型的特定要求，制定了“××设计研究所三维建模规范及标准化审查要求”，并以此为依据进行软件研发。软件的功能设计充分考虑了用户需求，实现了与 CAD 平台的集成，设计人员可以在设计的同时进行数据质量和要求符合度验证；实现了与 PDM 的集成，可以进行远程检测和标准化审查；实现了批量检测和标准化审查，提高工作效率。

软件研发完成后，中机生产力促进中心选派开发人员驻扎在该研究所，对软件进行试用和完善，在试用过程中发现问题现场修改，现场再试用，直至软件功能完成符合设计要求。最后，对研究所的 13 名标准化审查人员进行了统一培训。

最终，研究所的13名标准化审查人员用了一个月的时间就完成了几万张三维模型的数据质量检查和标准化审查工作，有力地保证了工作进度和工作质量，进而缩短了新一代战机的研发周期。

六、经验和体会

（一）以企业需求为导向，确立服务内容

“标准软件化”的服务模式中的所有软件都是在企业调研的基础上，结合自身的业务优势开发而成的。标准研究及制修订是中机生产力促进中心的业务板块之一，在为企业进行标准服务过程中，很多用户提出了标准的应用模式和应用效果问题，在充分调研的基础上，中心确定了“标准软件化”的服务模式和内容。在软件研发过程中遵循“以企业为主体，以应用为根本”，通过需求绑定、定制开发、软件试用等方式，保证软件产品的实用性。

（二）以行业优势为依托，积极开拓市场

中机生产力促进中心目前拥有3个国际标准化技术委员会秘书处、16个全国标准化技术委员会秘书处、3个机械行业标准化技术委员会秘书处、5个工程学会分会、5个行业协会分会，这些行业资源同时也是软件推广的优良渠道，通过标准宣贯、行业会议、专家推荐等方式，积极开拓市场。

（三）以服务质量为根本，树立企业标杆

在“标准软件化”服务中，中心秉承的理念是“标准铸就品牌，质量赢得市场”。首先是产品质量要过硬，在功能上要符合企业需求，应用过程中要可靠、稳定；其次是售后服务质量要到位，在软件实施、培训、升级、维护等各个环节严格控制服务质量，加强与用户的沟通，及时解决软件应用中出现的问题。在保证服务质量的基础上，在每个行业都至少树立一个企业标杆，以带动和促进行业内的产品销售，达到“以点代面”的效果。

案例提供单位：中机生产力促进中心

［案例五］

创新产品标准　促进行业技术进步

一、业务背景

产品标准是规定产品应满足的要求以确保其适用性的标准，是对产品结构、规格、质量和检验方法所作的技术规定。它是一定时期和一定范围内具有约束力的产品技术准则，是产品生产、质量检验、选购验收、使用维护和洽谈贸易的技术依据。

皮革和制鞋行业生产力促进中心下属的全国制鞋标准化技术委员会于2008年6月经国家标准化管理委员会批准正式成立，是全国制鞋行业标准化权威机构。其前身“中国制鞋工业标准化质量检测中心站”于1981年经国家标准局、轻工业部批准，依托制鞋所成立。1985年国家标准局颁发了ISO技术归口单位验收合格证书，并由轻工业部重新命名为“全国制鞋标准化中心”。

二十多年来，在国家标准化管理委员会的领导下，在行业协会和轻工联合会的支持下，全国制鞋标准化技术委员会制修订了鞋类标准百余项，被国内鞋类生产企业、商业、质检部门广泛采用与认可，对制鞋行业的发展起到了重要的作用，同时作为市场经济的技术支撑，在推动市场经济发展方面起到了重要作用。

二、业务内容

（一）行业标准现状

鞋类产品标准，规定了产品的品种、技术要求、试验方法和检验规则等，对鞋类产品的生产和提高产品质量起到了直接的指导作用，是市场监督和打假工作的检验依据，在解决质量投诉、质量纠纷案件中，为维护消费者和企业的合法权益发挥了积极的作用。

目前由全国制鞋标准化技术委员会归口的鞋类现行标准共94项。其中基础标准9项，方法标准61项。产品标准23项，卫生安全标准1项。由以上数据可以看出，目前鞋类产品标准仅占24%，这个比例远远无法满足鞋类产品生产和检测的需求，因此需要完善以产品标准为主，以基础标准、检测方法标准、安全卫生性能标准为辅的标准体系，还应加大鞋类产品标准科研力度，从而带动新技术、新工艺和新装备的推广应用，降低成本，提高效益。

我国约有制鞋企业两万多家，直接从业人员达到400余万人，间接从业人员包括鞋用材料制造、制鞋设备制造、鞋用化工材料制造、物流产业、商业零售等合计约1000万人，并且年销售收入在500万元人民币以上的规模企业（含皮鞋、运动鞋、合成材料皮鞋）逐年增加，然而，这些企业在出口产品时往往会遭遇国际上的技术贸易壁垒。

（二）工作内容

通过收集、整理并组织翻译国内外标准化资料，了解和分析国内外鞋类标准的动态和发展趋势，提出鞋类标准制修订项目计划草案，经讨论通过后报送主管部门，进而开展标准制修订工作，并承担鞋类国家标准和行业标准发布实施后的标准宣贯工作；针对新增加企业，加大宣传力度，从而达到规范产品工艺流程、提高产品质量的目的，切实保护我国消费者的根本利益，更好地满足国际市场的需要，使我国制鞋工业在取得巨大经济效益的同时，取得更大的社会效益；积极开展对国外先进标准和国外市场准入程序的研究，沉着应对国外市场准入程序的封杀，结合制鞋行业优势和特色，有针对性地指导企业开拓国际市场，研究进口国的技术法规、标准和合格评定程序，有针对性地突破进口国的技术壁垒，促进企业产品出口，并积极开展技术壁垒的研究，采用国际通行的做法，研究和制定为保障我国的正当目标和适当的保护水平而设置必要的技术壁垒，以达到保护国家利益、消费者权益和促进行业进步的目的。

三、工作步骤和方法

（一）深入调查产品标准缺失情况

制鞋标委会作为协调沟通以及合作交流的平台，充分发挥鞋类标准化在我国制鞋行业中的技术支撑作用，针对鞋类行业产品标准情况向其委员、观察员、行业内相关专家、消费者展开调查，从而确定鞋类产品标准制修订需求，广泛听取行业内各界人士的呼声。

制鞋标委会2011年制修订国家标准、行业标准共15项，其中产品标准7项，分别为《工艺鞋》《布鞋》《儿童旅游鞋》《旅游鞋》《PVC 带衬里庭院鞋》《鞋用四脚钉》《注塑塑料鞋跟》。

（二）对相关技术内容进行研讨、审定

标委会在产品标准立项后确认其征求意见稿，广泛征求制鞋行业质检机构、企业、大学等各界权威人士的意见，对标准内技术指标进行深入讨论，从而确定和完善标准技术方面相关内容，并通过审定会进一步对标准征求意见稿相关内容进行审定。

（三）标准宣贯

1. 近年来全国制鞋标准化技术委员会在北京、廊坊、上海、重庆、璧山、成都、广州、惠州、泉州、石狮、晋江、温州、瑞安、青田、永嘉、济南、青岛、威海、沈阳、哈尔滨、扬州、盐城、武汉、郑州等地举办鞋类标准宣贯班，培训质检机构、生产企业、行业协会、商会、经销企业有关人员近万人。很多企业的标准化人员成为了当地的标准化工作模范。

2. 在中心下属网站（中国皮革和制鞋网 http：//www.leather365.com）上开设了"标准检测"，在中文核心期刊《中国皮革》上开设了"标准"栏目，对发布的新标准进行解读、宣传。

（四）技术上的优质服务

1. 收集掌握了相当多的国际、国外与鞋类相关的标准化信息和鞋类出口国的技术法规、市场动态等信息，及时把信息反馈给企业，有利于出口企业冲破技术性贸易壁垒，减少损失。

2. 服务企业就是要让企业成为标准化活动的主体。制定标准和实施标准都要充分考虑企业的需要，充分发挥企业的主动性和积极性，为企业创造参与标准化活动的良好环境，为企业及时、准确地提供标准信息服务，帮助企业解决标准化工作中的难题。

（五）业务流程

具体工作步骤和方法详见图 2.2-12。

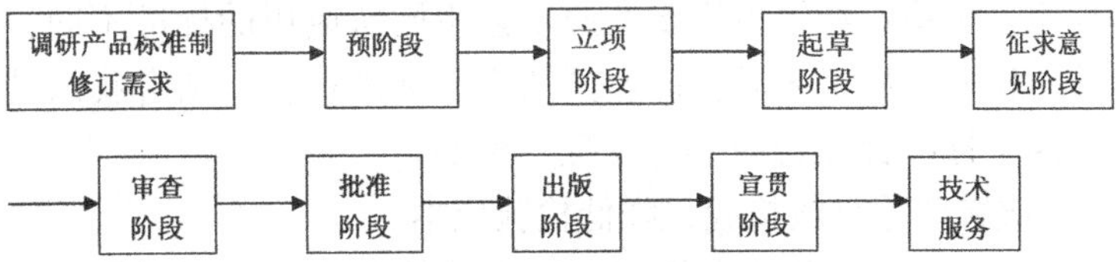

图 2.2-12　业务流程图

四、服务团队

为了保障本项工作的顺利实施，中心组成了包括标准化中心主任在内的 7 名骨干成员的工作团队具体负责项目的实施，其中硕士生 3 人，本科生 1 人，大专生 2 人，中专生 1 人。按职务类别分为标准中心主任 1 名，标准中心高级顾问 2 名，标准中心秘书 4 名。该团队合作融洽，高效地完成了指标任务。

五、服务成效

成功争取到承担ISO/TC 137秘书处工作，成为与ISO组织联合承担秘书处的第一家，并被国家标准化管理委员会、中国轻工业联合会领导在讲话中多次作为优秀案例提及，中国参与国际标准制修订及相关工作的地位得到质的提升，是中国在国际标准化工作上取得的重大成就。

作为ISO/TC 216的成员，取得了主导制定三项国际标准、参与制定国际标准五项、成为欧洲鞋类技术委员会（CEN/TC 309）的观察员的重大突破，填补了ISO鞋类标准体系的空白，同时成为ISO/TC 216/WG1“鞋类微生物”工作组召集人，这是ISO/TC 216于1998年成立来设立的第一个工作组，而且召集人来自中国，代表着中国进入了其管理层，能够与国际上其他国家进行平等对话，让世界都能够听到并重视中国的声音。

经过多年的努力，制修订标准百余项，组织300多家企业参与到标准的制修定工作中，使标准的制修定工作既符合国家、国际的要求，又倾听行业的声音，代表行业的技术水平，并能促进行业的技术进步。

例：根据国质检标联〔2007〕605号文件《关于公布2007年“中国标准创新贡献奖”授奖项目的通知》，中国皮革和制鞋工业研究院与皮革和制鞋行业生产力促进中心参与起草的行业标准QB/T 1002—2005《皮鞋》获得二等奖（二等奖共30项）。

“中国标准创新贡献奖”是中国标准化领域的最高权威奖项，主要奖励对我国社会经济发展产生重要影响的标准项目。该奖项自2006年开评以来，《皮鞋》是第一个鞋类标准获此殊荣。该标准由全国制鞋标准化技术委员会归定。

该标准创新点如下。

（一）将四个标准整合为一

原来皮鞋类标准按生产工艺分为《胶粘皮鞋》《硫化皮鞋》《缝制皮鞋》《模压皮鞋》，这样可以按不同生产工艺的特点而提出其技术要求，检测产品质量。但是，也给生产企业、经销单位、监督检验部门带来很多麻烦，生产企业要按工艺来订制包装标识、检验、装箱；经销单位要按照工艺不同所应用的标准不同，来宣传、指导销售；质检机构先确认工艺后，按不同的产品标准检验。结合我国鞋业生产、销售的现状，将四个标准合并为一个《皮鞋》标准。

（二）注重成鞋产品直接检验，降低检验成本

ISO以及一些欧洲国家及日本等国家注重部件的检验，所以他们的标准几乎没有成鞋检验方法标准。

在QB/T 1002—2005《皮鞋》中考虑我国目前的市场经济和行业特点，注重成鞋检测技术，降低了检测成本，特别是耐折、耐磨和剥离强度3项试验方法受到ISO/TC 216和欧盟一些国家的关注。

1. 耐折试验方法。对于鞋底的屈挠试验方法有德墨西亚耐折和ROSS屈挠试验方法，都是对材料进行检验。对成鞋试验时，需将鞋底拆分试验，不能完全反映成鞋结构对耐折性能的影响，以及测试围条的耐屈挠性能等与实际情况差异较大。而

本标准采用的成鞋耐折是将成鞋屈挠一定次数后，观察鞋底、帮面和围条的变化情况。

2. 耐磨试验方法。目前对于鞋底耐磨性能的检验有 DIN 磨耗、阿克隆磨耗、邵坡尔等试验方法，它们均在砂轮或砂纸上摩擦，都是将鞋底经过片、磨、裁等工序制成一定规格的样品后，方能试验，且要不断校定砂轮或砂纸。不能真实反映日常穿鞋中实际磨耗部位的性能。本标准所用的耐磨试验方法从鞋的特点出发，用小型钢轮直接对成鞋进行检验，程序简单、易于掌握，试验结果重现性好。

3. 剥离强度试验方法。对于成鞋黏合强度国外一般采用拉力机分离鞋帮和鞋底，这样会破坏鞋体且离散性大。前苏联标准有成鞋剥离试验机，但缺点是不能对不出边的鞋进行试验。本标准采用的剥离方法是将成鞋装上鞋楦夹持在剥离试验仪上，用剥离刀测得剥开时所需力值为剥离力。

（三）该标准增加的附录 A：《皮鞋售后质量判定》为生产企业、经销单位、消费者提供了方便有效、可操作性强的判定依据

《皮鞋》标准无论是在技术内容还是在编写格式上与原标准相比都有很大的提高，该标准达到国内先进水平，是我国主导制定的鞋类标准中的优秀代表。《皮鞋》标准的实施创造了显著的社会和经济效益，集中体现了“创新和贡献”这一主题。

六、经验和体会

要想创新产品标准，促进行业技术进步，必须做好以下几方面工作。

（一）完善标准化工作机制

以改革创新的精神完善标准化工作机制，提高标准化工作的管理水平，加强标准化政策与科技政策、产业政策、对外贸易政策和社会事业发展政策的衔接，完善统一开放各利益相关方广泛参与的工作机制，使国家标准、行业标准制修订工作走上规范化和法治化的轨道，加大产品标准科研力度以及标准研制经费的投入，提高标准的编制水平，切实提高鞋类产品质量。

（二）强调标准编制的质量和责任

加强对标准编制的管理，严格执行标准的编制计划安排，高度重视标准的编制工作，进一步加强对做好编制工作的责任感，不断提高标准的技术水平，同时对产品标准予以足够的重视，以期更好地发挥产品标准的作用，切实保证产品标准的创新和编制质量，保障标准的顺利实施。

（三）加强标准化人才队伍建设

准确把握标准的制定与实施对经济社会发展的影响，从政治的高度做好标准化各项工作。要从国家和全局的利益出发，把标准制修订工作同国家的宏观经济政策和社会发展政策紧密结合起来，妥善处理好局部利益与全局利益、企业利益与消费者利益的关系。

加强对制鞋标委会秘书处的人员的培养，实施学习制度，通过培训和实践，提高秘书处工作人员的整体素质，使其成为一支技术队伍、管理队伍，以支持制鞋标委会秘书处工作的顺利开展，从而带动鞋类标准化事业的整体发展。

（四）设计好并大力宣传自己的标识

为开创更加美好的明天，标委会征集并确定了属于自己的Logo，该标志现已广泛应用于标委会的网站、文件中。该Logo以“庄重成稳，国际融通”的设计思路，以圆形象征全球，尺度体现“分毫不差”标准化的严格及对制鞋业工艺精益求精的追求精神，以“鞋造型”（男女款叠影）强化行业属性；运用理性科技的海蓝色为标准色，整体表达出制鞋经标准化验证方能通行四海的思想。

案例提供单位：皮革和制鞋行业生产力促进中心

【案例六】

发挥专业技术优势　提供产品创新服务

我国是一个金属包装大国，但由于中国金属包装工业底子薄，起步晚，仍然满足不了国民经济发展的需要，中国金属包装工业的现状与经济全球化的国际竞争背景和中国国民经济发展的要求不适应。为此我们依靠科技进步，改进生产工艺及设备，在金属包装产品的减量化、薄壁化，提高资源和能源的利用率上下工夫。在行业中推进新技术、新工艺，鼓励企业的科技创新，努力为企业科技创新提高市场竞争力创造良好的环境和条件，以加快我国金属包装工业的技术进步。

一、业务背景

我国现有的金属制桶企业大多数生产规模都很小，多数企业生产规模年生产能力在5万~15万只，所以大多数制桶企业难以产生规模效益。近年来，由于外资企业和合资企业的兴起，国内出现年生产量在100万只以上的企业有20余家，年生产量在50万~100万只的企业有50余家，年生产量在20万~50万只的企业有300余家。目前可按国家标准及国际标准生产开口钢桶、闭口钢桶、缩颈钢桶、内涂钢桶、锥形钢桶、W筋钢桶等。行业存在的主要问题以及与工业发达国家还有差距，国内金属制桶企业，经过多年的发展，虽然已经取得了很大的进步，但整个行业存在着许多共性的问题：

1. 国内制桶企业大都规模较小，产业集中度低；
2. 行业整体研发和创新能力差；
3. 管理和专业技术人员缺乏；
4. 工艺技术、工艺装备落后；
5. 资源和能源利用率低；
6. 生产过程中环境污染大。

西安生产力促进中心作为连续五届的中国钢桶技术委员会单位，负责对我国金属桶制造工艺技术及工艺装备进行归口专业研究、开发与推广，针对当前行业中共性技术难点关键课题进行相关单位联合攻关，已形成系列的技术和工艺。这些新型工艺及技术包括胀压工艺及技术、七层卷边工艺及技术、全自动激光缝焊技术、环保钢桶涂装工艺及技术、钢桶通用型工艺及技术、钢桶在线渗漏检测技术、镀锌钢桶关键设备、钢桶底盖（双冲）技术及工艺、锥形钢桶关键设备及工艺等。

二、业务内容

当前，本行业内先进的工艺和技术在转化和应用领域普遍滞后，科技成果产业化能力相对较弱，针对这一状况，中心重点加强新技术、新工艺、新设备的研发，构建了行业技术研发平台，为本行业产业升级、产品及工艺设计、技术标准提供专业技术支撑和服务，以促进技术成果产业化。具体服务内容和服务模式如下。

（一）为企业提供先进的生产设备及工艺

1. XJY44WB 型桶身联合成型机（三合一，详见图 2. 2-13）。

该设备采用新型胀压工艺以代替传统的滚压工艺，使金属桶薄型化得以实现。我国 200 升钢桶目前普遍采用 1. 25mm 厚的钢板，而国外大多采用厚 0. 8 ~ 0. 6mm 的钢板。为了更好地利用自然资源，围绕着钢桶制造工艺的“减量化”和“薄壁化”进行多角度多学科的研究，结合结构设计，使钢桶材料薄型化得以实现。

图 2. 2-13　XJY44WB 型桶身联合成型机

图 2. 2-14　XJY114B 型镀锌钢板铣边机

2. XJY114B 型镀锌钢板铣边机，见图 2. 2-14。

改变电镀生产镀锌钢桶工艺，推广镀锌钢板制作镀锌钢桶新工艺，是新型工艺必备设备。彻底消除行业中中小企业电镀工艺带来的环境污染。镀锌板工艺是镀锌桶生产的革命性进步，随着它的广泛应用，传统工艺和技术将得到颠覆，生产线设备的简化、生产效率的提高、生产成本的降低渐进了一大步。特别是使清洁生产和环境保护成为可能。

3. XJY114B 型胀锥机，见图 2. 2-15。

近来在我国新疆、内蒙古、东北等地区发展迅猛的 220 升锥形开口桶是采用欧洲标准的钢桶，该桶具有空桶运输费用低（可套桶运输）、使用方便、回收利用率高、出口运输占用空间合理等特点受到用户的欢迎。该设备用于各种锥形桶身的胀锥成型加工，开创了我国锥形钢桶生产的先河。

图 2. 2-15　XJY114B 型胀锥机

图 2. 2-16　XJY50W 型导轨式卷边封口机

4. XJY50W 型导轨式卷边封口机，见图 2.2-16。

该设备采用了“七层卷边”先进技术，使钢桶的密封性能有较大的提高，“零渗漏”的质量要求成为可能。

5. XJY79S 型钢桶清洗磷化水烘干线，见图 2.2-17。

采用锌系磷化液技术（传统工艺为铁系磷化液），改传统的 4 工位工艺为 2 工位生产工艺，节省了投资成本及运行成本，提高了生产率。

图 2.2-17　XJY79S 型钢桶清洗磷化水烘干线

图 2.2-18　XJY78 型钢桶涂膜固化线

6. XJY78 型钢桶涂膜固化线，见图 2.2-18。

2007 年完成了“燃煤式（洁净煤）钢桶涂膜固化线技术开发。该生产线采用的能源为洁净型煤。比燃油和电炉成本减小 5 ~7 倍，比燃气成本减小 4 ~6 倍。节能效果明显。现已成为本行业推广的新技术。

（二）为新建制桶企业提供金属包装项目可行性研究报告

根据企业新建项目需求，为企业提供全方位、专业化和先进、高效的全套生产线及生产工艺、生产成本评估、生产能耗评估以及市场战略分析等相关服务。

（三）技术咨询和专业技术现场服务

通过采取现场咨询、电话咨询、信函咨询和网上咨询的方式，为企业提供产品材料、技术、设备、工艺、质量以及管理等领域的咨询及服务。

承诺 48 小时内到达用户生产现场为用户提供现场技术服务。

（四）提供技术信息

围绕企业效益，一厂一策，提供技术信息和送科技下企业服务。

（五）行业制桶工人技术的培训

和行业协会合作，做好每年度 2 次的行业技术工人培训工作。

（六）受行业协会的委托，做好行业发展循环经济、建设绿色包装产业的研究与指导工作

（七）受行业协会技术专家组的委托，做好行业新产品和科研成果的鉴定工作

三、工作步骤和方法

面向金属包装行业，搭建制桶设备研发平台和服务平台，建立行业培训基地，整合全行业技术研发和技术服务资源，发挥行业中科技人员的作用，促进企业科技升级，节能降耗，引导企业技术创新，积极发展新材料、新工艺、新设备，减少材料用量，围绕金属桶制造业开展服务。

（一）建立包装机械研发中心，完善研发的团队体系

中心在中国包装协会金属委制桶分会的大力支持下，联合营口、太原、深圳、汉中等行业制桶设备厂商共同组建行业制桶机械设备研发中心，完善研发的团队体系建设，发挥了各自技术和资金优势，扬长避短，在不摒弃引进和吸收的基础上，充分重视对设备研发和创新的投入，更好地实现了完善的产品系列、充足的配套和精细的制造。

（二）创新运营机制及服务模式

采用技术转让有偿服务模式，中心出技术、出图纸，企业自行加工制造，中心提供或协助安装和调试，并提供免费技术培训和技术服务。减少项目投资规模和周期，已达到多、快、好、省的目的。

（三）提升设计人员自身的业务水平

坚持让更多的一线技术人员参加国际水平的包装机械展会，使得他们吸收国外包装机械的先进设计理念，运用到实际的设计工作之中。

坚持一线技术人员每年有计划地走访企业制度，以了解企业存在的共性和特性问题，在今后的产品开发中领引企业技术升级。

（四）每年1次的新产品、新技术和新设备展示、推广会

用宣传、展示、推广的方法展示先进技术、设备、生产工艺和科研成果。

（五）筛选2~3家典型企业，建立新技术、新工艺示范生产线

充分发挥示范作用，引导行业企业科技升级，节能降耗。

（六）协助行业协会办好《钢桶》杂志、“中国钢桶包装网”，做好专家组的工作

充分发挥“一刊一网”和专家组的作用，围绕发展制桶工业，发挥科技服务作用。围绕技术队伍建设，发挥人才培养作用。

（七）业务流程

业务流程如图2.2-19所示。

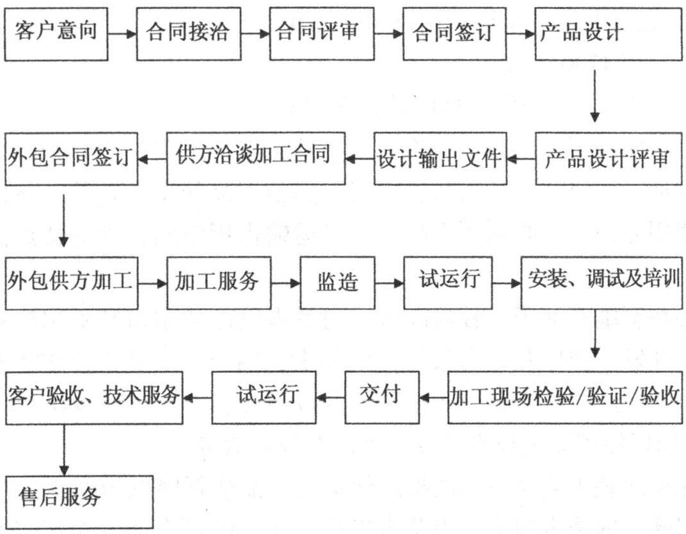

图2.2-19 业务流程图

四、服务团队

中心有较好的技术研发、推广条件，拥有完成技术研发所必须的手段，实验设备具备，同时，还拥有技术一流、具有丰富经验的钢桶全套设备开发及推广人才；拥有一支国家专家牵头、由高级工程师组成的专业开发队伍，具有较强的科研、设计开发能力和技术及工艺推广，拥有完备的计量检测设备和高素质的生产管理人员，严格按照ISO9000质量保证体系生产，确保产品质量，注重产品售后服务，建立完善的售后服务体系和操作规范。

五、服务成效

2007—2010年度完成的主要工作和服务成效有如下几个方面。

（一）200升钢桶薄型化（板厚1.2mm改为0.8mm）综合技术开发、推广及技术服务

在广东开平市、茂名市，天津市，山西临猗县等5家钢桶企业进行胀压技术和工艺（桶身联合成型机床、锥形钢桶胀锥机床）的推广。200升国标钢桶用料厚为1.2mm，同等质量下胀压工艺钢桶用料厚为0.8mm，原1.2mm厚的200升钢桶每只重24kg，现0.8mm厚的200升钢桶每只重18kg。

广东开平某厂年产30万只钢桶，2008—2010年三年采用了胀压技术和工艺，共节省钢材费用2160万元。

广东茂名某厂2009年2月—2010年12月生产200升闭口钢桶54万只，采用胀压技术和工艺共节省钢材费用1020多万元。

天津市某厂“200升钢桶薄型化（板厚1.2mm改为0.8mm）综合技术推广”项目2009—2010年共20个月生产200升开口钢桶27万只，共节省钢材费用720多万元。

山西临猗某公司“200升钢桶薄型化（板厚1.2mm改为0.8mm）综合技术推广及技术服务”项目2009年6月至2010年共生产200升开口钢桶29万只，每只节省钢材费用27.5元，共节省钢材费用近800万元。

合计节省费用4700万元。

（二）锥形钢桶技术开发、推广及技术服务

近年来在我国新疆、内蒙古、哈尔滨等地区发展迅猛的200升锥形开口桶采用欧洲标准的钢桶，主要用于番茄酱、果酱及其他产品的出口包装，该桶具有空桶运输费用低、使用方便、回收利用率高、出口运输占用空间合理等特点而受到用户的欢迎。

为此中心在新疆石河子、甘肃高台、内蒙古巴彦淖尔市和哈尔滨4个厂家开展锥形钢桶技术开发、推广及技术服务，四年来，四个企业共生产220升锥形开口桶240万只，新增产值2.5亿元，新增利税4800万元，新增就业200个岗位。

（三）钢桶环保型涂装技术开发、推广及技术服务

新型环保型涂装工艺及技术的推广使单位产品能耗降低10%～20%。在江苏扬州、河南三门峡、内蒙古包头、内蒙古巴彦淖尔、陕西合阳6个厂家实施，统计显示，共节省燃料成本720多万元。

(四) 钢桶底、盖错位对冲（双冲）技术及工艺推广服务

新型钢桶底、盖错位对冲（双冲）技术及工艺在南京及河南 2 家企业得到推广和应用，共产生效益 900 多万元。

(五) 全自动钢桶缝焊机技术开发、推广及技术服务

每只 200 升钢桶可省 0.084kg（板厚按 1.2mm 记，板料价按 6 元/kg 记），每支 200 升桶可降低成本 0.0504 元，如按年产 20 万只桶计算，一年可节省成本 10.08 万元。本项技术在 3 家企业得到应用，共产生经济效益 1000 多万元。

(六) 推广镀锌钢板制作镀锌钢桶新工艺

可降低成本 5% ~ 10%，节省能源 1/6 ~ 1/5，共有 7 家企业得到推广和应用，这 7 家企业 4 年来共生产镀锌钢桶近 200 万只，节省成本 3400 万元。

在这 4 年里，共给企业带来经济效益 1.55 亿元。

(七) 典型案例

例 1：包头市 × × 机械厂

该企业原为中国核工业集团公司 202 厂下属企业，2004 年 1 月转制，正式脱离母体。转制之后，企业员工增强了危机感、风险感，也增强了责任心、主人翁意识。企业为适应市场需求，确保市场供应，同时降低成本，争创效益，三年内共投入 600 多万元，抓技术创新及改造，具体项目如下。

2009 年 8 月投用了 200 升钢桶桶底盖双冲错位生产线，见图 2.2-20，采用 1250 ~ 1230mm 的板材，替代传统的 660mm 的板材，用错位对冲工艺，一年节省成本约 243 万元，加上计算卷板与定尺板的差价及劳动生产率提高带来的效益 67 万元，合计提高经济效益 310 万元。

图 2.2-20 钢桶桶底盖双冲错位生产线

图 2.2-21 XJY78 型钢桶涂膜固化线

2009 年 5 月投用了钢桶涂膜固化技术和工艺的设备（见图 2.2-21），改造前每天燃油费用约 2800 ~ 2500 元，改造后燃料费用约为 800 元，节省燃料费用约 64%，每天节省成本 1800 元。截止到 2010 年 6 月底，共节省燃料成本 520 万元，取得了显著的经济和社会效益。为钢桶企业保护环境、节约能源、建设和谐社会、确保可持续发展创造了有利条件。

例 2：陕西 × × 公司制桶生产线改造项目

目前的包装行业市场竞争十分激烈，中小型包装企业经营形势严峻，要走出困境，求得生存和发展，一个重要的、有效的途径就是不断开展技术创新，降低产品

成本，提高产品质量，提高企业效益。陕西××公司近年来着力于技术创新，取得了一定的成果，为该公司的发展作出了较大贡献。

1. 200L钢桶缝焊机（见图2. 2-22）改造。通过安装电阻焊通用微机控制器，将桶身缝焊型式由“脉冲焊”改为“连续焊”，提高了缝焊质量及设备的自动化程度，同时将点焊搭边量由10mm减少到3mm，不仅有效地控制了过热飞溅和毛刺，更减少了材料消耗，每年可节约δ1. 2冷轧薄板18. 7t，以现有市场价计算，每年可节约材料采购资金15万元，降低了生产成本。

图2. 2-22　200L钢桶缝焊机

2. 2009年5月投用采用了胀压工艺的主要设备“桶身联合成型机”和“四导柱式卷边封口机”生产200升钢桶，在不影响钢桶质量的前提下，由原来采用δ1. 2薄板改为δ0. 9薄板。每只钢桶省料4kg，按年产40万只钢桶计，每年节省钢材1600t，以现有市场价计算，每年可节约材料采购资金960万元，降低了生产成本。见图2. 2-23。

图2. 2-23　服务案例图

3. 完成的专利技术项目“60万只钢桶生产线”大批量投入生产后，废品率从5%降到2. 5%，能耗从0. 6元/只降到0. 126元/只，新增产值1100万元，新增利税达到130. 79万元，使企业的制桶生产能力和技术在陕西省处于领先地位，为社会提供了150个就业岗位。

例3：江苏省××公司清洗磷化喷漆线技术改造

1. 2008 年 9 月对原有的清洗磷化喷漆线进行了技术改造，采用了新型的环保节能型涂装技术和工艺，使得废烟气排放减少 50% 以上，每年节省燃料费用 40 万 ~ 45 万元。

2. 2008 年 9 月对该厂镀锌钢桶生产工艺进行了改造，采用购置热镀锌板，用镀锌板专用铣边机生产镀锌钢桶，特别是使清洁生产和环境保护成为可能。降低成本 8%，节省能源 1/5，最主要的是使得镀锌钢桶生产到达零污染成为可能。见图 2. 2-24。

图 2. 2-24 镀锌钢桶生产

企业 200L 闭口钢桶销量：2006 年 30. 35 万只；2007 年 36. 17 万只，增长 7. 24%；2008 年 58. 65 万只，增长 22%；2009 年 60 万只，增长 20%。企业随着销量的递增，经济效益逐年提高，2007 年实现利润 400 万元；2008 年实现利润 539 万元，增长 46%；2009 年实现利润 708 万元。

六、经验和体会

1. 坚持在制桶设备领域采用“引进、消化、吸收、再创新”的研发思路。

2. 要秉承“以人为本，技术领先”的发展理念，海纳大量优秀技术人才，建设好一支专业化研发队伍。

3. 要紧紧围绕建设节约型社会的主题，开发减量化、资源化和节能降耗型、环保型制桶设备和工艺。

4. 在市场推广与合作方面，本着“开拓市场、伙伴至上、团结协作、共同发展”的经营理念，兼顾当前与长远利益，为新建制桶企业的可行性研究报告提供技术支持，为现有制桶企业提高产品质量、降低生产成本、开发新产品、技术改造提供技术支持，为客户培训技术工人，整条生产线实施交钥匙工程，为客户提供终身售后服务。

5. 严格生产管理和品质控制。

西安生产力促进中心通过为金属包装行业企业提供共性技术和关键工艺，为企业做好专业化技术服务，通过技术推广和服务带来了企业生产质量、产量规模和效益的提高，增强了企业的竞争能力，使得国内金属桶行业的发展逐步适应国内外经济发展的需要。

案例提供单位：西安生产力促进中心

第三章　咨询诊断

咨询诊断是帮助企业和企业家，通过解决管理和经营问题，鉴别和抓住新机会，强化学习和实施变革，以实现企业目标的一种独立的、专业性咨询服务。通常由中心派出具有丰富经营管理知识和经验的专家，深入到企业现场，与企业管理人员密切配合，运用各种科学方法，找出经营管理上存在的主要问题，进行定量及定性分析，查明产生问题的原因，提出切实可行的改善方案并指导实施，以谋求企业可持续发展，从而改善企业经营管理。一般可以从企业战略、知识产权、信息化、企业孵化、科技项目咨询、流程管理、供应链管理等方面提供咨询诊断服务。

[案例一]

导入先进管理技术　全面升级企业管理水平

一、业务背景

在今天中国的媒体中，“管理咨询”这个词出现的频率已经越来越高了，人们对咨询业也从“冷眼旁观”到“逐渐认可和接受”。同时，伴随全球经济一体化，市场竞争日趋激烈，企业面临着越来越残酷的市场竞争环境，如何在这样汹涌澎湃的经济大潮中得以生存与发展，越来越多的企业开始寻求详细而全面的咨询来帮助自己确定走向与路线，帮助自己解决有关生存与竞争的各种问题。

管理咨询就是要从根本上提高企业的素质，改善企业的运行机制，增强企业对环境的动态适应能力。从深层次上来探讨，不仅仅是直接提高经济效益和管理水平，更重要的是，对一个企业来说，不论它的生存和发展，归根到底取决于这个企业是否能形成一个目标正确、适应性很强的运行机制。所以说，管理咨询根本的目的，是要使这个企业能够通过管理系统自我直接发现问题，找出原因，不断优化企业管理机制，使整个企业运行形成良性循环，实现企业的永续经营与发展。

纵观辽宁省中小企业的发展现状，不难发现，在企业战略管理、营销管理、人力资源管理等管理领域的各方面，辽宁省的中小企业仍然处于管理的初级阶段，企业水平相对滞后，这也成为制约中小企业发展的“瓶颈”。鉴于此，企业为提高自身管理水平与综合竞争力，对“管理咨询”产生了迫切需求，辽宁生产力促进中心顺应形势，针对我省中小企业面临的问题与需求，积极组织资深管理专家，开展管理咨询服务，提高我省中小企业管理创新能力与市场竞争力，推动企业进一步发展，带动区域经济持续健康发展。

辽宁生产力促进中心，以“知识管理引导，价值创新助手”为定位，以“打造专业化、国际化、规模化生产力中心”为目标，积极开展各项管理咨询服务工作，现已发展成为辽宁省科技创新服务体系的重要组成部分，成为区域企业科技创新服务的主导力量。辽宁生产力促进中心管理咨询服务中心经过多年的发展与壮大，现已成为辽宁省开展管理咨询服务的综合性机构，先后为辽宁省近千家中小企业提供过管理咨询服务，组织搭建了辽宁省高新技术企业管理咨询服务平台，成功实施了辽宁省中小企业管理品质提升工程，成为推动中小企业成长与发展的重要力量。

二、业务内容

为帮助企业提升管理品质，促进企业发展，辽宁生产力促进中心特成立了辽宁生产力促进中心管理咨询服务中心，设计六大业务板块，包括企业战略、生产管理、财务管理、营销管理、人力资源及企业文化，并通过全国范围内的考察与筛选，确定六家国内顶尖一流的专业咨询公司加盟，为辽宁省企业提供专业化的企业管理咨询服务。具体服务内容和服务模式如下。

（一）全省巡回大型说明会及论坛

在全省巡回进行大型的“辽宁企业管理品质改善提升工程高层说明会”，邀请企业董事长、总经理参加，分别从企业战略、生产管理、财务管理、营销管理、人力资源及企业文化6个方面进行管理理念的宣讲，从而转变和提升企业领导人的管理理念。

（二）专家现场诊断

组织专家对企业进行义诊活动，帮助企业寻找管理中的“瓶颈”问题，并给出切实可行的解决方案，指出企业改善的方向。

1. 观其象——现场实地调研，从现场看管理；

2. 听其声——了解现场人员的心声与操作，从基层员工看管理；

3. 问其病——直接与中高层交流沟通，总结企业管理问题。

（三）全省巡回公开课

通过对企业进行诊断，发现企业存在的一些共性问题后，由专家设计解决问题的培训班，在全省巡回地举办公开课，组织企业中高层管理者参加，以提高企业分析问题与解决问题的能力，促进企业发展。

（四）企业内部培训

针对某个企业在管理领域各个方面的薄弱环节，结合企业的人力资源综合状况，组织专家为企业设计专门的培训课程，根据不同的培训目的，采取课堂讲授法、程序化教授法、模拟培训法、影视培训法、现场培训法、角色扮演法、工作轮换法、行为模仿法和参观访问法等多种方法相结合的模式，为企业提供专门化、实用化的内部培训，以提高企业的人力资源水平，提高企业管理创新能力。

（五）专家驻厂教练式辅导

根据个别企业在企业战略、生产管理、财务管理、营销管理、人力资源及企业文化等方面出现的问题，组织专家对前期诊断结果进行确认，并提出改善建议。由专家亲自到企业现场辅导推动各改善项目的落实，采用教练式的辅导方法，使企业各岗位人员能够接受并掌握分析问题与解决问题的工具，并在以后的工作中加以应用。

三、工作步骤和方法

经过多年的实践与总结，发现对于我国北方这种理念相对落后的城市及地区采取政府引导、典型示范、逐步推广的方式开展管理咨询服务较为适宜。为此，面向辽宁省高新技术企业及科技型中小企业，搭建管理咨询服务平台，整合管理咨询服务资源，为企业提供专业化的管理咨询服务，全面提升企业管理水平。

（一）分析企业现状，确立管理咨询服务的运作方式和目标

中心组织专家对辽宁省企业发展较慢的原因进行了调研与分析，发现其主要原因表现在两个方面：一是理念落后，多为先发展后管理，重技术创新轻管理创新，重硬件建设轻软件建设；二是系统的管理技术引进较少，学习意识不足表现得尤为突出。因此，重点把服务目标锁定在高新技术企业及科技型中小企业管理品质提升上，用国际化标准培育百家“标杆企业”，以此拉动全省企业全面品质提升，并采用“教练式”式的辅导方式。所谓“教练式”咨询辅导，就是以教练员训练运动员的方式，使企业管理不断改善和提升。

（二）整合管理咨询服务资源，打造辽宁省管理咨询业的航母

为了更好地整合管理咨询服务资源，提升品牌影响力，由辽宁生产力促进中心成立了管理咨询服务中心，并对全国乃至国际上近700家咨询机构进行了调查和联络，优中选优，根据中心的服务领域和六大业务板块要求，确定了与中心有着共同的服务理念，在战略管理、生产管理、营销管理、人力资源管理、财务管理、企业文化管理等具有国内领先地位的北京际恒管理咨询公司、深圳立正管理咨询公司、沈阳天鼎管理咨询公司等6家咨询机构为合作伙伴。该管理服务中心的成立旨在携聚各路英豪，共同打造辽宁管理咨询业的航母，为辽宁省企业导入了先进的管理技术，提供了全方位的管理咨询服务，升级了企业综合管理水平。

（三）搭建管理咨询服务平台，提供专业、高效、开放的管理咨询服务

为了更好地为辽宁省企业提供专业、高效、开放的管理咨询服务，辽宁生产力促进中心组织搭建了辽宁省管理咨询服务平台。该平台通过引进国内外先进的管理理念、管理技术、管理方法，吸纳知名的管理咨询机构、资深的管理咨询专家，并结合辽宁省企业的实际情况，为辽宁省企业提供了一个沟通、咨询与辅导的共享平台，更好地实现了服务的集中化、专业化。该平台的搭建可有效提升辽宁省企业的整体管理水平，提高企业市场竞争力，促进企业的迅速发展与壮大，同时，有利于促进辽宁省管理咨询业的发展，规范辽宁省管理咨询业市场，推动辽宁省经济快速发展。

（四）业务流程

1. 企业辅导流程图，详见图2.3-1。

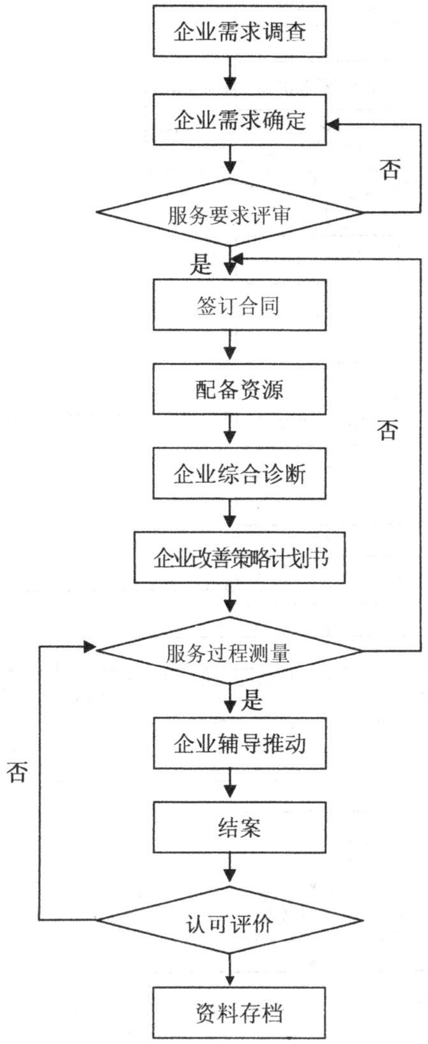

图 2. 3-1　企业辅导流程图

2. 培训流程图，详见图 2.3-2。

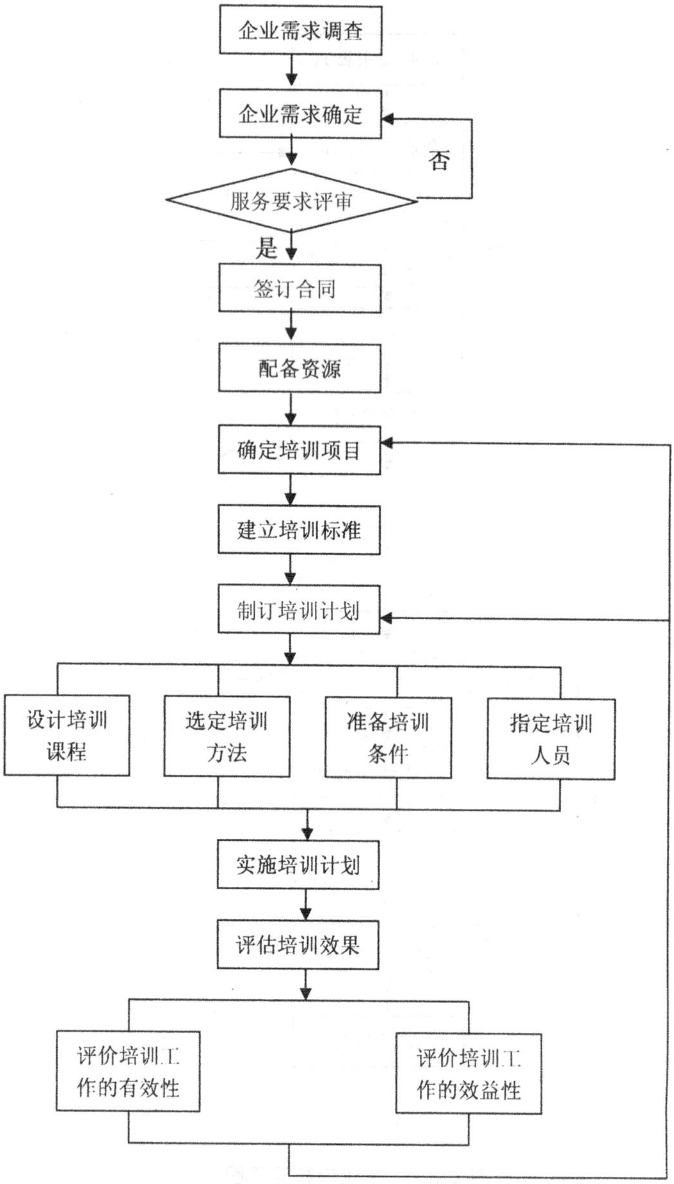

图 2.3-2　培训流程图

四、服务团队

为了保障本项工作的顺利实施，中心组成了包括中心主任在内的 11 名骨干成员的工作团队具体负责项目的实施，由中心主任任项目组组长。该服务团队按业务类别分成 5 个管理咨询业务服务组，分别为企业内部培训服务组 2 人、公开讲座服务组 2 人、大型说明会及论坛服务组 2 人、辅导业务服务组 2 人、企业诊断服务组 2 人。这些业务服务组，根据企业需求可交叉组成业务服务组。

五、服务成效

站在振兴辽宁老工业基地的战略高度和帮助省内高新技术企业、科技型中小企业能够与国内乃至国际上先进企业逐渐步入同一发展轨道的服务宗旨这一层面，如何发挥“纽带”和“助手”这一定位的功能和作用，如何为辽宁省企业在激烈的市场竞争中求得生存与发展提供有力服务，辽宁生产力促进中心进行了长期而深入的探讨。中心的管理咨询服务经过10年的发展，塑造了良好的品牌影响力，搭建了省、市、县（区）三级管理创新服务平台，为全面提高辽宁省企业的管理水平与创新能力起到了积极的推动作用，取得了较好的服务效果。

（一）导入新的管理理念是提升企业管理水平的基础

教育训练是辽宁中心多年来培育的核心服务业务之一，在全省已有一定的影响。引进、消化、吸收、再创新的企业管理课程基本形成系统，有全面的企业职能别和阶层别的各种管理课程。

近5年来，中心共举办各类公开讲座、企业内训等教育训练课程200余场，听课人数达5万人次，基本覆盖了全省的大部分企业，详见图2.3-3。

图2.3-3　企业培训现场

1. 建立了“辽宁省科技型企业经理人训练中心”。该项目得到了省科技厅、省财政厅和省中小企业厅的大力支持。通过系统的职业经理人训练，提高了企业经营管理者的管理企业水平。到目前为止，共举办了多期7天6夜的、全封闭的“科技型企业经理人高级研究班”，受训的企业经理人达500余人，详见图2.3-4。

2. 实施了辽宁省科技中介千人培训工程。辽宁生产力促进中心配合省科技厅政策处实施了辽宁省科技中介千人培训工程。中心重点承担千人培训工程的百人高级班的培训工作及全省的组织协调工作，分别由来自科技部、英国诺丁堡大学、香港生产力促进局、台湾新竹交通大学、清华大学等国内外七位知名专家教授，分别主讲了科技中介组织现代运营管理、中介机构推动企业提升生产力之策略与服务及科技项目管理、全球化背景下的技术管理、中介服务战略与高科技制造业发展、中国咨询业发展与实践等课程，在前沿理论与实践两个方面对学员进行了现场深度讲解，取得了良好效果。

3. 举办了多场全省巡回大型说明会。在全省巡回进行大型的“企业运营系统改善提升工程高层说明会”，邀请企业董事长、总经理参加，在近一年的时间里，共举办说明会17场，参会企业近千家，详见图2.3-5。

图 2.3-4　企业经理人培训现场

图 2.3-5　企业运营系统说明会会场

（二）导入先进的管理技术与方法，是提升企业管理水平的重要途径

经过几年的市场化运作，先后接洽各类企业 100 余家，同时，还组织专家服务团为 500 余家企业进行了免费的企业诊断，取得了良好的社会效益，使市场性与公益服务有机结合，相得益彰。

例 1：辽阳××集团公司品牌规划策划案，该公司经过生产力促进中心多年的管理咨询辅导，企业各项管理基本步入了现代管理轨道，但品牌知名度不大，影响着市场占有率，对其进行品牌规划，经过近三个月的策划辅导，该公司销售额随着品牌知名度影响的扩大也大幅度上升。

例 2：鞍山××集团精益生产专案。这是一家以生产道桥养护设备为主要产品的科技型民营企业，该企业承担着两项国家“863”工程项目。企业产品市场前景非常好，但存在的问题是：企业生产成本过高和由于产能不足所导致的交货期过长。中心咨询顾问团队通过对生产现场的调查和诊断，发现成本过高的原因主要表现在浪费现象严重，针对此提出了具体解决方案。经过为期四个月的辅导，该企业生产效率有较大提升，减少了物料和工时的浪费现象，缩短了交货期，企业竞争力有了明显提升。

例 3：锦州××公司生产系统改善专案。该公司是一家以生产系列石英真空玻纹管为主要产品的高新技术企业，其产品具有较强的核心竞争力，但由于管理的滞后，企业的发展规模和速度受阻。中心咨询顾问团队对其生产现场进行了实地考察和诊断，发现该企业的主要问题是生产管理问题，并对此提出了解决方案。经过对该企业的“教练式”咨询辅导，该企业的准时交货率在原有基础上提高了50%以上，品质合格率由原来的83%提高到了96%以上，每月节约直接生产成本达20万元。

六、经验和体会

（一）引起领导的重视和支持是开展管理咨询业务的前提

多年来，在选择典型企业开展管理咨询业务时，重点选择那些关注科技管理系统和承担各类科技项目的企业，在企业技术创新快速发展的同时，导入先进的管理技术与方法。如锦州××公司是锦州光伏产业基地的龙头企业，经过培训、辅导一年多，企业管理改善的同时也受到各级领导的关注，可引起轰动效应，有利于业务的发展。

（二）整合国内外管理咨询资源，是业务开展的重要技术支撑

受中心自身的体制、机制等因素影响，高层次的管理咨询人才匮乏，按照生产力促进中心“小实体、大网络”的组织模式，整合一大批国内外管理咨询机构和专家是重要途径，“不求所有，但求所用”。多年来，中心同中国台湾、香港及大陆的北大纵横、北京际恒、深圳立正等知名品牌管理咨询公司合作，并聘请了近百名管理咨询专家，这是中心开展管理咨询业务的重要技术支撑。

（三）公益性与市场性相结合是目前生产力促进中心业务发展之路

就北方而言，管理创新意识淡薄，市场性难度是很大的，经过多年探索，在承担政府委托任务时，抓典型企业培训、辅导，可不收钱或少收钱，以政府任务为大旗，先期进入企业，进入市场，然后再逐步走向市场化，这样，生产力促进中心的公益性体现得更为明显，同时为开拓市场建立了良好信誉，打下了良好基础。

案例提供单位：辽宁生产力促进中心

[案例二]

开展企业诊断服务　助力中小企业发展

企业诊断是一种帮助企业消除经营管理中的弊端、改善企业经营管理状况、挖掘企业潜在资源、提高企业经济效益、保障企业生存与发展的新兴的管理方法。

一、业务背景

企业诊断起源于美国，美国称之为管理咨询。美国早在19世纪30年代就开始了管理咨询服务。当时的欧美企业，往往资产的所有者就是企业的经营者，由于这些人中有些不善于经营，致使企业萧条，甚至濒临倒闭。为了摆脱困境，往往求助于社会上的技术咨询机构，请这些机构派专家或经营顾问到企业进行诊断。还有另一种情况，就是中小企业为了同大企业竞争，但它们又缺乏人才，只好求助于社会上的技术咨询机构，对企业进行诊断。在这种需求形势下，企业诊断就在欧美国家逐步地发展起来。目前美国已有咨询公司2500多家，一些大型咨询公司的分支遍及世界各地，还有数以万计的个人咨询服务站，每年营业额高达20多亿美元。

日本的企业诊断，学习了欧美的做法，近十几年发展很快。日本企业诊断发展

快的原因，与美国中小企业和大企业开展竞争的原因相同。日本中小企业约占日本企业总数的99%，占企业总人数的70%左右，占全部企业销售额的50%，它们在日本工业中占有相当重要的地位。但是这些企业生活福利条件差，同大企业相比，人才相当缺乏，无法同大企业竞争。日本政府为了控制大企业垄断，扶持中小企业，提倡企业诊断制度。1948年日本政府颁布了《中小企业诊断实施基本纲要》。由于政府提倡，再加上诊断确实有效果，所以企业诊断发展很快，很多以诊断为职业的民间团体也就应运而生。到20世纪80年代后期，日本从事企业诊断的经营顾问和诊断士有3万多人，这些人都有多年企业工作经验，又经过一年的专门训练，结业时经过严格考试合格后，发给诊断士资格证书。日本的企业诊断对中小企业生存和发展起了重要作用。

我国的企业诊断是随着TQM（全面质量管理/全面品质经营）引进的。早在1981年，机械工业部就曾对成都量刃具厂、南京第二机床厂、上海变压器厂和第二汽车制造厂等企业的质量管理进行过诊断。到了1993年，为了贯彻ISO 9000系列标准和进行体系认证，企业需要诊断，社会上随之出现了为了贯标认证的咨询机构。随着经济全球化步伐的加快，企业经营环境日益复杂，国内外竞争更加激烈，企业要在生产经营活动中立于不败之地，必须不断完善自身内部管理机制，明确自身在市场竞争中的定位，不断调整竞争策略和完善企业战略。因此，企业对于诊断咨询服务的需求越来越大，层次要求不断提高。

针对这一发展趋势，广西生产力促进中心自成立起，就把企业管理和诊断咨询服务作为一项重要业务来抓，以日本企业诊断专家为核心，以“培植试点，点面结合，整体推进”的方式，深入系统地开展企业诊断和管理咨询服务。从1999年起，中心就组织相关专业领域的博士生、教授、专家等300多人次分别深入南宁、柳州、桂林、北海等城市150多家企业开展以企业诊断为切入点的管理咨询活动，共为企业提供各种咨询1500多次。为了提升中心的企业管理和诊断咨询服务品牌，中心先后邀请了日本、新加坡等国家和我国台湾、香港地区的企业诊断专家到广西开展企业咨询、培训活动。特别是2003年10月起，中心通过科技部和日本国际协力事业团（JICA）渠道，在全国首次引进日本年长志愿者、企业诊断专家到中心工作以来，已先后有小林隆、须贺俊幸、阪井靖史3位日本企业诊断专家进驻本中心。

二、业务内容

中心开展企业诊断的目的是：促进管理改善，提高经营成效水平；促进企业实施年度经营方针和目标；为企业发展策划提供必要的依据；弥补企业领导知识和能力的不足；帮助企业领导掌握企业内部的实际情况，促进企业健康、快速发展。中心开展企业诊断咨询服务，是以日本企业诊断专家为主导的，在通过开展企业诊断业务培训、宣传和对选定企业进行面上巡回诊断的基础上，根据企业的需求，在经营战略、营销管理、5S生产现场管理、财务管理等方面开展诊断咨询服务。通过诊断活动，帮助企业分析自己所处的内外经营环境，指出企业具有的优势和弱势、面临的机会与威胁，理清企业的发展思路，明确今后的改革与发展方向。

（一）构建企业竞争预警系统，为提高企业市场竞争服务企业竞争预警系统由市场信息采集调查、运行分析和分析预警报告3部分组成。中心从广西中小企业市场竞争的实际需要出发，在广西的南宁、柳州、桂林、梧州等21个市县及企业设立了274个移动通信和家电产品市场销售信息采集点。首先通过这些信息采集点，对企业产品销售信息进行采集；然后进行分类、汇总、分析，建立市场信息数据库；在此基础上，采取目前世界最为流行的企业诊断方法之一——SWOT企业分析法，分析该产品市场的总体趋势，形成行业竞争基础资料数据库；再根据被服务企业的实际情况，与行业竞争基础资料进行分析比较，总结出企业的内部优势、劣势以及企业所面临的机遇和威胁，形成市场研究分析报告，提出竞争策略，发出预警信号，为企业发展明确方向，实现中小企业竞争能力的提高。

（二）引进日本年长志愿者、企业诊断专家，开展企业诊断示范服务

为了更好地推动广西企业诊断工作的开展，中心向国家科技部申请了中日政府间的科技合作项目——年长志愿专家援助项目，由JICA派遣的日本海外年长志愿者、企业诊断专家到广西生产力促进中心援助工作。

企业诊断专家开展对示范企业的诊断服务，以点带面，整体推进，推动日本企业诊断技术等管理技术向广西科技中介服务机构和中小企业管理人员的技术转移；开展企业诊断规范、企业经营战略、人力资源管理、企业营销管理与品牌经营、企业财务管理、企业融资、企业信息化等系列培训，为该区培养一支中小企业诊断服务队伍和企业经营管理队伍；协助完善广西中小企业诊断师培训制度、培训体系，建立广西中小企业诊断技术与规范；传授日本的理论和经验，导入日本企业诊断以及企业经营管理的理论和理念，结合广西中小企业的特点，进一步完善广西中小企业诊断分析、检查、调查、判断和报告等企业诊断的技术方法和规程。

中心根据广西企业、行业实际，通过深入考察、仔细研究，在日本专家的带领下，以常驻中心的日本企业诊断专家小林隆先生为核心专家，利用平衡计分卡诊断技术，结合日本专家丰富的企业诊断经验，为企业进行了面上诊断咨询服务。帮助诊断对象有效解决了生产经营中存在的问题，使企业经营管理工作得到明显改善。通过企业诊断示范工作，广大中小企业从中认识和了解了企业诊断咨询的作用和效果，促进了广西企业积极改进和完善自身的经营管理，同时也为广西企业诊断业务的开展培育了一批技术人员和服务人员。

三、工作步骤和方法

在开展企业诊断咨询服务过程中，采用示范与实践，学习与培训、指导相结合的实施方式稳步推进。

中心对企业诊断程序一般分为预备诊断、正式诊断、总结报告与治理3个阶段进行。

（一）第一阶段：预备诊断阶段

这一阶段主要是进行企业诊断业务及相关知识的培训宣传，让广大企业了解企业诊断的作用，提高认识，发动企业主动报名参加作为示范企业；对报名参加的示范企业进行一次巡回诊断，一方面进一步向这些企业高层领导进行诊断业务宣传，另一方面对企业进行一次实地考察，确定诊断项目（课题），签订诊断业务合作协

议，明确各自的责任和义务，特别是公司机密保密保证协议。

（二）第二阶段：正式诊断阶段

这一阶段首先是协助企业建立企业诊断工作机构，落实诊断小组的联络负责人，制定企业诊断时间工作安排表。同时搜集与企业有关的各类资料，进行预备性调查研究，并对公司的组织机构、制度管理、近期的经营情况作全面了解。其次，要对公司的运营情况进行深入调查，通过大量资料分析找出企业运营中存在的问题。这一阶段的企业诊断小组专家要和企业中高层的管理者对话，交流意见。主要从以下几个方面进行：

1. 现状事业领域的确认；
2. 市场调查、竞争分析、结算表的分析、数据收集分析；
3. 经营者访谈；
4. SWOT 分析；
5. 经营课题的整理。

根据找出的问题，诊断小组提出和编制改进方案，经过反复与客户公司交流意见，最终提出科学的、可操作的管理改善建议。

（三）第三个阶段：总结报告与治理阶段

此阶段的主要工作是编写和提交“诊断报告及管理改善建议书”。报告中将对本次工作进行全面的总结，其中包括：企业诊断结果的整理，编写经营战略规划书（包括战略规划图、行动计划书）。

此外，企业诊断工作还有一个“跟踪”和“反馈”的过程。诊断工作结束后，分阶段地到客户公司回访，查询诊断改善方案的执行情况，并提出修改建议。跟踪反馈的过程一般为一年左右。

业务流程如图 2. 3-6 所示。

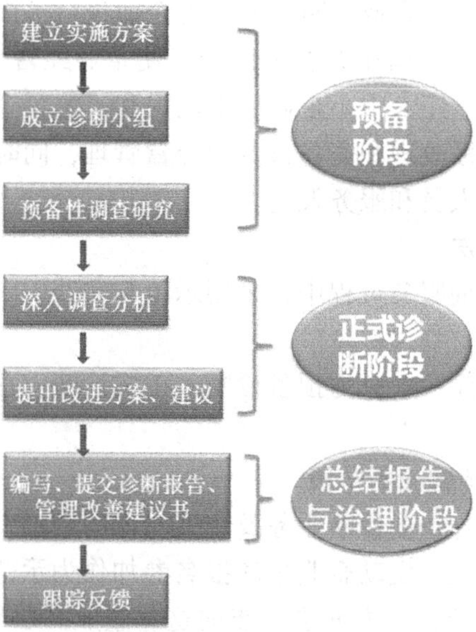

图 2. 3-6　业务流程图

四、服务团队

针对广西企业诊断服务业务的需求，中心组建了一支以日本企业诊断专家为业务带头人、以该中心相关业务技术人员为骨干的企业诊断人才队伍，并邀请行业专家、高校教师、各市（县）生产力促进中心共100多人参与组建了服务团队。

为了强化工作落实，服务团队又按业务分工组成了人才培训业务小组、咨询服务业务小组、申请代理业务小组等专题工作小组，既有专业分工，又紧密配合，有组织有步骤地开展业务工作，确保工作收到实效。上述各业务小组，根据实际企业需求可交叉组成业务服务组。

五、服务成效

（一）有效促进了广西企业诊断咨询服务的规范化和标准化建设

中心结合广西中小企业的特点，制订了《广西中小企业诊断技术规范》，并利用技术规范为多家试点企业进行了面上诊断咨询服务，探索企业诊断具体在哪些行业和领域、哪些环境下成熟适用，总结出企业诊断的应用经验，为广西今后的企业诊断产业化过程中提供参考与示范。引进的SWOT企业诊断模型和平衡计分卡的管理方法，为企业诊断的应用推广摸索出新的思路，促进了广西的企业诊断咨询服务工作的规范化和标准化建设。

（二）有效促进了企业竞争力和效益的提升

通过引进日本年长志愿者、企业诊断专家在广西开展企业经营战略、市场营销、5S生产现场管理等企业诊断咨询服务示范活动，帮助企业解决管理过程的实际问题，使企业充分认识到自身发展优势、存在的问题和不足，帮助其完善发展计划，不断改进工作方式和方法，制订企业发展战略，促进企业经营管理的改进和完善，提升企业竞争力。

例：桂林××药业公司出现连年亏损而提出诊断要求。中心接受委托后，组织诊断小组进入该公司开展诊断服务。诊断小组为企业引进和建立了管理会计制度和数据化营销管理模式，指导企业管理人员具体操作和实施，使企业管理人员熟练地掌握了管理会计和营销管理方法，并成功运用于企业的营销管理工作中，企业销售收入得到明显提高，实现了扭亏为盈。公司总经理在总结时指出："未进行企业诊断前，公司按常规方法进行管理，生产计划往往落空，经营目标多难实现，企业何时才能扭亏为盈根本不清楚。通过这次咨询服务，在日本专家为核心的诊断组指导下，学习和掌握了日本许多先进的管理理念和管理技术，学会了通过报表、数字来了解、掌握生产、销售、经营状况，并以此进行管理，作出决策，制定了公司经营计划目标，明确了销售人员绩效考核指标，调动了销售人员的积极性，产品销售收入得到了比较大的提高，从5月份开始，公司实现了扭亏为盈，看到了公司发展的希望。这些技术和方法足够终身受用了。"

六、经验和体会

（一）"因企制宜"是企业诊断咨询服务取得实效的关键

1. 能否得到企业的真实资料是关键。这就决定了诊断服务机构能否得到企业的信任、愿意提供真实的企业资料进行分析判断。要达到这个目的，签订好服务委托协议书，明确技术、资料保密责任是关键。同时，要在首次诊断时能够提出一些存在的问题及相关的改进措施等。为此，中心基本采取以生产现场方面存在的问题（5S 管理）作为问题的切入点。

2. 做好诊断流程和工作方案，成立诊断工作推进小组和监督小组，并得到企业高层领导者认可并颁布实施，是确保诊断工作能否顺利开展的关键。

3. 诊断分析资料来自企业内部，诊断小组要依靠企业中高层管理人员的力量，开展调研活动，掌握企业的第一手材料，分析判断才有可能真实可靠。

4. 改进意见与措施也来自企业各级人员，诊断小组只起到加工、整理、提升的作用。

（二）坚持企业诊断技术的引进与本地实际相结合是确保企业诊断业务长期发展的根本

日本企业诊断技术的应用，要根据本地企业的实际需要灵活应用，工作方式、方法要创新，才能取得成效。广西中心结合在引进日本企业诊断技术的基础上，结合广西中小企业的特点，制订了《广西中小企业诊断技术规范》，探索企业诊断技术在广西的适用性，总结出企业诊断的应用经验，为广西今后的企业诊断产业化过程中提供了参考与示范，有力促进了广西的企业诊断咨询服务工作的规范化和标准化建设。

（三）开展国际合作是提升广西企业诊断服务工作水平的有效途径

广西中心与 JICA 合作，引进外国专家，建立国外专家企业诊断及其人才培训基地，利用“平衡计分卡”、SWOT 诊断模型等企业诊断咨询工具开展企业诊断咨询服务及人才队伍培训，使中心成为全国唯一一家有外国专家长期进驻的企业诊断基地，并与日本经营诊断者协会等举办企业诊断研讨会，共同研讨企业诊断咨询业务、进行技术交流、开展企业诊断活动等，有效提高了广西企业诊断服务的工作水平，促进了广西企业诊断服务走在全国前列。

案例提供单位：广西生产力促进中心

[案例三]

发挥“外脑”作用　促进传统产业升级

中小企业是我国经济的重要组成部分，对促进经济发展、促进社会稳定、保证就业以及满足市场需求都具有十分重要的意义。随着中小企业规模的不断扩大，沿袭传统的管理模式已经不能满足企业快速发展的需要，企业产品的创新设计和工艺、管理运营、生产制造过程，亟须应用先进的信息技术来改造和提升，进而不断提升企业的核心竞争力。而信息化建设是以信息化带动工业化的切入点，是推动工业设计和创新、提高传统产业素质和后劲、实现传统产业优化升级的重要手段。

一、业务背景

在装备制造业中应用和推广信息化技术，用信息技术改造落后的生产技术、制造工艺，已有多年的历史。多年的建设和技术引进，使得全行业尤其是起着行业支柱作用的国有大型企业（主机厂）的信息化建设，积累了相当的基础。大多数大型企业从自身的实际情况出发，积极推广和应用以计算机和网络为代表的信息技术，信息化建设的底层工作已基本到位，有力地带动了企业的技术进步和全面发展。然而，与主机厂相比，为其生产配套零部件的企业，尤其是占绝大多数的中小企业，信息化基础则相对比较薄弱：企业的生产业务管理方面的信息化程度较低、产品设计资源分散、难以提高设计效率等“低、散、弱”的问题普遍存在。

面对国外先进、强大的竞争对手，我国装备制造业在企业结构调整、规模不断扩大的进程中，一直在不断吸纳新的制造技术与信息技术，采用先进的设计方法和先进的生产管理技术，推出新型产品，已经具备了较好的信息化基础和企业素质。全国主要骨干企业普遍实施了 CAD、CAM、CAPP、PDM、ERP 等信息化工程；以产品功能部件为核心的专业化、协同化生产和业务流程重组发展很快，企业经营模式正发生着革命化的变革，而与之配套的零部件企业特别是中小型零部件企业，由于信息化基础相对薄弱，难以满足主机厂开展产业链协作的信息化需求，正是这些企业表现出了对信息化工作的迫切需求。

中机生产力促进中心自 2000 年开始，不断拓展制造业信息化服务，承担了多项国家、地方重大专项研究课题，开发形成了一批行业服务平台和专用软件系统，如分散网络化制造平台、工程机械行业三维零部件平台和北京模具行业网络化制造服务平台、中小企业生产管理系统和企业业务流程管理系统等，并获得了多项软件著作权。中机生产力促进中心在发挥自身优势、服务中小零部件企业过程中发挥了重要作用，为中小企业企业信息化实施、咨询与监理服务作出了重要贡献。

二、业务内容

中机生产力促进中心围绕中小企业信息化需求，不断拓展信息化服务业务，既涵盖了企业从设计、生产到协同管理的整个生命周期，又包括了从信息化规划、培训到基础设施建设的各个环节，详见图 2. 3-7。

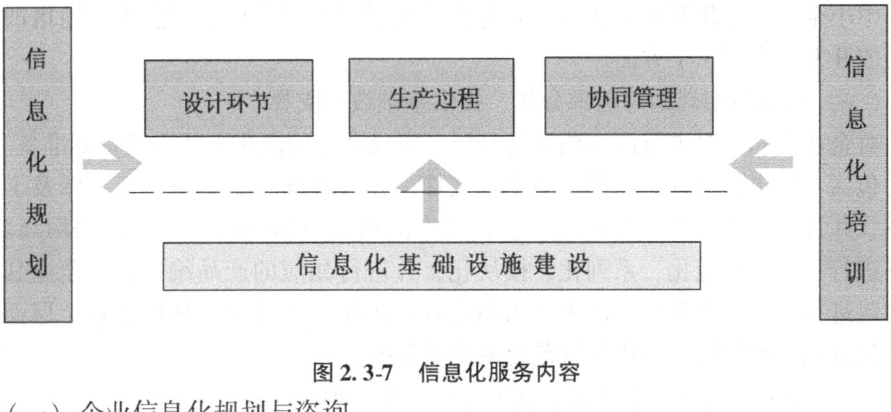

图 2. 3-7　信息化服务内容

（一）企业信息化规划与咨询

企业信息化规划与咨询主要根据企业的实际情况，结合行业发展特点和企业信息化需求，为企业信息化的建设与实施提供不同层面的多种可供选择的实施方案及切入点，为企业信息化工作的开展提供支持。

（二）企业信息化基础设施建设服务

为企业信息化工作开展所需的硬件基础设施的建设提供整体解决方案，包括基础设施规划、设备配置方案、选型等。同时，还可按照客户的需求提供基础设施建设及监理服务，帮助企业完善信息化所需的基础设施，为企业信息化工作的开展提供基础条件支撑。

（三）产品模块化设计

从企业产品设计环节入手，利用相似原理、模块化技术、计算机辅助设计技术，对产品进行规范化、系列化、模块化、标准化梳理，帮助企业整理信息化工作的源头技术资料，为企业信息化工作的开展提供基础数据支持。

（四）企业生产制造过程管理

通过调研发现，多数中小型制造企业由于基础数据不完备、管理流程不畅、管理制度不规范等因素的影响，难以直接开展ERP等信息化工作的实施，再加上软件和服务费用的原因，在中小型制造企业中推广效果并不明显。为此，中机中心针对中小制造企业的生产特点，在客户对交货期要求越来越严格、订单提前期越来越短的情况下，围绕企业面临的订单管理和车间生产管理两大主要问题，通过软件工具的开发和实施，帮助管理者随时掌控生产进度，提高现场管理水平。通过生产过程管理软件工具的应用，帮助企业逐步完善基础信息，理顺管理流程，为后续开展ERP的应用实施夯实基础。

（五）企业信息化培训

主要针对企业信息化应用进行培训，对企业主要领导、各部门主要负责人以及企业专门的信息化人员和普通员工分别结合其工作特点和在信息化中发挥的作用进行有针对性的培训，一方面加深企业管理者对信息化的认识，另一方面在员工中普及信息化基础知识，以保证信息化工作在企业的顺利实施。

三、工作步骤和方法

中小企业信息化服务工作重点分为前期规划与需求分析、信息化应用培训和系统集成开发与应用3个方面。

（一）重视前期规划与需求分析，提供基础数据支撑

对企业实际情况进行深入调研与分析，完成企业信息化上线前的基础准备工作，主要包括：收集整理分析各部门的报表文件，了解各部门的主要业务范围及工作流程图，并进行流程诊断、优化与整合；对产品进行分析整理，根据其结构与功能，对其进行相应的规范化、系列化、模块化，并进行相应的产品编码；对企业其他生产物料进行编码，并对企业的生产组织方式提供相应的建议。从以上各个层面，为企业信息化工作提供其所需的规范化的基础数据。

（二）强调信息化应用培训，保证工作顺利开展

信息化工作是一项系统工程，同样，企业的信息化培训工作也应该贯穿企业信息化实施的整个过程，重点围绕企业管理、设计、生产、物流等关键环节，对企业信息化进行培训，包括企业信息化工作需求、信息化技术、信息化系统、企业实施信息化工作需要的准备工作以及软件系统应用培训等内容。

（三）注重系统集成开发与应用，提高信息化效率与水平

在中小企业信息化服务过程中，注重系统的集成开发与应用。通过典型企业的应用示范作用，及时发现信息化工作推进过程中的问题，不断挖掘企业信息化需求，逐步完善系统功能，引导企业逐步提升企业信息化水平，在此基础上，通过产业链合作，带动其下游合作伙伴的信息化发展。

在实施过程中，广泛调研，积极实践。对国内的应用实施情况进行充分调研，充分利用和学习国内成功企业的典型经验，在自我应用和发展中加以集成，从而对自身的信息化应用提供指导和参考，帮助企业少走弯路。一般业务流程如图 2. 3-8 所示。

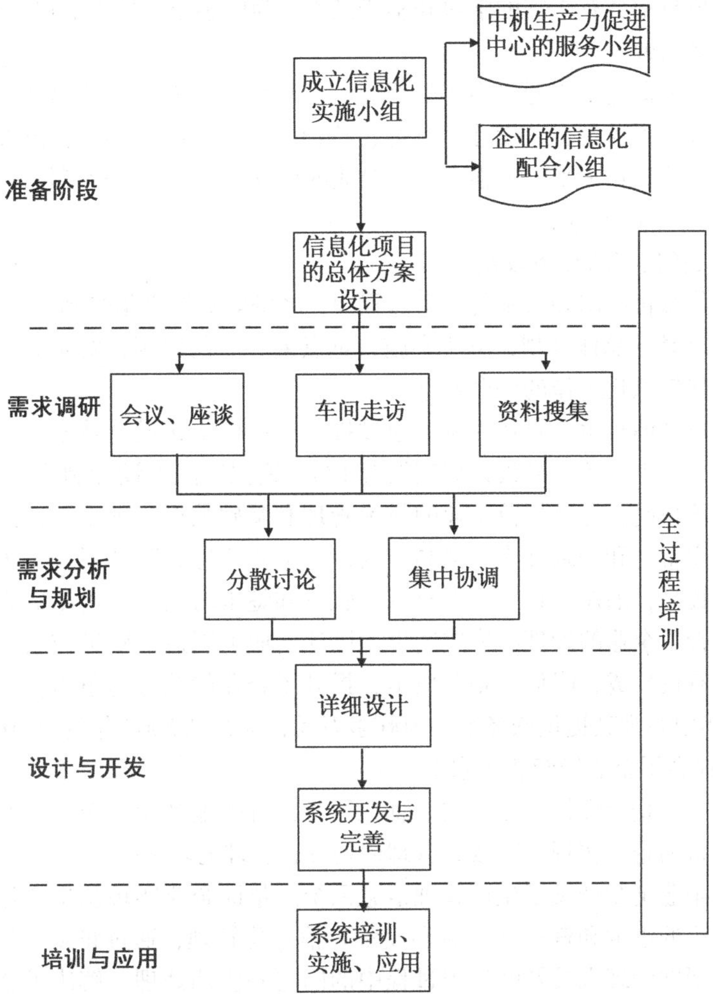

图 2. 3-8　服务流程图

中心为中小企业提供信息化服务的技术路线主要坚持三个原则：一是“企业技术力量与生产力中心力量结合”，充分利用中机生产力促进中心的技术基础和技术积累帮助企业从源头上完善技术基础；二是“企业力量和政府扶植结合”，在企业投入基础上，通过多种途径寻求政府科技项目立项，充分利用政府的扶植和支持，推动企业信息化的快速发展和快速提升竞争力；三是“企业发展与区域带动相结合”，积极总结企业信息化应用经验，与地方政府充分合作，通过龙头企业的示范、带动作用，逐步扩展到其合作伙伴，从而提升区域信息化的快速发展和提升。

四、服务团队

近年来，中机生产力促进中心以系统分析研究所为依托，积极为中小企业提供信息化规划与咨询、信息化系统开发以及信息化系统建设等服务。为了保障工作的顺利实施，研究所组成了包括所长在内的多名骨干成员的服务团队具体负责信息化工作。团队7名成员都具有硕士及以上学历，分别为副所长1人，研究员1人，工程师5人，成员都拥有丰富的学习和实践经验，为中小企业的发展保驾护航。

五、服务成效

中机生产力促进中心通过多年的努力，信息化服务能力不断提升，信息化服务范围不断扩大，覆盖了企业设计、制造、营销、管理等各个环节，极大程度地提高了中小企业的信息化水平，加强了中小企业的市场竞争力，取得了较好的服务效果，主要体现在以下几个方面。

（一）具备良好的经济效益

在企业信息化应用和实施的整个过程中，经济效益始终是受到关注的重要问题。依据“效益驱动，总体规划，分步实施，重点突破”的原则，对企业信息化工作进行规划，确保信息化工作的综合效益。

以张家口某油缸生产企业为例，通过推广应用模块化设计技术，提升了产品创新设计水平，使得其新产品设计周期缩短1/3，近似产品的设计制造周期明显缩短，产品质量显著提高；通过规范企业的技术管理和基础数据管理水平，技术文件的标准化程度、完备性和一致性大大提高，设计和工艺信息资源（图样、文件）的重复利用率大大提高，缩短了技术文件检索、收发和签审时间；通过制造资源管理及协同管理，改善了企业的管理，形成销售、设计、加工制造、质量控制、物料供应和库存管理的有机集成，降低了企业成本，提升了企业的核心竞争力。该公司的总产值由2003年中心为其提供服务前的500多万元，提升到2007年的3000多万元。

（二）提高了企业经营管理水平

通过为中小企业提供全方位的信息化服务，有效地推动了企业生产经营管理流程的优化，帮助企业实现了粗放式管理向精细化管理的转变。

中心为企业定制开发了生产管理信息系统。帮助企业实现从生产订单录入到产品交付全过程的进度和资源（工时和设备）信息化管理，通过将项目状态实时显示给管理者，帮助管理人员及时发现过程中的问题并协调处理，解决了企业长期依赖的“人盯人”的管理模式无法让高层管理者及时掌握运行情况、动态响应生产管理中的问题，帮助企业有效节约了管理成本，提高了生产管理效率。

在后续的服务过程中，中心发现企业的设计人员在进行产品设计时，由于没有统一的设计信息管理工具的支持，再加上企业绩效考核的因素，设计人员为了赶进度，设计的随意性较大，突出表现为配套件规格繁多，为后端的生产组织管理带来了很多不必要的麻烦。为了解决这个问题，中心对该企业的大量图纸进行相似性分类与编码，在模块化与参数化理论基础上开发出产品模块化、参数化设计系统，对关键零部件的设计进行了规范化，并利用成本核算模块，快速估算产品成本，帮助企业进行产品设计决策，从而提高了产品设计效率，缩短了设计周期，降低了后续生产成本，详见图 2. 3-9。在多个零部件企业的应用推广表明，该项服务能够缩短新产品设计周期达 70% 以上。

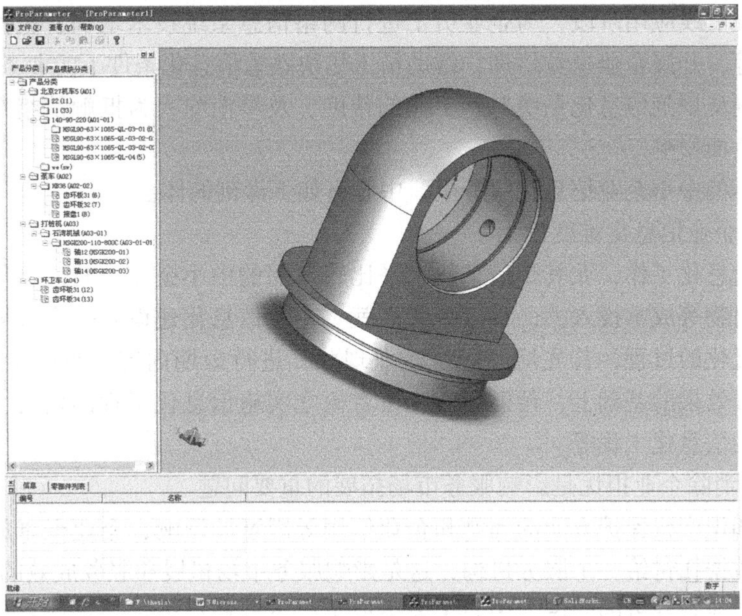

图 2. 3-9　定制开发的零部件产品模块化、参数化设计系统

油缸行业资源库的建立，为企业查找行业内零部件信息提供了大量的数据资源，使企业减少了信息收集成本，得到了更快捷的信息服务。

（三）具有良好的社会效益

通过中小企业信息化服务工作，帮助中小零部件企业与其下游协作厂商之间建立协同研发与集成供应平台，增强企业间的互联合作，通过区域零部件龙头企业带动区域信息技术应用的快速发展，利用网络将企业离散的制造资源进行集约化管理，提高设备利用率，实现区域资源整合，从而节约区域制造设备资源，形成产业联盟从而促进区域相关行业的发展。

此外，通过推广应用生产管理系统和模块化、参数化设计系统，帮助企业快速进行产品设计，对进行企业内部资源配置、人员管理、流程管理等一系列生产相关资源进行有效的集成和管理，使企业响应市场的速度明显加快，同时帮助企业培养了一批技术骨干，对企业的发展起到推动作用。

六、经验和体会

在服务过程中积极争取地方科技主管部门、企业高层的大力协助，在调研阶段进行现场走访，力求获得详尽的需求信息，在后续服务过程中不断征求企业意见，改进方案设计，并进行企业业务流程梳理与重构。在帮助企业建立规范的管理制度的基础上，从适应企业基础条件和提高企业的管理水平的需求出发，为企业量身打造信息化服务。

在软件系统用户测试阶段，通过与企业管理层的深入交流，开展各层次的应用人员培训，获得来自企业不同层面的全力支持和配合；现场服务人员热情服务，使用户测试过程中的问题能得到及时反馈和解决；同时依据企业用户提出的意见和建议逐步完善，力求软件系统能够早日上线。

在系统上线应用阶段，为企业员工进行网络信息系统技术培训、软件系统操作技术培训等，开展企业全员培训，帮助员工尽快熟悉信息化条件下的业务管理过程，使用户深刻认识到信息化系统对其工作的帮助，及早消除人为抵触情绪在系统应用时产生的负面影响。

在多年的中小企业信息化服务中，中心有如下深刻的体会。

（一）企业信息化难度较大

企业信息化工作，尤其是信息化水平比较薄弱的中小企业，其信息化工作任务量大，人财物等成本投入大，难以一蹴而就。企业信息化建设是一个长期的、持续的、不断优化的过程，首先应当围绕企业现状，进行短期内容易见效的内容开展，在取得良好效果的基础上，帮助企业决策者树立实施信息化工程的信心，从而逐步实施后续的信息化工程等。

（二）消除企业担忧是影响服务市场拓展的重要问题

由于知识产权保护方面的问题和企业信用等因素的影响，企业很难放心地将自己的商业数据托付给一个服务机构，这是影响服务市场拓展和服务成效的重要问题。为了消除企业管理者的顾虑，中心主要采取了以下规避措施：一是依靠地方政府与制造企业的合作基础，政府搭台，企业唱戏，生产力促进中心提供技术支持，以企业为核心，用不涉及企业核心技术秘密的内容为案例，向企业技术人员传授方法；二是在区域内选择典型的企业开展应用示范，并逐步向其下游的合作伙伴扩散，通过成功的服务案例，引导其他企业进行信息化工作；三是加强自身的技术力量，在方案设计时突出应用可行性，系统应用的易用性、可维护性。同时，软件系统采用先进的安全技术做保证，建立完善、合理的运作机制和规章制度，确保企业信息安全。

（三）提高服务机构的技术储备是企业信息化服务的重要内容

对中小企业而言，企业信息化工程较庞大，对技术、人才和资金的要求高，而这些对企业而言往往难以在短期内解决。另外，随着信息技术的发展和市场动态多变的要求，企业对信息化的需求也必然是动态多变的，这就使得信息化系统的架构和软件工具能够可扩展、易维护。因此，在服务过程中，需要加强服务机构的技术储备，利用成熟、先进的开发工具和设施，为客户提供服务。

（四）企业信息化服务项目持续发展的风险大

中小企业信息化服务项目存在持续发展的风险，为了推动服务的产业化运作，应当吸引企业特别是地方的服务机构开展多元化的合作，解决服务响应的问题，提高服务效率，消除企业在信息化工程使用和维护中的后顾之忧，从而进一步推动企业信息化服务的发展。

案例提供单位：中机生产力促进中心

［案例四］

建设服务载体　培育科技企业

企业孵化是通过集成政府、市场资源，为科技企业成长提供场地、共享研发设施等环境和条件，减少企业创业成本、降低企业发展风险，帮助创业者把科技成果形成商品进入市场、帮助企业健康成长形成规模，为社会培养成功的企业和企业家。

一、业务背景

中央新疆工作座谈会召开后，国家对支持新疆中小企业发展出台了系列优惠政策，科技部发出“科技援疆”的号召和实施“两服务行动”，出台了相关扶持办法；为落实《国务院关于进一步促进中小企业发展的若干意见》（国发〔2009〕36 号）政策措施，新疆维吾尔自治区提出建设“创新型新疆”目标，发布了《关于促进中小企业发展的实施意见》（新政发〔2010〕92 号），将促进中小企业发展提升到战略高度加以推进，新疆中小企业特别是科技型中小企业迎来了前所未有的发展机遇。

与此形成鲜明对比的是，发展环境与企业的服务需求存在较大的差距。主要表现在孵化环境匮乏、创业成本高、信息不对称、政策落实不到位、企业成活率低等方面。

新疆生产力促进中心（以下简称“中心”）作为自治区科技创新服务体系的重要力量，积极响应政府号召，抢抓机遇，推进孵化器公共服务平台建设。

二、业务内容

（一）基本服务

1. 公共办公支持服务：为孵化企业提供财务、人事、网络技术支持和办公场地等公共办公支持服务；

2. 政策支持服务：向孵化企业宣传国家科技产业政策，帮助企业争取政府政策性优惠或资助；

3. 企业运营服务：提供法律、知识产权、财税、劳动保障等服务，代办工商注册、税务登记等相关手续，通过媒体宣传入驻企业；

4. 培训服务：提供技术、现代企业管理、知识产权、政策和项目申请辅导等培训。

（二）增值服务

1. 企业辅导服务：全程跟踪孵化企业创业全过程，针对经营管理技术等方面提供企业联络员、创业辅导员、创业导师等顾问服务；

2. 市场开发服务：提供市场信息、市场调查、技术对接、咨询、合作交流、展会及研讨会等服务；

3. 专业技术咨询服务：提供技术转移、成果转化等专业服务；

4. 投融资服务：提供商业计划书、融资工作计划、推荐会、小额贷款及贴息、风险投资等投融资服务。

三、工作步骤和方法

（一）建设创新服务载体，培育科技企业

孵化器是中心重点打造的服务平台，近年相继组建了“乌鲁木齐小企业创业基地”“新疆大学生创业服务中心”“米东科技创新服务基地”，为中心扶持科技企业创新创业、开展创业孵化提供了强有力的支撑，详见图 2. 3-10。

图 2. 3-10　创业基地及服务中心揭牌仪式

米东化工工业园是自治区级重点工业园区，2009 年被科技部认定为国家石油化工产业化基地。为解决园区产业发展过程中配套服务不足的问题，中心与米东区政府合作发起组建了新疆米东科技创新服务基地。基地作为我区精细化工领域首家专业孵化器，占地 260 亩、总投资 2. 5 亿元。基地建成后，企业孵化能力将超过 300 家，能够为新疆石油化工企业提供科研、中试、检验、检测、公共实验、成果转化、技术咨询、技术培训、人才交流、投融资等综合服务。通过培育下游中小企业，延伸新疆石油化工、煤化工产业链，加速形成高新技术产业集群，详见图 2. 3-11 及图 2. 3-12。

图 2. 3-11　新疆米东科技创新服务基地鸟瞰图

图 2. 3-12　新疆米东科技创新服务基地奠基

（二）建立创业服务平台，激活创业源头

通过创业宣讲、组织创新创业大赛、开展创业培训等活动，遴选优秀创业项目作为孵化培育的目标，入驻孵化平台；为符合条件的创业者和大学生创业企业减免房租，免费提供办公设施，指导办理开业手续，使创业者享受低成本、零成本服务；对初创期小企业配备创业导师开展“一对一”保姆式服务，推动企业快速成长；通过建立阶段性考核机制，实现对在孵企业的动态管理，完善优胜劣汰的竞争机制，促进企业健康发展。

（三）提供孵化辅导服务，加速企业成长

建立健全“企业联络员、创业辅导员、创业导师”辅导制度，使企业在不同的发展阶段享受不同层次的服务。联络员作为孵化器与企业之间的沟通桥梁，实时了解企业的发展情况和需求；辅导员针对企业经营、管理、融资等方面遇到的问题进行深化服务；创业导师提供企业发展决策层面的指导。另外通过沙盘模拟创业过程，对创业者进行实操演练，提高创业者的创业能力。

（四）创建服务品牌，吸引创新创业企业聚集

中心引入国内成熟管理模式，完善和优化各项管理制度，提升管理规范化水平，整合优势资源，创建“新疆科技孵化服务平台”特色品牌。

在推动特色品牌建设中，中心紧密围绕自治区优势资源转换战略，依托米东区国家石油化工产业化基地，通过为企业提供科研、中试、检验检测、孵化、投融资等多项服务，吸引小企业为龙头企业提供生产配套，完善产业链，形成产业聚集；依托乌鲁木齐高新区国家现代服务业产业化基地和“7坊街”文化创意产业示范基地，提供创意、工业设计、产品制作等技术支撑，集聚创意企业。

四、服务团队

为了保障孵化服务平台的顺利推进，中心建立了3个层次的服务团队：专家咨询团队、导师团队和孵化服务团队。专家咨询团队为孵化企业提供全方位的咨询服务；导师团队由创业成功的科技企业家组成，以其实践经验和理论知识，全程帮助孵化企业；孵化服务团队由孵化服务平台的管理人员和服务人员组成。团队成员除中心人员外，均来自区内外的高校、企业和科研院所等机构。其中包括新疆米东科技创新服务基地、新疆大学生创业服务中心、新疆恒润认证咨询中心、新疆博信管理咨询有限公司、中国科学院新疆分院等多家企业，包括博士、硕士在内的高学历成员，以专业的水准为客户提供“一站式”服务。

五、服务成效

（一）打造专业化服务平台，助推区域经济发展

中心根据区域经济产业结构调整的要求，合理布局专业化的孵化服务平台建设，通过小企业创业基地、大学生创业基地和科技创新服务基地等专业化服务平台的建设，服务于区域经济的快速发展。中心发起创办的新疆上海科技合作基地先后被科技部认定为“国家级科技企业孵化器”、被发改委认定为“小企业创业基地”、被教育部认定为全国首批“高校学生科技创业实习基地”。目前，孵化器在孵企业104家，毕业企业27家；近三年来累计服务企业数量达到600多家，开展系列引智培训18期，培训1202人次，组织100多家企业参加展会，帮助初创型、成长型企业在发展过程中寻找战略合作伙伴，解决企业经营、融资等方面的问题。

（二）创新创业环境得到改善，科技创业企业聚集效应凸显

通过加强孵化器的建设，孵化规模由最初的2000平方米扩大到现在的10500平方米，上海基地二期建设和米东基地一期建设正在紧锣密鼓地进行。孵化规模的扩大、服务能力的提升，显著改善了企业创业环境，得到了企业和社会的肯定，大批企业积极申请入驻。科技型企业聚集效应显现，明星企业脱颖而出，产生了良好的带动和示范效应。在孵企业“乌鲁木齐陋室清茗茶叶有限责任公司”和“新疆赢明天广告公司”参加2010年度新疆首届大中专学生创业计划大赛并分别荣获一、二等奖，企业的认知度大幅提升，吸引了风投机构的关注。

在孵企业凯瑟琳工艺刺绣设计中心在新疆喀什地区将“十二木卡姆”及新疆少

数民族元素引入刺绣设计中，创设了新颖的民族刺绣“喀什噶尔古丽绣”技能培训项目，受到了当地少数民族的欢迎。自治区党委书记张春贤专门看望了培训班的师生，并对创业培训工作给予了充分肯定，详见图 2. 3-13 及图 2. 3-14。

图 2. 3-13　自治区党委书记张春贤看望创业企业

图 2. 3-14　大学生创业大赛颁奖现场

孵化案例 1：共享研发服务平台，少数民族大学生成功创业

新疆××公司成立于 2007 年 10 月，是中心扶持的首批大学生创业企业，由三名少数民族大学生创立。中心为该公司免费提供办公场地和设备，协助办理了工商注册、税务登记等手续；聘请了三位创业导师提供“保姆式”服务；针对公司开展专项培训，邀请上海等地的专家进行技术支持，企业进入快速成长期，公司营业额由 10 万元迅速增加到 660 万元，并开设了 2 家分公司。已与中亚 15000 家企业建立了业务联系，帮助客户获得订单 2000 多万美元。中央电视台等相关媒体集中报道了该企业的创业史。

孵化案例 2：引进先进的农业节水技术，实现企业快速成长

2008 年，中心引进福建先进的农业节水技术落地新疆，帮助成立了以根灌、土壤改良、污水处理及荒漠绿化等为主营业务的新疆××公司。该公司在乌鲁木齐市水磨沟区工业园建厂，研发产品成功实现产业化，年产值达到 1000 多万元。通过三年的培育，该公司成功孵化毕业，为扩大生产经营规模，在喀什地区建立厂房，并与中科院新疆生态与地理研究所签订合作协议，开始实施“新疆策勒县 2 万亩沙化土地治理建设项目”。

六、经验和体会

（一）优化资源配置是平台建设的前提

孵化器的公益属性决定了其建设初期需由政府主导，尤其是在西部政策不配套、资金匮乏、产业链不完善的情况下，有效调动区（县）政府参与的积极性，发挥政府资源配置的优势，是推进孵化服务平台建设的重要前提。

（二）实现多元化投入是持续发展的保障

积极探索科技创新服务平台投入机制，逐步形成“政府主导、市场推动、多元化投入”的发展模式。通过市场化运营，有效聚集社会资源，增强服务平台的创新能力，实现服务平台的持续发展。

（三）孵化服务团队建设是成功运营的关键

由于新疆地区孵化器建设起步较晚，缺乏孵化器专业服务人才的培育机制，尚未形成完备的专业人才队伍。因此，拓展创新人才引进渠道，优化人才管理机制，

聚集创新人才，打造创新服务团队，是实现科技企业孵化器发展壮大的重要因素。

案例提供单位：新疆生产力促进中心

［案例五］

建立“一站式”服务窗口 高效服务科技企业

科技咨询的“一站式”服务与日常生活中所见的“一站式”服务有所不同，科技咨询的一站式服务旨在企业咨询过程中，根据企业的具体情况，按照对应的政策全面、综合地提供企业所需要的，与科技系统相关的政策与信息的咨询服务，以简化企业在相关政策享受活动中的工作环节，提高政策实施的灵活性。

一、业务背景

西安是一个科技大市，科研院所众多，尖端科技成果丰硕，科技人才荟萃，高等教育发达，全市共有1440家高新技术企业，2010年全年高新技术产业产值达708亿元，实现高新技术产业增加值141亿元，占全市生产总值的8.1%。实现技术交易额14.8亿元，全年专利申请量6768件，专利授权量2529件，是全国科研教育、国防科技和高新技术产业的重要基地，综合科技实力居全国第三位，被誉为中国西部的科学城，具有雄厚的科研基础，蕴涵着丰富的科技资源。

同时，为了鼓励自主创新，促进科技成果转化，支持企业创新发展，国家、省、市各部门出台了很多政策，如：具有科技前沿研究的“863”科技计划，旨在引导中小企业创新的“科技型中小企业技术创新基金”，产业化政策“国家级火炬计划”，陕西省“13115”工程，西安市高新技术产业发展专项以及年度的省级、市级科技计划。众多的科技政策为企业的研发活动建立了优越的外部环境，为企业的科技创新提供了良好的发展基础。

面对如此丰富的科技资源与众多的科技政策，作为建立在政府政策落实与企业需求之间的重要纽带，西安生产力促进中心把“如何灵活运用政策，优化配置科技资源，从而为企业提供全面的服务”，作为实现“聚集社会资源，促进技术创新，助推企业发展”宗旨的首要问题，提出以下两大重点发展方向。

（一）通过建立专业的咨询服务团队，为企业的科技项目咨询提供专业化服务

在科技项目咨询业务中，核心要素就是人员的专业化素质，专业化素质不仅仅体现在对科技政策的了解上，更体现在实际服务过程中，为企业解决问题的能力上。为此，建立了三个方面的咨询队伍，形成了全方位的咨询团队。

1. 以技术为主的专家咨询队伍。通过聘请高校教授与中大型企业中的总工、核心技术人员，形成了技术领域覆盖当前社会各行业与具有本地产业发展优势行业的专家库，长期服务于企业的项目技术咨询、项目技术评估业务。

2. 以政策咨询为主的专业咨询队伍。在日常的工作中，中心注重对于新政策的快速了解与学习，按照不同的政府部门，设立了不同的政策信息收集专员，定期进行交流与培训，高度保持政策的一致性与及时性，更好地服务于企业。

3. 以项目管理、企业管理、投融资咨询为主的高级咨询队伍。在企业的发展过程中，企业管理、项目管理是一直伴随企业运管过程的主要难题。为推动企业创新活动及企业的发展，中心注重企业在管理过程中的问题，对相关咨询人员进行了企

业管理、项目管理的培训，提高业务人员的管理素质，在为企业进行服务的过程中，贴近企业的真实情况，为企业的管理、融资等问题提供咨询服务。

（二）整合科技资源，利用信息化手段，实现企业科技信息资源的集约化，高效服务科技型企业

通过业务的积累，建立科技信息资源库，利用先进的信息技术手段，进行科技信息的深度加工，提高科技信息资源的利用率，提高科技服务能力和服务水平。

1. 通过信息化手段，进行科技资源整合的建设。一方面，建立科技计划项目预备数据库、立项数据库、评审档案数据库，建立与中心合作的西安科研院所、高新技术企业科技项目基础数据库，做好在研项目收集、项目技术水平评估的工作；另一方面，建立企业数据库、专家数据库、专利数据库、科技诚信数据库，补充完善科技信息资源数据，为实现技术共享、成果转化、人才交流与管理提供基础的数据源。

2. 动态管理科技信息资源，及时更新数据，及时跟踪技术发展，充分发挥现有技术管理人员与专家的优势，在动态信息的基础上，进行深度分析，提出当前西安科技发展报告，并且按照不同的领域进行产业发展分析，既为科技管理决策部门提供详细的建议报告，又为研发机构、企业、投融资机构提供专业的评估报告、行业技术发展指导及技术咨询。

3. 通过科技咨询服务信息的积累与运用，促进西安科技资源在本地区的充分利用和转化，提高西安科技为经济发展服务的能力和水平，发挥西安科技资源优势，促进和提高科技信息的利用能力，积极开展网上互动，提高办事效率。

二、业务内容

（一）为企业提供项目申报服务咨询

1. 为企业提供包括创新基金、发改委专项、电子发展基金、科技兴贸计划、省科技厅计划、市科技局等各类计划申报的咨询服务；开辟申报国家（地方）基金绿色通道，提供相关政策辅导、专家咨询、典型案例分析、基金动态、通知通告、项目监理等服务。

2. 为企业及时提供国家（地方）关于中小企业项目投融资的政策法规、活动信息和工作动态，提供投融资资讯、投融资意向、项目推荐、融资渠道、会展信息等服务。

3. 与国家创新基金网站、西安市科学技术局网站、国家相关科技项目投融资网站、西安生产力促进中心网站及高新开发区、经济开发区网站等友好链接，方便用户查询有关信息。

（二）配合西安市科学技术局完善创新基金项目评审、提供申报及后期服务与监理

国家科技型中小企业创新基金是西安市中小企业获得国家科技经费支持的重要部分，组织专家对申报企业在申报前期进行辅导、咨询将有利于企业的申报，同时对立项企业进行后续监理与服务，使立项项目顺利完成。

（三）对西安市科学技术局立项项目的二次延伸服务

西安市科学技术局立项的项目在其行业或领域内都具有一定的先进性，对这些项目的管理与跟踪服务，帮助解决企业在项目实施中存在的问题，为专家诊断、融资咨询服务、市场拓展、产业化及申报国家科技发展相关基金等提供二次服务，让企业在得到政府资助后实现更好的发展。

（四）项目融资咨询服务

凭借着广泛的社会资源，与众多投资公司建立了深入的联系，以对科技项目客观的评价为基础，为投资公司提供了大量的高成长类项目，一方面，解决了创新企业融资难的问题；另一方面，为投资公司提供了优良的、可培育的项目资源，在科技项目投资与融资方面，起到了桥梁和纽带作用。

三、工作步骤和方法

（一）项目咨询服务

项目咨询工作是工作中的核心与重点，一般来说，与企业的正式合作往往以项目咨询业务的推进开始。在此过程中，强调与咨询企业的交互性。通过较为深入的交互合作，既可以实现对企业情况的全面掌握，从而为企业量体裁衣地提供政策咨询服务，又可以让企业在咨询过程中，对自己的项目与企业情况以及对应的发展阶段有一个全面的了解。具体工作内容与工作流程如表 2. 3-1 所示。

表 2. 3-1　　工作流程表

流程名称	内　容	参与人员
计划的介绍及项目情况摸底	1. 与企业相关负责人员进行沟通 2. 听取企业的基本情况介绍、项目介绍 3. 初步确定企业是否符合项目申报条件，或者为企业所报项目推荐计划	项目主管、企业相关管理人员、项目人员
前期培训	1. 对行政、技术、销售人、财务人员就计划申报书的各个章节内容进行培训 2. 安排项目联络员 3. 与项目联络员确认项目的附件准备安排	项目主管，行政、技术、销售、财务人员，项目联络员
初稿的形成	1. 按照计划申报书的要求，进行项目申报材料初稿的组织 2. 完成附件准备：如检测报告与查新报告	项目申请材料组织人员
初稿的修改	1. 根据企业提供的初稿，进行初次的修改整编 2. 提出初稿中出现的问题 3. 提出需要补充的材料	项目主管

续表 2.3-1

流程名称	内　容	参与人员
初稿的补充	1. 沟通并解释初稿中出现的问题、需要补充的材料 2. 进行材料的调整和补充 3. 完成审计报告与用户使用报告	项目申请材料组织人员
二次修改	1. 在初稿与其补充材料的基础上，完成申报材料所有章节的整理，完整所有章节内容 2. 企业需完成用户使用报告与其他能提供的所有附件 3. 交互式的修改	项目主管、项目申请材料组织人员
定稿	1. 确认申报材料中的关键数据与关键内容 2. 进行定稿	项目主管、项目申请材料组织人员

（二）项目评估服务

项目评估分为一般项目评估与专项评估。对于承担科技局分配的项目评估业务，属于一般项目评估，评估模式比较单一，主要是对项目的技术水平评估；而企业提出的评估，往往是针对某些特定方向的评估（如投资回报评估、项目可行性评估及技术评估等）。对于专项评估，就企业提出的评估需求，在科学评估的规范要求下，提出对应的评估模式（包括评估目的、评估方法、信息采集渠道等），设计出针对性强、可操作的评估方案，评估指标体系，选择专项的评估专家为企业服务。在评估结束后，在客观反映项目情况的基础上，将从各个方面对项目实施风险提出意见，以便于委托评估企业进行项目实施的决策。在这项业务上，充分发挥了专家库资源的优势，通过网络，项目计划书的电子版可以被迅速地发给系统内相关技术专家、管理专家、财务专家，通过项目评估系统，在系统中专家直接可以给项目提出评估意见，为企业的项目立项与判断提供准确的信息，使企业在创新投入时不会盲目投入，同时也可以帮助企业进行客观、实事求是的判断。

在项目评估系统中，采用了多数据接口技术，将专家子系统、企业数据库与项目评审系统进行耦合，提高了系统效率与资源的利用率。业务流程详见图 2.3-15。

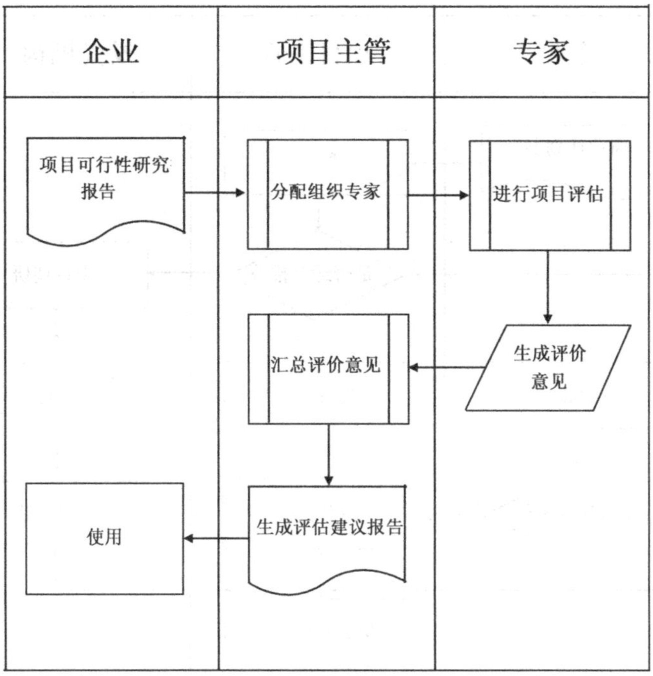

图 2. 3-15　项目评估流程图

（三）项目投融资服务

科技创新过程中，从理论转化为技术，再从技术转化为产品，最后从产品生产到产业化，需要经过漫长的过程。虽然国家各个部委制定了各种科技计划，为企业科技创新提供了“天使资金”，但是，由于没有统一协调，加之国家对科研经费投入的总量占全国科研经费需求较小，因此很多技术在转化为产品的阶段遇到了资金难、资金缺乏的问题。而从科技创新过程来看，这个阶段往往是产品的中试阶段，企业也处于发展的资金“瓶颈”，要渡过这个难关，这就需要借助于社会资本市场。

在这个业务中，科技型创新企业通过提出项目投融资的需求，按照提供的商业计划书模板，企业提供关于技术及项目管理的可行性研究报告。中心在对其中的项目进行专家评估后，进行筛选，定期与科技投资公司开展项目对接会议，使高技术水平的项目能够尽快地实现产品化乃至产业化。业务流程详见图 2. 3-16。

（四）科技项目技术需求对接服务

充分利用科技成果信息、企业技术需求信息收集、发布平台，为陕西、西安地区乃至全国的国有大中型企业提供西安地区科研院所、大专院校、高新企业的绝大部分科研成果的查询与交流，实现院校技术成果与国有大中型企业的技改技术需求对接，为国有大中型企业与大专院校的技术成果提供点对点的对接服务。

四、服务团队

专业化的服务团队是业务实施的核心与保障，在本项工作中，成立了以中心主任带队、8 名工作骨干组成的工作团队与一个 60 人组成的专家组。主要工作骨干专业涉及法学、内燃机、电气、机制、化工、财会、经济、计算机等多个领域，承担

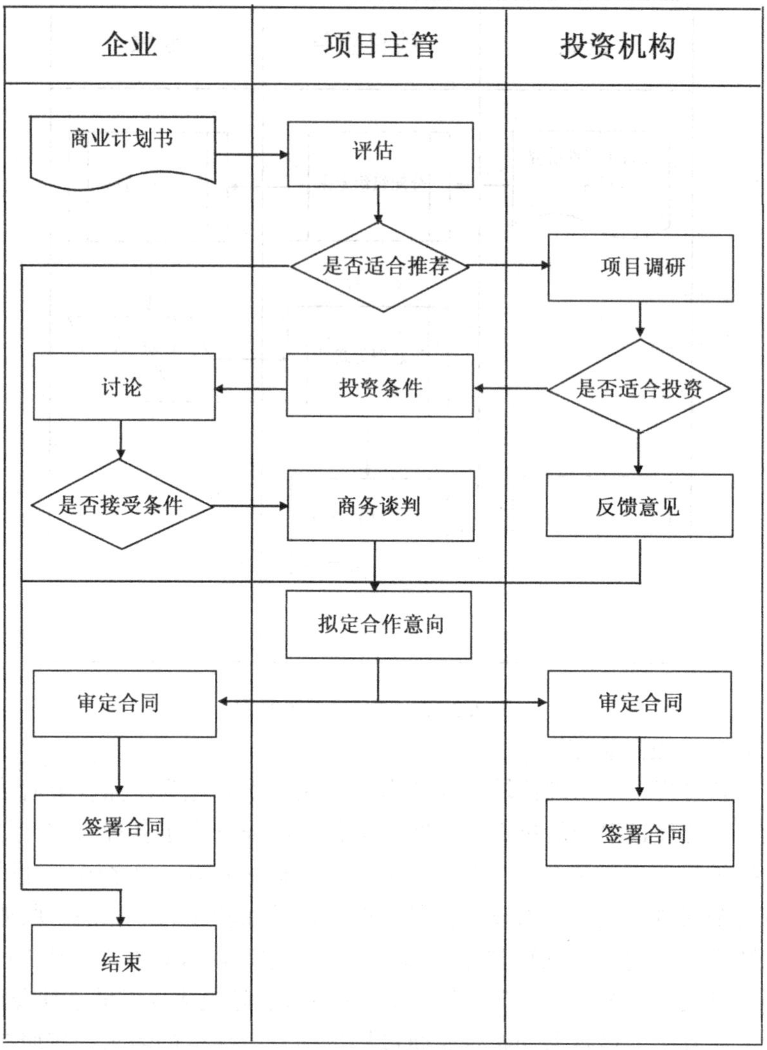

图 2. 3-16　项目投融资服务流程图

工作包括：项目组组长 1 人，副组长 2 人，项目咨询主管 5 人。这支高素质、高水平、高层次的队伍为项目服务提供了强有力的保障。

五、服务成效

（一）项目咨询服务

在近十年的工作中，逐步摸索出在咨询过程中经常遇到的问题与解决方法，培养了一批专业的科技咨询服务人员，形成了一套较为全面的业务流程与体系。

在业务实施过程中，中心累计服务了科技型中小企业 400 余家，累计咨询各类国家、地方计划项目 600 余项。项目上报后，立项 446 项，其中，国家级计划立项 326 项，地方计划立项 120 项。计划涉及科技部、发改委、工信部等多个部门。有的企业现已成为行业领域中的骨干企业，有的企业已进入了中小企业上市的准备期。

（二）项目评估服务

项目评估服务中，针对企业提出的评估方向，与企业就评估目的、信息采集渠道以及评估方法等进行沟通，设计出科学客观、可操作性强的评估模型，选取对应的评价指标体系与专家组进行评估。该项业务自开展以来，累计评估项目300余项次，涉及项目投资资金达2亿元人民币。经评估后项目立项260多项，当前实施过程中的项目100余项，已完成实施项目90余项，待实施项目50余项，涉及投资金额1.3亿元人民币，极大地推动了西安地区的科技创新投入。目前，该业务已有客户315家。

（三）项目投融资服务

目前，随着国民经济的持续增长，风险投资行业在经历前几年的缓慢发展后逐渐转暖。中心多次参与西部创业投资论坛，在原有的投资机构范围内，新增了国内其他中大型的风险投资机构，如红杉资本中国基金、北极光创投、北京天图兴业创业投资有限公司、首创证券、浙商证券有限责任公司等，与其建立了长期合作关系，拓展了融资渠道。通过科技计划申报系统和其他业务渠道，目前纳入项目库的在研项目数量已达2800多项，并以每年25%的比例增长。自该服务开展以来，中心共进行了10个项目的投融资服务，均获得了成功的融资，融资金额达3000万元。

例1：西安××网络科技有限公司是一家从事计算机网络设备生产、销售的厂家。2000年以来，计算机网络的迅猛发展为网络设备企业提供了一个非常难得的发展机遇，××网络科技有限公司在这次全面信息化普及的大潮中抓住机遇，迅速投入了常规网络产品的生产。成熟的产品、需大于求的市场，使得企业在短短几年间便完成了资本的第一次积累。但随着科技的高速发展，常规网络产品企业逐渐增多，市场在经过几年的发展后也达到了供需平衡的状态。由于简单网络设备的技术门槛低，市场上涌现出一大批同类企业，特别是在东部沿海地区资本与人力资源高度集聚的竞争环境下，常规产品已经不能为企业带来丰厚的利润，在某些产品上甚至出现了负增长。要解决企业发展的难题，必须要在产品下工夫，只有提高产品技术水平，增加产品的附加值，才能占领新的市场，使企业获得二次跨越的动力。由此看来，科技创新已经成了迫在眉睫的任务。

2004年，通过西安科技网，西安××网络科技公司找到了西安生产力促进中心，如实地反映了企业发展过程中的问题。西安生产力促进中心在通过了解、沟通后发现，虽然公司拓展新的市场是企业的发展问题，但核心在于技术创新。只有发展新技术，企业才能获得新的核心竞争力，在网络设备行业上拓展新的市场。为此，中心发挥了在技术信息资源充裕的优势，进行了大量的研究与调查，通过对网络设备市场的技术水平分析与市场分析，形成了“网络设备技术发展分析报告”，为该企业提出了一条新的产品发展道路：网络测试设备。这是因为在前几年的网络设备行业发展中，许多单位建立了局域网。由于线路的逐渐老化及当时的施工不规范等因素，导致几年下来经常出现网络线路连通问题，这就需要进行检查维护，而当时检测设备在国内的市场上还比较少，由于技术原因国内生产厂家也很少涉足这个领域，市场基本被国外厂家占领，而进口产品价格十分昂贵。国内市场出现了国产化检测设备的新需求。同时，在新的网络建设中，网络的复杂程度越来越高，这就更需要大量检测设备。

企业在得到明确的发展方向指导后，迅速组织了科研队伍，结合市场的需求，进行了“便携式网络测试仪”项目的立项研发。在研发过程中，由于企业主要是电子设备生产厂家，虽然在发展过程中积累了较多的电子电路设计的经验，然而在开发过程中，却遇到了一个意想不到的难题：设备外观小型化设计。中心得知这一信息后，通过科技人才库，找到了CAD方面的技术人员，组成技术攻关小组，在不到一年的时间内解决了设备小型化问题。在企业研发过程中，中心通过专家库，多次组织专家现场讨论，进行长期的技术指导和技术支持，为企业在科技创新方面大大缩短了研发周期，功能上不断得到了丰富，产品的样机在两年内便研制成功，最后定型为“××式网络测试分析仪”。该项目进入中试后，中心向企业推荐申报了中小企业创新基金，项目于2006年获得了国家创新基金的立项支持，为企业加速实现产品的批量销售开拓了一条科技“捷径”。

目前，企业发展稳定，所研发的项目产品已经上市并实现了批量化生产。通过科技创新活动，企业重新获得了市场竞争力，得到了跨越式发展。西安××网络科技公司对中心在其创新过程中所提供的“技术市场分析业务”“专家咨询业务”“技术需求公告业务”“科技计划申报业务”进行了高度的评价。

例2：西安××科技有限公司是一家生产纺织机械配件的民营企业。公司自成立以来，随着经营规模逐年提高，公司得到了较快的发展，但由于受公司技术水平制约和人才原因，新产品开发力量有限，直接影响到了公司的发展。为了寻求技术支持，该企业在西安科技网上发出了“具有强抗高温耐磨表面技术8万~12万r/min高速纺织部件”的技术需求公告。

西安生产力促进中心在接到技术需求后，及时联系企业，利用专家库资源与自身优势，为公司搜索、寻求意向合作机构与专家，通过积极磋商与对接，与西安工程科技大学（原西安纺织学院）签订了技术合作协议，成立了强抗高温腐蚀磨损金属材料表面改性技术研究的课题组。课题组针对技术要求和公司的实际情况，通过大量的实验与改进，形成了表面改性技术的研究成果，改变了纺杯表层材料结构，使得纺杯在8万~12万r/min高速运转的状况下抗擦伤、抗高温氧化、抗高温腐蚀磨损能力获得极大的提高。该项目技术在国内属于首创，技术水平处于国内领先地位，填补了国内空白。课题组还对产品设计、工艺设计和验证试验工作进行了指导，并在此基础上修改设计文件和工艺文件，使之能够应用于批量生产。在产品开发过程中，该公司技术人员通过参与该工作，技术水平也得到了提高。产品投产后，主要技术性能指标达到了国外同类产品的水平，可完全替代现有的高成本进口纺杯产品，其价格仅为同档次国外产品的1/2，具有极强的市场竞争能力。

2006年，西安××科技有限公司在完成该项目的中试后，向西安××创新投资有限公司进行了项目推介。经过投资公司对企业及项目的调研，公司获得了创新投资公司200万元的项目投资资金，加速了项目成果转化。目前，该项目产品已经上市，销售情况稳定，企业也获得了丰厚的回报。

六、经验和体会

在业务实施过程中，主要的经验和体会包括如下几个方面。

（一）专业化服务团队建设

专业化的服务，不仅是提高服务质量的保证，更是建立与企业长期合作关系的基础。

（二）信息化服务手段的利用

在业务实施过程中，建立了信息共享平台，通过互联网，充分、及时地与企业建立联系，既提高了工作效率，又为一站式服务提供了技术保障。

（三）专业、高效、及时服务标准的建立

企业的需求就是咨询的发展方向，为企业提供专业、高效、及时的服务是咨询服务的宗旨。贴近企业，了解企业需求，集聚资源，为企业解决科研活动中的难题，是咨询服务与企业建立深度合作的保障。

案例提供单位：西安生产力促进中心

【案例六】

搭建认证服务平台　提升企业品质管理能力

认证是由第三方对产品、过程或服务达到规定要求给出书面保证的一项活动。认证分为管理体系认证、产品认证以及服务认证。

一、业务背景

国际上最早开展的是产品质量认证，也就是上面提到的产品认证。最早建立产品质量认证制度的国家是英国。1903 年英国在符合标准尺寸的钢轨上使用了世界上第一个认证标志——“BS”标志或称风筝标志。“BS”标志当时仅作为一般的标志使用，直到 1919 年英国政府颁布了“商标法”，规定要对产品进行检验后才可使用此标志，这就是最早建立的产品质量认证制度。

我国从 1981 年起开始推行电子元器件产品质量认证。随后，逐步开展了其他工业产品认证，如家用电器、电工设备、水泥、玻璃、橡胶及乳胶制品、消防产品、玩具产品、汽车产品、轮胎产品、医疗器械产品、机械产品、农机产品、节能产品，环境标志产品等，近几年随着各国认证工作的发展，产品认证从工业产品已经扩展到农产品，如有机产品认证、饲料产品认证。

20 世纪 90 年代，国际标准化组织（ISO）发布了 ISO 9000 族系列标准和 ISO 14000 系列标准，中国随之开展了 ISO 9001 质量管理体系认证和 ISO 14001 环境管理体系认证。21 世纪初，国际劳工组织发布了 OHSMS 18000 系列标准，国际标准化组织（ISO）发布了 ISO 22000 和 ISO 27001 标准，于是，中国又相继开展了职业健康安全管理体系认证、食品安全管理体系认证和信息安全管理体系认证。

虽然管理体系认证开展的时间比产品认证晚，但管理体系认证的势头比产品认证强。

中联认证中心是由原中国机械工业质量体系认证中心、中国机械安全认证中心以及中机管理体系认证中心和机械工业环境管理体系认证中心于2002年8月整合成立的具有独立法人实体的认证技术服务机构。原中国机械工业质量体系认证中心成立于1994年，从事ISO 9001及QS 9000认证；原中国机械安全认证中心成立于1997年，从事机械产品安全认证；中机管理体系认证中心和机械工业环境管理体系认证中心成立于1999年，从事ISO 14001及OHSMS 18001认证。目前，中联认证中心的业务范围是：ISO 9001、GJB 19001、ISO/TS 16949、ISO 14001、GB/T 28001、机械产品认证以及上述认证领域范围内的内审员培训。

二、业务内容

（一）质量管理体系认证

质量管理体系认证包括三个领域：第一是依据ISO 19001/GB/T 19001开展的质量管理体系认证；第二是依据ISO/TS 16949开展的质量管理体系－汽车生产件及相关服务件组织应用ISO 9001的特殊要求认证；第三是依据GJB 9001开展的武器装备质量管理体系认证。

认证是一项评价活动，质量管理体系认证主要是依据ISO 9001/GB/T 19001、ISO/TS 16949、GJB 9001以及认证组织的质量管理体系文件、认证组织生产所依据的法规标准、认证组织的客户提出的特定要求等评价认证组织的管理体系是否满足相关要求。

（二）环境管理体系认证

环境管理体系认证是依据ISO 14001、认证组织的环境管理体系文件、认证组织生产管理活动中所应遵循的法律法规及标准，由认证机构按照程序和规则实施评价的一项活动。环境管理体系认证主要是评价企业在生产管理活动中对环境因素的控制管理以及产品本身的环境因素的管理，环境因素一般包括废水、废气、噪声、固体废弃物等，企业对环境因素控制管理的依据是法律、法规、标准以及相关的作业规范。

（三）职业健康安全管理体系认证

职业健康安全管理体系认证是依据GB/T 28001、认证组织的职业健康安全管理体系文件、认证组织生产管理活动中所应遵循的法律法规及标准，由认证机构按照程序和规则实施评价的一项活动。职业健康安全管理体系认证主要是评价企业在生产管理活动中对危险源的控制管理，企业对危险源控制管理的依据是法律、法规、标准以及相关的作业规范。

（四）机械产品安全认证

机械产品安全认证是依据国家颁布的强制性标准和认证机构发布的实施细则对机械产品的安全性能实施评价的一项活动，它包括对产品安全性能检验和对生产产品的工厂质量保证体系检查两方面的评价。

三、工作步骤和方法

中联认证中心的客户群主要有汽车制造业、机车车辆制造业、航空制造业、机械设备制造业、电工设备制造业等。

中联认证中心认证工作的开展主要采用以下几个步骤和方法。

（一）用良好的信誉和美誉吸引客户

中联认证中心是最早开展认证的机构之一，多年来坚持“科学、客观、公正”的原则，以努力提供增值服务赢得客户的信赖为宗旨，由于中联认证中心长期以来在客户中树立了良好的信誉和美誉，许多客户主动找上门来要求中联认证中心为其提供认证服务。

（二）与行业协会合作为会员单位提供认证服务

中联认证中心与中国铸造协会、中国锻造协会、中国热处理协会等单位合作为会员单位提供认证服务。同时，中联认证中心还积极参与协会的各项活动，中联认证中心是中国铸造协会的理事单位、中国锻造协会及中国热处理协会的会员单位。

（三）受委托实施第二方认证

中联认证中心多年来从事产品认证，在产品认证方面具有良好的业绩。经铁道部评价，中联认证中心作为铁道部的合格供方，受铁道部运输局委托为货车车辆零部件供应商实施第二方产品认证。

（四）为大企业的供应商提供认证服务

中联认证中心服务的客户中有许多大型央企，如东风公司、一汽集团、中信集团、南车集团、北车集团、中钢集团、航空工业集团、兵装集团等，中联认证中心在为这些大型央企提供认证服务的同时，也为央企的供应商提供认证服务。

（五）受地方政府委托为地方国有企业和政府机关提供认证服务

为了提升企业的管理水平和市场竞争力，提升政府公平、公正、高效的服务，各地方政府要求企业和政府相关部门建立体系并通过认证，中联认证中心通过自身的良好形象和优良业绩在市场竞争中赢得先机，取得了为地方国有企业和政府部门实施认证的入场券。如中联认证中心为承德市相关委、办、局提供的质量管理体系认证，为北京市昌平国资委所属企业提供的质量管理体系、环境管理体系和职业健康安全管理体系认证等。

认证业务流程如图 2. 3-17 及图 2. 3-18 所示。

四、服务团队

中联认证中心服务团队是由从事标准、质量、环境、安全研究并具有理论和实践经验的人员组成，共有 20 人，除 1 人是研究生学历以外，其余全部是本科生学历，20 人全部是高级审核员，大多数是我国最早注册的审核员，有些人员在认证认可行业具有较高的知名度。

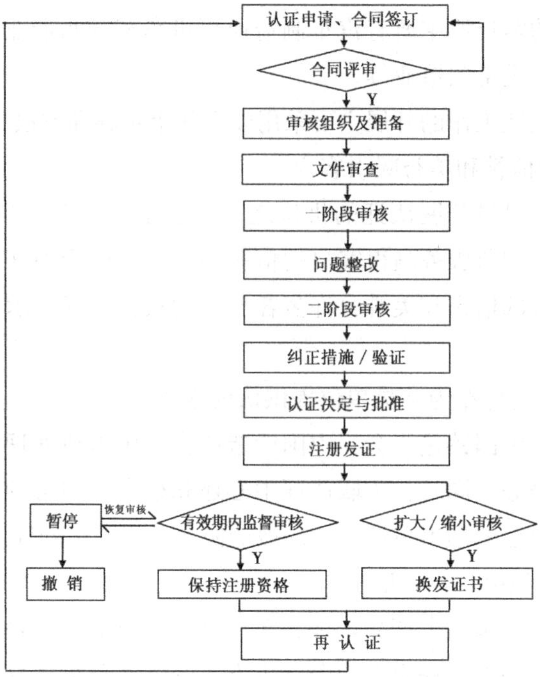

图 2. 3-17　管理体系认证流程

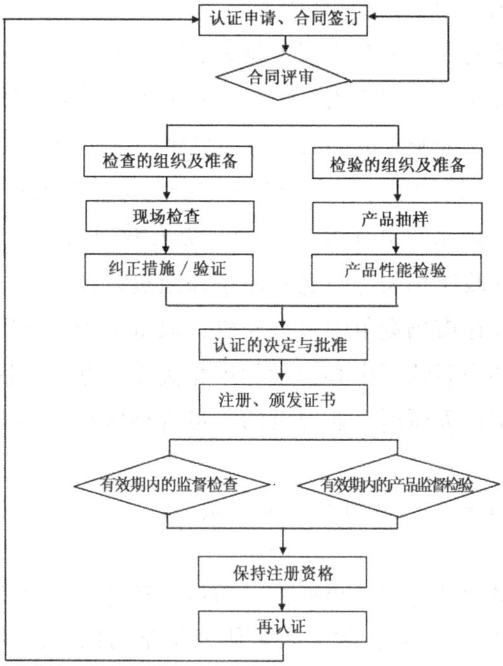

图 2. 3-18　产品认证工作流程

中联认证中心组织机构如图 2. 3-19 所示。

各部门职责包括如下几个方面。

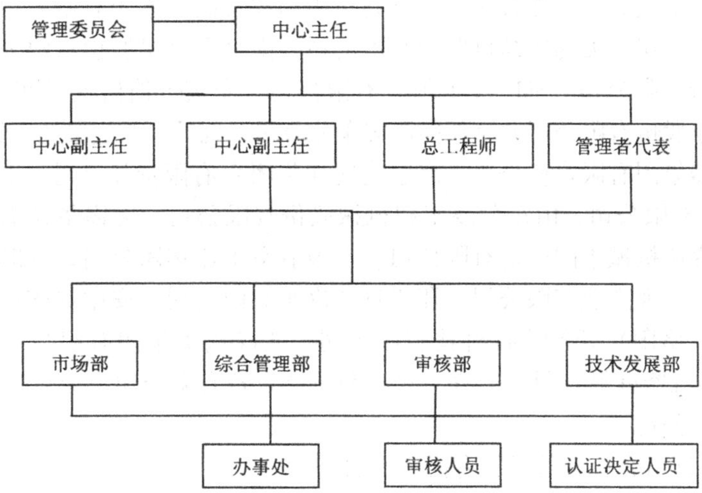

图 2. 3-19　中联认证中心组织结构

1. 市场部负责中心自主市场开发和保持，包括运用各种市场开发手段完成中心下达的市场开发和保持任务、合同洽谈等。

2. 综合管理部负责中心管理体系维护、综合管理工作、项目管理、培训等。

3. 审核部负责管理和实施各类认证、监督和再认证审核工作。

4. 技术发展部负责认证技术研究、认证业务范围管理、认证决定和审核人员的管理。

五、服务成效

中联认证中心团结一致、与时俱进，不断提高服务能力和水平，工作得到了获证企业和国家认证认可主管部门的好评，中联认证中心在2010年度被中国合格评定国家认可委员会评为A级机构。中联认证中心服务客户数量稳步增长，客户中大型及特大型企业多，上市公司多，中联认证中心在服务过程中不仅为客户提供了良好的认证技术服务，同时还为客户提供了诸如标准、信息等其他方面的服务，技术服务工作取得了实效。

（一）优质客户数量显著增长

中联认证中心服务的部分优质客户有：东风汽车有限公司、东风汽车集团股份有限公司、乘用车公司、东风本田汽车有限公司、成都飞机工业（集团）有限责任公司、中信重工机械股份有限公司、洛阳LYC轴承有限公司、中国空空导弹研究院、中国飞行试验研究院、中国南车集团株洲电力机车有限公司、中国南车集团戚墅堰机车车辆厂、中国南车集团眉山车辆厂、中国北车集团大连机车车辆有限公司、中国北车集团唐山轨道客车有限责任公司、中国北车集团长春轨道客车股份有限公司、中国北车集团大连机车研究所、中国南车集团青岛四方机车车辆股份有限公司、佳木斯电机股份有限公司、沈阳金杯车辆制造有限公司、一汽轿车股份有限公司、北京福田环保动力股份有限公司、中钢集团衡阳重机有限公司、保定天威保变电气股份有限公司、北京北开电气股份有限公司、许继集团有限公司、一汽铸造有限公司、陕西航空电气有限责任公司、南京高精传动设备制造集团有限公司、广东巨轮模具股份有限公司、无锡压缩机股份有限公司、南京压缩机股份有限公司、大连华信计算机股份有限公司、SMC（中国）有限公司、安庆帝伯格茨活塞环有限公司、北汽福田汽车股份有限公司北京新能源客车分公司、抚顺罕王直接还原铁有限公司、锦州锦开电器集团有限责任公司、南京电气（集团）有限责任公司、南京江南光电（集团）股份有限公司、山东蒙凌工程机械股份有限公司、无锡华光锅炉股份有限公司、郑州煤矿机械集团股份有限公司、中国航空工业集团公司北京航空制造工程研究所、重庆光大产业有限公司、郑州日产汽车有限公司、安阳鑫盛机床股份有限公司、一拖（洛阳）开创装备科技有限公司、武汉锅炉集团有限公司、东方电气（广州）重型机器有限公司、上海一冷开利空调设备有限公司、约克（无锡）空调冷冻设备有限公司。

（二）认证对企业效益增长有促进作用

2010 年中联认证中心对部分获证企业进行了认证对企业效益增长贡献进行了调查，下面是对某一企业调查的情况。

1. 因素重要度。请企业主要负责人对如下影响企业效益增长的 20 项因素分别进行 1～10 分评价（表 2.3-2），参考分值范围如下：

影响程度:	影响较小	影响一般	影响较大	影响很大 →
分值范围:	1 或 2	3 或 4 或 5	6 或 7 或 8	9 或 10

表 2.3-2　　　　20 项因素表

因素	影响程度评价	因素	影响程度评价	因素	影响程度评价	因素	影响程度评价	因素	影响程度评价
领导力	9	企业文化	8	环境保护	7	能源节约	7	诚信经营	8
发展战略	9	市场开发	2	顾客满意	8	人力资源	3	资金运用	7
基础设施	9	信息系统	2	“四新”技术应用	2	自主创新	6	供方和伙伴关系	8
过程管理	9	绩效测量与分析	8	知识管理	4	持续改进	9	体系/产品认证	9

2. 部门重要度。请企业主要负责人就五个主要职能部门对企业效益增长的贡献程度以及对认证工作的参与程度，分别进行 1～10 分评价（表 2.3-3），贡献程度和认证参与程度等级及参考分值范围如下：

贡献程度:	贡献较小	贡献一般	贡献较大	贡献很大
认证参与度:	参与较少	参与一般	参与主要过程	参与全部过程 →
分值范围:	1 或 2	3 或 4 或 5	6 或 7 或 8	9 或 10 →

表 2.3-3　　　　　　　　　　　　　　　　**因素表**

部门	对企业效益增长的贡献程度	认证参与程度
生产制造	9	8
质量和/或技术	9	9
采购供应		
市场营销		
综合管理	8	8

注：生产制造：制造业指生产制造部门，服务业指服务提供部门。

综合管理：指环境和/或安全主管部门以及行政办公主管部门。

3. 效益影响因素在主要部门发挥作用的程度。请就企业效益影响因素在各主要部门所发挥的作用分别进行 1 ~ 10 分评价（由各部门分别填写）（表 2.3-4），参考分值范围如下：

作用程度:	很小	较小	一般	较大	很大 →
分值范围:	1 或 2	3 或 4	5 或 6	7 或 8	9 或 10

表 2.3-4　　　　　　　　　　　　　　　　**因素表**

效益影响因素	部　门				
	生产制造	质量和/或技术	采购供应	市场营销	综合管理
领导力	8	8			8
企业文化	7	6			8
环境保护	7	7			8
能源节约	8	8			7
诚信经营	8	8			7
发展战略	8	8			8
市场开发					
顾客满意	8	9			8
人力资源					7
资金运用					7
基础设施	8	8			8
信息系统	2	2			4
“四新”技术应用	2	2			3
自主创新	8	8			8

续表 2.3-4

效益影响因素	部门				
	生产制造	质量和/或技术	采购供应	市场营销	综合管理
供方和合作伙伴关系			/	/	8
过程管理	8	8	/	/	8
绩效测量与分析	7	7	/	/	8
知识管理	3	6	/	/	6
持续改进	8	7	/	/	8
体系/产品认证	8	9	/	/	9

部分因素含义如下。

(1) 信息系统：包括软件、硬件系统。

(2) “四新”技术应用：新材料、新设备、新工艺、新技术的应用。

(3) 绩效测量与分析：对各部门、各层次和所有过程的绩效数据与信息的测量与分析。

(4) 知识管理：对专利、核心技术、科技和管理成果、合理化建议等的管理。

从以上调查结果看出：认证对企业效益增长影响较大；重要部门参与了认证的主要过程；认证作为一项效益影响因素在主要部门发挥作用的程度较大。

六、经验和体会

(一) 诚信为本

诚信乃经营之本，只有诚信才能获得社会以及企业的认可。

(二) 认证服务要有技术含金量

在认证过程中要能为企业提出关键性的改进建议，使企业切实感受到通过认证后在某一方面或某些方面确实有所提高。

(三) 要有一支良好的团队

一个组织的竞争实际上是人才的竞争，是团队人才综合实力的竞争，只有拥有一支好的团队才能取得成功。

(四) 加强管理是永恒追求的目标

管理是基础，管理要与时俱进，加强管理是一个组织永恒追求的目标。

案例提供单位：中机生产力促进中心

[案例七]

引领专业管理方向　打造集成咨询品牌

一、业务背景

从20世纪80年代开始，在国家经贸委的倡导下，由中国企业管理协会牵头，通过学习与引进国外咨询业的理论与方法，结合力已是一种普遍现象，究其原因主要在于企业的经营管理不适应市场经济的要求，而且随着新经济时代的到来，当传统的管理方式和工业经济时代的经营方式已不再适应现代经济的快速发展需要时，企业经营管理的变革和创新显得尤为重要。现今我国绝大多数企业的思想和技术还难以实现这些变革，必须引进咨询机构的智力支持，咨询行业的重要性已经被越来越多的企业重视，已逐渐成为企业持续、健康、快速发展的助推器。

江苏有60余万家企业，它们中绝大部分是中小企业，基本上没有专业的企业管理研究和实施机构，严重缺乏企业管理人才，导致自身的管理水平较低，管理创新能力较为薄弱，缺乏先进的管理理念和管理手段，基本处于粗放式管理阶段，迫切需要咨询机构的外部推动和支持。

江苏生产力促进中心于2002年在原管理咨询部的基础上组建了江苏省科信认证咨询事务所，取得了国家13个体系的备案资质，形成包括认证咨询、管理咨询和培训在内的综合咨询业务体系。中心开展咨询业务以来始终致力于人才培养和专家队伍的建设，组建了一支由各行业管理专家组成的咨询队伍，先后承接了2000多个项目，已经成为省内知名的咨询机构。

二、业务内容

中心的咨询业务分为认证咨询、管理咨询和培训业务3个板块，基本覆盖企业管理的各个方面，基本满足企业的管理需求。

（一）认证咨询

认证咨询业务是指导企业以国际、国内标准为要求，结合企业实际情况，建立符合标准的管理体系，取得第三方认证机构颁发的证书。中心获得国家认证认可监督管理委员会批准的13个体系认证咨询资质，包括ISO 9000、ISO 14000、OHSMS 18000、ISO 22000、ISO 13485、ISO 17025、ISO 27000、ISO 20000、CMMI、ISO/TS 16949、SA 8000、GB/T 23331—2009、产品认证、环境标志认证等。

（二）管理咨询

管理咨询业务是引进国际先进的管理理念、方法和工具，结合企业的管理需求，建立适合企业运作的管理机制，提升企业的管理能力和运营绩效。中心的管理咨询业务包括企业战略管理、企业标准化管理、卓越绩效管理、人力资源管理、流程再造、市场营销管理、用户评价管理、精益生产管理等。

（三）培训业务

中心的培训业务包括管理标准类、专业标准类、管理技术标准类、现代管理类、职业资格证书类、营销系列、生产系列、人力资源系列、高层主管系列、中层主管系列、员工素质系列等。

三、工作步骤和方法

（一）业务流程

业务流程详见图2. 3-20。

（二）工作内容

1. 业务洽谈。中心通过电话信息沟通、登门拜访、现场洽谈、招投标等市场手段，与客户就项目需求、总体目标、进度安排、服务内容、咨询方法、验收手段、项目费用等进行谈判，签订服务合同，确立项目实施。

2. 调研诊断。根据项目合同要求和企业的行业背景，选派符合要求的咨询师组

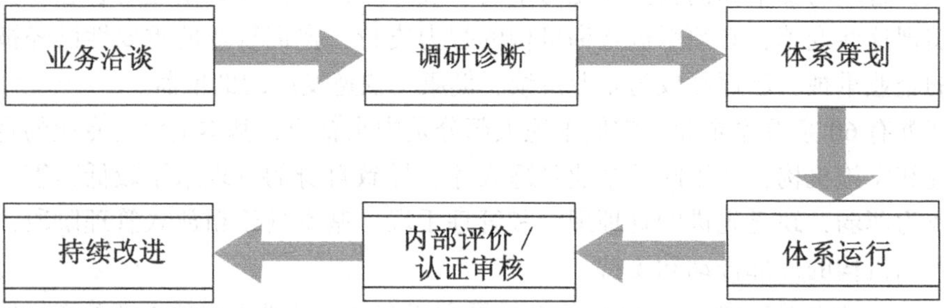

图 2. 3-20　业务流程图

成咨询组。通过与企业领导和相关人员的交流，了解企业的战略目标、组织机构和岗位设置、企业文化、产品性质、生产流程、检验规范、法律法规和行业标准等内容，根据认证的标准或管理的方法和工具，实施差距分析，编写调研诊断报告，为项目的实施提供依据。

3. 体系策划。通过组织机构设置的优化，根据产品要求、法律法规和行业标准，对照认证的标准或管理的方法和工具，指导企业编制体系文件，建立适合企业运作的管理体系或管理机制，为体系运行提供制度保障。

4. 体系运行。组织企业员工分层次培训、学习并掌握体系文件，指导其按照体系文件的要求开展相关管理活动，对其体系运行的情况进行检查，及时发现并指导企业对问题进行纠正，保证体系稳定运行。

5. 内部评价/认证审核。按照认证的标准或管理的方法和工具的要求，为企业培养内部审核评价人员，并指导企业对体系运行的综合效果进行评价，不断完善体系，提升企业管理水平。指导企业向第三方认证机构提出认证申请，协助其通过第三方认证审核，取得行业和市场认可的认证证书。

6. 持续改进。依据日常检查、内部评价和认证审核的结果，针对发现的问题和不合格情形，采用纠正、纠正措施、预防措施等手段指导企业不断改进体系文件和体系运行能力，提升企业管理绩效，使企业的体系运营始终步入良性循环的发展轨道。

四、服务团队

中心开展咨询业务以来始终致力于人才培养和专家队伍的建设，咨询人员全部为本科以上学历，其中高级职称和硕士以上学历的人员占 60% 以上，组建了一支理论知识扎实、实践经验丰富、年龄结构合理的咨询队伍。其中包括高级专业技术员、经济师、高级工程师、验证审核员、高级咨询师、注册咨询师、国家注册审核员培训教师等，更不乏有高校的教授、博士生导师加盟，这些实力雄厚的专业人才给中心的发展提供了强有力的保障。

五、服务成效

中心咨询业务通过十余年的发展，先后承接了 2000 多个项目，其中包括江苏省电力公司营销系统、四川省电力公司营销系统、安徽省电力公司营销系统、重庆市电力公司营销系统、云南省电网公司营销系统、南京地下铁道有限责任公司、苏州城市轨道交通公司、江苏省地方税务系统、江苏省交通运输管理系统等众多大型项目和系统性项目。通过中心的咨询服务，提升了管理能力，夯实了管理基础，提高了人员素质，打造了企业品牌，丰富了企业文化，取得了很好的服务成效。

（一）建设全面管理体系，提高企业综合效益

随着经济不断发展，城市人口不断增加，公共交通面临着历史上前所未有的压力，国内有条件的城市纷纷启动城市轨道交通建设，新建的城市轨道交通企业是中心咨询服务的重点对象。南京××有限责任公司和苏州城市××交通公司从其建设筹划阶段起中心便参与其项目实施，借助多个标准和多种咨询工具指导其建立全面管理体系，使其取得了良好的经济效益和社会效益，获得了很高的评价。

例：南京××公司成立于1999年5月28日，是国有特大型企业，主要负责承办南京市地铁工程的规划、设计、筹资、建设、运营及与地铁相关的物业开发等，实行建设、运营、资源开发“三位一体”的运作模式。南京地铁现已开通一号线及一号线南延线、二号线及二号线东延线，线路全长85千米，车站57座，总投资400多亿元。2005年9月3日，南京地铁一号线正式开通试运营，成为继北京、上海、天津、广州、深圳之后，中国内地第6个拥有地铁的城市。2010年5月28日南京地铁又开通了一号线南延线、二号线以及二号线东延线，标志着南京地铁正式进入网络化运营时代。

公司为了规范内部管理、提高运营服务质量，同时为未来新的线路和网络化运营积累经验，启动实施ISO 9000贯标工作。中心接到招标任务后，组织省内专家和骨干人员，汲取重特大项目丰富的咨询经验，结合城市轨道交通企业的行业要求，高质量地完成投标材料和述标材料制作，经过现场多回合艰苦的谈判，在参与投标的多家国内知名咨询机构中脱颖而出，一举中标。在项目实施过程中，咨询组严格按照投标承诺，精心组织、周密策划、扎实推进，经过一年多的艰苦努力，成功指导南京地铁建立了质量管理体系，顺利通过第三方认证，取得了较好的服务效果。在质量管理体系项目成功实施的基础上，中心又为南京地铁提供了职业安全健康管理体系、环境管理体系、企业标准体系等一系列咨询服务，为南京地铁进入全国城市轨道交通企业第一方阵提供了有力支持，获得了南京地铁领导的高度评价，中心也成为其常年顾问服务单位。

（二）提升管理服务水平，打造优质服务品牌

按照国家电力体制改革要求，供电企业从过去政企合一的管理职能逐步转变为自主经营的服务职能，如何在保证电力供应的前提下提供更好、更优质的供电服务是摆在供电企业面前亟须解决的课题。中心通过为国家电网公司和南方电网公司下属5个省电力公司提供咨询服务，结合电力营销服务规律，总结摸索出适合我国国情的电力营销管理体系，为供电企业提供优质服务提供了理论基础。

例：云南××公司是南方电网公司的骨干企业，负责云南省的电力输送和销售工作，承担着全省电网的统一规划、统一建设、统一管理、统一调度。输电网络覆盖全省16个州（市），并承担西电东送和向越南、老挝送电的任务。由于历史原因和自然条件，云南各州（市）、县的供电企业在开展供电服务过程中服务标准不一，

服务水平差异化较大，服务人员素质不高，严重制约和影响了省电网公司的服务水平。

公司为了顺应电力体制改革的要求，建设“中国领先的省级电网运营企业”，进一步推进营销管理创新，提出建设营销标准化管理，提升营销服务水平，打造服务品牌。公司了解到中心在国内多家省级电网运营企业的服务案例，主动与中心提出项目合作，确定了全省电力营销标准化的咨询项目。中心抽调精兵强将组成项目组，经过半年艰苦细致的工作，以玉溪××局和江川××公司为试点建设完成了市级供电企业和县级供电企业标准化管理模板，高质量地通过了云南省××公司的项目验收。在此基础上，中心经过两年的努力，为云南各州（市）和县级供电企业建立了营销标准化管理体系，统一了服务标准，规范了服务流程，培训了服务人员，强化了服务能力，提高了供电客户满意度，较好地完成了在云南全省营销标准化管理的建设推广任务，项目成果得到了南方电网公司和云南省电网公司领导的充分认可，更进一步巩固了中心在供电企业的服务品牌。

六、经验和体会

（一）市场化运作是咨询业务生存的根本

中心是公益性的科技中介服务机构，如何在公益性业务的基础上，建立以市场为导向的业务，不断提高中心的自主发展能力，是中心实现可持续发展的重要保证。市场经济是咨询产业生存和发展的外部环境和基础，随着市场经济的不断发展和完善，市场竞争越激烈，对咨询行业的需求越大，对咨询机构的要求也越高。正是基于咨询业务的市场性，对其业务的开展也要基于市场的导向，其运行机制、考核评价、绩效分配也要市场化运作，使之逐步具备参与市场竞争的能力，从而形成市场化前提下的品牌业务。

（二）核心能力建设是咨询业务发展的关键

咨询机构要保持咨询业务的高速增长，在激烈的咨询市场中占有一席之地，必须具备超越同行其他机构的核心竞争力，也就意味着咨询机构必须能够向客户提供更多更好的咨询服务。中心从最初单一的质量管理体系认证咨询，发展到现在拥有13个体系认证咨询资质、10余项管理咨询业务和较为丰富的培训课程；从最初仅有2人的咨询队伍，发展到现在拥有100余名专兼职咨询队伍的省内最大的知名咨询机构；从最初仅能承接几十人的中小企业，发展到现在能为国家特大型企业提供完整的咨询服务，其关键就是不断提高自身的核心竞争能力，在咨询业务领域做到“人无我有，人有我强，人强我精，人精我新”，做到为客户提供增值的咨询服务，用高质量的咨询服务赢得客户的信任，用高水平的咨询服务赢得更大的市场。

（三）突破创新是咨询业务做大做强的利器

所有组织生存和发展的动力在于不断创新，不断推出新的产品和服务。中心多年发展的经验表明，只有坚持突破创新，把创新作为发展壮大的利器，才能在咨询行业中健康、稳定、持续地发展。中心在咨询业务发展过程中，首先关注机制创新，不断摸索、完善适应新形势条件下业务发展的内部管理机制，使市场人员、咨询人员、培训人员在良好的管理框架下开展业务活动，充分激发员工的创造力，提高其工作能力和工作效率，最大限度地调动员工的积极性；其次关注业务创新，及时跟踪国际、国内最新的业务动态，采用“走出去、引进来”的方式，不断研发和推出新的咨询服务项目，以适应客户不断更新的需求。

（四）团队建设是咨询业务长远发展的保证

咨询业务的拓展和服务离不开一支高素质的团队和一套较为完善的管理体系。中心多年来通过完善管理制度、规范工作要求、优化业务流程、明确考核范围、确立分配准则，增强了员工的团队意识和归属感，通过人才引进和外部专家协作，目前已形成了若干不同业务方向和能力的专业团队，满足了各类项目的服务要求，提高了新业务的开拓能力，为咨询业务的长远发展奠定了基础。

案例提供单位：江苏生产力促进中心

第四章　技术转移

技术转移是为推动相关技术通过各种途径从技术供给方向技术需求方转移而提供的相关服务，是指围绕技术供给和技术需求而开展的技术咨询、技术对接、技术培训等服务活动，包括技术成果、信息、能力的转让、移植、引进、交流和推广普及，涉及信息、知识、专利等多方面内容。通过该项服务，可以大大提高技术成果的利用率，为企业发展带来合适的技术成果和便捷、高效的技术获取途径。

［案例一］

开展跨国技术转移　提升区域技术国际化水平

一、业务背景

现阶段我国科技创新能力与发达国家相比依然有很大差距，不能满足结构调整和发展方式转变的需要，这一背景下，加强国际合作与交流成为缩小与世界发达国家差距的重要途径，更是加快结构调整和发展方式转变、实现经济社会可持续发展的必然要求。

跨国技术转移服务有助于促进技术中介服务规范和专业化、综合化服务能力提升，促进技术交易资源流动，提升技术交易中介服务的社会认可，发挥政府的引导作用，同时通过信息网络化建设，增加信息可信度，缓解信息不对称，促进科技成果与产业相结合。

跨国技术转移是一种复杂的经济社会行为，影响因素众多。多年来的众多实践充分证明，通过提供专业化的服务，技术转移机构可以加速跨国技术转移过程，提高转移效率，降低交易成本，成为促进跨国技术转移的加速剂。

江苏省跨国技术转移中心围绕江苏战略性新兴产业发展的需要，有效地利用全球科技资源，加强交流与合作的深度，推动关键技术的引进及合作研发，为企业的国际合作交流探索并搭建更为稳定高效的服务平台，为企业提高自主创新能力提供支持和服务。

二、业务内容

中心的技术转移业务大致分为信息征集、技术评估、项目对接和市场化推进 4 阶段。

（一）信息征集

通过企业调研，对有技术需求的企业进行深入拜访与沟通，收集相关技术资料，对相关访问资料进行审核。

（二）技术评估

技术经理对相关资料、技术、机构背景真实性进行实地调研，通过专家咨询，明确市场初步定位，并就与海外的合作提出建议和意见。

（三）项目对接

协调技术供需双方建立业务关系，并接受委托，与供需方分别订立服务合同（协议），编制项目进展计划，成立专家服务小组，协调、服务、监督项目的进展，并对项目的实施过程进行评价、总结，形成市场后期服务方案。

（四）市场化推进

针对对接成功的项目进行产业化市场评估，邀请行业专家、金融风投机构等开展商业策划。同时帮助企业协助寻求政府方面的其他科技项目支持。

三、工作步骤和方法

（一）运营模式

围绕政府和企业需求，充分发挥中心的科技与人才资源整合优势与组织协调作用，强调聚合化与协同化，由中心引领，集合技术转移相关的政府、企业、高校、院所、中介机构等构成“价值共同创造体系”。以技术转移关键环节为重点，利用中心已有的人才、资金、设备、设施等条件，组织实施项目、构建网络信息服务系统、开展各种技术转移活动，实现信息收集、整理加工、咨询、项目对接、跟踪管理与服务等全方位的技术转移服务。

1. 组建“价值共同创造体系”。充分发挥资源优势，与政府部门、高校院所、企业建立联合体，搭建技术转移服务平台。

2. 示范推广。通过积极承担重大技术转移项目，示范带动技术转移，实行双赢。

3. 构建网络服务体系。利用现代信息技术，通过整合集成政府资源、项目资源、技术资源、网络资源、专家资源、信息资源等，构建技术转移网络服务体系，实现资源向企业主体的集聚和有序流动。

4. 开展多种形式的技术转移活动。通过展示洽谈会、技术交流会、技术培训、项目推介、论坛等形式，开展内容丰富、形式多样的技术转移活动。

（二）经营管理

中心采用集约化的经营管理模式，即提高资源集中度，采用科学管理和最新技术，提高资源使用效率，注重内涵式发展的一种经营模式。实行非营利机构的运行机制，经费上实行独立核算，专款专用；建立了决策科学、权责明晰、分工合理、执行顺畅、监督有力的运行管理服务体制和较完善的现代科研院所制度，研究制定了中心中长期发展规划及每年的工作计划，建立主任年度责任制，通过责任制，将任务层层分解，落实到岗到人，在各部门开展工作中做好监督、督办、评价、奖罚工作等，确保顺利完成各项工作任务。并于每季度和年终对部门进行绩效综合考评，考评结果直接与绩效工资、先进集体和先进个人等挂钩，在做好管理工作的同时通过中心自立项目的形式加大对部门的支持，全力抓好客户，为其提供更全面更深入的服务，并加强与合作伙伴的联系、沟通与合作。中心还积极营造良好的氛围，充分发挥员工的潜力，在管理方式上通过合理设置部门、统筹协调、引进和培养人才等来实施，实行了岗位竞聘、双向选择、目标管理、科学考核和激励措施等。

（三）市场开拓

围绕政府服务和企业创新需求，采取先进的经营理念、科学的经营管理、完善的经营手段，不断开拓技术转移的政府和非政府市场，努力实现公益服务与市场服务、综合服务与专业服务的互补互利。

1. 开拓政府的市场。面向省委省政府工作重点和国家科技部、省科技厅的科技发展方向及重点任务，积极争取国家和省各类计划项目，通过承担有关项目来实现技术推广、组织技术培训、对接项目等技术转移工作，不断完善技术转移服务体系和网络体系，探索建立高效运行的技术转移新模式、新机制。同时，主动承办政府部门举办的大型展示洽谈会、信息发布会、项目对接会等重点活动，集聚政府、高校、院所、企业、技术交易市场、金融机构、投融资机构等多方资源，为更好地开展技术转移服务奠定工作基础和营造良好的氛围。

2. 开拓非政府的市场。面向高校、院所科技成果转化服务要求和企业技术创新需求，充分利用各种已有平台的优势，实现大规模、低成本、高效应的综合服务和增值服务；积极开拓国际技术转移合作，在更高层次、更广范围吸引、集聚各方资源，为企业开展跨国技术转移、引进人才和引进研发机构提供全程服务。同时，加强与国家层面、市县层面的上下左右互动，加强与企业、高校、院所的联系和沟通，进一步巩固、拓展国内技术转移合作关系；开展专业性项目推介会、论坛、培训、对接项目跟踪管理服务等活动，进一步促进交流合作，总结推广经验，促进技术转移取得更显著的成效；进一步完善数据库、网站等信息服务手段，提高专业人员服务水平和素质，为企业、高校院所提供更优质、更全面、更规范的服务。

（四）跨国技术转移业务流程

跨国技术转移业务流程详见图 2. 4-1。

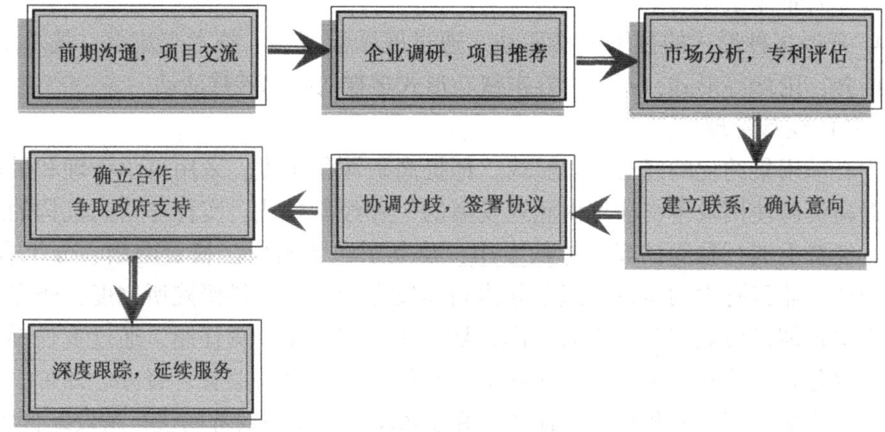

图 2. 4-1　业务流程图

四、服务团队

江苏省跨国技术转移中心实行主任负责制管理模式，现有工作人员 10 人，包括：中心副主任 1 人，国际合作部主任 1 人，技术转移主管 1 人，技术经理 4 人，市场开发主管1人，行政主管1人，行政助理1人。中心下设3个业务板块，分别为：

1. 技术转移：负责技术转移业务计划的制定、实施、协调、总结；
2. 市场开发：围绕技术转移组织专业出访、展览、国际会议；
3. 公共服务：搭建技术转移公共服务平台，技术转移培训。

五、服务成效

中心积极推动与海外创新资源丰富的国家的合作，根据江苏省重点发展的产业领域，围绕制约江苏发展的关键技术需求，推进国外成熟先进技术向江苏转让，加强与发达国家联合开展研发，提升江苏省产业高端化水平和国际竞争力，目前与70多家家国外机构建立了联系，推动其与江苏省企业在生物医药、新能源、新材料、电子信息、节能环保等领域的项目合作，开展实质性的跨国技术转移。

例："肝脏疾病非侵入性诊断的新型标记"项目由以色列特拉维夫大学拉莫特技术转移公司（以下简称"拉莫特公司"）提供。此项目拥有者是特拉维夫大学的教授，他发现了一种肝脏特异性血清标记，该血清标记为一种可溶性糖蛋白受体水平，通过检测其表达水平的变化，可以早期诊断病患的肝纤维化水平，并判断病灶的发展情况。项目的江苏合作方××公司致力于开发具有自主知识产权医药类高科技产品，主要产品包括癌症临床诊断和个性化用药的分子检测试剂，同时，公司也为医院、科研院所和个人提供专业化的技术服务。拉莫特公司向××公司提供相关技术的研究所需材料，包括前期研究数据、研究方案、相关抗体材料和技术支持。××公司负责收集中国肝病对照血样标本，按照拉莫特公司提供的研究材料验证此技术对中国人群肝病临床诊断的有效性和灵敏度，并将研究结果反馈给拉莫特公司，双方确定实验结果有效后，××公司投资在国内进行诊断试剂的开发和生产。

2009年7月，中心经过网上企业调研，了解到××公司在肿瘤诊断试剂领域希望引进国外先进技术项目的需求，中心通过筛选国外技术信息库，选择拉莫特公司相关诊断试剂类项目技术资料，以邮件形式传给××公司，经过公司评估，表示出对"肝脏疾病非侵入性诊断的新型标记"项目感兴趣，并愿意与外方交流此项目。中心赴××企业调研，拜访了××公司，听取了公司首席执行官对公司业务发展的详细介绍，并实地考察了公司实验室运行情况及GMP标准车间的建设情况，对公司技术能力、资金投入、项目合作愿望等方面有了较为深入的认识和了解。

中心与拉莫特公司取得联系，介绍了××公司的基本情况，并了解了拉莫特公司对此项目合作的基本想法和模式，同时获得了关于此项目的详细资料。为配合公司的项目洽谈，中心查阅了相关文献，并进行了较为全面的市场分析，国内目前在这一特异性血清标记检测领域还是空白，如果此项目开发成功，将是目前市场上唯一高特异性、非创伤性的肝病诊断试剂盒。在专利评估过程中，中心帮助××公司在国家专利局网站上查阅此技术已经申请了中国专利文献，并对其中的保护条款进行了详细的分析，预测了将来在产品开发过程中知识产权方面可能遇到的问题，为在项目实施过程中知识产权保护方面做了充分的准备工作。

基于对自身研发实力、市场需求的分析，××公司认为可以与拉莫特公司开发此类产品，中心积极帮助沟通，双方达成项目合作意愿。中心帮助公司与拉莫特公司进行邮件沟通，及时准确地进行翻译，反映双方的问题和想法，在充分沟通的基础上，中心组织拉莫特公司项目负责人、××公司负责人在中心举行了电话会议，针对前期双方沟通中的一些具体技术问题进行了深入讨论。电话会议取得了预期的成效，双方在联合开发的合作模式上达成一致，拉莫特公司免费提供研究数据、研究方案、实验所需样品以及相应的技术支持；××公司负责收集肝病样本，组织实验，得到有效结果后由××公司得到拉莫特公司中国区市场授权进行产品开发、生产和销售。但双方在前期付款和产品上市后收益分配方面仍然存在分歧。

中心针对分歧分别与双方进行电话和邮件沟通，充分了解双方在利益分配方面的想法。中心积极与拉莫特公司协商，提出了三套折中的方案供拉莫特公司参考，其中一套方案最终得到双方的认可。基于此方案，拉莫特公司放弃预付款要求，但要求××公司将产品上市后付给拉莫特公司的销售提成在第三年后由4%提高到6%。经过协商，最终得到了××公司的认可。在双方就具体合作内容、方式、授权及付款等方面达成一致后，中心帮助××公司和拉莫特公司起草、修改并最终完成了合作协议，双方于2009年正式签署合作协议。联合申报第二轮江苏以色列产业研发合作计划，并顺利通过专家评审。2010年，经江苏省科技厅推荐，合作项目成功获得了科技部中以合作计划支持。截至目前，此项目已经成功进行肝穿对照血样近150个，并收到了MND公司制作的抗体，建立了ELISA检测方法。

六、经验和体会

（一）围绕企业技术创新的实际需求，优化技术转移工作路径

企业是产品的开发者，知道市场需要什么，用什么样的技术开发和改进产品，满足消费者的需要；企业是生产的组织者，知道需要什么样的技术，来提高效率、降低成本和增加效益，增强企业的市场竞争力；企业是技术的应用者，知道如何把技术应用到生产中去，把技术化为现实生产力。国际技术转移只有紧贴企业的实际需求，才能为企业所接受、所期待，因此，技术转移工作的路径也要根据不同企业和企业在不同阶段的需求来设计，使之更好地满足企业的需求，从而使服务更有生命力。

（二）强化国际创新源的渠道建设，夯实技术转移工作基础

建立广泛而畅通的国际创新源渠道是技术转移工作的前提条件，也是做好技术项目引进服务工作的基础。通过举办境内外专题活动、海外优秀科技资源对接等多种方式，中心建立了与国外优质创新源的密切合作关系。

（三）提高从业者的专业化素质，提升技术转移工作水平

技术转移过程中，除了技术源、技术受让方外，技术中介服务机构的服务质量是国际技术转移的重要保障，而服务质量的关键就在于是否拥有一支高素质的技术经纪人团队，技术经纪人不仅要具有扎实的专业知识，而且要熟悉企业经营管理、法律等相关知识，但目前国内技术转移机构大多处于初级阶段，迫切需要加强自身能力建设，尤其要加强从业者专业素质的锻炼和培养，提升工作水平。

（四）争取政府的指导与支持，获取技术转移工作支撑

在技术转移过程中，经常会遇到某个好的技术项目，对于一个企业，特别是初创企业来说，由于缺乏自有资金或风险较大而放弃。政府的指导与支持能够提升企业创新合作的愿意和动力，起到四两拨千斤的作用，这对从事国际技术转移的服务机构而言也将是强有力的工作支撑。

（五）加强技术转移信息化建设，提升技术转移服务效能

网络平台作为技术转移服务的重要工具，在提高技术对接效率、减少合作双方信息不对称、降低运行成本等方面，有着明显的优势。为完善技术转移服务手段，提升服务水平，中心建立并完善了“三网”（跨国技术转移中心网站、技术转移大会网站、江苏－以色列产业研发合作计划网）、“两库”（江苏科技发展海外咨询专家数据库、技术转移客户信息库）、“两系统”（网上项目对接互动系统 i－PIC、江苏外资研发机构网上信息征集系统）。这些信息化手段在日常技术转移工作中以及一些重要的活动中发挥了重要作用，并且丰富了技术转移的途径和手段，提升了中心的技术转移服务能力。

案例提供单位：江苏生产力促进中心

［案例二］

建立基地开设展会　推进技术引进和吸收

一、业务背景

当今世界科技发展突飞猛进，技术国际化和经济全球化水平日益提高，国际技术转移已经成为推动技术创新和技术进步的重要手段之一。通过促进国际技术转移发展高科技产业，调整优化产业结构，是国际经济发展的重要举措。

辽宁生产力促进中心及其隶属单位——辽宁省技术转移中心，通过凝聚国内外科技成果，或引进、消化、吸收、再创新，或进行孵化进入市场，或联合研发技术攻关，形成多角度、多梯度、多层次的递进式发展的技术转移新体系。其中，“日本节能环保科技新技术常设展”是辽宁省技术转移中心的重要对接交流平台，该常设展于 2009 年 10 月 14 日在沈阳高新技术产业开发区开幕，展馆面积 3000 平方米，以展板、实物、模型等形式对外展出日本节能环保领域新技术。同时，通过举办项目推介会、项目交流会等形式，向省内企业推介日本在该领域的技术成果，从而促进项目对接成功。目前，已有 100 余家日本企业近 300 个项目参展，已签约合作意向 20 余项，“硅藻土应用及开发”项目就是其中之一。

硅藻土属于国家重要战略资源，是 21 世纪最具生态环保特征的纳米孔径环境新材料（如图 2. 4-2 所示），被誉为“孕育生命的海底草原”。因其具有独特的矿物结构和优异的应用特性已成为发达国家竞相发展的重要战略新兴产业。全球硅藻土资源量约 9. 2 亿吨，我国硅藻土储量居世界第二位。东北吉林长白地区硅藻土储量占全国储量的 54. 7%，居我国首位，也是亚洲储量最大、品质最优的矿床。硅藻土广泛应用于工业、农业、环保及其他领域，市场应用范围极广。

图 2.4-2　硅藻土显微结构图

尽管我国硅藻土资源储量丰富，但从基础科研、加工技术和应用领域层面分析，却不是硅藻土利用的强国，相对于发达国家从事硅藻土材料开发的深度与广度而言，我国硅藻土深加工及综合开发利用水平较低；硅藻土产业技术落后；从事硅藻土研究、开发的力量薄弱而分散，创新能力严重不足；硅藻土材料开发领域单一、产品种类很少且附加值较低，虽然我国硅藻土制品在产量上也位居世界第二位，但绝大部分的硅藻土都是用于生产附加值很低的助滤剂和保温材料，尚未把资源优势形成产业优势。

2010 年，为贯彻国家“大力培育战略性新兴产业，依靠科技进步，加快转变经济增长方式”指示精神，有效促进我省经济结构调整和发展方式转变，拉动东北经济快速跨越发展，辽宁生产力促进中心率先搭建了辽宁省硅藻土新功能材料开发产学研技术联盟服务平台（以下简称“服务平台”），通过把“官、产、学、研、用”等创新要素有机地连接起来，为政府、产业、科研院所服务。“服务平台”集聚国内外优势创新要素，以自主创新、集成创新、引进消化吸收再创新同步推进，重点突破一批硅藻土关键技术；以市场为导向，开发系列硅藻土高附加值产品；以沿海营口科学城的开放、技术、发展优势和吉林长白资源优势，建设辽宁（营口）硅藻土产业化基地，打造中国（东北）“硅藻第一谷”。

二、业务内容

遵循“政府推动，科技中介参与，大院、大所为技术依托，试点企业进行应用推广”的运行模式，同时坚持以企业为主体、“官、产、学、研”紧密结合、上下联动的原则，以辽宁生产力促进中心作为牵头单位，统一组织协调，整合各方面资源，为硅藻土新功能材料的开发提供系统化服务。具体服务内容和服务模式如下。

（一）技术转移与运作

1. 国际先进技术及其高新项目的转移与嫁接；

2. 技术项目及技术转让与代理；

3. 项目的市场调研、筛选、分析、评估与论证；

4. 技术集成、产品和技术的本土化。

（二）工程、方案与设计

1. 专业技术诊断及技术服务；

2. 生产工艺改进及委托研发；

3. 项目产业化实施方案研究与工程设计。

（三）咨询及商业服务

1. 国际技术创新合作，组织与协调集成项目；

2. 收集、分析市场和行业发展信息，提供专利等服务；

3. 进行技术登记、技术成果的统计、分析与调研；

4. 推进共性技术的开发与转移。

（四）其　他

1. 组织和承办国际会议；

2. 技术转移及知识产权等方面的培训；

3. 研究与探讨技术转移理论、政策、法规。

三、工作步骤和方法

（一）组织国内外专家对硅藻土新功能材料的关键技术及应用新产品进行联合攻关和开发

根据硅藻土新功能材料的开发过程中，从选矿、提纯等粗加工技术到超细、改性等深加工技术以及高附加值新产品性能的研究需要，组织多学科、多领域专家进行联合攻关。主要包括以下几方面内容。

1. 依托辽宁生产力促进中心在实施省院校合作工程中，与全国多家科研院所建立的合作关系，从由众多知名专家组成的专家库中筛选、组织选矿、粉体、化学、材料等相关领域的专家，集中对硅藻土水蒸气吸释控制技术、硅藻土超细化技术、硅藻土提纯技术、硅藻土改性技术以及硅藻土扩容技术等进行联合攻关。

2. 依托辽宁生产力促进中心搭建的辽宁省技术转移中心平台，通过“日本节能减排科技新技术常设展”和“辽宁省中俄技术转化中心”同日本、俄罗斯的科研院所、高新技术企业建立合作关系，并举办两国间的互访考察、项目研讨会、技术交流会等活动，组织现有科研力量对先进的硅藻土高新技术及产品进行引进、消化、吸收再创新。

3. 建立专门的硅藻土新功能材料领域专家数据库，集聚硅藻土新功能材料相关行业研发力量，采用松散式管理，“不为所有，但为所用”，为硅藻土新功能材料的开发提供专业技术人才支撑，实现全国范围内硅藻土产业开发技术领域的专家人才共享。

4. 帮助硅藻土新功能材料技术成果拥有方寻找合适企业或风险投资进行合作嫁接，以技术转让、参股合作等形式进行科技成果转化。

（二）组织企业（集团）进行硅藻土新功能材料的应用及产业化

根据企业（集团）在进行硅藻土新功能材料的应用及产业化过程中的实际需求，利用自身的知识及专业化优势，为企业（集团）提供各类服务，以加速科技成果转化进程，研发硅藻土新型高效功能材料、开发系列代表产品。主要包括以下几方面内容。

1. 通过辽宁生产力促进中心协会构建的全省生产力体系网络5000余家中小企业，根据企业自身资源条件，为产学研技术联盟集聚产业资源。

2. 为企业提供技术评估、技术选择与需求评价。以市场为导向，帮助企业从产学研技术联盟的已有科技成果中筛选与之相适应、具有良好市场前景的硅藻土新功能材料制备技术及应用产品，帮助企业进行导入、开发。

3. 协助企业进行项目调研，为企业提供项目可行性分析、规划方案、项目评估等决策性辅助服务。

4. 为企业提供包括产品设计、工艺设计、中间试验、新产品试制、技术实验、技术检测等一系列技术支持与服务。

5. 为企业提供专利知识咨询、专利代理申报、知识产权的政策法规宣传等服务。

6. 协助企业进行科技查新、申报各类科研计划、指导撰写相关材料、完成科技成果鉴定等工作。

7. 为企业提供企业管理咨询、产品新闻宣传、市场营销策略等服务。

8. 为企业提供投融资咨询、财税法律咨询等服务。

9. 提供完善的产学研综合服务。产学研技术联盟服务平台为企业会员之间在硅藻土项目合作、信息交流、各种平台资源综合利用、技术转让、重点实验室等、中试平台、专业化人才服务、知识体系服务、专业技术检测、实验资源协作共享、招聘求职储蓄人才资源等方面提供展示与合作的平台，使企业、院校、科研机构的资源得到最大共享与利用，一方面为企业的创新及市场竞争力的增强提供更多的机会，同时也为科研成果市场建立起产学研紧密结合、互相推动的拉动纽带。

（三）建设辽宁（营口）硅藻土产业化基地

以辽宁营口国家级高新区的技术、人才、市场、资金、物流等区位优势和吉林长白资源、加工制造等优势，以沿海带动沿江，通过科技部、辽宁省、吉林省“两省一部间”的合作，共同建设辽宁（营口）硅藻土产业化基地。

1. 大力培育辽宁（营口）硅藻土产业化基地示范龙头企业，形成产业集聚，打造硅藻土全产业链模式，引进国内外资本，做大做强硅藻土产业；

2. 建设辽宁省硅藻土联合研究院，重点加强研究院所属的研发中心、检测中心、孵化中心、硕博工作站及服务中心的各项建设工作，为落户营口高新区硅藻土产业基地的企业集团做好技术支撑，形成研发创新体系，推动硅藻土产业技术升级。

四、服务团队

国际技术转移是一个系统工程，转移过程是一个多因素动态复合的过程，涉及技术、商务、资金、服务、市场、转化能力等诸多因素，需要一个强有力的服务团队从事该项业务。为了保障本项工作的顺利实施，中心组织了包括中心主任在内的8名骨干成员构成的工作团队负责项目的实施，由中心主任担任项目组组长，成员包括：项目管理2人，项目助理3人，项目策划1人，科技咨询1人。

该服务团队围绕营口硅藻土产业化基地建设分成六个职能部门，包括综合管理部、基地建设部、产品开发部、合资合作部、企业发展部、科研院校部。

五、服务成效

通过一年多的努力，中心国际技术转移服务业务能力逐渐提升，有力促进了科研和市场的结合，使企业真正成为科技创新和技术转移的主体；有效解决了企业和科研机构信息不对称、技术与国际脱轨等问题，取得了较好的服务效果。主要有以下几个方面。

（一）扶持多家重点企业在硅藻土日用领域、硅藻土建筑材料领域、硅藻土农业开发领域及硅藻土化工领域等多个方面进行技术研发、产品开发、成果鉴定及专利申请工作

例：辽宁××公司是一家从事高科技项目和产品研发的高新技术企业。2010 年 2 月，中心组织辽宁××公司、东北大学、沈阳绿思创高新应用技术研究所等单位，对硅藻基日用功能新材料进行了技术攻关和产品开发，在国内首先提出了“硅藻生活”概念（已进行商标注册），研制了通过硅藻土包覆纳米 TiO_2 或电气石微粉、吸附补偿、有机材料与无机材料复合及低温高强成型工艺等高新技术制备的具有水蒸气控释、负氧离子释放、有害气体分解、远红外线受激发射等多种功能的硅藻基日用功能新材料，并以其为基材开发出硅藻健康枕（如图 2. 4-3 所示）、硅藻汽车内饰等多种日用产品，并于 2010 年 10 月 28 日正式发布了由辽宁东吉科技开发公司制定的硅藻基日用功能材料的企业标准（Q/DJ 0105—2010）。2010 年 11 月 3 日，由辽宁省科技厅组织东北大学、中科院沈阳金属研究所、辽宁省轻工研究院等多家国内知名院所专家，对“硅藻基日用功能新材料的研制与应用”成果进行鉴定，认为该项目“属国内首创，填补了硅藻土材料在日用领域应用的空白，材料制备技术和材料的综合性能达到国内领先水平”（辽宁省科技成果鉴定证书，如图 2. 4-4 所示），同时“硅藻健康日用品填充材料”申请了发明专利。2011 年申报了科技型中小企业技术创新基金项目。

图 2. 4-3　硅藻健康枕

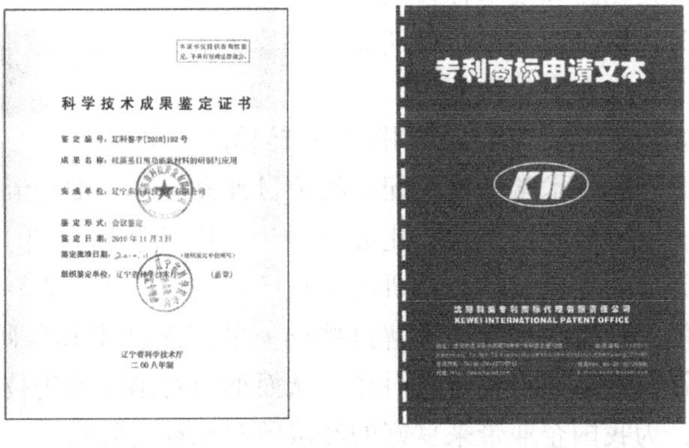

图 2. 4-4　硅藻基日用功能新材料专利申请及成果鉴定

（二）组织相关科研院所和主体企业进行多项国家、省级科技项目申报工作，使硅藻土新功能材料项目的技术攻关和产品开发均得到了国家、省各级资金支持和政策倾斜

例：××公司是一家以市场为导向，以技术为支撑，主要从事高新技术及产业开发的企业，目前重点在建筑节能住宅、纳米新材料硅藻土应用等高新技术产业领域开展业务。2011 年 4 月，由辽宁生产力促进中心组织该公司和东北大学联合申报了国家“863”计划“纳米改性东北硅藻土制备环保建筑新材料的关键技术”项目，该项目将重点研发东北地区硅藻土绿色提纯与孔径控制技术、改性硅藻土表面修饰及均匀负载纳米催化剂技术、硅藻土基环保建材制品成型新技术及示范装置等重点课题，该项目将促进传统建筑材料的升级换代，提高产品附加值，实现硅藻产业技术进步，并培养一批从事硅藻土研究领域的创新性人才。

（三）辽宁（营口）硅藻土产业化基地建设初见成效

目前，中心已组织辽宁省供销合作社、营口盼盼集团、辽宁东吉集团、营口渤海科技公司、辽宁丰华科技公司、营口三征集团等 10 余家企业进行了在吉林长白购买硅藻土矿产资源相关的立项、注册、科研、答辩、环评等诸多方面的工作，同时引导其中的重点龙头企业落户辽宁（营口）硅藻土产业化基地，于 2011 年 5 月陆续进行厂房建设并投产。

六、经验和体会

（一）要以完善的技术转移服务来解决“官产学研”模式链条中的实质问题

在采用“官产学研”模式推进科技成果产业化、转化为现实生产力的进程中，出现了企业与科研院所之间信息不对称、沟通不顺畅、彼此缺乏信任以及资金投入、利益分配等诸多实质性问题，通过中心的多方链接和不懈努力，站在公平、公正、公开的立场，在政府、科研院所、企业之间形成了有效的桥梁纽带，实现了多方满意、多方共赢的良好发展局面。

（二）要契合国家政策导向，为企业送项目，为政府送产业

要高度契合国家产业政策导向，抓住具有广阔发展前景的重点产业和经济发展热点领域，将极具优势的科技资源和产业资源有效整合，促进科研和市场的结合，使企业真正成为科技创新和技术转移的主体，以点带面，从攻克单一项目到做大做强整个产业，同时扶持企业和科研院所获得国家、省、市各级政府的政策、资金支持，为项目及产业提供有力支撑。

（三）要搭建有效引智、引技的国际技术转移服务平台

可以通过举办国际技术常设展及配套的项目推介会、技术交流会等形式，采集、发布、共享日本、俄罗斯等国家在节能减排、生物医药、新材料、电子物理、制造工艺技术等强势领域的先进技术、科研成果和已经完成产业化研制的成熟项目信息，让国内企业在方便、及时、准确地了解这些国家的高新技术和科研成果的同时，根据自身的需求有针对性地参观并有效对接，从而加速对国际先进技术的引进、消化、吸收再创新进程，为我国企业带来良好的经济效益和社会效益。

（四）要打造一支专业服务团队

中心多年来注重人才培养工作，重点选拔在技术、商务、资金、服务、市场、转化能力等方面高学历、高素质、综合能力强的优秀人才，组成专业团队为国际技术转移项目服务。

案例提供单位：辽宁生产力促进中心

［案例三］

实施技术转移服务　助推企业创新发展

一、业务背景

随着科技事业的飞速发展，我国科学技术的整体水平有了显著提高，但科学技术与经济发展相脱节的问题还没有得到根本解决，成果转化率仍然比较低。为更好地推动成果转化和技术转移，2007 年，科技部、教育部、中国科学院联合下文发布了《国家技术转移促进行动实施方案》，提出了“以加速知识流动和技术转移为主线，以建设技术转移体系为支撑，通过完善技术、人才、资本三大要素的结合，充分发挥市场机制在配置科技资源中的基础性作用，综合利用经济、法律和行政手段，加强产学研结合与互动，培育企业的自主创新能力，进一步提高我国公共科技财政投入的产出效率，实现科技成果的商品化、产业化和国际化”的发展思路。

2004 年开始，山东济南生产力促进中心（以下简称“济南中心”）开始探索技术转移服务模式，先后建设了济南科技成果转化平台、济南科技成果及专利技术展示交易厅、济南地区技术转移服务体系等相关服务手段，率先在全省成立了济南都市圈技术转移联盟，经过几年的发展，每年实现技术转移项目近百项，该服务已经成为核心服务业务之一。

二、业务内容

济南中心依托山东省重大科技专项——济南科技成果转化平台——为社会提供技术展示、技术信息发布、技术推介交流、技术转让与代理、技术咨询与培训、科技项目立项支持等服务，推动技术转移与成果转化，促进企业科学发展。具体服务内容包括以下几个方面。

（一）技术展示

根据技术转移方要求，可以通过济南中心建设的济南科技成果及专利技术展示交易大厅进行展示，详见图 2. 4-5。展厅免费展示技术项目的实物、模型、宣传册等，方便企业和个人获得对技术项目的直观、感性认识。

（二）技术信息发布

收集技术需求信息和技术项目信息在济南科技成果转化平台进行展示，通过信息平台、济南都市圈技术转移联盟、科技信息报记者站、山东教育电视台记者站等途径进行技术信息发布。

（三）技术推介和交流

可以根据需求举行小型对接会、专业推介会、大学技术转移交流会，组织企业、高校院所、投资单位等进行技术交流活动。

（四）技术转让与代理

图 2.4-5 成果展示厅

根据需要与技术转让方签订代理合同，代理相关技术转移业务，为技术转让方提供完善的技术转让代理服务。

（五）技术咨询与培训

通过技术咨询和召开专题培训会，为技术转移服务获得更好的效果奠定基础。为技术受让方培训相关人才，帮助其建设配套技术、管理人才队伍。

（六）科技项目立项服务等

依托承担建设的涵盖济南科技局系统面向社会服务资源的济南科技服务中心，为社会提供技术合同认证登记、大型仪器设备共享、科技项目立项、知识产权等服务。

三、工作步骤和方法

通过济南中心搭建的由县区分中心、行业分中心、企业联络员、高校院所信息员、技术转移咨询专家等组成的技术转移服务体系，为客户提供系统的技术转移服务。

（一）企业诊断

企业对自身的技术需求往往认识并不到位。组织专家团队对企业开展相关技术诊断是整个服务过程的基础。诊断后，认真分析企业技术现状、管理水平、人才队伍、资金实力、产品市场等情况，形成相关技术报告；根据企业诊断情况和企业诊断技术报告召开研讨会，与专家、企业代表进行沟通交流，形成服务方案。

（二）对症下药

针对技术报告提出的技术解决方案，在平台发布需求信息；与平台相关信息进行对接，确定相关专家和相关技术项目；组织专家到技术受让方进行考察调研，确定技术转移和技术服务意向；实施技术转移。

（三）全方位服务

技术转移过程中，要开展企业技术研发能力的相关服务，推动企业技术创新和消化技术能力的提高，同时开展相关培训活动，提高企业的人才队伍建设水平。

（四）关键环节突破

在技术转移过程的关键环节上给予重点服务，特别是在直接决定技术转移实施效果的重要技术突破上，要帮助技术转移受让方获取专家、政府和相关服务机构的支持和帮助。可以通过技术跟踪、人才保障、科技立项等方式进行服务。

（五）服务扩展延伸

在完成技术转移服务过程中，可以整合资源，为企业提供转移技术所产生的知识产权申报、产品标准、产品商标、品牌化建设等服务，推动企业综合实力的提升。

图 2.4-6 为技术转移服务工作流程图。

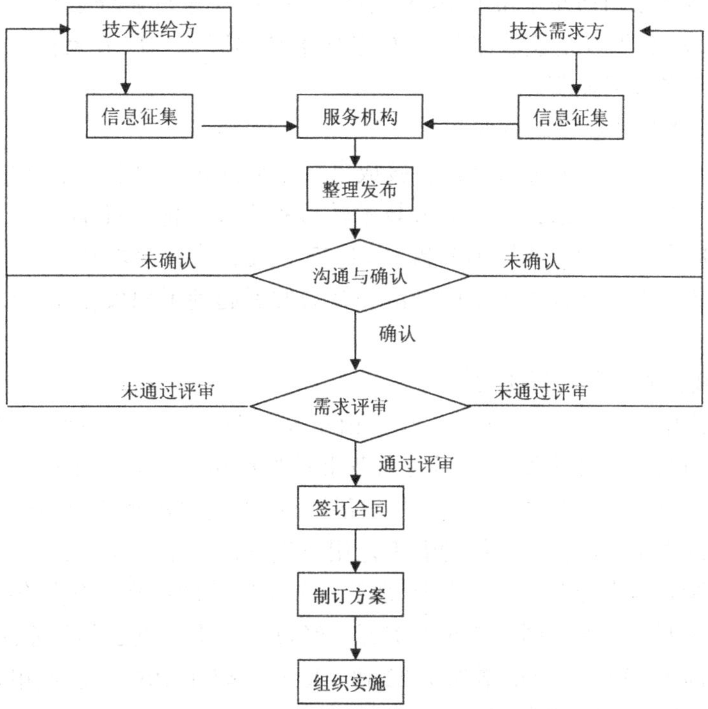

图 2.4-6　技术转移服务工作流程图

四、服务团队

为保障技术转移服务的开展，济南中心建设了以技术转移服务体系为主体的服务团队，制定了相关的管理办法近 30 个，编写了完善的服务标准体系，牵头起草了山东省地方标准——《技术转移服务质量规范》。

针对不同服务对象和项目，济南中心组织成立了专业的服务团队，由中心主任担任服务团队负责人。

服务团队主要可以划分为以下几个小组。

1. 企业诊断组：一般由济南中心服务团队负责人、特聘技术转移咨询专家、项目相关专业高校院所专家、企业属地分中心专家、相关行业分中心专家组成。

2. 信息分析组：由服务咨询专家、信息中心信息员构成。

3. 技术服务组：由济南中心产学研部负责人组织大学院所专家、技术转移咨询专家构成。

4. 综合服务组：由济南中心组织的宣传记者、财务人员、知识产权专家、法律顾问构成。

以上4个小组，根据工作进行和技术转移的实施程度有序加入，也可以根据企业要求开展交叉服务，不同技术的转移服务过程中，技术服务组和企业诊断组的专家专业会有适当调整。

五、服务成效

通过近几年来的工作，济南中心以服务促发展，建成了济南模式的技术转移服务体系，服务体系由遍布全市的10家县区分中心、8家行业分中心、200名大学院所信息员、198名重点企业联络员、10名技术转移服务推广专家构成，点面结合、上下联动，服务效果显著。

（一）经济和社会效益显著

近几年来，济南中心通过济南科技成果转化平台联系和服务企业总数达到5180家，联系大学院所138家，已经促成技术转移和成果转化项目412项，为企业解决技术难题200多项，为企业增加销售额61.27亿元，为社会增加就业岗位9900个，对济南市的创新城市建设和全市的经济和社会发展起到了积极作用，受到了社会各界的广泛好评。

（二）被服务企业创新能力提高

例：济南中心2006年起连续5年为山东××公司提供了一系列的技术转移服务，推动公司实现了飞速发展，用公司董事长的话讲就是："生产力中心的服务，改变了中国50年锻打钢球的工艺，是章丘铁匠历史性的转变。"2006年该公司仅仅是一家简单的加工工厂，靠传统的老工艺用空气锤进行个体作业，工艺和质量完全由工人的经验和技术控制，整个生产处于一个比较低的层次，年销售收入6042万元、利税106万元、出口创汇546万美元。经过济南中心近5年的系统服务，公司生产效率提高了33倍，产量增加了22倍，能耗下降了79%，已经申请专利11项（发明专利4项，实用新型7项），2010年实现销售收入1.01亿元、利税600万元、完成出口创汇1100万美元，成为一家拥有多项专利、具有较强自主创新能力的高新技术企业。此外，2010年，公司成功销售了2条具有自主知识产权的生产线，销售额1000多万元，而引进国外同样生产规模的生产线需要900万欧元。（图2.4-7为新旧生产线的对比）

（三）高校科研院所的成果转化工作明显推进

通过济南中心的技术转移服务，山东省科学院、山东省农科院、济南大学、山东省轻工业学院等大学院所的成果转化和技术转移工作得到了明显改善，不少高校院所的成果转化率有了明显提升。例如山东××学院在中心服务下，大量的食品加工项目得到了转化，2009年中心组织举办了"济南市食品行业产学研合作暨成果发布对接洽谈会"，在洽谈会上学院的9个项目实现了转化，同时，学院教授与企业建立起了良好的合作关系，为形成长效机制奠定了基础。

图 2.4-7　服务案例图

六、经验和体会

（一）科技资源的整合是做好技术转移服务的基础

技术转移服务机构必须有完善的服务体系和资源优势。济南中心建设的由县区分中心、行业分中心、企业联络员、高校院所信息员、咨询诊断专家等服务队伍组成的服务体系成为技术转移服务的基础保障。在服务过程中，需求信息、技术信息、诊断过程、对接过程、实施阶段、扩展阶段等都有必要的体系和资源保障。优化的科技资源为成功的技术转移服务奠定了基础。

（二）企业的创新需求和引导是服务成功的前提

由于技术转移服务的特点，把握和引导企业需求尤为重要。企业家的创新意识、企业的技术基础、企业的人才情况等直接决定了技术转移的成效。

（三）技术转移是一项系统工程

技术转移的过程并不是单纯的一项技术的转移，它受多种内因和外因的影响。技术转移服务是一项复杂、系统的服务工程，通过深入的调研制订完善的服务计划，开展梯次的深入服务尤为重要。单纯的对接和完成技术转移合同只是技术转移服务的开始，一个企业消化吸收该项技术的过程同样是服务的主阵地。通过系统技术转移服务，实现企业创新意识的根本转变，逐步实现自主创新能力的提高是技术转移服务的最终追求。相对于其他技术载体，持续地从人才的对接和引入入手是实现技术转移的有效、直接和长效的方式。

（四）延伸扩展服务会取得更好效果

一次成功的技术转移，给企业不仅带来了面上的新技术，还带来了相应的产品、设备、人才、资金、标准、品牌等各种物流和信息流的流动。这就衍生出了更多的延伸服务，技术转移服务的派生服务内容是技术转移服务的重要组成部分，更是扩大服务效果的关键环节。能否提供延伸服务直接决定了本次技术转移服务的效果和新一次技术转移服务的机遇。

（五）打造技术转移服务产业链成为必然

为企业提供技术转移服务的过程中，必须打造符合本地特色的产业链。济南中心的服务，以技术转移服务为主线，制订了标准，形成了品牌，打造了覆盖技术转移全过程的一站式服务模式。这种服务产业链的不断扩展，契合了技术转移服务的发展态势，满足了企业对技术转移服务的多样需求。事实证明，通过服务企业，促进自身发展，打造服务产业链，形成技术转移的服务品牌是一条成功的路子。

案例提供单位：山东济南生产力促进中心

[案例四]

运用CDM机制　助力企业节能增收

CDM是《京都议定书》提出的基于市场的清洁发展机制的简称，是允许发达国家和发展中国家之间通过转让技术或提供资金进行项目级的温室气体减排额交易的双赢合作机制。CDM技术服务就是为温室气体减排额的交易提供全流程的服务。

一、业务背景

自从1988年联合国成立气候变化政府间会议以来，控制CO_2等温室气体排放，以应对全球气候变暖给人类经济和社会带来不利影响的理念逐渐被人们所认识。

2005年2月16日正式生效的《京都议定书》规定，发达国家到2012年温室气体排放水平要比1990年平均减少5.2%，包括中国在内的发展中国家不承担减排义务。为了激发发达国家的积极性、提高发展中国家的参与度，根据发达国家减排温室气体所需的成本与难度比发展中国家要高得多的实际，《京都议定书》提出了CDM机制，确定发达国家可以通过提供资金和技术在发展中国家合作开发温室气体减排项目，用于抵消他们承诺的减排数额。因此，CDM形成了一种新的有经济价值的商品——CERs（经核证的温室气体减排量），发展中国家企业实施减少温室气体排放项目，向联合国主管机构申请并获得专业机构的审核后即可获得CERs，取得交易资金。

尽管CDM为中国企业提供了良好的商机，但是中国企业要成功实施CDM项目，还面临一系列的挑战。具有CDM项目开发潜力的企业大多分布于基础行业，例如水电、风电、水泥、化工、煤矿等，这些企业拥有很好的本地客户资源和融资渠道，却缺乏国际商务经验，缺乏对CDM规则的了解，缺乏运作CDM项目的能力。申请CDM项目的每个阶段都包含大量有针对性的条款以及相应的英文文件，经验和能力的缺乏带来的直接影响就是项目注册和获益的延迟，这对“时效性”极强的CDM

项目来说是严重的损失。

江苏生产力促进中心CDM技术服务中心成立于2006年4月，是江苏唯一受科技部委托开展CDM相关技术服务的省级非营利性科技中介服务机构，也是江苏唯一获得国家发改委备案的CDM咨询机构。中心汇集了20多名环境、能源、经济、法律以及CDM的资深专家，熟悉和实际完成了CDM项目的全流程，能够针对项目业主所属CDM领域提供高水平专业化的服务，帮助项目业主最高效地实现碳资产价值。

二、业务内容

CDM技术服务是一项周期长、技术要求高、难度大、流程复杂的工作。一般一个项目从准备到申报注册周期要超过2年，项目实施周期一般是10年。CDM技术服务中心为项目业主提供全流程技术服务，服务内容主要包括以下内容：

1. 项目前期可行性评估，确定项目的基准线和额外性；

2. 编制中英文项目概要文件（PIN）；

3. 编制中英文项目设计文件（PDD）；

4. 在项目向联合国CDM执行理事会（EB）申报过程中不断根据最新要求将PIN、PDD文件作适时调整；

5. 编写项目申请函和行政许可申请表，向国家发改委申请项目审批，根据国家发改委提出的修改意见和澄清意见，对文件进行完善；

6. 帮助项目业主选定EB指定的DOE对项目活动进行审定；

7. 协助项目业主参加项目评审，获得国内批准函；协助进行DOE审定，并根据EB的相关规定，帮助项目业主向EB申请注册；

8. 把握国际CERs交易适时行情，负责联系和推荐国外CERs购买方，协助项目业主谈判和签订减排量交易协议，规避在交易协议中的非故意的违约风险；

9. 在项目获得EB注册后，在服务期限内协助项目业主进行定期监测并向DOE报告；

10. 协助项目业主邀请EB指定的DOE进行减排量的核证；

11. 编写购买方、DOE、联合国注册处需要项目业主提供的中英文文件，包括但不限于编写项目业主与购买方交易过程中的协议等所有中英文文件及已向国家发改委、DOE、联合国注册处申报的材料；

12. 在服务期限内，编制CDM管理文件、进行现场咨询、协助审核、审核问题的改进、编写监测报告、协助办理CERs核准的相关手续、协助办理与买家交付CERs和收取CERs交易款事宜、根据国际和国内规则及时调整CDM相关文件等。

三、工作步骤和方法

主要分5个阶段：项目前期准备阶段、国内审批阶段、DOE审定阶段、EB审批阶段及获取收益阶段。

（一）前期准备阶段

项目前期准备阶段主要是搜索项目源，判断项目是否符合CDM的要求，与项目业主洽谈签订技术服务协议，编写项目概要文件及项目设计文件，寻找合适的碳买家等。

这个阶段是项目能否成功申报 CDM 并获得收益的基础步骤，主要把握三点，一是钻研方法学和 EB 规则，经常与企业、设计院、买家、专家和有关政府主管部门沟通，充分了解项目情况和 CDM 的最新要求，减少申报文件的修改率，加快申报进度；二是尽量避免项目业主承担前期开发费用，开发成本主要由碳买家承担，减少项目申报失败的资金风险；三是寻找可靠、有实力的国际买家，减少项目申报成功后的履约风险。

（二）国内审批阶段

在国内审批阶段，主要是对照国家“清洁发展机制项目运行管理办法”和“CDM 项目申报审批流程”的要求编写项目申请函和行政许可申请表，按照国家发改委的要求递交申报资料，初审通过后等待通知，参加中国 CDM 项目审核理事会的评审会议，如果审批通过，将获得国内批准函。

（三）DOE 审定阶段

DOE 审定阶段是项目能否注册的关键步骤，也是耗时最长的阶段。DOE 是接受项目业主委托，向 EB 负责的第三方审核机构，审核报告的结论是 EB 能否批准项目注册的重要依据。由于 EB 认可的 DOE 数量较少，而且 EB 不但要求非常严格还经常更改规则，因此 DOE 审核过程非常严格，工作进展很慢。这个阶段往往要历时 1 年多才能完成。

（四）EB 审批阶段

这个阶段是决定项目能否进行后续碳交易、取得收益的节点。由于 CDM 是一个创新的机制，没有前例，本身规则的制定有着很多不足，同时又涉及世界各国，政治敏感性很高，容易受到国内外政治气候的影响。据统计，国家发改委至 2011 年 4 月已批准的项目约 2900 多个，成功注册的只有 40% 左右，很大一部分的项目都被卡在了这一阶段。

（五）获取收益阶段

这阶段需经 DOE 核查减排量，向 EB 申请签发减排量，获得批准并将减排量转移至买家账户后才能拿到钱。这个阶段不可控制的因素比较多，时间主要花在等待 EB 处理这个环节。随着 EB 工作效率的提高，这个阶段的时间将会大幅减少。

CDM 技术服务流程如图 2. 4-8 所示。

四、服务团队

CDM 服务团队的建设采取了培养、引进和合作等多种模式。自身能力的培养主要受益于科技部组织的一系列培训活动，中心参加了“中意 CDM 项目培训班”“中日 CDM 项目培训班”“中英 CDM 能力建设培训班”“实现千年发展目标的中国清洁发展机制开发合作项目高级技术培训研讨会”等十余次国内一流的 CDM 能力建设培训活动。最近 3 年，中心通过入事业编制的形式引进了近十位能源、环境专业的硕士研究生，成为一支稳定的服务团队。该服务团队中工程师 6 人、研究员 1 人、教授 1 人。为保证服务质量，保障项目顺利实施，中心主要依托清华大学环境科学与工程系的技术力量，通过项目的合作，同时提高自身的能力。

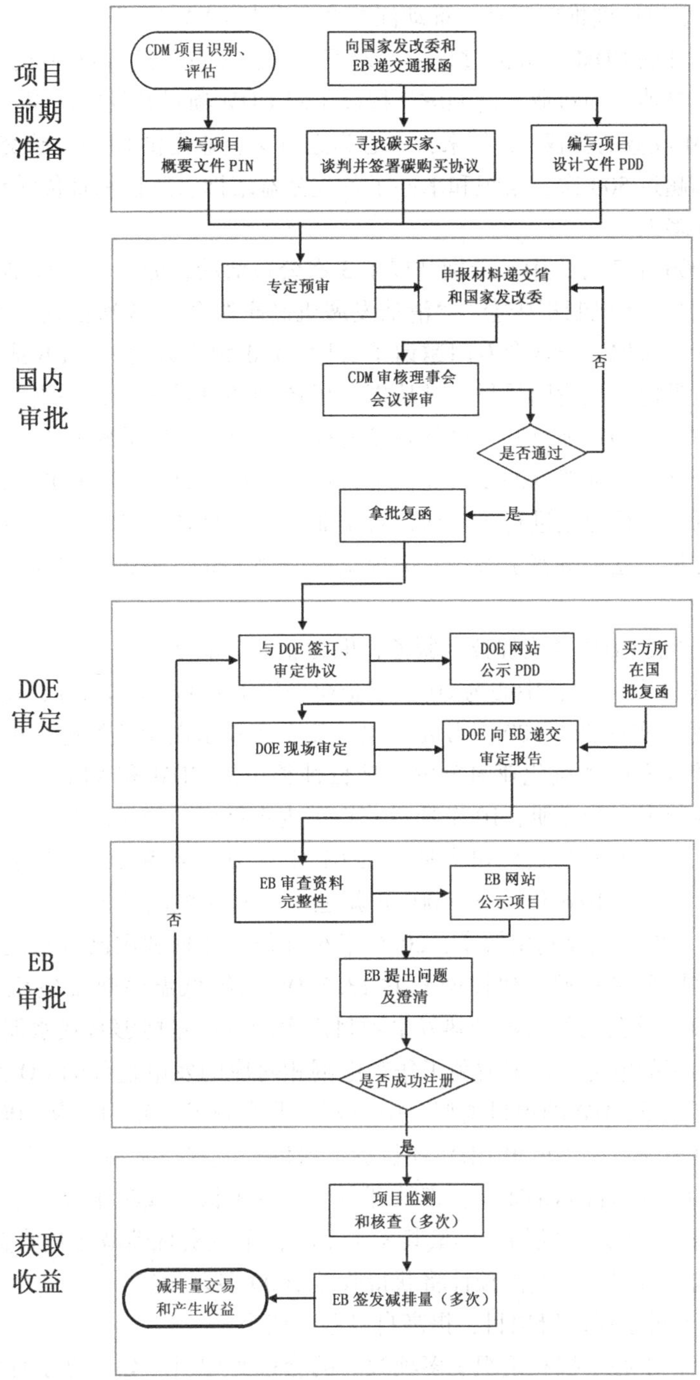

图 2. 4-8　CDM 技术服务流程图

五、服务成效

CDM 技术服务工作是中心“十一五”重点开发的新业务之一。在科技部和科技厅的支持下，通过近 5 年的努力，这项工作服务能力不断提升，服务范围和服务区域不断扩大，实现了中心与企业的双赢。服务成效主要有以下几个方面。

（一）组织培训推广活动，推动江苏企业参与 CDM 项目开发

中心在开展 CDM 业务的过程中，发挥非赢利性服务机构的特点，通过培训和座谈等形式，打消了项目业主的顾虑，提高了对 CDM 项目开发的认识，加快了江苏企业获得 CDM 收益的步伐。5 年来，中心为近百家企业提供 CDM、碳交易等各类政策和技术咨询超过 500 次，组织和承办了各类公益培训、座谈和宣传活动 10 余次，培训人员 800 多人。

例：2006 年 7 月，中心分别开展了 3 次公益活动，分别是“清洁发展机制培训会议”“清洁发展机制报告会”“清洁发展机制座谈会”，3 次活动共吸引了 60 多家单位近 200 人参加。报告会专门邀请了我国 CDM 领头人之一，EB 成员吕博士进行专题演讲。吕博士是我国最早一批从事气候谈判的官员之一，是当时我国唯一一名 EB 成员，对于 CDM 项目开发最具有发言权。在会上，他系统讲述了 CDM 的规则和特点，也谈到了国际谈判的复杂和艰辛，特别就企业如何运用 CDM 机制取得额外的收益和在场的项目业主进行了互动，对企业在实际操作中如何解决出现的问题提出了建议和意见，逐一解答了参会人员提出的问题。此次报告会收到了参会者的热烈好评。

（二）开展 CDM 全流程技术服务，助力企业节能增效

截至 2011 年 4 月，中心为 20 多家企业提供了 CDM 技术服务，技术服务合同额 2000 多万元，实现收入 500 多万元。项目类型涉及水泥余热发电、风电、生物质发电、垃圾焚烧发电和氧化亚氮分解，项目种类包括 CDM 和 VER。其中 1 个项目已在联合国执行理事会注册，10 个项目获得国内审批函，详见图 2. 4-9。

例：江苏某水泥有限公司先后于 2001 年、2003 年和 2005 年分别建设了一条 1000t/d、一条 2000t/d 和一条 5000t/d 新型干法水泥熟料生产线，年产水泥熟料近 300 万吨。为提高能效利用效率，2006 年 6 月公司计划利用已有水泥生产线所产生的窑头、窑尾余热资源，建设两套共 13. 5MW 的纯低温余热发电机组，年发电量 9000 多万度。该公司的水泥余热发电项目产生的发电量能够替代水泥生产中需要从华东电网购买的电力，也就避免了华东电网相对应的发电过程的 CO_2 的排放，是较为典型的可申报 CDM 的项目类型。中心基于此余热发电项目，从 2006 年 8 月份开始至今一直为项目业主申报 CDM 项目资金提供全流程技术服务，项目于 2008 年 12 月通过了 EB（联合国 CDM 项目审核理事会）的审核，成功注册。并于 2011 年 1 月和 2 月获得 EB 正式签发的减排量共 8. 4 万吨，企业实现碳减排量收益 580 多万元，在减排量购买协议合同期内预计将获得收益 2000 多万元。

（三）通过承担政府项目，提高自身服务能力

近几年，中心承担和组织了多项政府的会议和项目，如承办了环保部“中－欧 CDM 促进项目南京研讨会”、商务部“亚洲国家清洁发展机制（CDM）官员研修班”、科技部“CDM 项目开发高级技术培训研讨会”等，自身服务能力获得了较大的提高。

例：2007 年 3 月中心参加了科技部组织的“实现千年发展目标的中国清洁发展机制（CDM）开发合作项目”（以下简称 MDG－碳融资项目）的投标并顺利中标，

图 2.4-9　近年来申报的部分 CDM 项目

成为全国 12 个承担此项工作的省级 CDM 技术服务中心之一。在项目执行期（2007.5—2008.12）内，中心的主要工作是：提交江苏省的千年发展目标碳战略规划框架和碳市场评估报告；开展江苏省 CDM 培训和项目潜力调研，收集项目信息；至少完成 10 个中英文项目策划文件和 2 个中英文项目设计文件；协助建立潜在 CDM 项目信息数据库、方法学数据库、专家信息库、咨询服务机构数据库、国际买家/企业数据库等，帮助建立 MDG 碳数据库电子信息系统和气候交易网站。2009 年初项目顺利结题并获得了较高的评价。

六、经验和体会

（一）政府项目支持是专业化能力建设的有效方式

2007 年通过承担科技部 UNDP 的分包项目，积极参加部里组织的各项培训活动，把握住每次交流和学习的机会，学习和了解 CDM 流程、关键步骤、PDD 开发等业务知识，扎实掌握了 CDM 项目开发的专业知识，“在学中干，在干中学”，实战中不断研究和进步，培养和锻炼了一支专业队伍。

（二）组织开展专项活动是拓展业务的重要举措

CDM 是一个新兴事物，很多人还不了解，中心围绕江苏省在应对气候变化政策方面和 CDM 项目如何促进节能减排目标实现、促进当地可持续发展等热点问题，通过举办各类公益性的活动和会议，有效地宣传了 CDM 理念，扩大了中心在低碳发展领域的影响力，促进了 CDM 业务的开拓。

（三）专业化服务团队是持续服务的重要支撑

对于咨询服务，人是第一生产力。CDM 业务开发和持续发展，对人员提出了更高的要求。组建和稳定一支专业化的服务团队是业务持续开展和不断拓展的重要支撑。

案例提供单位：江苏生产力促进中心

［案例五］

开展节能减排服务　重筑北疆生态屏障

清洁生产审核是指按照一定程序，对生产和服务过程进行调查和诊断，找出物耗高、能耗高、污染重的原因，提出减少有毒有害物料的使用、产生，降低物耗、能耗以及废物产生的方案，进而选定技术经济及环境可行的清洁生产方案的过程。

同时在方案实施过程中，对清洁生产方案的环境效益和经济效益及时进行统计汇总，指导企业从审核前后单位产品指标的变化和清洁生产目标的完成情况等方面分析推行清洁生产对企业产生的影响。

一、业务背景

内蒙古自治区是我国北疆重要的生态环境屏障。近年来，内蒙古经济高速发展，在能源、重化工、原材料等基础工业中高耗能、高污染企业占有相当的比重，在这类产业限制发展之前，环境污染的压力将持续加大；内蒙古能源消费总量在不断增加，资源供需矛盾也日益突出，环境压力也在不断加大；工业废水、废气排放量仍呈较高水平，重点行业能耗、水耗指标和污染排放量一直居高不下；资源利用效率低下，能源消费中的浪费问题比较严重，废物减量化和资源化的水平较低。因此，只有坚持节约发展、清洁发展，才能实现经济又快又好发展 ，才能达到节能减排的目的。

规模化处理和循环利用废弃物的经济可行性，使企业缺乏主动开展清洁生产的积极性；另一方面，对重点企业实施的强制性审核方案主要从“达标”或“减污”角度提出，审核的结果虽然社会效益、环境效益显著，但经济效益不明显，对企业吸引力不足，有些重点企业审核的目的仅仅是通过验收，未能有效开展持续性清洁生产。

清洁生产偏重在企业层次从产品生产全过程和整个生命周期对资源合理有效利用；由此可见清洁生产实际上是企业层次的小循环经济，是在园区、城市、全社会范围实现不同层次循环经济的基础和基本形式，要实现循环经济，必须从基础抓起，因为企业尤其是工业企业是资源的主要消耗者、污染物的主要排放者，是中间产品和最终产品的生产者，只有企业减污、节约、高效地生产出清洁优质的产品，才能为生态工业、绿色消费以及废弃物在更大范围循环再利用提供源头和技术基础。所以在全社会大力发展循环经济的大背景下，企业清洁生产更显重要，同时循环经济的发展模式也为企业清洁生产提供了新的机遇。

内蒙古生产力促进中心，作为内蒙古自治区清洁生产审核服务机构，为帮助和引导自治区高耗能、高污染企业适应节能减排工作目标的迫切需求，在不断夯实服务能力的同时，积极探索，创新服务，更好地发挥公共技术服务能力，培育企业应用清洁生产技术和方法、节能减排的技术及资源综合利用技术等，从而达到节能减排的目标。

二、业务内容

目前实施清洁生产战略的工具有清洁生产审核、环境标志、产品生命周期评价以及生态设计等，主要以清洁生产审核为主；通过清洁生产审核判定出企业中不符合清洁生产的地方和做法，并提出方案解决这些问题，从而实现清洁生产，使企业在经济、环境、管理等诸多方面受益，大大增强企业自身未来发展的信心。并帮助企业寻找清洁生产方案、协助企业实施清洁生产方案、编写清洁生产审核报告、制定持续清洁生产工作计划。具体服务内容如下。

生产过程的评价、清洁生产机会的识别和清洁生产方案的制定与实施。第一，生产过程评价是一个对企业生产各构成环节的运行管理现状，特别是物质流的调查了解、全面认识的活动。它可从生产过程系统及其投入产出上分析和确定企业“不清洁”的生产部位。生产工艺流程图、物料平衡分析等是生产过程评价最常用的技术方法。第二，清洁生产机会识别是指在生产过程评价，特别是在重点审核部位评价的基础上，对企业生产过程存在的问题、差距，从其影响因素等方面进行因果关系分析，以发现提高资源和能源利用效率，降低废物产生途径的过程。这也是清洁生产审核过程中最富于发挥人们特别是企业一线员工清洁生产主动性与创造性的环节。大量清洁生产机会的识别和挖掘会有力地支持清洁生产方案的产生和制定。第三，清洁生产方案的形成、筛选与确定。清洁生产方案内容广泛多样，对那些简单易行、投入较低的清洁生产方案，例如杜绝跑冒滴漏等问题，应边审核边实施，及时行动。但对涉及生产全过程的技术、工艺或设备更新改造等方案，应在充分的可行性分析，包括技术可行性、经济可行性以及环境可行性等多种因素综合论证的基础上形成建议，即清洁生产方案。

三、工作步骤和方法

（一）服务模式

用《咨询（审核）过程控制程序》对咨询进度和咨询质量进行监督控制，使咨询的每一个环节在严格受控状态下进行，以保证咨询服务质量满足要求。

为保证清洁生产审核效果，将安排清洁生产专家指导企业清洁生产审核，对企业清洁生产审核过程中出现的问题及时指导和整改；并建立一套服务模式，通过清洁生产审核服务项目的实施使服务模式逐步趋于完善。服务模式示意图如图 2. 4-10 所示。

根据企业实际排污、节能方面存在的问题，通过地区或工业园区相关职能部门组织企业进行节能减排培训服务。在服务过程中鼓励或动员企业开展清洁生产审核工作，并根据企业节能减排要求，服务机构编制具体方案，由专家队伍对方案进行审核，使方案更合理；派出专家队伍，通过现场诊断找出节能减排环节，并提出改进措施，产生清洁生产方案，核算经济与环境效益，形成清洁生产报告。

（二）工作步骤和方法

1. 整个咨询过程将有计划、有步骤、有期限地推行，企业将得到充分的指导及协调。

2. 咨询人员完成当次咨询时，应根据总体计划安排，结合当次计划情况填写《咨询人员备忘录》提供给公司，以便保持工作的连续性和受控状态运作，不定期地向客户进行顾客满意度的调查，提高服务质量。

3. 作为咨询（或审核）人员，基于工作经验、专业水平及对客户的忠诚态度，

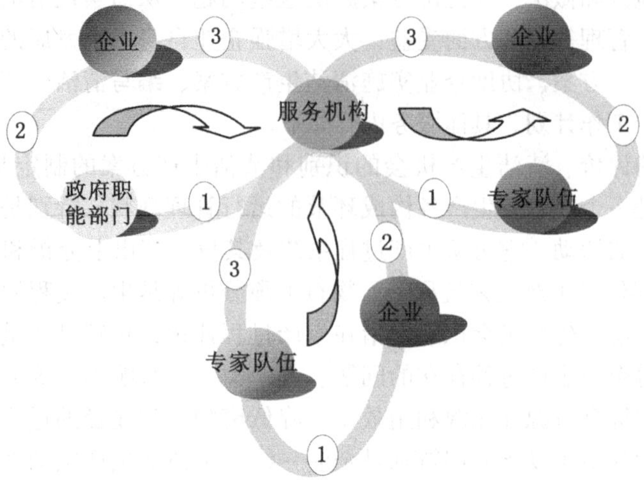

图 2.4-10　服务模式图

将严格遵照清洁生产审核计划，全力以赴，以保证在计划期内通过主管部门的评审，企业也应严格按照咨询方案中应承担的职责和内容全面配合咨询（或审核）人员的工作，确保清洁生产工作顺利进行。

（三）业务流程

1. 业务流程图详见图 2.4-11。

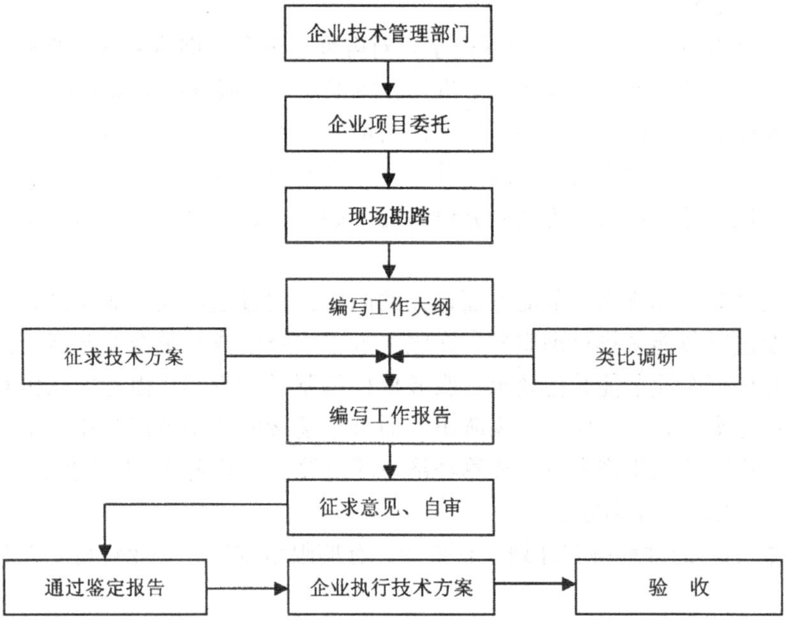

图 2.4-11　业务流程图

2. 清洁生产审核服务流程，详见图 2. 4-12。

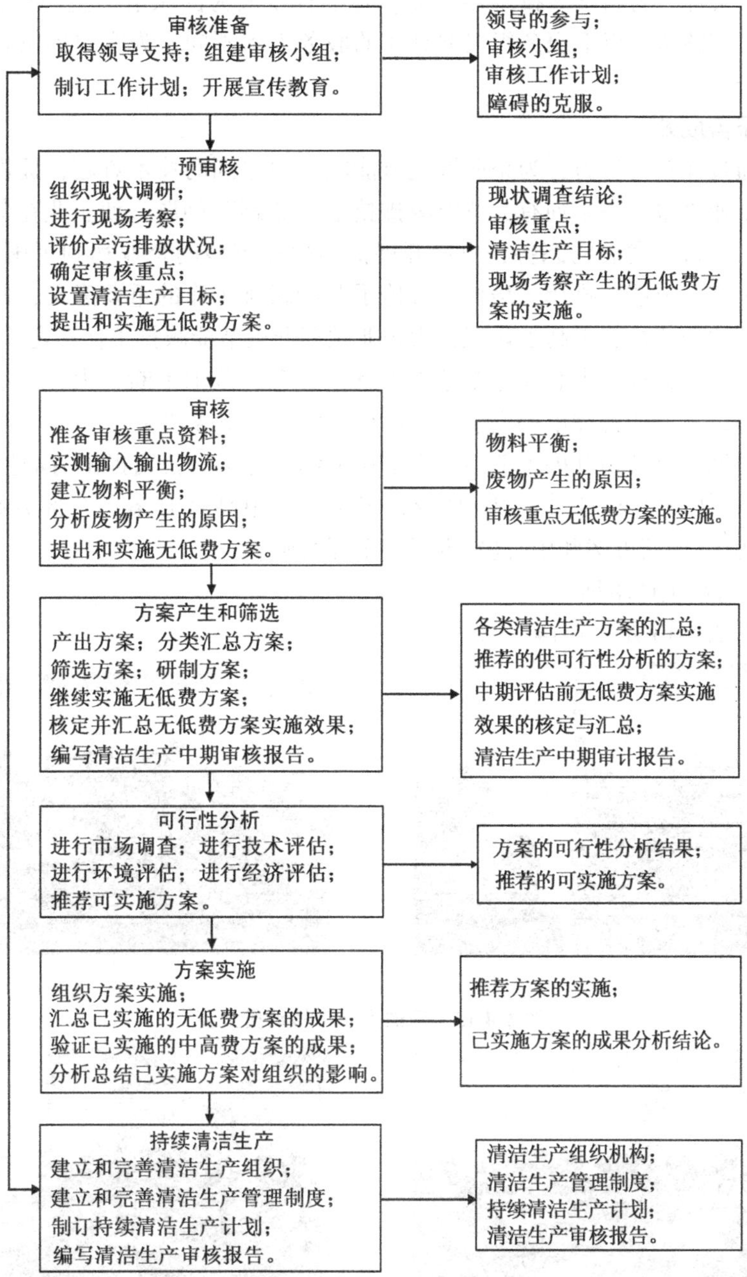

图 2. 4-12　服务流程图

四、服务团队

为了保障清洁生产审核服务工作的顺利实施，中心组成了包括中心副主任在内的 10 名骨干成员的工作团队具体负责清洁生产审核项目，由中心副主任担任项目组组长。团队中包括高级会计师 1 人，高级工程师 2 人，工程师 2 人，助理工程师 3

人，经济师2人，来自经济管理、环艺设计、煤炭深加工、经济管理、化工工程、环境工程、会计、材料学等技术性专业。其中有6人为国家清洁生产审核师，2人为清洁生产审核员。以上服务组根据具体的服务需求不同，为客户提供相匹配的服务。

五、服务成效

中心通过几年的努力，为企业解决节能减排中遇到的技术难题，提供了技术依托，帮助企业克服了一系列有关节能减排技术“瓶颈”问题，使企业在节能减排活动中保持了可持续发展的态势，也使开展清洁生产审核的企业达到了国家的要求。通过清洁生产、节能减排相关培训，宣传了节能减排工作的重要意义，使被服务企业领导干部和全体员工提高了认识，为企业顺利开展节能减排工作奠定了思想基础。同时内蒙古生产力促进中心业务服务能力逐渐提升，范围不断扩大，帮助中小企业加强了可持续发展能力和市场竞争力，取得了较好的服务效果。

例：协助××公司开展了清洁生产审核工作；为××公司提出清洁生产方案38项，其中无/低费方案31个，中/高费方案7个，中高费方案占全部方案的18%，本轮提出的无/低费方案和中/高费方案已全部实施。

（一）清洁生产培训

详见图2.4-13及2.4-14。

图2.4-13　清洁生产审核动员大会

图2.4-14　清洁生产培训会议

（二）中/高费方案实施前后对比

1. 方案实施前后工艺流程，详见图2.4-15及图2.4-16。

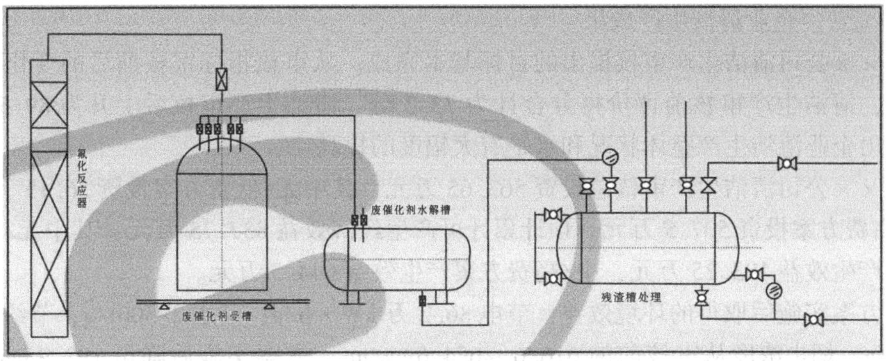

图 2. 4-15　F152a 车间废催化剂回收 HF 工艺改造前工艺流程

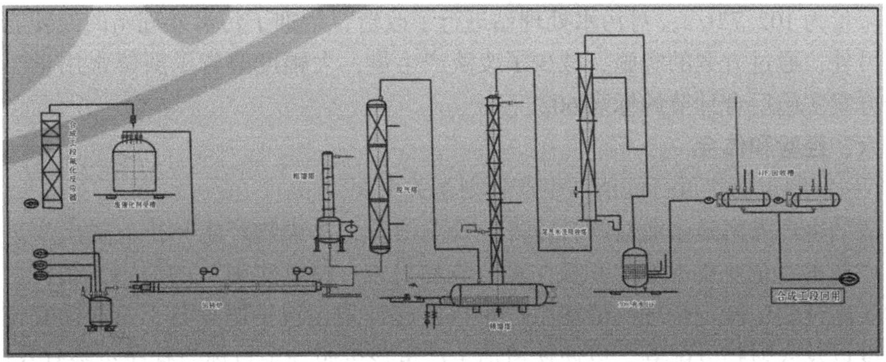

图 2. 4-16　F152a 车间废催化剂回收 HF 工艺改造后工艺流程

2. 方案改造前后对比，详见图 2. 4-17 及图 2. 4-20。

图 2. 4-17　废催化剂回收装置室外部分安装前

图 2. 4-18　废催化剂回收装置室外部分安装后

图 2. 4-19　乙炔脱水方案改造前

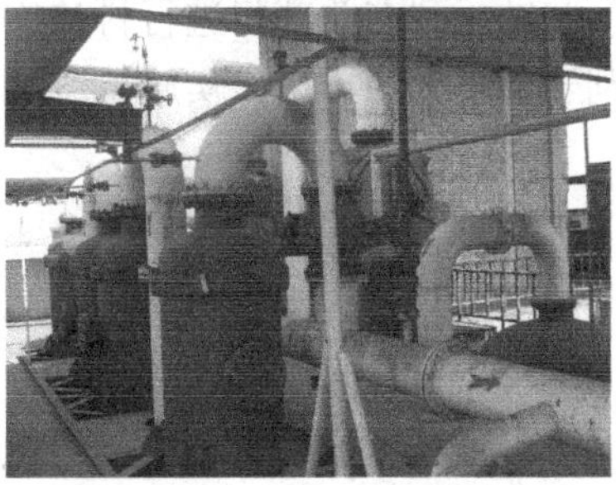

图 2. 4-20　乙炔脱水装置安装后

（三）企业清洁生产成果

××公司清洁生产审核提出的目标基本完成。从审核指标审核前后的变化情况分析，清洁生产审核前评价得分合计为73.2分，清洁生产审核后上升为89.5分，反映出企业清洁生产整体状况和水平有大幅度的提高。

××公司清洁生产审核总投资563.65万元，其中无/低费方案投资56.15万元，中/高费方案投资507.5万元。预计累计可产生经济效益837.75万元，其中无/低费方案产生效益193.25万元，中/高费方案产生效益644.5万元。

方案实施后取得的环境效益：节电86.2万kW·h/a；节水27500t/a；节约燃煤704t/a；烟尘浓度从审核前的616.6～654.6mg/m^3，方案实施后降至192.9mg/m^3，烟尘总消减量39t/a；SO_2浓度由审核前的1238～1318mg/m^3，降至541mg/m^3，SO_2总消减量为102.72t/a；对污水处理站进行了改造，增加了污水处理站的处理能力。

另外，通过方案的实施，减少了废液产生量，大幅度节省了新鲜水用量。清洁生产方案实施后合计节约标煤602t。

六、经验和体会

（一）制定切实可行的清洁生产计划至关重要

清洁生产方案是企业对物料流失、资源浪费、污染物产生和排放提出改进的清洁生产技术。企业要本着“积极主动、先易后难、持续实施”的原则，制订切实可行的实施计划，制定合理的清洁生产审核实施计划，包括职责分工、活动安排、时间进度以及人财物分配等，以便使清洁生产审核按照预定目标与程序步骤有效进行。

（二）取得企业高层领导的支持和组建专业的审核队伍

企业高级管理层，特别是最高决策者的支持，对于保证企业各级管理部门的协调配合与全体员工的投入参与、顺利组织清洁生产计划方案的实施等具有重要意义。

（三）注重培训与宣传

宣传与培训是清洁生产审核组织与筹划中一项重要的基础工作，一方面应注意广泛进行宣传教育，以转变企业各种人员的传统观念，提高清洁生产的思想意识；另一方面还应包括以提高审核方法与技能为目的的专业培训活动。

（四）新工艺、新技术的申报与推广实施

企业在清洁生产审核过程中产生的有价值的方案和技术、工艺，可对其进行总结、归纳，到有关部门进行科技成果的申报，一方面可获得资金、技术方面的支持，也利于新技术的推广、实施。

案例提供单位：内蒙古生产力促进中心

[案例六]

推广清洁生产技术　实现制革业可持续发展

一、业务背景

（一）制革业是解决上游工业污染的最好途径

制革生产所用的原料皮是肉食加工业的副产品，如果不加以利用，就会腐烂变质、产生恶臭，严重污染环境，制革生产解决了这种副产物潜在的更大污染问题。

目前原料皮最好的用途是用于制革生产，制革生产使原料皮的价值实现了最大化，制革生产为下游的皮鞋、皮带和皮包等制品的生产提供了合成材料无法相比的优质天然材料。

（二）制革业清洁生产的概念

清洁生产不仅是实现制革污染物减排最直接、最有效的办法，还可通过源头预防、全过程控制，达到“节能、降耗、增效”的目的。具体从两方面着手：首先是减少有害物质的使用，提高原料皮和化工材料的利用率；其次是减量化，即将废液中的化工材料及处理后的废液进行循环利用。

制革业清洁生产技术的重点是：第一，浸灰废液的循环与再生技术；第二，铬鞣废液的再生利用技术；第三，制革节水和中水回用技术；第四，制革废水氨氮控制技术。

（三）贯彻落实国家环境保护、清洁生产等方面的相关政策

最近几年国家相继发布了环境保护、清洁生产等方面的文件，如《工业制革行业结构调整的指导意见》（工信部〔2009〕605 号）、《关于深入推进重点企业清洁生产的通知》（环保部〔2010〕54 号）、《国务院关于进一步加强淘汰落后产能工作的通知》（国发〔2010〕7 号）、《国务院关于进一步加大工作力度确保实现“十一五”节能减排目标的通知》（国发〔2010〕12 号）等，为了贯彻落实国家环境保护、清洁生产等方面的政策，更好地解决制革行业的污染问题，中心积极开展清洁生产技术推广与应用工作。

二、业务内容

（一）行业现状调研

1. 我国制革业耗水量大、污染严重。

2010 年，我国制革业轻革（猪牛羊革）产量为 7.5 亿平方米（折合牛皮 2.2 亿标准张），占世界总产量的 20% 以上，居世界第一位。然而，我国制革业被认为是轻化工行业中仅次于造纸业的高耗水、重污染行业。目前制革行业每年向环境排放的废水量达 8000 万～12000 万吨，约占全国工业废水总排放量的 0.3%。制革污水量较大，而且是一种成分复杂、高浓度的有机废水，其中含有大量石灰、染料、蛋白质、盐类、油脂、氨氮、硫化物、铬盐以及毛、皮渣等对环境有污染的物质，即 CODcr、BOD5、硫化物、氨氮、悬浮物等指标均非常高，是一种较难治理的工业废水。

制革业的污染物除废水外，还有大量的固体废弃物，通常加工 1 吨盐腌生牛皮大约产生 30～50 吨废水、150 千克污泥和约 400 千克肉渣、皮渣、皮屑等固体废弃物。制革业中只有 20% 的原料皮转变成革，其余的形成废物或副产品。如果把衬里革不算为废物，则原皮转变成革的利用率为 31.5%。

归纳起来制革业的污染主要来源于以下三个方面。

(1) 制革原料皮产生的污染。原料皮中的毛、表皮、油脂、皮下组织和纤维介质等成分在制革生产中需要除去，其中大部分会进入废水中成为有机污染物，增加废水中的悬浮物、氨氮和 COD 等污染物。

（2）制革生产中化工材料产生的污染。基础化工材料：这类化工材料最终是不会被皮革吸收的，基本上都会进入废水中成为污染物，如硫化物、氨氮和盐类污染。制革专用化工材料大部分组分会被皮革吸收和结合，只有部分组分会进入废水中成为污染物，如软化用酶制剂、铬鞣剂、加脂剂等。

（3）皮革废弃物的污染。因削匀和修边等操作产生的主要成分是胶原蛋白的废弃物，因保毛脱毛产生的主要成分是角质蛋白的废弃物，因去肉产生的主要成分是油脂的废弃物。

2. 环保压力“瓶颈”仍待破解。

近年来随着污水治理技术的日臻成熟，许多制革企业开始采用清洁化生产工艺，以及集中制革、统一治污、中水循环使用等节约水资源、减少污水和污染物排放量的措施。目前，我国规模以上制革企业基本都建有污水处理系统，90%以上的污水做到了达标排放；30%以上的制革企业已经采用了节水工艺。然而由于我国各地区环保治理监管力度不一，特别是部分小企业污水排放不达标，严重影响了制革行业的整体声誉，而且这也造成了制革企业事实上的不平等竞争。此外科研和资金方面投入不足，使我国制革污水治理效果和废弃物综合利用水平都低于国际先进水平。

3. 淘汰落后产能的任务繁重。

根据国务院《关于进一步加强淘汰落后产能工作的通知》（国发〔2010〕7号）所提出的三年淘汰制革行业落后产能3000万标张牛皮的要求，尽管2010年我国制革业已经淘汰1200万张落后产能（超额完成当年淘汰1000万张的目标），但淘汰落后产能的任务仍然繁重。

（二）组织对现有成熟制革清洁生产技术的推广

近年来，以中国皮革和制鞋工业研究院、四川大学、陕西科技大学、山东轻工业学院、温州大学等为首的科研院所、大专院校，在制革清洁生产技术研究开发方面取得较大成果，已经掌握了一批清洁生产技术及污水、废弃物处理技术，分别完成了科技部“十一五”支撑项目“清洁制革过程与绿色产业链接技术的应用开发”、发改委重大产业技术开发专项“制革保毛及浸灰、铬鞣液循环利用技术”、环保部公益性行业科研专项“皮革、毛皮加工行业污染防治技术筛选方法及指标体系研究”、温州市科技局“新型生物制剂无硫脱毛生产猪皮反绒生态服装革”、福建省科技厅“制革行业清洁生产与循环经济技术的研发”、温州市科技局“低硫低碱脱毛浸灰和高吸收铬鞣技术在牛皮生产中的开发应用”等项目。

申请获批了多项清洁生产技术发明专利，如：一种从脱毛废液中回收硫化物和蛋白质的方法和装置（ZL 200710063497.1）、制革铬鞣液的高效再利用方法（ZL 200710064822.6）、一种从含铬皮革废弃物中提取胶原蛋白的方法（ZL 200710063496.7）、一种清洁化脱毛方法（ZL 200410009398.1）等。

三、工作步骤和方法

（一）搜集行业最新清洁生产技术

搜集行业内最新清洁生产技术，如中国皮革和制鞋工业研究院、四川大学、陕西科技大学等科研院所等所取得的最新清洁生产技术成果，中心技术推广人员组织科技人员开展推广应用工作。

（二）筛选并确定示范企业名单

中心技术推广人员先后前往制革业集聚地的福建省晋江市、浙江省海宁市与温州市，制革业分散分布的皮革产量大省山东省、江苏省进行考察，筛选出有代表性的福建省晋江市兴业皮革有限公司、峰安皮革有限公司、兰峰制革有限公司，福建省石狮市冠兴皮革有限公司，福建省泉州市锦兴皮业有限公司，浙江省海宁市大众皮革有限公司，浙江省丽水龙品生物科技有限公司，浙江省温州市亚泰制革有限公司，江苏省徐州市南海皮厂，山东省滨州市鲁牛皮业有限公司，河北省辛集市东明皮革有限公司等十余家龙头企业开展技术服务工作，这些企业均是行业龙头或有代表性的企业。

（三）确定清洁生产技术路线

根据不同企业的生产实际情况，确定技术路线，一般主要包括以下几种。

1. 浸灰废液循环利用技术路线。

浸灰废液循环近期内是解决硫化物污染的最佳途径。浸灰废液循环的优点：降低硫化物的污染，减少脱毛材料和水的用量，成本低廉。

具体办法：结合保毛脱毛法、浸灰废液直接循环或间接循环法各自的优点，浸灰废液有限次循环后进行再生，消除钙离子影响，并提取废液中的硫化物和蛋白质；提取的硫化钠或硫氢化钠回用于脱毛，提取的蛋白质用于生产制革用蛋白填料；处理后的清液回用于预浸水。

浸灰废液全循环的优点：废液95%以上回收利用，节约硫化钠用量25%以上；降低废液中的COD 85%以上，降低浸灰工序中水用量50%以上。

2. 铬鞣废液循环利用技术路线。

目前高吸收铬鞣技术仍无法实现达标排放的目标，即铬鞣废液中的铬含量达不到1.5mg/L的排放要求，且高吸收后的铬鞣废液沉淀困难，导致其回收利用成本高。无铬鞣技术近期内无法全面取代铬鞣方法，存在收缩温度、与其他材料配伍性等问题，废液也需要进行处理。因此，铬鞣废液循环是近期内解决铬盐污染问题的最佳途径。

铬鞣废液循环技术的优势和缺点：不改变原有的鞣制工艺；降低成本，节约用水；可能会影响产品质量。

具体办法：通过氧化方法去除回收铬盐中的有机配位体，回收的铬盐经过再生后，可以恢复鞣制性能，再次用于鞣制，蓝湿革收缩温度和颜色基本达到用新鲜铬鞣剂鞣制的水平。铬盐沉淀后的清液回用于预浸水工序，实现铬鞣废液的全循环。

铬鞣废液全循环的优点：不改变原有的鞣制工艺，废液中的铬盐99.9%得到回收利用，降低材料成本；不产生铬泥，95%以上的铬鞣废水回收利用，降低中水用量60%以上。

（四）开展清洁技术推广服务

采用工程总承包的技术推广模式，包括工程的设计、工程建设可行性研究、设备的选型和安装、技术转让和后续技术支持、人员的管理与培训、市场营销等，以工程化服务作为与企业的结合点，帮助企业实现节能减排目标，并通过做长产业链的方式，使企业的经济效益与社会效益同时得到提高。

（五）业务流程

一般清洁生产技术服务流程，详见图 2. 4-21。

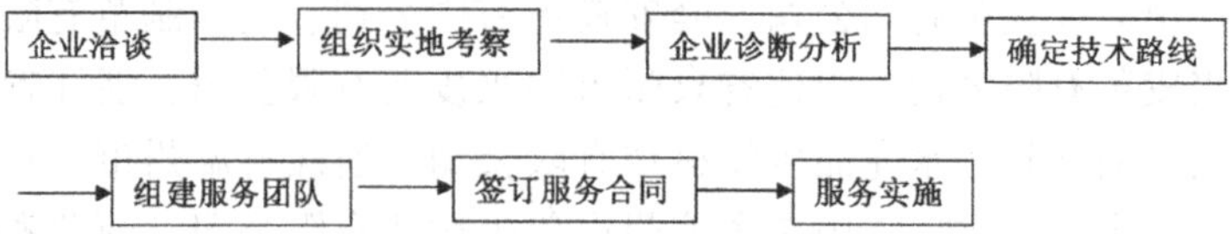

图 2. 4-21 业务流程图

四、服务团队

通过中心组织科技人员对企业进行实地考察，并对企业的生产状况进行诊断分析及服务实施。

为了保障本项工作的顺利实施，中心组成了 8 名骨干成员的工作团队具体负责项目的实施，由中心主任任项目组组长。项目组成员均来自制革工程、材料工程等相关专业，其中本科学历 5 人，硕士生 2 人，博士生 1 人。以工程化服务与企业结合，以技术服务为主线，其他业务为辅，为客户提供专业化、高效的服务。

五、服务成效

通过中心组织科技人员对 10 家企业进行的清洁生产技术推广服务，在帮助这些企业实现了节能减排目标的同时，还提高了企业的经济效益和社会效益。

例：××公司创办于 2004 年 1 月，坐落在福建省石狮市鸿山镇伍堡科技园，系外商独资企业，占地面积 345 亩，是目前亚洲规模最大、产品配套最齐全的皮革生产基地。通过中心组织技术人员在该企业实施的 ZL 200710063496. 7 “一种从含铬皮革废弃物中提取胶原蛋白的方法”的专利全球独占实施许可项目，大幅降低了胶原蛋白提取物的铬含量和灰分含量，提高了所得胶原蛋白的质量，同时还大幅降低了提取胶原蛋白的用水量与胶原蛋白的干燥成本，有效推进了企业应用清洁生产技术的步伐，详见图 2. 4-22。

图 2. 4-22 待回收胶原蛋白的含铬废弃物

例：××公司是香港上市公司××制革有限公司（广东省国资委在香港投资经营）在当地全资拥有的以生产高级牛鞋面为主、汽车坐垫革为辅的大型外商独资公司。通过中心组织技术人员在该企业实施的制革浸灰废液循环利用技术和铬鞣废液循环利用技术，可节约浸灰工段主要化料硫化钠用量25%、用水量50%以上，降低浸灰废液COD 85%以上、，节约铬鞣阶段主要化料铬鞣剂用量30%以上，降低废液铬盐含量99.9%以上、用水量60%以上，不仅大幅节约了化料成本，而且有效降低了废水处理费用，详见图2.4-23及图2.4-24。

图2.4-23　回收铬盐前后的废铬液对比

图2.4-24　废铬液和废灰液回收系统

例：××公司是一家从事皮革废弃物处理的企业，在原有技术落后面临淘汰和企业停产的情况下，通过中心的实地考察和服务，在该企业实施了利用废革屑生产再生纤维革的新项目。目前该项目运行良好，该企业原有产品已经完全停产，全力进行新项目的生产工作。

六、经验和体会

（一）以点带面，促进清洁生产技术产业化

通过中心组织科技人员对福建省石狮市冠兴皮革有限公司，福建省泉州市锦兴皮业有限公司，福建省晋江市兴业皮革科技股份有限公司、峰安皮业有限公司、兰峰制革有限公司，浙江省海宁市大众皮革有限公司，浙江省丽水市亚泰制革有限公司，江苏省徐州市南海皮厂有限公司，山东省滨州市鲁牛皮业有限公司，河北省辛集市东明皮革有限公司等十多家企业进行的清洁生产技术推广服务，起到了以点带面的示范作用，促进了清洁生产技术的产业化。

（二）适应企业需求，不断改进服务方式

将目前简单的技术转让服务模式改变为工程总承包的技术推广模式，包括工程的设计、工程建设可行性研究、设备的选型和安装、技术转让和后续技术支持、人员的管理与培训、市场营销等，以工程化服务作为与企业的结合点，做长产业链。

（三）稳定人才队伍，促进科研工作良性发展

2010年，该项技术推广服务工作共计为科研单位创收1000多万元，而良好的经济效益又为科研单位营造更有利的科研环境创造了条件，吸引了更多的人才充实到科研团队，有力地促进了科研工作走上良性发展的道路。

（四）以技术服务为主线，带动其他业务的拓展

实现清洁生产是我国制革业发展的大势所趋，也是中心技术推广服务工作中的一个重点，而此项工作的成功开展，也极大地带动了中心咨询服务、培训服务、标准检测服务、人才和技术中介、工业分包等相关业务的拓展。

案例提供单位：皮革和制鞋行业生产力促进中心

第五章　科技金融

科技型中小企业是我国国民经济的重要组成部分，随着市场经济的发展，其地位逐步提高。然而，由于融资渠道狭窄，目前80%以上的科技型中小企业难以获得所需的融资，极大地制约了企业的发展。科技金融是以财政科技投入为引导，以金融投入为主体，通过制度、机制、工具等创新，整合科技、金融、企业和社会资源，服务于科技成果转化和高新技术产业发展的多元化科技投融资体系。服务于该体系的各类活动，称为科技金融服务。

生产力促进中心作为服务科技企业的重要组织体系，在长期的服务过程中，针对科技型中小企业的特点和不同发展阶段，积极创新发展出一系列融资服务工具，为解决科技型中小企业融资难问题作出了应有的贡献。

[案例一]

开通信用服务　促进企业发展

信用融资服务是指以企业信用征集管理、信用评价为基础，以政府政策和资金为引导，银行等金融机构共同参与，为企业融资提供专业化服务。

一、业务背景

信用是现代市场经济运行的基础，是企业生存和发展的前提和根本，中小企业融资难、担保难问题，归根结底是信用问题。乌鲁木齐市现有各类中小企业2万多家，科技型中小企业1500多家，其中90%以上的中小企业缺少发展资金。由于中小企业资信程度低、信用风险高、管理成本高，建设中小企业信用体系、开展信用融资服务已成为破解中小企业融资难的有效途径。

2005年，新疆维吾尔自治区印发了《关于推进诚信新疆建设的意见》（新党办〔2005〕20号），积极推进诚信新疆建设。乌鲁木齐市率先开展了试点工作，通过建立企业信用数据库，成立了乌鲁木齐市中小企业信用服务中心，搭建了政府、银行、担保、信用服务机构等多方参与的信用融资服务平台，有效地推进了诚信工作在本地区全面开展。

二、业务内容

新疆生产力促进中心（以下简称“中心”）自2004年起致力于信用融资服务工作，通过建立信用评级制度，开展信用辅导、信用征信与信用评级、知识产权评估等服务，逐步形成“信用征信—信用辅导—信用评级—信用担保—银行贷款—计划项目贴息”的信用融资服务模式。

（一）信用征信

开通乌鲁木齐中小企业信用服务网站后，企业可以直接在网站注册成为会员，通过在线征信系统填报相关信用信息，实现信息的动态化管理，最终形成信用信息数据库。“中心”针对企业信息进行综合分析与数据挖掘，为特定对象提供企业信用信息服务。

（二）信用辅导、信用评级

引入上海新世纪资信评估投资服务有限公司和北京联合信用管理有限公司开展专业化的信用辅导、信用评级服务。通过信用评级准确地揭示中小企业的信用状况，建立企业信用档案，为分类筛选有信用、有市场、有效益的中小企业和判断贷款企业的信用风险创造条件。

（三）知识产权质押融资

创新知识产权质押融资方式，健全知识产权质押融资保障机制，引导企业以其合法拥有的知识产权通过转让、许可、质押等方式实现知识产权的市场价值，帮助企业通过知识产权质押实现融资，从而拓宽企业融资渠道，缓解企业融资难问题。

（四）投融资服务及上市培育

整合创投机构资源和企业资源，发挥乌鲁木齐市科技型中小企业引导资金及创新基金的引导和带动效应，采取阶段参股、跟进投资、风险补偿等方式吸引投资机构投资中小企业，改善中小企业投融资环境。与自治区上市办和非上市公司股权登记管理中心合作，开展专业化的企业辅导、咨询等创新服务，培育上市资源，促进企业持续发展。

三、工作步骤和方法

（一）成立信用体系建设领导小组，提供组织保障

为推动信用体系建设，乌鲁木齐市成立了中小企业信用服务体系建设领导小组，主要负责组织协调、督促检查和重大问题的决策，并相继发布了《关于推进科技信用体系建设的实施方案》《乌鲁木齐市科技信用评价实施方案》等一系列规范性文件，为信用体系建设的实施提供了良好的组织保障及政策依据。

（二）成立信用服务中心及信用促进会，搭建融资服务平台

2006 年 12 月，乌鲁木齐市政府批准在“中心”挂牌成立中小企业信用服务中心，负责中小企业信用服务体系建设工作。相继制定、发布了《关于印发乌鲁木齐市中小企业信用服务体系建设实施方案的通知》《乌鲁木齐市中小企业信用管理办法》《乌鲁木齐市中小企业信用评价实施办法》《关于开展乌鲁木齐市中小企业征信工作的通知》等文件，并发起成立信用促进会，会员企业已达 590 家。

（三）研发信用评估指标体系，建设中小企业信用数据库

为保证信用工作的科学、公正和规范，“中心”与专业机构合作开发完成了符合本地区中小企业实际的信用评级指标体系和评价方法，开发建设了符合多方需求的中小企业征信数据库，建立了中小企业信用服务网站，实现了网络在线征信。图 2. 5-1 为中小企业信用网页面。

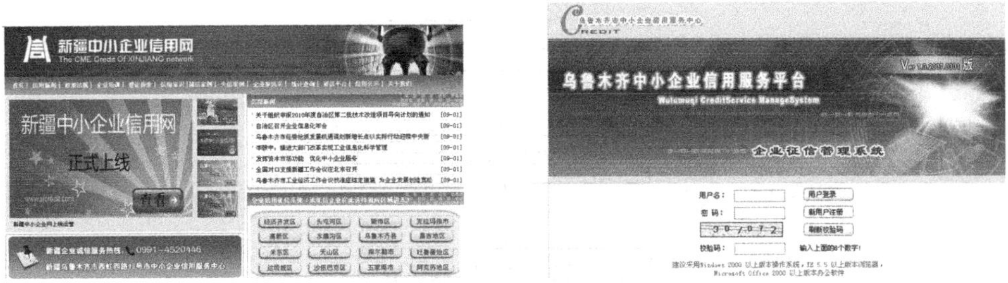

图 2. 5-1　中小企业信用网页面

（四）形成科技金融会商机制，建立科技金融服务联盟

2009 年 8 月，自治区科技厅与新疆银监局联合签发了《关于印发〈推进科技型中小企业发展联席会议制度〉的通知》，首次明确新疆银监局、新疆银行业协会、新疆证监局、自治区科技厅及乌鲁木齐市科技局等单位为牵头部门，提出了加强科技资源和金融资源有效结合，进一步加大对科技型中小企业的信贷支持力度，促进中小企业健康、快速发展。同年，在联席会商制度的基础上，“中心”联合市知识产权局、市商业银行、浦发银行乌鲁木齐分行、建设银行新疆分行、新疆产权交易所和担保机构搭建起乌鲁木齐市科技金融服务联盟。

（五）深化科技金融合作模式，推动信贷产品和金融服务创新

在“中心”的积极倡导下，商业银行相继推出了信用贷款、知识产权质押、应收账款保理等新的融资方式。2009 年 8 月，“中心”成功促成了新疆首批 800 万元的知识产权专利质押贷款。知识产权质押贷款工作的顺利启动，标志着新疆维吾尔自治区科技与金融合作迈出了实质性步伐，它突破了商业银行以往以抵押、担保为主要条件的贷款方式，建立起以企业拥有的成果和专利技术质押、信用担保为主的中小企业融资通道。截至 2010 年底，已为 7 家企业提供专利质押贷款 2050 万元。

（六）发挥财政资金的杠杆效应，引导社会资本投入

2009 年 8 月，乌鲁木齐市设立了“科技型中小企业投资引导资金”，资金管理办公室设在新疆生产力促进中心。“中心”发挥财政资金在支持科技型中小企业发展中的引导和放大功能，吸引和集聚国内外风险投资、民间资金等社会资本投向科技型中小企业，缓解科技型中小企业融资难的问题。目前，通过项目征集、筛选、审定等程序，已安排引导资金 500 万元，间接带动社会资本投入 2500 万元。

（七）业务流程

业务流程见图 2. 5-2。

四、服务团队

近年来，在信用融资服务方面，“中心”建立了一支专业化的服务团队，该团队人员均为本科及以上学历，其中研究生及以上学历的有 3 人。该团队人员分别来自新疆生产力促进中心、自治区知识产权局、乌鲁木齐市知识产权局、武汉科学学研究所、乌鲁木齐市经委中小企业处、上海新世纪资信评估投资服务有限公司等 13 家企事业单位。该服务团队按业务类别分成发展规划组、信用服务组、知识产权组、

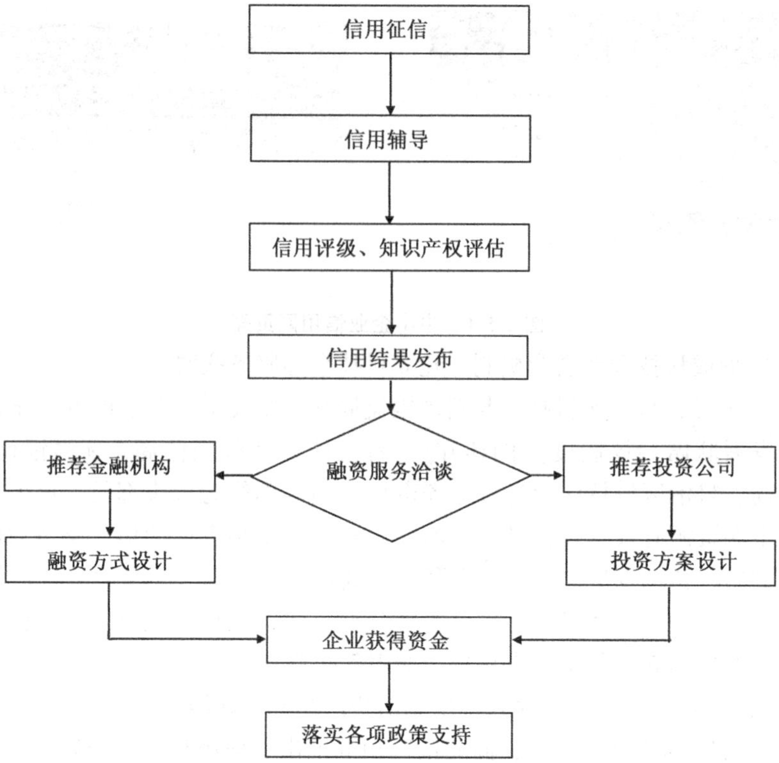

图 2.5-2　业务流程图

投融资业务组 4 个服务组。以上服务组根据具体的服务情况，交叉组成相应的服务组，为客户提供专业化的服务。

五、服务成效

（一）信用导入科技项目管理，显著提高管理效率

目前，信用评价已全面应用到乌鲁木齐市科技计划项目管理的全过程。科技信用的导入，显著提高了科技计划管理效率。据乌鲁木齐市科技财政资金年度绩效评价显示，科技经费使用效率已得到明显改善，其中，科技计划项目到期验收率由 2004 年的 30% 提高到 2009 年的 67% 以上。

（二）提升多方参与的积极性，缓解中小企业融资难

随着信用融资服务工作的深入开展，中小企业信用意识显著提升，信用融资环境得到初步改善，激发了银行参与信用建设的积极性，增强了合作银行和担保公司的金融创新意识，为今后扩大合作规模、深化合作领域创造了更加有利的条件。截至 2010 年底，与“中心”合作的银行达到 10 家，担保公司达到 5 家，中小企业信用服务平台已完成 829 家企业征信，468 家企业获得信用等级，308 家企业获得银行贷款共计 17.12 亿元，带动社会资金投入 22.03 亿元。

例：××公司是一家专业从事环保产业的高新技术企业。通过“中心”近几年的持续专业化服务，该公司已成为乌鲁木齐首批创新型试点企业、知识产权试点单位、AA－级信用企业，2010 年，该公司顺利进入新疆地区首批 10 家重点培育的拟

上市公司行列。但是，作为科技型中小企业，由于缺乏有效的实物抵押，企业从未获得过银行贷款；2009 年，因无法从银行获得贷款，该公司的专利产品“糖蜜酒精废水预处理装置”难以实现规模化生产；由于该企业为家族式科技型中小企业，公司股权结构和内部管理制度等方面与规范的现代企业存在较大差距，严重制约了公司快速成长。

“中心”在了解了该公司的情况后，于 2008 年将其纳入信用融资服务平台，通过信用辅导和评级，使公司获得 AA－级的资信等级，为其争取了国家开发银行 5 年期基准利率 1800 万元贷款。针对专利产品产业化资金短缺问题，“中心”积极与乌鲁木齐市高新区投资担保公司、市商业银行充分沟通，提出以专利质押的方式为企业提供期限 3 年、基准利率上浮 10%、金额 500 万元的科技金融贷款，得到银行、担保公司和企业的认可与支持。同时，“中心”积极协调，采取科技项目捆绑同步支持的方式，为其争取了 40 万元的财政贴息资金。目前，该专利项目年销售收入已达千万元。“中心”还与专业机构合作，组织专家会诊、融资对接，成功引进社会资金 3000 万元，协助公司完成股份制改造。“中心”通过专业化服务帮助其获得国家、自治区、市级各类技术研发资金 849 万元，该公司已顺利通过高新技术企业认定。

目前，公司已成为“新疆最具成长力十强企业”，公司已由 2007 年的资产 5000 万元、年销售收入 2000 万元提高到 2010 年的资产过亿、年收入 7000 万元。

（三）深化金融合作，促进信贷产品创新

通过开展信用融资服务工作，“中心”与金融机构的深度合作进一步加强，促使金融机构以信用为基础，不断探索符合本地区中小企业融资的新模式、新方法，推动信贷产品和金融服务创新。“中心”与合作金融机构达成以下共识：简化审批流程、上浮贷款利率不超过 20%、贷款期限 3～5 年、优惠担保费率等多项措施。

例：通过“中心”提供企业项目资源、市场价值认定、搭建风险分担机制等多项举措，乌鲁木齐市某银行积极转变经营理念，调整经营战略和市场定位，推出信用和知识产权质押等多种保证形式的信贷产品。截至 2010 年底，已累计向中小企业授信 5144 笔，金额 70.77 亿元，中小企业贷款年末余额 40.77 亿元，比上一年度增长 225%，占全行贷款净增额的 57.28%，占贷款总额比例从年初的 7.19% 升至 17.31%，中小企业贷款增速是全行平均贷款增速的 8 倍。

六、经验和体会

（一）信用建设是科技型中小企业融资的基础

市场经济是信用经济，良好的信用是企业安身立命的根基，它在企业生存和发展中起着至关重要的作用。“中心”开展信用融资服务工作以来，始终坚持以企业信用建设为基础，把信用建设作为企业服务的出发点，从基础上解决制约中小企业融资难的关键因素。通过建立信用评级制度，开展信用辅导、信用征信与评级等服务，准确地揭示中小企业的信用状况，解决了融资各方信息不对称和单纯通过市场配置产生的市场失灵问题。

（二）坚持“政府推动、市场运作、专业服务”原则，建立长效机制坚持“政府推动、市场运作、专业服务”原则是信用融资服务工作有效推进的重要保障。在信用融资实践中，“中心”通过发挥政府政策及资金的引导和放大效应，集政策、资金来推动实现信用融资工作在市场机制下良好运行；同时也注重发挥市场力量，采取专业化服务，使专业服务机构获取广泛、准确、增值的市场信息和商业机会，形成风险分担、利益共享的信用融资服务长效工作机制。

案例提供单位：新疆生产力促进中心

[案例二]

发挥科技金融力量　助推中小企业发展

一、业务背景

在“十一五”期间，我国科技与金融的结合已经成为建设创新型国家的主要内容之一。党和国家也出台了很多有利于推动科技与金融结合、促进中小企业发展的宏观政策。在这种背景下，内蒙古生产力促进中心（以下简称“中心”）从2005年开始调研、策划、筹建科技型中小企业融资服务平台。2005年9月，“中心”进行了平台建设的前期调研工作；2006年，工作人员广泛走访自治区金融办、开发银行、担保公司，与其进行了多次沟通与洽谈，并研究了大量的关于科技与金融合作的背景资料和相关政策，在此基础上，“中心”设计了内蒙古自治区科技型中小企业融资服务平台的创建方案，并起草了管理办法、实施细则以及其他相关文件；2007年，“中心”准备了信用评级资料并递交给开发银行，提出以“中心”作为科技型中小企业融资平台的主体建议。这期间，还多次起草和修改了需要由科技厅和开发银行共同签署的《支持自治区自主创新和科技发展备忘录》。这份备忘录于2007年9月由自治区科技厅和开发银行内蒙古分行正式签署。2007年11月，开发银行同意以“中心”的名义创建融资服务平台，授信额度5个亿；2008年，“中心”开始运作平台业务。

二、业务内容

作为“中心”的九项核心业务之一，科技型中小企业融资服务平台的主要功能是推进自治区科技金融合作服务。

科技型企业融资服务平台的主要业务是为科技型企业提供政策性贷款服务，也就是贷款的方式分两项：一是向开发银行推荐直贷项目；二是以委贷的方式开展打包贷款业务。目前，开发银行为“中心”授信额度为5个亿，对于“中心”的贷款，开发银行要求按贷款金额的10%（1∶10）建立风险准备金，即存入100万元风险准备金，可以贷出1000万元贷款，这在全国开发银行打包贷款业务中都不多见，一般融资平台的风险准备金都为20%。

2008年下半年，科技型企业融资服务平台正式运作，对于成长性较好、流动贷款需求超过1000万元的企业，“中心”为其向开发银行申请直贷，先后为开发银行推荐直贷项目26项，并逐步开展小企业500万元以下打包贷款业务，到目前为止，为企业成功申请4批贷款项目，贷出金额总计2500万元。当前，第5批贷款项目正在等待开发银行的审批。

三、工作步骤和方法

（一）运行方式

融资平台采取统贷的借款方式，即统一借出、统一归还的贷款模式，也就是“中心”以委托贷款方式向开发银行内蒙古分行申请贷款，按贷款金额的10%建立风险补偿金，并与用款企业签订担保合同，将用款企业担保权益（产生的应收账款）质押给开发银行。贷款到期时，“中心”承担统一偿还的责任。

（二）申请要求

1. 符合国家和自治区高新技术产业政策和发展规划，重点支持稀土、生物技术及医药、新材料、能源、农牧业产业化等领域；

2. 从事高新技术成果商品化、产业化生产、科技成果已通过鉴定或市场证明是成熟的项目；

3. 科技成果或生产的产品必须技术先进，市场前景好，开发周期短，附加值高；

4. 项目负责人熟悉本项目产品的研究和开发，有较强的经营管理能力；

5. 项目承担单位具有能独立承担民事责任的法人资格，产权明晰，自主经营，自负盈亏，已建立了现代企业制度，具有自有资金和生产条件。

（三）贷款期限及额度

1. 营运资金贷款：一年还本付息，贷款额度为500万元及以下。

2. 固定投资贷款：三年还本付息，贷款额度根据项目实际情况而定。

（四）业务流程

1. 工作流程示意图。在与开发银行的合作过程中，“中心”按其要求，建立了如图2.5-3所示的工作流程。

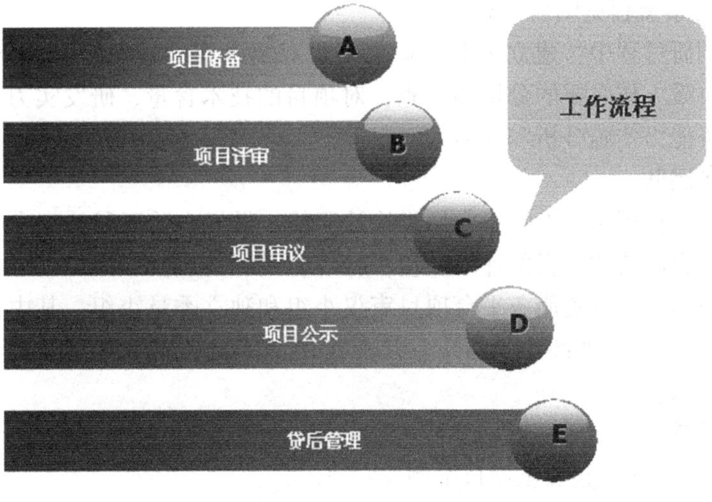

图2.5-3 工作流程图

对于图2.5-3中的各流程，制定了如下制度：

（1）《内蒙古科技型企业融资服务平台项目开发储备管理暂行办法》；

（2）《内蒙古科技型企业融资服务平台项目评审暂行办法》；

（3）《内蒙古科技型企业融资服务平台贷款项目审议工作暂行办法》；

（4）《内蒙古科技型企业融资服务平台贷款项目信贷管理暂行办法》；

（5）《内蒙古科技型企业融资服务平台贷款项目公示暂行办法》。

此外，还制定了现场检查、申贷、监理等12个相关附件：

（1）《内蒙古科技型企业融资服务平台贷款项目储备库季报表》；

（2）《内蒙古科技型企业融资服务平台企业贷款现场调研报告》；

（3）《内蒙古科技型企业融资服务平台企业贷款申贷报告》；

（4）《内蒙古科技型企业融资服务平台复议报告》；

（5）《内蒙古科技型企业融资服务平台路演投票单》；

（6）《内蒙古科技型企业融资服务平台路演投票汇总表》；

（7）《内蒙古科技型企业融资服务平台审议小组审议表决单》；

（8）《内蒙古科技型企业融资服务平台审议小组审议情况汇总表》；

（9）《内蒙古科技型企业融资服务平台审议纪要》；

（10）《内蒙古科技型企业融资服务平台工作记录表》；

（11）《客户经理专户报告（管理报告）》；

（12）《重大事项专题报告》。

除了以上相关制度，“中心”还根据实际工作的需要制定并完善了《内蒙古科技型企业贷款资金管理办法》《实施细则》《操作规程》《项目申报书》《贷款抵押合同》《企业受理表》《企业服务需求表》7项文件，在规范贷款运作程序、健全风险监控制度的同时，也为企业导入其他要素服务。

2. 申请流程见图2.5-4。

3. 实地考察流程见图2.5-5。

在实地调研过程中，建立了对企业与项目双重考察的流程，即对企业的团队、管理水平、决策人作必要的分析和审查，对项目的技术含量、研发实力、市场、财务、未来融资能力实施分析和评估。

四、服务团队

为了充分发挥国家开发银行合作机构的职能，做好自治区科技型中小企业的贷款评审工作，提高贷款项目的评审质量，有效防范和控制贷款风险，“中心”成立了自治区科技型企业融资服务平台项目审议小组和独立委员小组。其中，内部独立委员小组成员23人，外部独立委员小组成员10人。这些成员聚集了自治区多个领域的人才和专家。

五、服务成效

（一）××公司打包贷款项目案例

××公司作为“中心”的打包贷款项目之一，已经连续两年使用开发银行的贷款资金。两年期间，“中心”为该企业提供的服务主要为融资服务（为企业打包贷款500万元）及生产力要素服务（引入咨询、培训、贷款辅导、协助项目申报）。

××公司成立于1996年，注册资金1358万元，主要从事鹿产业生物制品的研

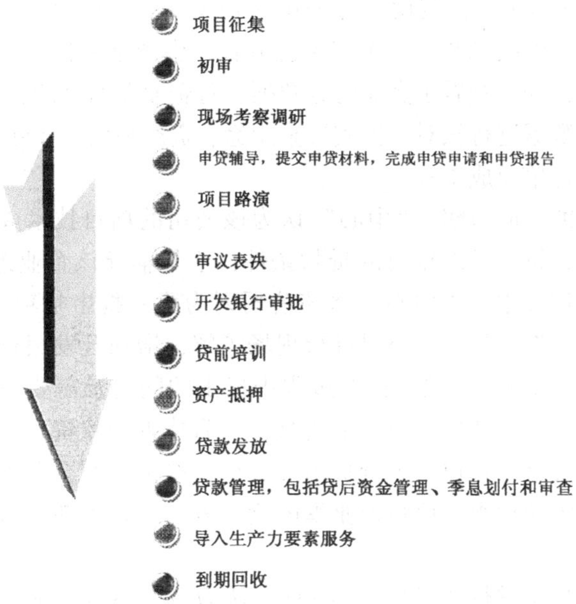

图 2.5-4　申请流程图

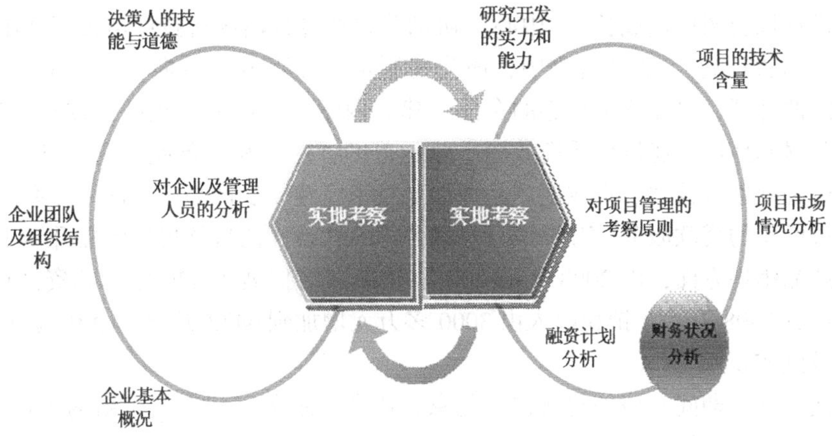

图 2.5-5　实地考察流程图

发、生产、加工、销售。产品包括鹿系列酒、茸参胶囊、鹿茸茶、鹿茸素、超微冻干粉系列、鹿皮革制品、鹿肉水饺、化妆品等 12 大类 120 多个品种。

2008 年时，该公司在内蒙古中西部地区 8 个盟市 27 个旗县 76 个苏木乡镇推广，拥有合作养殖户 962 户，养殖小区 19 处，鹿存栏总量 15800 多头；在产品销售方面，在全国已建立了“圣鹿源健康品连锁店” 300 多家。在鹿产品深加工行业里，产值及规模已跃居全国之首。2007 年底，企业资产总额 5600 多万元，净资产 4200 余万元，销售收入 3000 多万元，净利润 700 多万元。该公司在生产、收购过程中的流动资金较为缺乏，因此向中心申请贷款 500 万元。

“中心”按现场调研工作制度，对公司的企业资产、经营、成长、市场等方面进行了综合考察，了解技术装备、生产工艺流程、生产饱和情况、技术要点、行业经验、管理团队等，并且查看了企业财务数据，对企业账面资产、现金流、税收等，与企业财务报表的数据进行核对，摸底资金用途、资产估值、实际产值和销售情况、存货数量和估值、订单及成本等。

经过对该公司的全面考察，“中心”认为该公司的项目技术成熟，有稳定的营销渠道和偿债能力，符合开发银行的贷款条件，于是辅导该企业进行项目申贷500万元。在为其申贷过程中，“中心”将该公司列为第一批申贷项目中的重点项目，带领开发银行相关工作人员对该公司进行现场了解，增强开发银行对该企业的重视程度。“中心”辅导路演及审议，针对过程中提出的问题及需要完善之处协助企业改正。实行放款前培训，辅导企业规范用款，贷后检查贷款资金流向，引导企业按规范化使用政策性资金。打包从银行贷出资金后，严格控制企业资金去向，核对资金流出凭证。最后定期检查，填写企业季度检查表，了解当期经营效果和存在的问题。

在系统地对该公司进行调研时，“中心”认为该公司具有独特的地域优势和特色，发展也处于较为稳定的时期，基本财务情况清晰，可以作为一个优良的上市资源进行培养。为此，“中心”针对该公司实施了一系列相关生产力要素服务，包括ISO 9000质量体系内审人员培训及协助公司申报国家级“星火计划”。

为推动该公司快速成长，“中心”协助公司通过自治区科技厅申报了2011年度的国家“星火计划”。在该计划中，该公司制定了如下发展方向：在内蒙古以包头为核心的西部区、以赤峰为核心的东部区建立内蒙古鹿产业密集区，按有机产品标准和中药材基地标准建设优质高效鹿产业示范区，建立和完善鹿产业信息化服务体系，推广种鹿繁育技术、集成鹿产品深加工技术，建立鹿产品营销网络体系。

经过两年的贷款服务，开发银行对该公司500万元的贷款规模已提升至1000万元，在产品销售方面，由2008年的300家连锁网络扩展到436家。总资产由5600万元增加到9898万元，销售收入由3000多万元增加到6472万元，净利润由700多万元上升到876万元。

在使用资金期间，该公司在包头九原农业产业示范区建立起全新的生产厂区和车间，如图2. 5-6和图2. 5-7所示。

2010年底，该公司获得深圳创新投资公司3000万元的注资，成为深圳创新投资公司在内蒙古首家培育的高新技术企业。目前，该公司正在积极筹备上市工作。

经过“中心”的服务，该企业的发展得到了社会各界的肯定，获得了多项荣誉称号，被认定为国家高技术产业化示范工程企业、自治区高新技术企业、自治区农牧业产业化重点龙头企业、自治区林业产业化重点龙头企业、自治区民营科技企业。被中国鹿业协会誉为“中国鹿业第一品牌”。获得内蒙古自治区科学技术进步二等奖和科技部中国民营科技促进会民营科技企业技术创新奖。公司商标被认定为内蒙古自治区著名商标，鹿茸素系列产品被认定为内蒙古名牌产品。企业建立了现代法人治理机构，通过了ISO 9001国际质量管理体系认证和食品质量安全QS认证，获

图 2.5-6　生产厂区

图 2.5-7　生产车间

得了有机食品标志认证。

六、经验和体会

（一）以特色产业为先导，推动区域经济发展；以资本为纽带，打造创业板上市经典案例

上述案例中，支持××公司最直观的特点是充分利用了特色产业优势，整合了"政府、科技、金融、特色产业"四大要素，形成合力，促进了产业结构的调整，实现了较好的社会和经济效益。在为其提供贷款资金后，该公司发展迅速，2010年，经过增资扩股，引入了战略合作伙伴，着力向资本市场进军，这种以资本为纽带，借外力把自己推入发展快车道的思路和行动，也推动了区域经济快速发展的步伐。企业的成功运作和良好的发展前景预示着该企业已步入发展的快车道。这个案例也为"中心"逐步实现"投资产业特色化、投资服务多元化、投资效果社会化"的运作模式和专业化、区域化的发展方向奠定了良好的基础，"中心"打造该企业的最终目标，是争取三年内通过创业板上市，从而打造科技金融合作的一项经典案

例。

（二）加强生产力要素服务，是推动企业快速发展的动力

通过对公司导入生产力要素服务，使该企业逐步形成“产、学、研、用”的长效发展机制，这对于增强企业管理水平，解决鹿产业发展面临的小规模、粗放型、低效益等问题将起到积极的推动作用。

案例提供单位：内蒙古生产力促进中心

［案例三］

创新金融服务模式　打造企业“集合贷”平台

一、业务背景

为加快武汉东湖国家自主创新示范区建设，武汉东湖新技术开发区生产力促进中心（以下简称“中心”）深入开展科技金融创新，发挥政策引导和资源优势，引导信贷资金和社会资本进入高新技术产业领域，多途径、多渠道地解决中小企业“融资难”问题，在高新区政府主导下，集合多种政策和渠道资源，出台了《中小企业贷款实施细则》，从贷款申报、评审及审批、发放及管理、利息补贴、风险补偿5方面规范“集合贷”的操作及补贴（偿）流程。

二、业务内容

“集合贷”是“中心”基于东湖国家自主创新示范区建设背景下，针对中小企业融资服务的金融创新服务，结合高新区中小企业融资需求，采取“集零为整、集中申报、集中评审、政府增信、市场运作”的操作模式而进行的集合贷款。

（一）统贷模式

“中心”作为集合贷款平台借款主体，负责集合贷款统借统还，武汉光谷风险投资基金有限公司（以下简称“光谷基金”）作为担保主体为集合贷款提供担保。各借款企业作为最终用款人使用并偿还贷款本息，高新区政府补贴部分贷款利息和中介费用。

（二）直贷模式

经“集合贷”平台增信后，商业银行可采取向用款企业直接贷款的方式、“光谷基金”提供担保的方式进行操作。

（三）风控模式

用款企业对“光谷基金”用土地、房产、设备等形式抵押，专利、股权、应收账款等形式质押，及第三方保证等形式提供贷款全额反担保。

三、工作步骤和方法

（一）运作体系

1. 金融主体：以国家开发银行、交通银行作为贷款银行先行试点。

2. 借款主体：“中心”作为贷款统借统还主体。

3. 担保主体：“光谷基金”作为担保主体，为中小企业贷款提供信用增级，同时为后续股权投资奠定基础。

4. 用款主体：高新区内合法、持续经营，财务制度健全，管理规范的各类型中小企业。

（二）工作步骤

1. 宣传申请："中心"在高新区内各企业集中密集园区举办"集合贷"银企对接会，邀请各相关金融机构向企业介绍"集合贷"的金融业务品种及操作方案，有融资需求的企业向"中心"提出书面借款申请。

2. 贷前调查："中心"会同贷款银行、投资机构以及律师，联合对申贷企业进行贷前调查，形成"现场调查情况表"。

3. 贷款审批："中心"组织投资机构、律师事务所、会计师事务所等中介机构对企业进行初审，将通过的企业资料提交贷款银行进行统一审批。

4. 签订协议：通过审批的申贷企业与贷款银行、"中心"签订三方借款合同，指定"光谷基金"为集合贷款提供担保。同时，申贷企业与光谷基金签订反担保合同，办理和完善相关抵（质）押登记手续。

5. 贷款发放："中心"根据贷款企业的用款需求，向贷款银行提出提款申请，贷款银行审核后，向企业发放贷款。用款企业根据年度资金使用计划向"中心"提交支付申请，贷款银行审核后，将贷款资金转至用款人账户，并根据实际需要支付至交易对手。

6. 补贴申领：用款企业签订借款合同后，向"中心"提交审计等中介费用补贴申请和贷款利息补贴，"中心"集中向高新区管委会申报，从高新区中小企业集合贷款补贴专项资金中返还贷款企业。

7. 贷后管理：贷后管理是"集合贷"的最终环节，是控制风险、防止不良贷款发生的重要一环。"中心"除对用款企业进行直接跟踪加强风险防范外，还通过对产业环境的分析，支持用款企业健康发展，实施主动风险防范管理。

（三）业务流程

业务流程见图 2. 5-8。

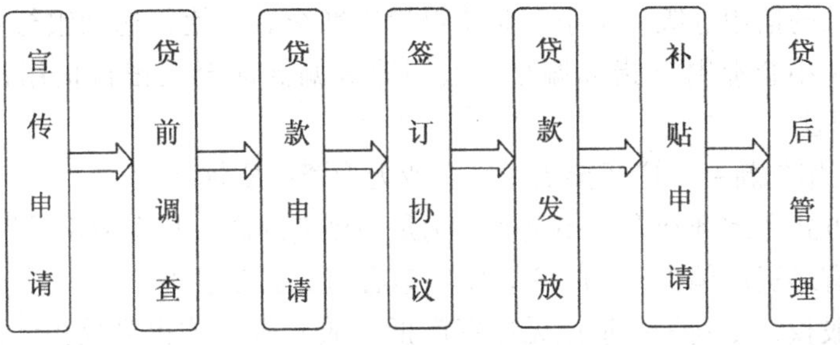

图 2. 5-8　业务流程图

四、服务团队

"集合贷"是集成创新金融服务，涉及金融单位、担保机构、中介服务、众多产业，因此，"中心"组成一支具有企业管理、财务管理、金融管理、经济管理、法律等相关专业背景的服务团队，并辅以行业专家进行产业发展咨询、辅导、培训。专家组成员是由湖北省科技投资有限集团公司、武汉东湖新技术开发区生产力促进中心、国家开发银行湖北省分行、交通银行东湖支行、武汉光谷风险投资基金有限公司等十几家企业的精英组成，其中，硕士生 10 人，占整个服务团队的 91%；博士生 1 人，为客户提供专业保障。

五、服务成效

自“集合贷”平台运营以来，高新区集合贷款服务已累计支持中小企业 15 家，总申请贷款金额 32300 万元。其中，“中心”以统借统还方式，先后为高新区 7 家企业获得了 18800 万元国家开发银行中长期贷款，目前未清偿的贷款余额为 6550 万元；余下 8 家企业所申请的 13500 万元贷款，已于 2011 年 6 月全部操作完毕。

“集合贷”采取统贷模式贷款的企业共有 12 家，贷款银行为国家开发银行，总授信金额 27300 万元。贷款类型为流动资金贷款和固定资产贷款，均为国家基准利率，其中，申报固定资产中长期贷款企业 7 家，贷款期限为 5 年；申请流动资金短期贷款 5 家，贷款期限 1 年。

“集合贷”采取直贷模式贷款的企业共有 3 家，总授信金额 5000 万元，均为流动资金贷款，贷款期限为 3 年期，贷款利率为基准利率上浮 10%。

“集合贷”服务的经济效益及社会效益显著。经初步统计，集合贷款前期所支持的 7 家企业，资产规模平均增长了 90%，收入增长了 84%，利润增长了 199%，税收增加了 1.88 亿元，就业人数增加了 1800 多人。特别是高新区一家 LED 生产企业，于 2009 年通过“中心”获得 2800 万元国家开发银行贷款支持后，公司各项业务获得了爆发式增长。该公司在短短的两年时间内，资产规模增长了 214%，收入增长了 250%，2010 年度利润达到了 1.14 亿元，增长了 623%，税收增加了近 1 亿元，就业人数增加了 600 多人。

六、经验和体会

（一）政府增信——集合政府及国有平台资源为中小企业集体增信

通过高新区管委会的专项政策支持，借助“中心”和“光谷基金”的国有背景、资产规模及资信优势，为高新区中小企业甚至包括初创期的高科技企业提高了申报银行贷款的信用等级。中小企业获得信用增级后，使其达到银行发放贷款的标准，弥补了中小企业财务指标偏小、信用等级偏低甚至无银行信用记录等融资的“瓶颈”性问题。

（二）信用创新——广泛接受中小企业无形资产质押等

反担保方式考虑到众多中小企业特别是初创期的高科技企业都是轻资产型企业，固定资产及有形资产偏少，“光谷基金”集合贷款提供担保后，认可并接受中小企业以设备、股权、专利等有形或无形资产抵（质）押方式提供反担保，以获得贷款企业未来的投资优选权或投资选择权的方式作为反担保的补充条件，对企业融资担保方式进行了创新，克服了中小企业的融资障碍。

（三）投贷联动——为中小企业谋求更大的发展空间

“光谷基金”作为集合贷款的担保主体，同时也获得了贷款企业未来的投资优先权和投资选择权。如果企业获得信贷资金支持后发展势头好，在进行增资扩股时，“光谷基金”可以通过“贷转投”“债转股”“追加投资”等方式，以财务投资人的角色对优质企业进行股权投资，帮助企业规范发展、做大做强，以时间换空间，消除融资担保的市场风险，并实现国有资产的保值增值。

（四）集体谈判——降低中小企业的融资成本

随着国家宏观调控的深入，银根紧缩日益加剧，中小企业申报银行直接贷款，贷款实际利率一般在基准利率基础上上浮 30% ~40%。高新区组织的集合贷款，一方面，通过政府增信、集体谈判，以及集合企业批发式金融合作方式与银行商谈合作，最大程度降低了企业贷款利率。例如，国家开发银行为高新区集合贷款提供的是基准利率，交通银行在基准利率基础上仅上浮了 10%。另一方面，高新区管委会对贷款企业给予基准利率 25% 的利息补贴和中介费用补贴，极大幅度地降低了企业的融资成本，减轻了企业还本付息的压力。高新区组织的集合贷款，使得中小企业融资综合成本低于基准利率，或者在基准利率水平。

（五）融资支持——加快中小企业发展

高新区在过去发起中小企业集合债券实践经验的基础上，通过组织中小企业集合贷款方式，充分发挥"中心"的资信及资源优势，进一步放大其中小企业投融资服务职能，开展科技金融创新，积极拓展中小企业融资渠道，为高新区高科技中小企业的发展提供常态化的投融资服务和支持。

案例提供单位：武汉东湖新技术开发区生产力促进中心

［案例四］

扎实推进 YBC 项目　有效扶持青年创业

中国青年创业国际计划（Youth Business China，YBC）是一个旨在帮助青年创业的教育性公益项目，通过动员社会各界特别是工商界的资源，为创业青年提供导师辅导以及资金、技术、网络支持，帮助青年成功创业。

西安生产力促进中心（以下简称"中心"）自成立以来，以"聚集社会资源、促进技术创新、助推企业发展"为服务宗旨，积极引进中国青年创业国际计划，组建了专门的工作团队，提供了必要的办公经费和条件，于 2004 年 10 月 29 日正式成立了 YBC 陕西办公室，成为继上海、山东之后成立的全国第三个地方办公室。近年来，在国家和地方政府的引导、支持下，逐步发展为在青年创业服务领域具有一定知名度的新型科技中介服务机构。

一、业务背景

就业是民生之本，也是安国之策。以胡锦涛同志为总书记的中央领导集体非常重视就业、再就业工作，从 2003 年起，政府在国民经济和社会发展计划中明确把增加就业和控制失业率列为国家宏观调控的主要指标。中国是青年人口大国，从一定意义上讲，就业问题是一个青年问题。根据统计，在中国 1400 万等待就业的城市人口当中，35 岁以下的青年人占 30% 左右。过去几年，中国高校毕业生就业率一直维持在 70% 左右，这意味着全国每年至少有 100 多万高校毕业生无法就业。有数据显示，2011 年大学生毕业人数将达到峰值 758 万，但是，受劳动力供求关系、产业结构调整和国际经济形势的影响，在当前和今后一段较长的时期内，我国的就业形势仍然相当严峻。就业已成为青年最具体、最现实、最紧迫的问题，帮助解决青年就业问题是必须面对和承担的重要任务和社会责任。

国际社会的经验证明，创业是解决就业问题最有效、最积极的方式之一，也是青年参与社会、贡献社会、实现个人价值的重要方式。成功的创业不仅促进了国家财富的增长，并且为社会进步和和谐社会构建提供了物质和精神基础。青年，特别是具有较高文化知识和技能水平的青年，自主意识较强，蕴涵着巨大的创业潜能，最可能成长为创业型人才，因此帮助青年创业具有重要的意义。

正是在这样的社会大背景下，2003 年 11 月，共青团中央、中华全国青年联合会、国家劳动社会保障部、中华全国工商业联合会等 7 家机构倡导发起了中国青年创业国际计划。该项目通过借鉴英国“青年创业国际计划（YBI）”的项目模式、先进经验和国际资源，探索符合中国国情和文化特点的创业扶助模式，通过成功企业家“一对一”的志愿辅导和 3 万 ~5 万元的创业资金支持，帮助 18 ~35 岁、有很好的商业点子和创业激情、处于失业和半失业的青年走上创业之路，帮助青年创业。

对于青年和大学生创业者来说，资金、经验、网络、资源是横亘在他们面前的 4 个难题。而 YBC 特有的创业扶持模式，可以有效地帮助青年和大学生解决创业中遇到的这些困难，提高创业成功率。因此可以说，YBC 是一个孵化器，从这里诞生出一批又一批创业青年和未来企业家。西安生产力促进中心作为国家创新孵育体系的一部分，一直致力于帮助企业提高创新能力和管理水平，致力于促进中小企业的发展，从某种意义上讲，生产力中心也是一个孵化器，从这里将有更多的微小企业成长壮大。YBC 与“中心”的理念是一致的，正因为如此，积极地投身到这项事业中来，尽自己所能为青年成功创业创造更多、更好的条件。

如今，作为 YBC 在全国的第三个地方办公室，YBC 陕西办公室用自身的实践证明了 YBC 模式的可复制性，截至 2010 年底，YBC 已在全国 12 个省、市、自治区建立了 35 个地方办公室，招募导师 5000 多人，战略合作伙伴已有 40 多家，一个多层次、广覆盖的社会化项目运作和创业支持体系正逐步形成。

二、业务内容

“中心”严格按照 YBC 的模式标准要求，建立高效、规范的创业服务标准和流程，广泛开展青年创业扶持工作，努力构建服务齐全、支撑有力、协调高效、运作有序的创业服务体系，为创业者提供创业咨询、培训指导、资金支持、导师辅导等服务，形成了具有推广示范作用的特色创业服务模式。具体服务内容和服务模式如下。

（一）创业咨询

主要通过电话咨询、网络咨询、现场咨询等方式向青年创业者提供相关创业扶持政策，并详细介绍 YBC 创业扶持申请条件及流程，使创业者根据自身情况寻求合适的创业帮扶方式。

（二）创业培训和指导

为提高广大青年的创业意识和创业能力，给更多的创业者提供一个交流互助的平台，帮助青年认识自我、激发潜能，培养他们的创业精神，提高他们的创业能力，解决青年创业者及其企业生存发展中面临的实际问题，每年定期举办“科技创业大讲堂”等各类培训，内容涉及创业知识、项目调研与可行性分析、财务、法律、商务交往、管理技能、SYB 创业培训、相关政策法规等，同时结合会议、沙龙、在线交流等形式对申请者开办企业和创业初期的经营活动给予指导，提升创业企业管理水平，提高青年的创业成功率。

（三）资金申请与审核

资金问题始终是困扰创业者的一个难题，尤其是对于资源条件不足的年轻人来说，获得资金支持无疑是雪中送炭。YBC 陕西办公室常年受理创业青年的资金申请，并组织专家对创业项目的必要性、可行性、经济合理性和风险性进行科学、客观、公正的评估，及时给予意见和建议，对评审通过符合标准和条件的青年及项目，一次性给予 3 万 ~5 万元“无利息、无抵押、免担保”的创业贷款，解决他们在创业之初缺乏启动资金的难题。

（四）“一对一”导师辅导

青年创业往往因为经验不足面临极大的困难和风险，而 YBC 在国内首倡的“一对一”导师辅导模式能有效地帮助青年解决这个难题。据调查，90% 的创业青年认为导师是他们创业成功的关键，导师在帮助青年成功创业方面扮演着十分重要的角色。YBC 陕西办公室通过积极组建导师志愿服务团，招募成功的企业家、相关机构的专业人士、具有丰富实践经验的管理专家成为创业导师，鼓励创业导师针对青年创业经验不足的问题，开展“一对一”的陪伴式辅导，帮助创业者用科技、知识、经验丰富自我，培育了一批服务型、就业型等具有良好发展前景的创业企业，增加了就业岗位，缓解了就业压力。

三、工作步骤和方法

以发展伙伴关系、整合社会资源为重点，积极为青年创业提供咨询、培训、辅导、资助等服务，不断提升 YBC 陕西办公室的服务水平。

（一）加强宣传工作，发挥创业示范效应

1. 宣传 YBC 的先进理念。

为使社会各界了解 YBC，通过组织各种形式的大型报告会、培训、展会、交流等，向青年人、企业家、政府部门宣传 YBC，参加人数万余人。实践证明，通过宣传 YBC 的先进理念，弘扬了创业精神，激发了青年人的创业热情，带动了更多的青年自主创业，营造了良好的创业氛围。图 2. 5-9 为组织的大型报告会现场。图 2. 5-10 为参加创业博览会现场。

图 2.5-9　组织大型报告会

图 2.5-10　参加创业博览会

2. 发挥新闻媒体的作用。

与西安当地的电视台、报社等媒体建立了长期稳定的合作方式，介绍 YBC 的申请流程，让广大青年了解 YBC 扶持创业的运作模式，鼓励更多的青年参与到 YBC 创业计划中来，同时用镜头记录 YBC 创业青年的成长经历（图 2.5-11）。

3. 进一步选树典型。

经过四年的努力和实践，一批经过 YBC 扶持的青年已经成功创业。“中心”在工作中注意对这些成功创业青年的案例进行总结，激励创业青年以他们为榜样，积极自主地创业。

4. 策划组织 YBC 相关活动。

（1）成功组织策划了“YBC 陕西办公室启动仪式暨青年创业论坛”“青年创业论坛暨 YBC 陕西办公室两周年庆典活动”等活动。

（2）成功组织了大型励志创业活动“赢在起跑线”，吸引了近 800 名青年报名参赛，从海选、初赛、营销实战到最终决赛，不仅极大地调动了青年的创业热情，

图 2.5-11　采访报道创业青年

同时也极大地调动了企业界关心支持 YBC 的积极性，在全社会范围内营造了良好的创业氛围，使社会各界更加了解和关注 YBC。图 2.5-12 为“赢在起跑线”进高校现场。

图 2.5-12　“赢在起跑线”进高校

（二）完善工作流程，规范项目评审，提高创业资金运行效益

1. 建立项目咨询记录备案制度。对每一名前来咨询的青年进行登记，详细记录创业者个人情况、项目概况等信息，从中选拔优秀的创业青年进行培训，对其项目进行考察。

2. 成立项目评审小组。项目评审是 YBC 对创业青年进行资金扶持的重要环节，严格规范项目评审工作是确保扶持项目的成功率、防范资金运作风险的具体要求。YBC 陕西办公室和创业导师团共同协商，成立了项目评审小组，优化了评审小组成员的专业、年龄、行业结构，提高了评审小组的工作能力。

3. 做好项目的考察和评审工作。对申报项目进行认真筛选和培养，由创业导师进行初选，推荐到项目评审小组进行评审。

（三）选好创业导师，指导青年成功创业

YBC 不仅为创业青年提供创业启动金，更为创业青年提供为期 3 年的“一对一”导师辅导，进行全程跟踪指导，这在很大程度上提高了创业的成功率，导师对创业青年起了非常重要的作用。因此，不断加强导师队伍的选拔和管理，具有十分重要的作用。

1. 加大导师选拔力度。通过联系走访企业、社会团体、专业机构等，整合人力资源，不断扩大导师队伍，让更多的企业家、各行业的专家参与到创业指导中来，并采取切实有效的措施，优化导师队伍的结构，使创业导师队伍更加符合青年创业的需要。

2. 加强对创业导师队伍的管理。通过成立导师俱乐部，开展创业沙龙、导师培训等形式多样的活动，在导师之间形成互动，为大家提供一个交流的平台，从而吸引更多的企业家和专家参与到这项工作中来。

3. 建立创业导师走访制度。经常与创业导师进行面对面的交流，激发他们的社会责任感，深化项目的评估论证、“一对一”辅导等方面的工作。导师团定期对创业项目进行巡回督查和集中会诊。

（四）工作服务流程

工作服务流程包括如下几方面。

1. 创业咨询流程：面向青年和大学生等开展创业扶持政策咨询服务。见图2.5-13。

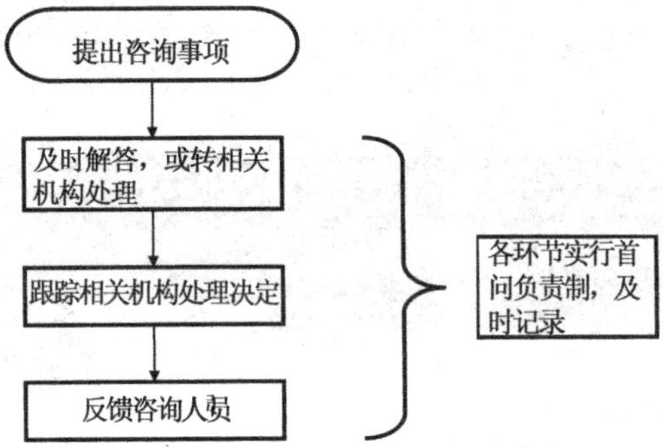

图2.5-13　创业咨询流程图

2. 创业培训流程：针对青年和大学生在创业及企业发展中的实际需求，组织开展多种形式的创业培训和指导。见图2.5-14。

3. YBC资金和导师申请流程：为青年和大学生提供YBC创业扶持资金和导师辅导申请服务。见图2.5-15。

四、服务团队

为了保障本项工作的顺利实施，“中心”组成了包括专家导师在内的骨干组成的工作团队，具体负责项目的实施，由YBC陕西办公室执行主任担任项目组组长。该服务团队按业务类别分成4个创业扶持服务组，包括：申请接待组2人，咨询培训组2人，导师辅导组2人，专家评审组1人。上述各业务服务组，根据实际需求可交叉组成业务服务组。

五、服务成效

截至2010年底，经过严格审核，并经全国办公室审批通过，YBC陕西办公室已帮助57名青年创办了自己的企业，发放创业扶持资金267万元，创造并带动就业

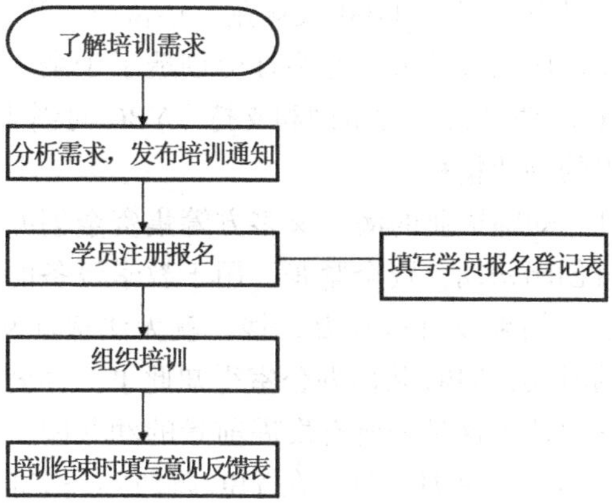

图 2. 5-14　创业培训流程图

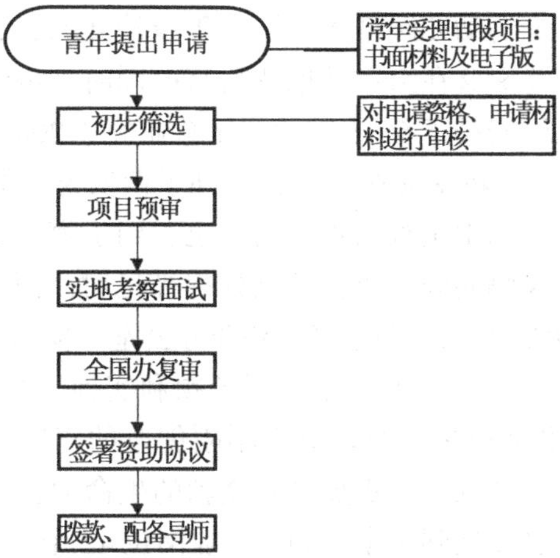

图 2. 5-15　申请流程图

人数 5848 人（企业直接雇佣员工 2189 人，间接带动就业 3695 人），这些企业的年营业收入已超过 1. 13 亿元。其中，就业人数最多的企业员工超过 1000 人。以下列举几个典型项目。

例 1：2005 年 6 月，××家政公司成为 YBC 陕西办公室的第一批创业扶持项目，获得了 5 万元的无息贷款资助和“一对一”的导师扶持。当时，郭×激动地说：“YBC 陕西办公室的这些帮助好比雪中送炭，解决了我创业初期业务拓展快，资金、管理跟不上的难题，为公司快速成长奠定了基础。”三年过去了，郭×的公司由原来的几十人的小公司迅速成长为陕西当地颇具规模的家政公司，服务的客户包括省委、省政府、省委机关、部队、公安系统、工商税务、金融系统、科研单位、卫生系统、商业单位等几十家主要机构，公司提供的优质服务不仅得到了客户的好评，也受到政府部门的关注和认可。如今，郭×早已完成三年的创业期，按时还款完毕。公司凭着诚信经营的理念和规范管理，享有良好的声誉和口碑，合同续签率不断扩大，新项目陆续开展，业务在逐步扩大，公司运营步入良性循环。目前，郭

×的××家政公司已创造和带动了1700人就业，年营业额达到8000万元。郭×认为，自己的公司能在短期内发展壮大，并为社会创造了千余个就业岗位，除了自身的努力外，离不开YBC陕西办公室的帮助和支持。YBC向创业者传递的不仅是经商之道，更是诚信、感恩的创业精神。

例2：2005年8月，幼师毕业的潘××多方筹集资金创办了设施一流、管理现代化的××幼儿园。可创园初期，资金紧张，用于教学设备的资金还差6万元，能借到钱的地方都走遍了，如果没有这6万元钱，就无法保证9月份学生正常开学，就在潘××为此发愁的时候，YBC陕西办公室得知此事，办公室的老师和创业导师亲自到幼儿园考察，一致认为这是一所有发展前景的幼儿园，于是指导潘××很快完成了创业申请材料。2005年9月1日，在YBC陕西办公室的帮助下，××幼儿园正式开学了。YBC为潘××配备的导师是一位非常热心的幼教研究者，她经常到潘××的幼儿园实地听课讲课、帮助进行师资考核，把自己的研究成果与潘××一起分享。几年下来，潘××的幼儿园进入了国家等级幼儿园，省级示范幼儿园，在民办幼儿园中脱颖而出。潘××在给自己创造财富的同时，也给他人创造了就业的机会，现在她的幼儿园已经安排了65人就业，年营业额达200万元。

例3：大学毕业的刘×转变就业观念，创办了西安××脚病修治所，干起了修脚工，这在人们的传统观念中是难以想象的，也遭到了家人的反对。由于没有足够的资金和支持，西安××脚病修治所初期处处捉襟见肘，面临随时倒闭的危险。就在刘×一筹莫展、举步维艰时，通过YBC陕西办公室，他的项目获得了5万元创业资金。有了这笔资金，刘×的发展规划得到了顺利实施，企业的规模也迅速扩大。刘×说："5万元也许不是很多，但是对于刚刚创业的年轻人来说，的确是雪中送炭；它可以使一个创业初期的企业更加具有蓬勃的生命力，并保障其可持续发展。"目前，他的脚病修治所已发展到7家，创造就业岗位42个，年营业额240万元。下一步他打算开办一个脚病修治专科医院，让更多的人从中受益。

例4：2006年，刘×决定自己创业做豆腐，可是资金短缺是一个很大的问题。就在他最需要帮助的时候，一个偶然的机会，他了解到了YBC。YBC陕西办公室给他的帮助是全方位的，从一个创业点子到创业计划书，从5万元创业扶持资金到具体经营环节的指导，他的特色豆制品专卖店开张了。每天，看着一粒粒的黄豆慢慢磨成豆浆，点成豆花，再制成各种豆制品，这种劳动过程让刘×感到既充实又快乐。刘×坦言，作为一名YBC扶持的创业青年，5万元创业资金对他的初期创业是很重要的，但更重要的是，YBC提供了一个平台，在这个平台上，有耐心细致的工作人员，有循循善诱的专家导师，有志同道合的创业伙伴，有各种专业的培训机会。每个月的按时还款，还让他领悟到了诚信的重要性。"诚信"二字在他的经营中，带给了他良好的口碑，口碑就是商誉，商誉就是财富。下一步他准备建一个豆制品加工厂，集中生产，统一配送，工厂规模的扩大还可以安排更多的人就业。

六、经验和体会

1. 扶持创业是一项复杂的系统工程，需要一个较长的过程，必须通过整合政府、工商界和社会组织各自的优势，建立起分工协作的伙伴关系，搭建一个特色鲜明、服务高效的创业服务平台，帮助青年降低创业难度、降低创业成本、提高创业成功率。

2. 创业服务必须能为创业者、导师和企业带来更高的竞争力、创新性和价值，必须能实现多方共赢。

3. 公益项目只有实现自身发展的良性循环，才能形成社会化的长效运作机制。

4. 开展创业扶持工作应当充分体现政府引导、社会化参与，有效地强化政府部门对青年和大学生创业的扶持作用，有助于动员社会各方面力量，共同营造良好的创业氛围。

5. 创业扶持工作的开展要有一支专业、高效、耐心、细致、热心公益事业的服务团队来支撑。

六年的工作实践，“中心”越来越深切地体会到良好的创业环境对青年创业的巨大作用。今后，“中心”将不断加强内部管理和制度建设，积极整合各方优势资源，扩大 YBC 的品牌影响力，切实推进 YBC 的各项工作，逐步构建起一个多层次、广覆盖、社会化的项目管理、运作和支持体系，有效扶持青年创业，为青年创业和建设和谐社会作出新的贡献。

案例提供单位：西安生产力促进中心

第六章 “三农”服务

所谓“三农”，是指农村、农业和农民；而“三农”问题，就是指农业、农村、农民这三个问题。由于农产品的生产周期较长，农民需要生产前的市场预测、生产中的技术指导、生产后的产品销售，这一切均需要一个信誉卓著、实力强大、服务网络遍及城乡通达世界的服务平台，而“三农”服务正是指为了解决农民增收、农业增长、农村稳定等问题而提供的政策、资金、技术等方面的各种支持和帮助。

［案例一］

农业科技专家大院 让农民丰产又增收

1999年以来，宝鸡市委市政府从西北农林科技大学等高校聘请了一批国内著名的专家、教授为农业科技顾问，在田间地头和“星火产业带”上，创建了布尔羊、秦川牛、花椒、苗木等24个农业科技专家大院，由大院首席专家领衔技术团队，推进各项农业科技服务活动。形成“专家＋（农技推广机构、农业企业、农业专业协会）＋农民”的新型农技推广模式，成为政府抓产业的“切入点”，专家实施农业科技成果转化的平台，农业新技术示范推广的基地，农民学习技术的田间课堂、地头学校。专家大院实现了专家和农民的有效对接，促进了产学研的有机结合，加速了科技成果转化，推进了新品种、新技术示范应用，为发展现代农业和促进农民增收提供了重要的科技支撑。温家宝总理在视察中，评价专家大院是一个创举，有效地解决了科技与农民的对接，不仅为农业科技人员提供了用武之地，而且为中国农业产业化发展走出了一条新路。

一、业务背景

宝鸡市生产力促进中心（以下简称“中心”）利用为企业服务形成的优势资源，围绕本市农业产业化的发展，探索了为“三农”服务的模式，建立了农业产业化科技服务平台。开展农业成果转化、农业信息、农民培训等服务，尤其是创建了农业专家大院这种新型的农技推广模式，带动了农民增收，推动了农业的自主创新和农业产业化的发展，为全市社会主义新农村建设提供了科技支撑。市政府把建设和管理全市农业科技专家大院的任务交由“中心”承担，在“中心”设立了宝鸡市农业科技专家大院协调领导小组办公室，由“中心”负责人担任办公室主任，负责专家大院日常事务，为大院建设和大院首席专家提供管理服务。为专家大院的各项科技服务活动提供信息支撑，组织协调推进专家大院持续发展，在多年的农业科技专家大院建设和管理服务中，探索出新型农业科技服务体系，提升了农业科技服务能力，为解决“三农”问题创出了新路子。2002年9月10日，在全国科技中介工作会议上，宝鸡市就专家大院建设作了重点发言；2003 年 4 月 9 日，科技部和农业部联合在宝鸡市召开了“全国星火计划工作会议”，宝鸡市姚引良市长在会上介绍了创办专家大院的做法、成效和经验，会议对农业科技专家大院这一农村科技服务的新模式给予了高度评价；2004 年 10 月，在全国县（市）科技工作会议上，宝鸡市就专家大院建设的经验作了重点介绍；科技部在 2005 年的“科技强县富民专项行动”中，再次提出在全国范围内推广农业专家大院的科技创新模式；2006 年 5 月，在国务院办公厅批转的科技部、财政部、人事部、中编办《关于加强全国县市科技工作的意见》中，再次把农业科技专家大院作为一个成功的创新模式向全国推广；宝鸡市农业科技专家大院建设的成效和经验，连年来，为《中国改革报》《农民日报》《科技日报》《经济日报》《光明日报》《陕西日报》《科技与经济》等国内众多媒体杂志报道，相关专家学者在国内重要刊物中发表关于农业专家大院的研究论著有 20 多篇。近年来，全国有 200 多个大中城市和科研单位，来“中心”对宝鸡农业专家大院进行考察交流，从中探索农村科技服务的有效形式和途径。

二、业务内容

（一）研究制定农业科技专家大院建设的目标和基本要求

“中心”根据宝鸡区域农村经济特点和农业的比较优势，按照“典型示范、效益诱导、科技服务、良种先行”的农业产业结构调整新思路，组织引导专家大院坚持“五个一”（聘一位专家，办一所培训学校，建一处科技示范园，带动一个产业，兴一方经济）的要求，高标准、规范化建设和发展。

（二）与市县农业部门紧密配合，加强专家大院农业科技示范基地和培训基地等基本建设

依托市聘农业科技顾问（专家大院首席专家）的智力资源，把专家大院建设成加速农业新成果转化的平台，农业新品种、新技术示范推广的基地，提高农民科技素质的田间课堂、地头学校；为周边农业优势主导产业和特色农产品的生产，提供有效的科技支撑。

（三）提高涉农企业的市场竞争实力

组织农业专家大院与农业企业技术人员合作，帮助农业企业组建“技术创新中心”和“成果转化中心”，为企业提供新技术、开发新产品，提高涉农企业的市场竞争实力。

（四）提高农民组织化程度，发展集约化生产

引导专家大院通过提供农牧良种、苗木、技术和信息服务，指导、扶持大院周边产业聚集区的种养业专业户和经销户，组成专业协会和专业合作社。

（五）创建先进的区域模式

与西北农林科技大学和杨凌农业高新技术示范区紧密合作，引进农业高层次领军人才，推进专家大院走向现代农业科技示范园区，形成专家大院引领、农业园区示范、特色产业带支撑的区域模式，推进宝鸡现代农业板块开发、突破发展。

（六）解决生产技术难题，提高农民科技素质，加速园区新成果、新品种、新技术的示范辐射

“中心”充分发挥农业信息服务的核心功能，为农业专家大院的科技服务活动提供信息支撑，“中心”为各专家大院和现代农业科技示范园区建立了科技网站，开通了可视化农业专家咨询系统和农业信息“12396”服务热线，开发了农产品电子商务平台，建立了农产品电子大屏，使专家大院成为农业信息的聚集地和辐射源。通过信息咨询培训，向农民传输农业政策、技术、市场信息。图 2. 6-1 为宝鸡现代农业科技示范园区分布示意图。

图 2. 6-1　宝鸡现代农业科技示范园区分布示意图

三、工作步骤和方法

1. 制订农业科技专家大院建设规划，出台农业科技专家大院管理办法和市聘农业专家管理办法，作为专家大院建设的依据。

2. 专家大院的发展实行“一院一策”，对大院进行动态管理，促进大院的可持续发展。

3. 组织专家大院工作座谈会、大院首席专家高层论坛，创办发行农业科技专家大院工作动态，为现代农业发展提供对策和建议。

4. 通过专家大院建设现场观摩会，树立典型，学习借鉴、沟通交流开展农村科技服务的成效和经验。

5. 发挥市专家大院协调领导小组办公室的组织职能，落实各县区、各责任部门、各技术协作单位和承建单位的责任，把部门的支持情况、县区的实施情况作为全市农业重点工作考核的重要内容，年底奖惩兑现，保障专家大院各项建设任务的落实。

6. 加强与西北农林科技大学和杨凌示范区管委会的科技合作，共建专家大院和示范园区，形成实用有效的工作制度。每年召开科技合作年会，确定合作内容和建设项目；建立半年一次的联席会议制度，通报工作进展，协调解决问题。

主要业务工作流程见图 2.6-2。

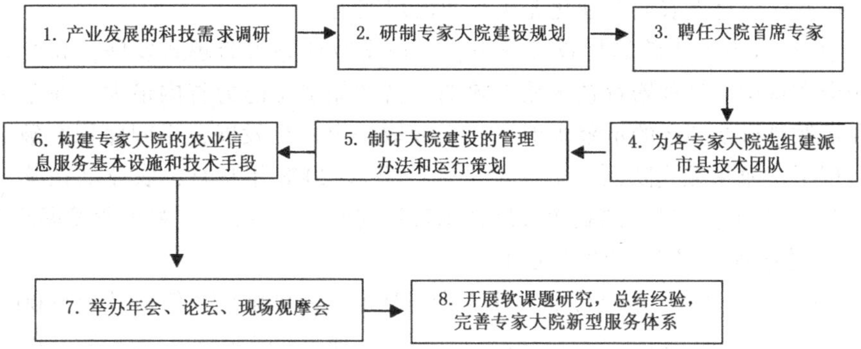

图 2.6-2　工作流程图

四、服务团队

“中心”在承担全市农业科技专家大院建设和管理服务中，组成了以中心主任领衔的骨干服务团队，推进农业科技专家大院的持续发展，不断完善和提升农业专家大院的新型农业科技服务体系。

团队主要成员分工包括：主持专家大院领导小组办公室的日常事务工作 1 人，负责组织协调推进大院建设管理工作；宣传、推介工作 2 人；科技网络维护，新成果、新技术发布工作 2 人；网站建设、数据库开发工作 1 人；科技服务的信息咨询培训工作 1 人；基础设施建设和首席专家团队的服务管理工作 1 人。

该服务团队按业务类别分成协调推进服务组、宣传推介服务组、技术成果转化咨询服务组、维权援助与举报投诉服务组 4 个服务组。以上服务组根据具体的服务需求不同，可交叉组成服务组，为客户提供服务。

五、服务成效

（一）专家大院科技服务的总体成效

“十一五”以来，宝鸡市农业科技专家大院在推进现代农业板块开发、突破发展中，取得了显著成效。

1. 各专家大院相继实施国家和部省各级农业科技项目共 59 项，累计转化重要科技成果 120 项，引进和培育农业新品种 168 个，示范推广新技术 106 项，培育科技示范户 2.02 万户，科技入户率和应用率达到 90% 以上。

2. 全市专家大院累计培训农民 62 万多人次。开展“高级农民培训工程”，累计培训高级奶农、高级果农、高级菜农、高级蚕农达 7600 多人。

3. 专家大院和科技园区在牛羊胚胎移植和性控技术应用，在小麦、辣椒杂种优势利用和苗木花卉组织培养等科技创新领域，取得了重大突破。秦川牛、高产奶牛、莎能奶山羊、布尔羊、苗木花卉、辣椒、杂交小麦七大产业的自主创新能力居于全国先进地位。

4. 培育农业名优品牌，孵化和壮大了得力康乳业、秦川牛业、大红袍（凤椒）科技有限公司、红果集团、绿农菜业、绿宝果业等一批科技型龙头企业；支撑和催生了老牛面粉、太白山牌高山有机菜、太白苗牌设施蔬菜、乡党牌牛肉、宝麟布尔羊肉、大红袍（凤椒）、三秦红线辣椒等特色农产品驰名品牌；吸引了蒙牛集团、秦宝牧业等国内重点农业产业化龙头企业落户宝鸡。

5. 在24个专家大院的科技支撑下，全市畜牧业赢得跨越式发展，高产奶牛存栏稳居全省首位，良种繁育技术领先陕西，畜产品加工能力省内最大。在苹果科技园区和猕猴桃科技园区的示范辐射下，果业取得突破性发展，果园面积突破100万亩，实现了“苹果领先陕西，猕猴桃全国一流”。2008年9月，农业部在苹果专家大院召开了“国际苹果矮砧高效栽培技术现场观摩会”，推广宝鸡果业发展经验。

（二）促进农民丰产增收的实例

1. 辣椒专家大院示范推广的大棚生产新技术，使辣椒亩产值提升到5000~6000元，小辣椒成为周边地区“一村一品”“一乡一业”的大产业。大院所在的马江村成为省市辣椒“一村一品”示范村，全村种植2000多亩线辣椒，人均辣椒收入高达2860元。辣椒专家大院已成为国内外著名的制干椒基地，培育的线椒新品种已推广到全国26个省（区、市）和南亚五国，2008年又传入印度尼西亚、乌干达两国。温家宝总理在视察辣椒专家大院时说：“不要小看这个地方，这种为农科人员提供用武之地的做法好。”

2. 秦川牛专家大院在扶风县建成10个秦川牛养殖专业协会，指导25个500头以上规模的标准化秦川牛养殖专业村，带动扶风县及周边地区专业养殖户2800户，年收入达8500万元以上。形成了秦川牛的原种保纯、良种繁育和配套饲养技术一体化的牧业科技服务模式，带动了全市秦川肉牛产业的规模化和市场化发展。国务院副总理回良玉在视察秦川牛专家大院时，充分肯定了这种“公司+农户”“协会带农户”的产业化经营模式。

3. 猕猴桃专家大院与西北农林科技大学猕猴桃试验站、新西兰环球园艺公司实施科技协作，指导扶持眉县种植猕猴桃21.7万亩，占全县耕地总面积的62%，户均猕猴桃3.2亩，人均0.83亩，农民人均猕猴桃产业收入3000元，眉县已成为国家级猕猴桃标准化生产示范区、陕西省一县一业重点县。

4. 建立在太白县的塘口蔬菜专家大院和有机蔬菜科技示范园，指导全县建成了500亩有机蔬菜示范基地，建立出口蔬菜科技示范园4个，辐射带动全县发展无公害蔬菜8万多亩，甘蓝、西兰花等6种蔬菜获国家绿色食品A级认证，菜豆、西洋南瓜等11个品种获欧盟和美国有机蔬菜认证，“太白山”牌蔬菜商标成为陕西省著名商标，使地处秦岭山区腹地的太白县农村经济得以迅速扩张、持续增长。

六、经验和体会

第一，坚持创新进取，提高科技中介服务能力，赢得政府支持，是农业科技专家大院建设管理工作的根本保证。

第二，发挥组织协调功能，整合社会资源，加强部门协作，是推进农业科技专家大院建设工作的基础。

第三，推进“两地三方”科技合作，产学研结合，是发挥农业科技专家大院示范辐射作用的有效途径。

第四，实施项目带动战略，筹集建设资金，是培植和提升“中心”核心业务能力的重要条件。

案例提供单位：宝鸡市生产力促进中心

[案例二]

创建“农资通”服务平台　服务新农村发展建设

“农资通”是山东济南生产力促进中心（以下简称“济南中心”）依托济南科技成果转化平台，整合电信运营商、济南伯诺农业信息有限公司等资源建成的信息服务平台，利用短信、视频等手段，通过建设的规范农资店等途径为“三农”提供综合信息服务。

一、业务背景

农资是农业生产中的关键环节，相当多的农业科技问题与农资息息相关，同时，农资产品的产销使用安全是关系到农产品乃至食品安全的重要保障。近年来，随着“三聚氰胺”“瘦肉精”为代表的重大食品安全事件频发，作为农产品生产源头的农资产销使用安全越来越引起国家和广大消费者的极大关注和重视。农资店作为农资流通的最后出口和与农民面对面的销售窗口，已成为农资产品产销使用安全的关键环节。

济南中心在长期开展的为“三农”服务活动中，通过深入调研和分析认识到，“农资店”作为国家放开农资经营后出现的新业态，处在农资流通市场的末端出口，成为连接农资产销和广大农民的桥梁。又因其点多面广，方便灵活，已成为最具活力和潜力的经营主体。但是由于“农资店”的体制多样，有的隶属于农业系统，有的隶属于供销系统，有的隶属于大型企业，更多的则是个体夫妻店，因此存在不少问题：“农资店”人员素质参差不齐；农资店经营仅是一买一卖，对农资售后技术服务能力薄弱；农资主管部门、生产企业、农资店、农村广大农民用户以及相关科研单位之间信息不通畅，直接影响广大农民对农资科学安全使用的咨询解惑、优新农资产品的及时推广应用和对假冒伪劣产品的有效查处。另一方面，虽然近年来各级主管部门新建了不少农业信息网站，但普遍存在综合信息多、专业信息少，宽泛信息多、针对性信息少，长效性信息多、及时性信息少，科普性信息多、权威性信息少等“四多四少”问题，使农民对自身所处地点、所用品种、所处农时的疑难问题得不到有针对性的及时、有效的答复。

针对目前“农资店”一方面正成为新的农资经营网络主体，一方面又急需提高自身管理和服务能力的状况，2010 年，济南中心在开展多年农业信息服务的基础上，作出了细分农信市场、将服务下沉到农资和农民的决策。以山东省农科院、山东省林科院、山东农业大学、山东伯诺农业信息科技有限公司等 18 家涉农单位为依托，充分发挥通信运营商通信平台的网络优势，创建了服务功能完善、管理科学规范、可长效持续发展的“农资通”信息服务平台。通过对第一批“农资店”开展一对一培训示范推广，使农资示范店的经营管理、服务能力和经济社会效益水平都取得了显著提高。为加快推进农业部、供销总社等农业主管部门提出的“放心农资店”网络建设和提升农资信用体系建设作出了应有贡献，同时探索出一条政府推动、市场运作的农业信息化发展长效运营机制。

二、业务内容

通过“农资通”平台，利用规范农资店和电信运营商的网络优势，济南中心把规范农资店作为新技术推广和解决技术难题的有效途径，为农户提供丰富多样的农业综合服务。农资店和电信运营商在整个服务过程中发展了数量巨大的潜在用户，有效开拓了农村市场，提高了推广的力度和主动性，实现了该项服务内容市场化运行的可持续发展模式。图 2.6-3 为“农资通”页面。

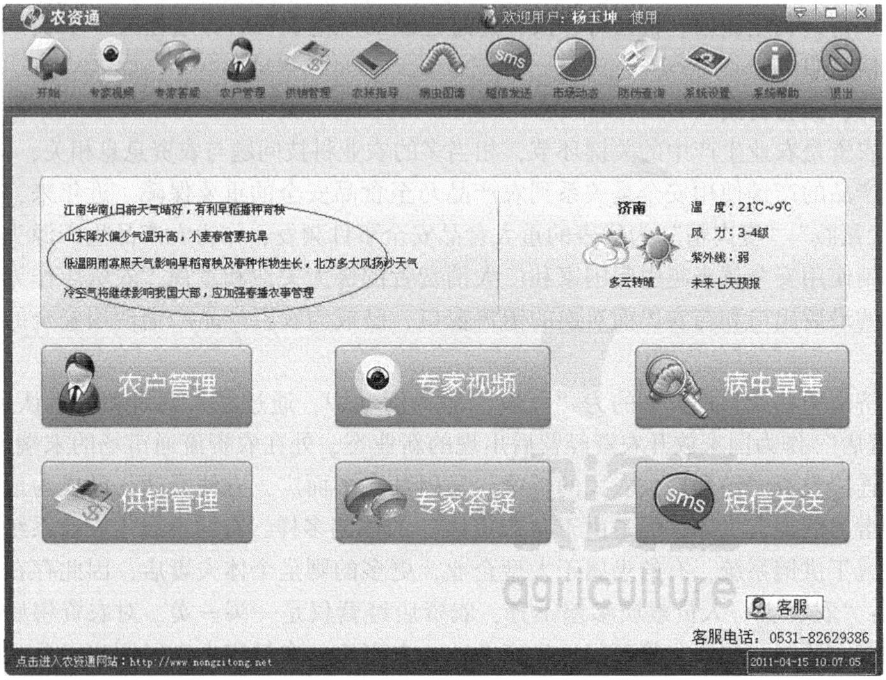

图 2.6-3 “农资通”页面

（一）专家视频指导

农资店通过“农资通”客户端软件，借助电脑摄像头和耳麦，可以很方便地与值班专家进行面对面交流，即时、有针对性地解决问题；目前已签约 120 位并计划签约 300 位蔬菜、果树、土肥、农资、粮棉油、畜牧养殖等领域的专家。

（二）专家答疑

如八小时之外遇到技术问题，可以通过专家答疑模式给专家留言，专家上线后即可进行解答。

（三）农户追踪管理

可方便地对农户的种植信息和购买信息进行跟踪，对自己的客户群进行分析和统计，提高工作效率。

（四）农资进销存管理

除正常进销存管理外，加入关联模块，农资入库时，系统自动匹配可能会用到该产品的农户资料，并在第一时间以短信的形式通知农户，方便农资店的产品管理和产品宣传。

（五）测土配方查询

按地区性逐步完善山东地区的土壤情况，根据各地的土壤情况，为客户有针对性地建议不同种植种类的土壤施肥原则，保证土壤施肥的安全性、节省性、有效性。

（六）病虫害图谱及防治查询

（七）防伪查询

为农资产品的批号和防伪代码、标识建立档案，并将农资生产企业和农资店建立直接联系，方便农资店进行农资产品真伪的查询。

（八）市场行情查询

包括市场动态查询和农资行情查询。

（九）政府资讯发布

为了让政府和企业与农资店进行更好的沟通，政府可以发布即时政策信息，在“农资通”客户端进行及时展示。

（十）短信语音管理

农资通融合了中国联通、中国移动、中国电信三网的短信网关和语音网关，农资店店主可以方便地通过客户端以短信和语音方式与农户交流。

（十一）农技指导（含文本、音视频）

（十二）种苗繁育栽培指导

（十三）农机具选配维护

（十四）农资产品鉴定辨别

（十五）农资电子商务

（十六）农资店长培训管理

（十七）无线远程诊断

（十八）企店直销对接

（十九）农资溯源管理

三、工作步骤和方法

（一）深入调研，挖掘市场需求

为掌握农业信息服务的第一手资料，济南中心展开了深入的市场调研，发现农业信息服务存在的问题：新农村建设迫切需要具有权威性、及时性、针对性的农业信息服务；同时以农资店为切入点，即抓住了农业生产的各种生产要素的汇集之处，起到了良好的效果。

（二）发挥资源优势，打造服务平台

根据市场需求，济南中心充分发挥自身科技服务资源优势，积极打造“农资通”信息服务平台。该平台具有权威性、综合性、针对性、及时性、互动性、集群性、普及性和傻瓜式操作等特点，能提供专家视频指导等24项服务功能。例如：农业综合信息短信服务融合了中国联通、中国移动、中国电信三网的短信网关，政府可以将相关涉农政策、惠农信息等以短信形式通知指定用户；平台整理汇集了70余万条农业技术分类短信，农资店店主可以方便地根据农户需求，选择相关信息通过客户端以短信方式与农户交流，同时也可将农资产品信息、客户关心类信息等发送给相关用户。

（三）多措施并举，探索市场化运作

济南中心根据山东省开展国家农村农业信息化示范省的建设试点工作（国科发农〔2010〕162号）文件精神，探索了市场化运作、各方互惠共赢的长效运营机制。

1. 组建联盟，搭建“农资通”信息平台。

2. 整合了政府的政策资源，大学、科研院所的科技服务资源，为“农资通”信息服务平台提供信息源。

3. 与中国移动、中国联通、中国电信三大运营商开展战略合作，运营商为“农资通”项目提供强大的通信网络支持，农资店也可为运营商提供业务代办点，实现了双方共赢。

4. 建设具有科技服务功能的农资店，并开展试点示范和市场推广。农资店成为政府进行农资安全管理的抓手，成为大学、科研院所直接服务新农村建设的桥梁，成为农户购买放心农资和获得便捷技术指导的保障。

目前已经向河北、四川等省的农业部门、农资经营商和电信运营商进行了项目推荐并得到了认可。同时，“农资通”项目的巨大市场潜力也引起了风险投资商的关注，已有北京、济南等多家风险投资机构表达了投资合作意向。

四、服务团队

“农资通”服务取得成功的关键是济南中心整合了一批专业化的服务团队和市场运营团队。济南中心主任担任服务团队主要负责人，成立了专门的运营公司，形成了良好的运营模式。团队成员中既有中心内部的骨干，又有来自企业和律师事务所的精英。该服务团队以济南中心服务队伍为核心，整合了专业信息公司、电信运营商、大学院所专家等资源，形成了良好的开发、推广优势，可为平台开发、推广、管理等提供人力保障。

五、服务成效

通过“农资通”平台的建设和服务，共推动建成农业示范园区11个，农资示范店27家，受益农户已达到122.5万人，受到了政府、科研单位、农资企业、农资店、电信运营商和广大农户的普遍欢迎，农资店运行情况变化显著，主要表现在以下几方面。

（一）售后服务形式更加全面

使“农资店”从过去无力聘请专家、仅凭个人经验指导农民，变为依靠“农资通”专家系统，以现场、视频、短信、语音等多种形式提供及时有效的技术指导。

（二）财务管理方法更加科学

从过去易丢失、难统计的纸质台账管理，变为依靠“农资通”财务管理软件进行进出货物记录统计。

（三）用户管理系统更加完善

从过去靠手机、通讯录等传统方式，变为依靠“农资通”客户端软件登记客户，并对农户管理、财务管理、经营种类等交互调取客户资料，及时准确地将产品、技术等信息传递给农户。

（四）农资信息获取更加直接

从过去靠产品资料、电视广告了解，变为依靠“农资通”随时获取政府、企业和市场的各类信息。

（五）市场交易方式更加便捷

从过去无法广泛发布农资店自有信息，变为可通过“农资通”给农户发布供求信息，实现最佳采购推销，实现了农资店和农户效益的双提升。

六、经验和体会

几年来，济南中心通过“农资通”信息服务平台项目的筛选挖掘、组织实施，在加强新农村信息建设、服务“三农”方面取得了一些成效。

（一）吃透政策、分析需求，是“中心”服务“三农”工作的着力点

随着社会主义新农村建设的深入发展，许多关系到农业结构调整、农产品安全生产的国家政策和农民对市场信息需求等相关热点、难点问题不断出现。只有突破过去的老经验、老模式，深入基层调研，不断创新工作方法，努力做到与时俱进，才能做好服务中心的工作。

（二）整合资源、借力发展，是“中心”不断提升服务能力的重要途径

一手连政府、一手连企业是生产力促进中心的服务特点。如果没有农业、供销等政府主管部门的支持，没有城市都市圈、产学研专家库和科技服务新农村战略联盟等资源融合，像“农资通”这种既涉及政府政策，又涉及信息平台软硬件研发和电信运营商网络支持的综合性为农服务项目是很难实施完成的。

（三）市场化运作、互利共赢，是“中心”服务“三农”的重要方向

济南中心在“农资通”服务平台建设中，始终坚持探索“政府主导、多方参与、市场化运营”的新模式。事实证明，这种运作模式不仅使政府节省了官方办网的人财物力投入，提高了统筹指导效果，也增加了“农资店”的服务能力和经营收益，提高了电信运营商的服务质量和效益，还使广大农户得到了及时、权威、周到的服务，实现了多方互利共赢，保证了服务的持续良性发展。

案例提供单位：山东济南生产力促进中心

［案例三］

基地两万亩　“羊网”盖全区

一、业务背景

内蒙古是我国重要的畜牧业基地，具有得天独厚的天然草场及丰饶富足的农副产品资源，因而畜牧业一直是内蒙古的基础产业和主导产业。在社会主义市场经济条件下，市场需求对地区生产力的发展具有极大的促进作用，因此，充分认识和挖掘内蒙古的畜牧业资源优势，突出自治区特色，是内蒙古自治区发展和提高生产力水平的依托点。

新中国成立以来，我国养羊业一直以引进、培育和发展细毛羊为主，直到20世

纪80年代初期，在世界养羊业发展肉羊和肉毛兼用羊为主的大趋势影响下，以及国际市场肉毛价格变动因素的推动下，才开始引进肉羊品种，研究肉羊生产体系。进入20世纪90年代，我国肉羊生产得到了较快的发展，正在逐步向产业化推进。由于肉羊具有早熟、生长快、肉质鲜嫩、饲养周期短、效益高等特点，因此加快发展肉羊产业对于调整和优化农村、牧区资源配置，提高人民生活水平均具有十分重要的意义和作用。

生产力促进中心是新型科技中介服务机构，如何结合当地实际，通过综合服务，促进科技与经济的有效结合，在为经济建设服务中确立自己的地位、发挥应有的作用，是内蒙古生产力促进中心（以下简称“中心”）成立伊始就在探索的问题。经过积极的探索和实践，确立了以导入畜牧业新技术推动肉羊产业发展的畜牧业服务主线，走出了一条具有内蒙古区域特色的生产力促进事业之路。

二、业务内容

（一）肉羊产业化服务

1. 引进优质种源，建立肉羊繁育基地。推进肉羊产业化进程，必须从品种和提高个体生产性能入手，走良种化的路子。内蒙古生产力促进中心发挥科技优势，与内蒙古畜牧科学院等单位共同组建了肉羊繁育开发基地，引进德国肉羊为父本，培育出来的是肉毛兼用的优质品种，既能大幅度提高个体羊的产肉性能，又能为纺织工业提供优质羊毛，从而保证了自治区四十多年的细毛改良成果不受破坏，因而有较大的推广价值。在自治区科委的支持下，开展了“内蒙古肉羊新品种培育与繁育体系建设”研究，并列入国家“星火计划”和自治区“九五”重点科技攻关计划。1998年又引进了萨福克优质种羊胚胎200枚，胚胎移植全部成功，为培育新的肉羊品种、建立完善的肉羊杂交体系奠定了基础。

2. 成立肉羊工程中心，加快科技成果向实现生产力转化。为进一步扩大研究开发规模，建立与科研和生产相适应的服务体系，为肉羊产业的持续发展创造条件，经自治区科委批准，以内蒙古生产力促进中心和内蒙古畜牧科学院等项目承担单位为主体，成立了“肉羊繁育开发工程中心”，其基本功能是开展与肉羊产业相关的技术开发和技术集成研究，通过大面积推广应用肉羊生产体系的科研成果，来推动肉羊产业的发展。工程中心组织科技人员运用畜牧业新技术的合理组合，选择本区地方优良品种与国外优良品种进行杂交选育，加速良种的纯繁，并建立了三处育种基地和育种核心群。1998年该项目被列入自治区“种子工程”，总计新增加投资180万元。

内蒙古肉羊繁育开发工程中心是实施技术创新工程的产物，是内蒙古生产力促进中心推动科研与生产结合，促进新技术、新成果开发和推广应用的有效组织形式之一。“肉羊工程中心”的成功运作，充分证实了生产力促进中心在技术创新体系建设中的重要作用，不但推动科研院所走出了一条与生产密切结合的路子，也为自身的发展构筑了一块试验示范基地。

3. 在全自治区建立了肉用种羊推广示范点。为了使肉羊真正在全自治区形成规模，分别在适宜种羊发展区采取政府行为和市场行为相结合的手段，并与科技扶贫和服务灾区相结合进行了肉用种羊的推广和布点，在全区12个盟市相继建立了16个推广示范点。

4. 加强肉羊生产体系的宣传与技术培训。肉羊开发是畜牧业生产经营方式上的变革，是养羊业的一次技术革命，因此需要用科技知识来提高牧民的认识、更新观念。三年来，“中心”先后举办了胚胎移植、肉羊饲养技术、羔羊育肥、疫病防治等专项技术培训班12期，培训人次达1500人次。

此外，“中心”还创办了《内蒙古肉羊通讯》，传播肉羊信息和科技动态，并在内蒙古生产力信息网上建立了肉羊主页和肉羊数据库，定期发布信息，开辟网上交易渠道。

5. 与国内外相关单位建立良好合作关系，服务网络覆盖全国。本着互利互惠的原则，“中心”先后与加拿大、日本及国内多家企业建立了友好合作关系，承担了山东、安徽、河北、宁夏、吉林、黑龙江等省区和内蒙古部分种畜场的胚胎移植有偿服务工作，承担了北京、江苏、新疆、青海、吉林、河北、安徽、宁夏、河南、黑龙江等几个省市区的冷冻精液生产供应服务。通过加强与企业间的联系与合作，已经形成了一个比较系统、完善、有效的网络，扩大了生物技术的辐射范围。

6. 组合高新技术，使之在肉羊产业化中得到应用。在以“知识经济”为特点的今天，没有技术，没有创新，也就没有产业化。为此，由“中心”牵头，会同有关科研院所，组合了如下8项新技术：肉羊“种子工程”技术；育肥技术；饲料加工技术；羊肉气调保鲜技术；大冷量冷藏保鲜集装箱运输技术；信息网络技术在肉羊产业中的应用；现代市场营销的策划与实施；“系统工程”原理和方法在产业化中的应用。并确定了“高新技术在肉羊产业化中的应用研究”项目的实施方案，该项目旨在探索和研究肉羊育种、育肥、饲料加工和饲养技术，及羊肉保鲜、羊肉销往全国市场的现代化生产模式，以此来促进全区肉羊生产由季节性出栏向全年均衡出栏转变的高效益进程。

（二）“中国羊网”

将信息产业与传统农牧业结合，实现产业升级，是区域经济社会发展、产业结构调整所面临的一个关键问题。多年来，“中心”一直积极推进农村信息化服务“三农”，按照求实效、重服务、覆盖广、多模式的要求，整合资源，共建平台，建立农业信息收集和发布制度，健全农村信息服务体系，积极探索信息服务进村入户的途径和办法，为农民提供及时有效的信息服务。

1999年，“中心”启动了“中国羊网”，经过多年的运作及两次大规模改版，积累了大量的畜牧业服务信息与经验，将政府政策、市场信息及运作、学术及技术推广有效地结合起来，全方位地为畜牧业信息技术的推广服务，在全国已经有广泛的影响。主要业务包括如下几项。

1. 技术培训：“中国羊网”荟萃了中国农业科学院、中国农业大学等全国二十多所农业院校的百余位教授和研究员，常年开办各类函授及现场培训班。

2. 信息服务：网站汇集了畜牧、计算机、营销等专业人才，组建了一支综合素质高、团结协作、年轻干练的运营队伍，承担企业信息化设计、大型专业软件的开发及制作，竭诚为全国各地农牧民、畜牧供需企业提供产品、资金、信息、技术等服务。

3. 广告宣传：“中国羊网”经过多年运作，目前日点击率达1500人次以上，已经树立起“中国羊网”的知名品牌，可为畜牧业相关企业、大型展会、畜牧业培训、畜牧业相关活动等提供网络宣传平台及优质的广告服务。

4. 商务服务：网站拥有丰富、优质的产品及畅通的物流渠道，“中国羊网”供货商遍布全国二十多个省、市、自治区的多个领域，可为需求者提供各种优良种畜、肉食品、饲草料（草籽）、畜牧机械设备、兽药、兽医器械等十几大类近千个品种。

5. 会员服务：“中国羊网”自成立以来一直致力于为广大农牧民服务，为广大农牧业机构、生产企业服务，为生产与实践、企业与农牧业消费搭建起友好、融洽的桥梁。“中国羊网”利用自身的优势，为各地的企业会员提供信息60万余条，促成会员完成交易数额达3500多万元，为会员提供技术和专家咨询服务800多例，真正实现了“中国羊网”与会员的良好沟通与合作。

三、工作步骤和方法

（一）利用自身科技优势，引进优质种源，建立肉羊繁育基地

推进肉羊产业化进程，必须从品种和提高个体生产性能入手，走良种化的路子。“中心”充分结合自身优势，引进德国肉羊为父本，培育肉毛兼用的优势品种。之后又引进萨福克优质种羊胚胎200枚，胚胎移植全部成功，为培育新的肉羊品种、建立全区完善的肉羊杂交体系奠定了基础。

（二）成立肉羊工程中心，加快科技成果向现实生产力转化

通过成立“肉羊繁育开发中心”，开展与肉羊产业相关的技术开发和技术集成研究，通过大面积地推广应用肉羊生产体系的科研成果来加快科技成果向现实生产力的转化，从而推动肉羊产业的发展。

（三）发挥肉羊协会功能，加强宣传、推广、示范，推动产业发展

分别在适宜种羊发展区采取政府行为与市场行为相结合的手段，并与科技扶贫和服务灾区相结合进行肉羊的推广和布点。此外，通过创办《内蒙古肉羊通讯》，大力宣传普及肉羊相关知识与使用技术，从而为产业发展创造良好的环境，推动肉羊产业整体大环境的发展。

（四）构建“网络+基地+效益”为一体的信息产业化服务模式，实现传统畜牧业与现代IT完美结合的典范

充分利用网络服务的优势，构建了“中国羊网”，搭建面向全区的特色产业信息共享服务平台，以信息技术促进产业发展，促进当地经济的腾飞。

四、服务团队

“中心”组成了以“中心”主任领衔的骨干服务团队，推进羊肉产业化的持续发展，不断完善和提升畜牧业中的新型农业科技服务体系。该服务团队按业务类别分成两大服务组。一是肉羊产业化服务组。具体负责引进优质种源，建立肉羊繁育基地；成立肉羊工程中心，加快科技成果向现实生产力转化；在全自治区建立了肉用种羊推广示范点；加强肉羊生产体系的宣传与技术培训；与国内外相关单位建立

良好合作关系，服务网络覆盖全国；组合高新技术，使之在肉羊产业化中得到应用等工作。二是建设和维护“中国羊网”。主要业务包括技术培训、信息服务、广告宣传、商务服务、会员服务等工作。

五、服务成效

肉羊产业化服务体系坚持“边建设、边工作、边发展、边服务”的思路，经过十几年努力建成的畜牧业平台已经形成了由2万亩原生态草场、4000亩饲草料基地、13个牧点、2000只种公羊及基础母羊组成的生产推广基地，由1个胚胎移植中心、1个配种站、1个现代化棚圈组成的科研基地，由1个40人的NC培训教室、1个种羊管理专家系统、1个畜牧信息资源库、1个“中国羊网”及JSP平台组成的信息服务体系，由1栋别墅、1排公房、1个菜园组成的生活基地。这个国内首屈一指的服务平台，在一支强有力的专家队伍的推动下，服务面积几乎覆盖了大半个中国，拥有两项国家专利，研究成果获自治区科技进步一、二、三等奖。

六、经验和体会

（一）结合当地政府的经济工作目标和科技兴区的战略规划，因地制宜地搞好科技综合服务工作，是内蒙古生产力促进中心争取得到政府和主管部门积极支持的有效方式

由于畜牧业在内蒙古自治区的特殊地位，自治区政府一向十分重视肉羊生产化的进程，并在科研和生产的各个方面给予了极大的关心。内蒙古生产力促进中心把工作的着眼点放在推动全区肉羊产业革命的发展上，通过组织社会科技力量，整合相关技术，并将其导入肉羊产业化中开展全程服务，提高了用科技推动生产的自觉性，进而提高了肉羊产业整体效益；并以显著的经济效益和社会效益赢得了社会的广泛认可，使政府和主管部门自治区科委为“中心”的发展创造了更有利的环境与条件，从财力和研究开发手段等方面给予了更多的投入。

（二）把研究开发项目同自身发展的实际密切结合起来，是生产力促进中心加强自身建设的有效措施

“肉羊新品种培育体系建设”和“内蒙古肉羊繁育开发工程中心”都是由生产力促进中心作为牵头单位来承担的科研项目。根据自治区经济社会发展的需要，在组织项目实施过程中，不断研究新问题，探索科技与经济结合的新途径，并把“中心”的自身发展和圆满完成科研项目有机地结合起来，通过项目广泛地与科技人员建立联系，组织起为提高社会生产力服务的专家群体，通过项目培养和提高“中心”的服务手段和基础设施，通过项目积累经验，根据市场需求调整和开拓服务领域，使内蒙古生产力促进中心的自身建设得到了较快发展。

（三）发挥自身优势，做政府、企业和研究院所之间的桥梁和纽带，是提高生产力促进中心知名度及社会影响力的有效途径

生产力促进中心是通过组织社会力量来为肉羊产业服务的。在整个服务过程中，生产力促进中心起着组织者和承上启下的作用，将科研项目、科技人员与生产单位，农牧民及各有关部门有机地联系起来，在完成工作任务的同时，也逐渐提高了生产力促进中心的社会影响，内蒙古生产力促进中心由最初无人知晓到逐渐被社会所认

知，服务范围与辐射面越来越大。

案例提供单位：内蒙古生产力促进中心

[案例四]

网络盖县区　触角达村镇　信息到农户

近年来，宝鸡市委市政府把农村综合信息服务体系建设作为解决“三农”问题的基础性工作来抓。2001 年 3 月，在宝鸡市生产力促进中心（以下简称“中心”）挂牌成立了市农业信息中心，并由“中心”负责整合全市科技、政策、市场、农业生产和农民文化生活等资源，依托“金农工程”、农村党员和中小学远程教育工程形成的基础设施条件，建设全市统一的农村综合信息公共服务平台，实行统一规划、统一管理、统一维护，实现新农村综合信息服务“一网多能、一网对外”。经多年努力，已建成了宝鸡农业科技数据资源中心、保级农业信息港，构建起市、县、乡、村四级农业信息服务网络体系。探索出政府公共服务外包、企业参与和市场化运作相结合的农村信息化服务新模式。目前，宝鸡市的农村综合信息服务体系覆盖了全市 12 个县区 45 个乡镇 320 个自然村 428 个龙头企业、农村经济合作组织和种养大户，为提高农村综合生产能力、改善农民生活环境、增加农民收入提供了有效的科技支撑。2009 年，宝鸡市生产力促进中心成为国家发改委批准的第一批国家信息化试点单位，“中心”承担的“宝鸡市新农村综合信息服务体系建设”项目正在实施。

一、业务背景

宝鸡市生产力促进中心是国家科技部重点支持的国家级示范中心，是区域创新体系的重要组成部分。“中心”在国家科技部和省市科技厅局的关心支持下，拓展服务领域，更新服务理念，积极探索服务“三农”的新模式，创建了以农业科技专家大院为主体的农村科技服务平台、以《农事直通车》电视栏目为主体的农民教育平台。遵照市政府的部署和要求，中心利用在科技信息服务和全市农业专家大院管理中形成的优势资源，整合全市各类涉农信息资源，按照“统一规划、统一管理、统一维护”的建设原则，初步建成了全市农村综合信息服务体系。不断完善政府公共服务外包、企业参与和市场化运作相结合的“三农”服务新模式。建立了“政府扶持引导，社会多方资源整合，大专院校智力支撑，企业和农村经合组织投资参与”的长效服务机制。着力培育核心服务能力，不断提升服务水平，为推动宝鸡现代农业发展和新农村建设作出了贡献。

二、业务内容

1. 通过对“中心”现有信息平台的升级改造，整合了科技、政策、市场、农业生产、农民文化生活、农村党员干部现代远程教育等资源，建成了宝鸡农村综合信息服务平台——宝鸡农业信息港。通过政府引导、市场化运作的方式，形成了面向“三农”特定需求的公益性服务能力，实现了农村综合信息服务的“一网多能、一网对外”。

2. 在目前市、县、乡、村四级网络站点的基础上，依托“金农工程”、农村党员和中小学远程教育工程形成的基础设施条件，完善了市、县、乡、村四级农业信息服务网络体系。

3. 与电信部门合作，开通了农业科技“12396”、奶牛“120”服务热线。

4. 与电视台合作共同开办了《农事直通车》电视栏目。

5. 开发推广智能化农业专家管理系统和农产品电子商务平台。通过该平台为龙头企业、农村经济合作组织和农户提供信息服务，为提高农村综合生产能力、改善农民生活环境、增加农民收入提供有效的信息服务。

6. 探索建立政府公共服务外包、企业参与和市场化运作相结合的农村信息化服务新模式，实现信息资源公益性开发和增值性开发的有效结合，形成可持续发展的新机制。

三、工作步骤和方法

通过对“中心”现有基础设施的扩建升级，建设了宝鸡市农村综合信息服务平台，宝鸡农业信息港作为平台的门户网站。平台建设主要分为硬件环境、数据资源、应用系统 3 大部分。

（一）硬件环境建设

配备服务器 17 台，网络设备 12 台，终端 500 个，安装了千兆防火墙、入侵检测系统、漏洞扫描系统、网络版防病毒软件、网页防篡改系统以及应用审计系统等。实现了中国电信、宝鸡广电网络的双线路接入，具备与宝鸡联通、宝鸡移动、宝鸡网通、宝鸡铁通等电信运营商接入的能力；支持 MPLS VPN，具有可靠、冗余、可扩展的网络交换功能；通过电信网络实现了整合各应用系统的资源、异构数据库的功能。

（二）数据资源建设

按照“统一规划、统一平台、统一管理、统一维护”的原则，优化了市级农业部门九大专业网站、县域农业网站、农产品销售信息、农村远程教育等系统信息资源数据库，提升完善了智能专家数据库和农业实用技术数据库，更新了扩充语音咨询数据库，通过政府协调，整合了民政、劳动、卫生、计生、教育等现有系统资源，建设了宝鸡市农村综合信息数据库，形成了全市农业信息资源数据共享中心。通过网络、广播电视、通讯等手段，为“三农”提供全方位的综合信息服务支撑，实现了农村信息综合服务“一网多能、一网对外”。

（三）应用系统建设

1. 网站自助生成系统。开发网站自主生成与管理系统，屏蔽建立网站的技术难度，满足市县农业部门建立网站的需求，推进全市农业信息资源的高度共享。

2. 农业专家智能管理系统。围绕宝鸡市农业产业化的发展，与西北农林科技大学畜牧业、种植业和果业等领域的专家教授合作，二次集成运用 863－306 课题组成熟技术，开发高产奶牛、布尔羊、苹果、秦川牛 4 个智能农业专家系统。系统主要从良种选育、种养管理、动植物保护、农产品加工等提供全过程的智能化技术支撑。在 12 个现代农业科技示范园区、畜牧业养殖小区、良种繁育中心，建立了核心示范区和主导产业应用辐射推广区，推动了现代农业发展。

3. 农产品电子商务服务系统。该系统是与陕西省电子商务与电子政务重点实验室合作开发的，聘请了中国高等院校电子商务专业建设协作组组长、博士生导师李琪为指导专家。系统采用网上定购、通过第三方结算（支付宝）、网下配送的电子商务模式，为农户、经营户提供农产品价格、交易和物流信息服务。系统实现了宝鸡农产品展销中心、全市各大农产品批发市场、超市市场信息、国内市场信息的电子大屏价格即时发布和查询以及网上产品展示、交易和结算等功能，同时实现了广播、电视、报纸等媒体同步辅助合作，为民众提供当地特色的农产品市场信息服务，促进农产品销售。

4. 制作《农事直通车》电视专题节目。根据宝鸡市主导产业发展和农时需要，与宝鸡电视台合作，每周制作、播出农民培训电视专题栏目《农事直通车》一集，向农民快捷、适时地传授种植、养殖、加工等方面的实用技术和致富信息。针对电视节目播出时段的限制，建立了网上视频点播系统。农民可以根据需求随时在线收看不同类别的专题节目，同时，针对电视、网络无法覆盖的偏远山区的实际情况，将节目制作成光盘，直接送到农民手中。

图 2.6-4 为宝鸡市农村综合信息服务平台结构图。

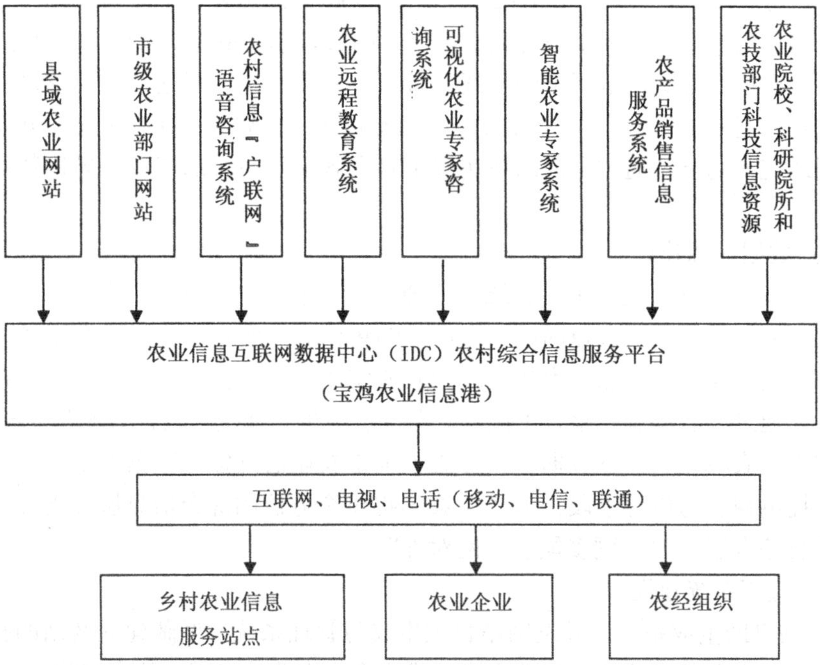

图 2.6-4　宝鸡市农村综合信息服务平台结构图

四、服务团队

近年来，宝鸡市生产力促进中心在承担全市农村综合信息服务中，组成了以“中心”主任领衔的 11 人骨干服务团队，包括中心主任 1 名、副主任 1 名、高级工程师 2 名、工程师 7 名。团队成员均具有本科及以上学历，其中 1 人为研究生学历，专业类别涉及科技管理、信息管理、计算机技术、网络技术等 7 个领域，为顺利完成“中心”的各项工作提供了可靠的保证。

五、服务成效

通过几年的努力，“中心”通过对现有信息平台的升级改造，依托“金农工程”、农村党员和中小学远程教育工程的基础设施，推进信息资源有效整合与信息技术集成应用。建设了全市统一的农业信息公共服务平台，推进了市级九大农业专业网站、12 个县区的农业网站的互联共享，集成了市级涉农部门、各县区、龙头企业等 630 家网站，成为全市农业信息资源数据中心。形成了覆盖全市的四级农业信息服务网络，实现了“一网多能、一网对外”。运用“三电合一”（电脑、电视、电话）的服务手段，促进农业信息向基层延伸。在 45 个乡镇设立了农业信息服务示范站，在 320 个村设立了农业信息服务示范点，在各农业科技专家大院、农业良种繁育中心、农业龙头企业和农村经合组织中，选建了 1120 个农业信息服务示范终端站点。逐步形成了覆盖全市三区九县的农村综合信息服务体系。信息基础设施进一步完善，信息技术和信息服务功能显著提升，在推进现代农业和新农村建设中取得了显著成效。

图 2.6-5 为“宝鸡农业信息港”页面。

图 2.6-5 “宝鸡农业信息港”页面

（一）开发的智能农业专家系统在加快畜牧业和果业突破发展中发挥出重要的作用

“中心”与西北农林科技大学合作开发的苹果智能化农业专家系统，在示范区指导应用种植面积 3 万多亩，服务覆盖 67 万多亩，其中绿色标准化生产技术达 35.32 万亩，实现了“苹果领先陕西，效益最佳”。农业部在凤翔县召开的国际苹果矮砧高效栽培技术现场观摩会上，推广了宝鸡苹果产业发展经验。秦川牛智能化专家系统指导示范区养殖3万多头，服务覆盖30多万头。辐射带动全市建成标准化畜牧养殖小区145个，2010年全市畜牧产值59.3亿元，保持了全省领先地位。智能化农业专家系统已成为永不离开农村的“专家”。

（二）农产品电子商务平台“宝鸡购物网”有力地推进了农业产业化经营

与西安交通大学合作，开发了宝鸡特色农产品电子商务平台“宝鸡购物网”，在市农产品展销中心、各大农产品批发市场和超市，设立了电子大屏，建立农产品的即时发布系统，实现农产品网上展示、交易和结算，打造西部三省16城市虚拟农产品物流中心，加速宝鸡特色农产品走向国内外市场。陕西省政府在宝鸡召开的全省农副产品展示现场会上，推广了宝鸡利用信息技术建设虚拟农产品销售物流中心的成效和经验。图2.6-6为“宝鸡购物网”页面。

图2.6-6 “宝鸡购物网”页面

（三）《农事直通车》电视栏目成为农民文化科技教育的亮点和驰名品牌

“中心”创办的农民培训专题栏目《农事直通车》，坚持“面向农村、突出科技、注重实用、服务农民”的宗旨，围绕农民的科技需求，对农业科技新成果、农牧业新品种、种养殖实用技术和先进的致富典型，每周制作一集农业专题片，在电视台宣传播放，并在“中心”的农业信息港网站同步信息发布，通过直观新颖的电视节目为农民“传经送宝”。截至目前，《农事直通车》电视栏目已制作播出农业科技文化教育专题片208期，制作农民科技文化教育光盘10万多套。栏目采访总行程30多万千米，积累农业素材800多小时，已成为宝鸡市农民文化科技教育的亮点和驰名品牌。在宝鸡西部山区脱贫致富攻坚战中，以40个村组作为《农事直通车》专题栏目的服务基点，制作了花椒、核桃等实用技术专题片，为西山农户致富提供了技术支撑。《农事直通车》在宝鸡市电视台30多个栏目的收视率测评中始终名列前五位，“中心”也被评为宝鸡市农民文化教育工程先进单位。近两年来，“中心”服务农村党员远程教育、推进农民文化教育取得的成效和做法，也得到了省市组织部门的充分肯定，已在全省范围内进行了推广。

六、经验和体会

（一）政府引导扶持是推进农村综合信息服务工作的基本保障

宝鸡市委市政府高度重视农业信息工作，相关部门的主要领导多次莅临“中心”检查指导，就地协调解决推进农村综合信息服务工作中存在的问题，并要求将农业综合信息服务作为政府转变职能的有效措施。市政府主管领导多次主持召开全市农业信息工作会议，对市级农口部门和各县、区进行协调沟通。市电脑农业领导小组在全市范围内审定了农业信息示范站点，促进了信息体系建设向村组农户延伸。市委市政府的大力支持，为“中心”的持续发展奠定了基础，对全市新农村综合信息服务提供了重要保障。

（二）产学研结合是推进农村综合信息服务工作的智力保障

宝鸡市在农村综合信息服务工作中，与西安交通大学、西北大学、陕西师范大学等高等院校建立了合作关系，特别是凭借毗邻杨凌农科城的区位优势，与西北农林科技大学在农业科技和信息领域密切协作，依托科技专家的智力资源和信息资源，开发了农业科技数据库、智能专家系统、可视化农业专家咨询系统，提高了农业信息的科技含量，突出了宝鸡农村综合信息服务的科技创新特色。

（三）模式创新是推进农村综合信息服务发展的关键因素

在推进新农村综合信息服务中，“中心”充分发挥了信息中介机构居中独优的协调运作潜能，探索出对广大农户实行公益性信息服务，对涉农企业、农村经合组织、农民专业协会，按照会员制提供有偿服务相结合的农业信息运作模式。逐步建立和完善了“政府扶持引导，社会多方资源整合，大专院校智力支撑，企业和农村经合组织投资参与”的农村信息服务长效机制，推动了宝鸡新农村综合信息服务的可持续发展。

案例提供单位：宝鸡市生产力促进中心

［案例五］

实施“阳光工程”　培训新型农民

一、业务背景

“阳光工程”是2004年由国家农业部、财政部、劳动和社会保障部、教育部、科技部和建设部共同启动实施，由财政支持的农村劳动力转移培训项目。其具体内容是对有转移到二三产业和城镇就业意愿的农民，由政府财政补贴，在输出地开展就业前的职业技能短期培训，目的在于全面提高农村劳动力的素质和就业技能，促进农村劳动力向非农产业和城镇转移，实现农民稳定就业和增加收入，从而推动城乡经济社会协调发展。

乌鲁木齐属于“大城市、小郊区”，辖7区1县，有18个乡、3个建制镇和9个国营牧场。农业人口占全市总人口的9.36%，其中30%的劳动力通过种植和养殖生活，其他剩余劳动力绝大部分处于失业和隐性失业状态。在这种背景下，实施

"阳光工程"，无疑为乌鲁木齐提高农民就业能力、加快农村劳动力转移提供了条件，也为帮助农民冲破以粮食作物为主的狭小天地，转向养殖业、林果业、特色农业、生态农业、农副产品加工业及旅游业等多元化经营提供了保障。

新疆生产力促进中心（以下简称"中心"）所属乌鲁木齐市专业技术岗位培训中心（以下简称"培训中心"）现有固定资产500多万元，拥有教学场地1500平方米和150多名优秀的专兼职教师。培训中心长期为乌鲁木齐党政机关、事业单位、中小企业提供各类管理能力提升培训，为下岗失业人员、大中专毕业生、农村富余劳动力、特殊困难群体开展职业技能培训。自2005年被认定为"阳光工程"培训基地以来，已连续六年被乌鲁木齐市政府授予"农村富余劳动力阳光工程培训工作先进集体"。

二、业务内容

（一）进城务工农民职业技能培训

根据乌鲁木齐城市经济发展需求，以提高进城务工农民职业技能水平为目标，开设了中式烹调师、中式面点师、家政服务员、插花员、电工、电焊工、餐厅服务员、客房服务员、计算机操作技术等课程。培训采用理论讲授与实操训练相结合的方式，注重实操环节的强化。

（二）农民创业培训

培训对象是具有一定的文化基础和专业技能，有强烈创业愿望，并有与创业项目相适应的产业基础的农民。培训内容以初创企业基本经营管理知识为重点，涉及开办企业的手续、人员招聘与管理方法、如何选择项目及基本财务知识等。培训方式主要是理论讲解和案例讨论分析，创业计划书侧重适宜农村创业项目的指导。

（三）适合就地转移的特色职业培训

围绕乌鲁木齐大力发展周边旅游业的经济布局，以服务于当地特色产业发展为目标，开设了农家乐、牧家乐、民族工艺品编织、特色种养殖技术等培训项目，培训方式主要是实际操作。在特色种养殖技术培训方面，重点关注关键技术点的跟踪指导。

三、工作步骤和方法

"阳光工程"培训主要分前期准备、过程实施和后期服务3大部分。其中，前期准备分为培训调研、制订计划、组织生源、信息采集等6个步骤。过程实施分为组织教学、考核鉴定、建立台账、教学监控4个步骤。工作流程及采取的主要方法如下。

（一）工作流程

工作流程见图2.6-7。

（二）工作方法

1. 组织生源。

（1）通过编印"阳光工程"宣传资料和农村实用技术培训资料，借助"科技三下乡""农民工就业招聘会"等机会，进乡入村宣讲，组织学员报名。这一做法不仅使先进的农业实用技术得到了传播和推广，而且促进了培训中心社会声誉的提高。

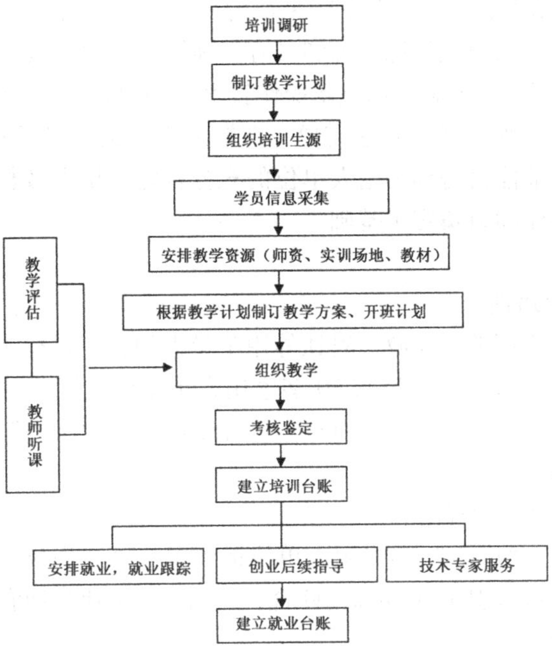

图 2. 6-7　工作流程图

（2）利用农民赶巴扎（集市）的时间，到集市进行宣传，让农民了解“阳光工程”政策，解除他们的思想顾虑，并就地组织报名。

（3）在各乡镇和行政村设立“阳光工程”培训报名点，将乡镇劳动保障所和村委会工作人员调动起来，面向农民开展“一对一”的宣讲，形成了村报名、乡镇组织、培训基地培训的工作模式。

（4）在培训取得阶段性成果时，借助新闻媒体，通过本地“大事小事”“直播民生”等电视栏目，以获得实惠的农民“现身说法”的形式，吸引更多农民的关注。

2. 实施教学。

（1）建立实训基地，送教下乡。

乌鲁木齐主要农业区（县）距离市区 150 多千米，农民无法集中到培训中心学习。为此，“中心”购置了实操设备，分别在乌鲁木齐的南郊和北郊建立了两个实训基地，把培训教室搬到了村上，教师和教学管理人员吃住在农民家里，方便农民就近学习。

（2）优化师资结构，满足师资需求的多样性。

“阳光工程”培训项目较多，受训农民层次不一，理论授课要求生动、通俗易懂，实际操作能把握住关键点。为此，“中心”将职业院校的教师、企业技术能手、农业致富能手、种养殖专家、农业技术专家都纳入师资库的建设中，组建了一支专业化的农民培训师资队伍，以满足不同项目、不同层次的培训需要，有效地保障了理论和实际操作的实施。

（3）围绕就业需要，开发适用教材。

“阳光工程”培训教材，“中心”采取的是“选用＋开发”的模式。一方面订购专业教材，另一方面组织任课教师和具有实际操作经验的技术人员，编写了《家政服务工程培训教程》《电脑实用技术操作教程》《农村实用技术读本》等教材。这些教材农民易学、老师易教、企业需要，在短期内帮助学员迅速提升了操作技能，90%受训农民的就业能力得到了用人单位的充分肯定。培训教材的开发也为培训中心形成特色职业教学项目奠定了基础。

3. 推进就业。

（1）实施订单培训。

通过对乌鲁木齐制造、家政、餐饮等用工量大的企业进行走访调查，了解就业市场的第一手信息，这几年先后与50多家用人单位建立了人才供求关系。家政服务、电工、电焊、烹饪、面点、计算机操作等专业已被“中心”确定为实施劳动力转移培训的主体专业。

（2）搭建供需对接平台。

每次结业考核，“中心”都将用人单位请到考核鉴定现场，达成意向后双方现场签约，并积极与区（县）劳动部门联合，组织用工企业参加农民工专场招聘会。

四、服务团队

为了确保“阳光工程”项目取得较大的社会效益，在成立了由培训中心分管领导任组长的服务团队基础上，发挥专家资源库的优势，建立了教学监督、教学实施、就业跟踪和后续服务4支专业化的服务小组，负责项目的具体实施。

教学监督小组由培训中心专职人员和市“阳光工程”办公室相关人员共5人组成。主要工作是不定期地进行培训评估和教学抽查。

教学实施小组由培训中心专兼职教师组成。主要工作是开展培训调研、制订培训方案和培训计划、安排师资、开展实训、考核鉴定。

就业跟踪小组由培训中心工作人员和市就业服务管理局相关人员共5人组成。负责就业订单联系、就业推荐和就业回访。

后续服务小组由创业后续指导和种养殖技术专家构成。其中，创业后续指导专家8人，来自工商、税务、法律、劳动保障等部门；种养殖技术专家6人，来自农业、农机、畜牧等单位。

五、服务成效

一分耕耘，一分收获。自2005年实施农村富余劳动力培训以来，培训中心共培训农民工7622人，以订单就业、推荐就业等形式，帮助6478人顺利实现灵活就业和自主创业，培训后的转移率达85%。效果主要体现在以下几方面。

（一）提高了农村劳动力的整体素质

“阳光工程”实施前，乌鲁木齐达坂城区、新市区和乌鲁木齐县3个主要农业区（县）12万农业人口中，小学及小学以下文化程度的农村劳动力占40%，农民平均受教育年限不足8年，依赖种养殖生活的农民只有20%接受过技术指导，富余劳动力参加专业技能培训的人员不足10%。

“阳光工程”实施5年来，培训中心培训的所有农民均掌握了1～2项职业技能，其中有40%的农民接受过专家的技术指导。通过这几年的教育与培训，农民的观念发生了深刻的变化，学习和运用科技知识蔚然成风，一些农民除了种好自己的地之外，还搞起了农产品经营，成为了专业的农产品经纪人。

以前进入达坂城区东沟乡，可以看到无地可种的农民三三两两地围在一起晒太阳，每次培训都需要村干部一遍遍地动员，老师在教室等学生上课是常见的现象。现在，通过培训，农民得到了实惠、获得了收益，大家自发学习的热情很高，每次开课，教室早早就坐满了等待上课的农民。

（二）发挥了创业带动就业的倍增效应

农民创业培训是一门启发农民创业意识、开发其潜在创业能力、帮助其结合当地经济发展特色实现自主经营的课程。2006—2010年，参加培训中心举办的创业培训农民共有1375人，创业成功率达30%，带动了1300余人就业。

例1：达坂城的回族姑娘王×，2009年参加了创业培训后，在吐乌大高速公路盐湖风景区创办了“××牌大豆专卖店”。王×利用培训所学知识，对销售市场、消费人群作了详细的分析和调研，针对老、中、青不同的消费群体，开发了20余种不同口味的大豆休闲食品。年加工、销售大豆近200吨，目前营业收入月均5万元，盈利1.5万元。一人创业，带动一方，王×的“××牌大豆”不仅给她自己带来了收益，还提高了当地数十家大豆加工户的加工量，农户大豆的种植量也在逐年增加。

例2：板房沟乡某维吾尔族青年，几年前开过商店、开过度假村都没有成功。2006年3月，他参加了手工艺品编织培训。掌握了编织技术之后，他在板房沟乡市场开了一家手工编织店，召集村上不能外出打工的农民来他这儿领料编织，织好的成品再由他收购销售到市区的边疆宾馆、国贸大厦等地。图2.6-8为手工艺品编织培训。

图2.6-8　手工艺品编织培训

（三）提高了农民的收入和社会地位

当前，进城务工农民已成为推进我国城镇化进程的生力军，但以前大多数农民因为缺乏劳动技能，只能从事低层次的体力劳动，收入较低。参加培训并取得职业资格证书后，他们的就业岗位被按照相应的技术等级来划分，劳动报酬也发生了很大的变化。

例1：40岁的青格达湖乡农民窦××几年前在家务农，后在外打工，由于没有技能和工作经验，只能帮别人看工地。参加中式烹饪培训取得了国家中级职业资格证书后，他目前在××农家乐担任了主厨，每月有2000元的固定收入。

例2：维吾尔族妇女阿××是乌鲁木齐市头屯河区的农民。2009年随着城市扩建和企业占地面积的不断增加，她家失去了用以劳作收获的土地。在“阳光工程”培训班上，她先后参加了手工编织、家政服务、中式面点等专业的学习，因在2010年11月举办的自治区家政服务技能大赛中成绩优异，她被推荐代表新疆参加了全国的家政服务大赛，现被巾帼家政聘为家政服务技能老师。从以前足不出户、家里什么事都要听丈夫的安排，到凭借自己的双手挣钱并获得社会和家庭的尊重，她发生了很大的改变，她的实例让其他少数民族妇女看到了希望，来参加学习的人也越来越多。

（四）为地方区域产业结构调整作出了贡献

培训中心充分利用技术和人才的资源优势，不断拓展办学空间，在专业设置、教学内容、师资建设方面都紧贴当地产业定位，为乌鲁木齐农业经济转型发展作出了贡献。

例：2002年，乌鲁木齐县水西沟镇加大了统筹城乡发展的力度，旅游业被确定为县上的支柱产业，并投入2400余万元对方家庄村实施旧村改造，发展“农家乐”。针对这种情况，“中心”将创业、烹饪和餐厅服务作为该县的主要培训项目，帮助农民利用学到的知识不断提高经营水平。来过方家庄的人最大的感受就是“培训和没培训就是不一样”。2005年，该村农民人均纯收入5860元，现在人均收入8000余元，游客数量逐年增长。图2.6-9为中式烹饪培训。图2.6-10为新农村新面貌。

图2.6-9　中式烹饪培训

图 2. 6-10　新农村新面貌

六、经验和体会

(一) 政府支持是“阳光工程”培训的保障

国家在政策和经费上给予“阳光工程”培训大力支持，乌鲁木齐市政府也将农村劳动力转移培训列入重点工作目标，通过多种方式为培训营造了良好的社会氛围。正是有了各级政府的正确引导，这项工作才得以快速推进。

(二) 深入调查研究，了解农民意愿，是开展培训的前提

国家开展“阳光工程”培训的目的就是让农民受益，培训实施要充分体现农民的需要，才能达到预期的目标。为此，“中心”坚持不懈地进行深入调研，全面掌握农村劳动力的基础情况和市场用工信息，确定了有针对性的培训方案。因为切入点恰当、培训方式适用，所以，培训和就业效果非常明显。

(三) 强化管理措施，提高培训质量，是培训成败的关键

在实施“阳光工程”培训的过程中，培训中心严格执行项目公开、第一节课、信息台账、月报和检查总结 5 项制度。项目组成员分工详细，责任明确，教学管理手段到位，教学实施过程中事事有人管，处处有标准。这些都为打造高质量的培训奠定了坚实的基础。

(四) 开展后续服务，是促进培训业务良性发展的重要支撑

农民转移培训，转移是落脚点，只重培训，而不重视就业、创业指导和专家咨询等后续环节，学习成果就无法得到转化和巩固，学而无用，不仅会浪费培训资源，还会严重挫伤农民学习的积极性，影响培训工作的长期开展。这几年，“中心”在培训的后续服务方面虽然投入了大量人力、物力，但培训人数的逐年上升以及农民对政府的感激也为“中心”带来了较大的社会效益。

案例提供单位：新疆生产力促进中心

第七章 技术服务

技术服务是指科技服务方组织拥有技术的一方为另一方解决某一特定技术问题所提供的各种服务，如进行非常规性的计算、设计、测量、分析、安装、调试，以及提供技术信息、改进工艺流程、进行技术诊断等服务。技术服务是现代工业经营管理的一个重要环节，它有利于用户提高使用机械产品的技术经济效果，也有利于企业本身提高产品质量和改进产品结构，并为扩大市场销售等经营决策提供依据。技术服务具体包括信息化服务、安装调试服务、维修服务、供应服务、检测服务、技术文献服务和培训服务等方面的内容。

[案例一]

提供产品设计验证 推动汽车、摩托车部件产业发展

产品设计验证服务主要指通过快速制造技术手段（如快速成型技术、CNC 技术等），以产品设计数模为依据，快速制造产品样机（件）或小批量试生产，利用样件对产品设计的功能、外观、装配、性能、市场反应等进行验证。验证结果形成回馈，指导设计的修正。经过如此若干次循环，将使产品设计质量达到理想状态。产品设计验证服务是重庆激光快速原形及模具制造生产力促进中心（简称 RP 中心）的主要核心业务。(为免泄密，案例图片为处理后的示意图)

一、业务背景

重庆是我国重要的工业基地，汽车、摩托车工业是其最重要的支柱产业。辖区内规模以上汽车、摩托车零部件企业达到 937 家。在汽摩零部件产业中，有 47 个零部件的产量进入全国前三位，成为了我国八大零部件出口基地之一。汽摩零部件企业群是重庆重要的产业集群。汽摩企业越来越重视产品设计，强调高效的市场响应，对产品设计验证服务的共性需求也越来越强烈。主要体现在以下几方面。

1. 在短周期内制作出产品的功能样件，可以迅速地实现低成本产品设计验证、宣传展示、市场验证，避免将早期设计缺陷累计到后期制造过程中，以达到提高设计质量、降低开发成本和风险的目的。经过多年的服务推广，功能样件快速制造的重要意义已为汽摩行业企业所深知，并且已经改变了汽摩行业产品的开发模式，已经成为各企业产品开发过程中不可缺少的重要环节。

2. 汽摩行业企业对产品设计的要求不断提高，对快速样件的要求也随之提高，希望尽量靠近原始的设计数据，并忠实模拟实际工程产品的状态。制造工程“仿真”度极强的功能样件靠单一的制造工艺无法满足要求，必须协调多种技术手段和工艺资源共同完成。这大大增加了样件验证制造的资源组织难度。企业独立组织样

件试制更是事倍功半，对样件验证制造服务外包需求广泛。

3. 快速制造工艺设备的投入较大，很多大型汽摩企业自己建立的研发中心设备利用率并不高；中小汽摩零部件企业的产品开发量更是很难满足设备和技术人员的使用效率，无疑增加了中小企业的运行成本，浪费了资源。因此，功能样件共性服务平台的打造无疑解决了这一矛盾。

重庆 RP 中心自成立以来一直致力于面向重庆汽摩零部件产业集群打造产品快速样件制造设计验证公共服务平台。重庆中心成立之初，就针对重庆的汽摩产业引进了快速原形技术，通过应用服务，将全新的产品开发理念引入重庆的汽摩企业，逐渐改造了行业的产品开发模式。经过多年的发展，RP 中心围绕汽摩零部件产品样件快速制造验证这一业务领域，不断引进、开发新的技术手段，以满足企业不断提高的样件制造要求。目前已经能够将 CNC 加工、RP 快速原形、精密铸造、RT（快速模具）技术等多种技术复合应用，解决了包括塑料覆盖件、金属结构件等各种功能样件快速制造的难题。

二、业务内容

汽车摩托车零部件产品种类繁多，根据功能和材料的不同，分类也不同，对样件快速制造服务要求和工艺技术也有所不同。重庆 RP 中心所提供的产品快速样件制造设计验证服务主要围绕以下几项内容开展。

（一）非金属样件快速制造服务

非金属样件制造是指用快速制造技术手段，依据产品三维数字模型，在最短周期内制造出产品功能样件。根据技术要求不同，样件的材料尽量模拟实际工程材料性能。RP 中心所采用的快速制造技术主要为 CNC（数控加工）技术和 RP 技术，根据样件类型不同，应用的工艺方式也有所不同。

1. 大尺寸非金属产品制作（如汽车摩托车覆盖件等）：采用 CNC 技术，根据三维数据应用加工中心加工工程塑料板材，经过简单处理得到样件产品。

2. 小尺寸非金属产品制作（如小模数塑料齿轮等）：采用 RP 技术直接成形，经简单后期处理得到最终样件。

此外，对一些特种表面要求的样件，还需要应用镀铬、丝印等特殊工艺。如图 2. 7-1 为用 ABS 塑料快速制作的样件。

图 2. 7-1　非金属快速样件（示意）

（二）金属样件快速制造服务

金属样件制作精度要求较高，加工相对困难，所以快速制造工艺较为复杂，尤其是汽摩发动机试制领域，复杂金属结构样件的快速试制一直是企业面对的难题。多年来，RP 中心为汽摩企业提供了大量金属结构件产品，基本探索出了一套行之有效的工艺路线。对于此类产品，多采用快速原形（SLS）技术与精密铸造技术结合的方式快速制造样件毛坯，再应用数控加工等方式完成毛坯的精密机械加工，形成合格的金属样件产品。复杂铝合金快速制造样件如图 2. 7-2 所示。

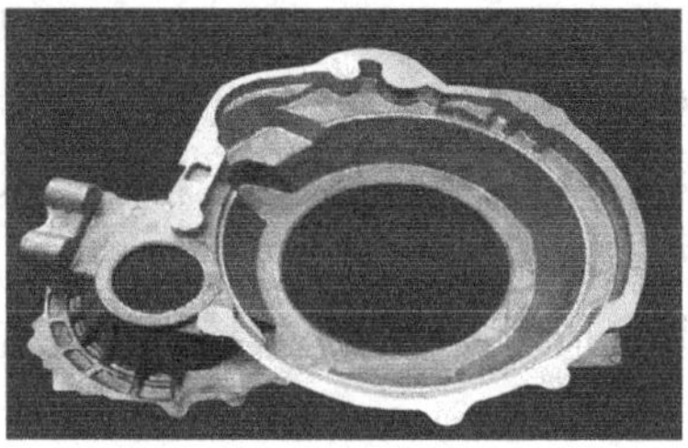

图 2. 7-2　复杂铝合金快速制造样件（示意）

（三）快速模具制造服务（RT）

此类服务主要针对有小批量试制需求或特种技术要求的塑料汽摩零部件产品的验证试制服务。RT 技术服务需要在应用其他快速制造技术（快速成形或数控加工）制造出样件的基础上，采用硅胶模具技术，选择合适的产品材料，采用真空注型技术翻制企业所需要的样件。近年来，RP 中心着重研究了耐高温类工程塑料产品（如塑料进气歧管等）的特种快速模具制作工艺。图 2. 7-3 为某产品快速模具。

图 2. 7-3　某产品快速模具

三、工作步骤和方法

开展功能样件试制技术服务的主要过程同样分为需求导入（服务信息获取）、需求分析及初步方案制订、详细方案制订、项目实施等总体环节。但是由于功能样件试制过程复杂，在项目组织等方面有很多特殊性，RP 中心在实施此类项目中有一些特别做法。获取服务信息是开展服务的先决条件，此处不再赘述。

（一）需求分析及初步方案制订

1. 帮助客户选择适合的技术路线。功能样件试制是相对复杂的工艺过程，同时汽摩零部件的性能差异很大，应按照客户要求对各种工艺进行比对筛选。要在众多的技术路线中选择适合要求、低成本的技术方案。

2. 技术工程师全程参与沟通。RP 中心在实施此类项目时，从一开始就派技术工程师全程参与技术沟通，便于明确要求和制订技术方案，使技术方案的制订根据针对性和有效性，同时为RP中心参与市场竞争提供了有力的支持。

（二）详细方案制定

1. 实施项目负责人制度。功能样件试制是一个单件制造的过程，工艺不确定性强，可参考的技术经验不多，实施过程中易发生偶然情况，RP中心采用项目负责人全程跟踪各个实施环节，协调处理突发情况，组织资源，确保项目实施。

2. 制订备用方案。同样地，由于功能样件试制是一个工艺不确定单件制造的过程，预先制订的技术方案可能在实施过程中无法推进，RP中心一般都会做备用方案准备，确保服务顺利完成。

（三）项目实施

1. 整合社会资源。功能样件试制的工艺链相对较长，涉及的技术较多，尤其是特种的工艺，如镀铬、丝印、热处理、高精度机加工等。RP中心采用整合社会资源的方式来完成样件制作，既控制了核心技术，又降低了试制成本，提高了资源利用率。

2. 建立过程质检监控体系。还是由于新产品试制的工艺不确定性，RP中心建立了各个技术环节的质量监控体系，对每步工序下来的过程产品均进行综合检测，避免由于过程中出现偏差直接进入下一工序造成不可挽回的后果。此外，由于样件产品与实际产品还有一定距离，如果完全按照工程产品的技术要求来实施检验必将增大试制难度和成本，在某种意义上“造成质量过剩”。RP中心在制作过程中需制订综合检验标准，根据客户的具体需求来确定样件合格与否。

（四）产品设计验证服务流程

不同制造工艺的技术流程也各不相同，在明确了技术需求和工艺方案的基础上，产品设计验证服务的总体技术流程如图2.7-4所示，流程中实施快速制造的支持技术需要根据具体样件类型、技术要求进行综合选择。

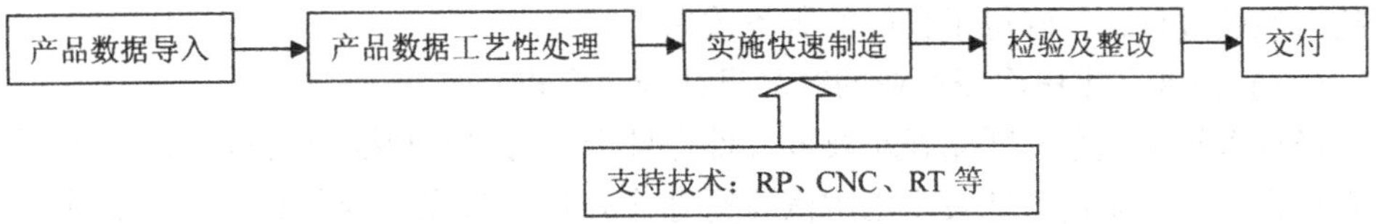

图2.7-4　产品试制技术流程

四、服务团队

RP中心开展产品样件制作验证的服务团队成员主要是应用RP、CNC、RT、精密铸造等技术手段，在产品开发过程中，为企业提供低成本快速制造工程物理样件以满足工程验证的解决方案。由于快速制造工艺衔接了前端的高精尖技术和各种特种加工工艺，服务团队必须由熟悉各种工艺、经验丰富的高级机械工程师领衔，带领一批精通快速制造技术的工程师和技师共同组成，同时，团队必须具有较强的协调整合社会资源的能力。此外，开展快速样件制作服务必须具有关键的技术设备和相应的支持软件，在此将RP中心进行产品设计验证服务的主要技术团队结构和软硬件资源情况作一下介绍。RP 中心的硬件平台是针对汽摩零部件产业打造的，如表 2.7-1 所示。

表 2.7-1　　快速样件制作主要资源配置

资源配置		数量	备注
主要软件系统	Master CAM		数控编程软件
	Magics		STL 文件处理软件
主要硬件系统	数控加工中心	4 台	最大行程超过 1000mm
	快速成形系统	3 台	2 台 SLS 成形系统，1 台 LOM 成形系统
	真空注型机	1 台	快模具设备
	精密铸造系统	1 套	金属样件制造必需设备
人员配置	数控编程工程师	2 名	3 年以上的专业工作经验，本科以上学历
	样件后处理技师	6 名	其中高级技师 4 名，8 年以上专业工作经验
	专家技术团队	5 名	2 名高级工程师牵头主管样件制造服务，项目技术负责人 3 名，本科以上学历，3 年以上工作经验。另外聘请 2 名兼职教授作为技术顾问

五、服务成效

RP 中心成立以来一直致力于打造面向汽摩产业集群的样件制造验证公共服务平台，与重庆乃至全国的众多汽摩零部件企业建立了良好的合作关系。多年来，RP 中心制作汽车零部件样件能力涵盖了汽车各部分的零件产品，服务所涉及的车型众多，包括奔奔、悦翔、嘉年华、蒙迪欧、S－MAX、爱丽舍、力帆 620 等，累计服务的摩托车型超过百款，取得了良好的服务效果。

（一）改变了重庆汽摩行业的产品设计开发模式

经过多年在汽车摩托摩托车及零部件样件产品的服务和推广应用，RP 中心引进的多种样件快速制造验证技术已被汽摩行业企业广泛接受。新的快速制造技术引入改变了产品开发的传统模式，尤其是对于一些复杂的零部件产品，解决了其开发过程中难以开展工程验证的技术“瓶颈”。

例：2008 年，重庆××企业开发变速器新产品，需要制造出 5 台实验样机作为装车的实验件，以验证产品设计数据及结构性能。但变速器壳体结构复杂，设计复杂，产品材料和制造精度要求高，传统工艺方法很难实现样件快速制造及产品验证，产品开发成本及风险很高。该企业与 RP 中心有过多次合作，此项目再次谋求与 RP 中心合作。RP 中心承担此项目后，与企业开展了深入的技术沟通，并聘请了重庆大学的专家作为技术顾问。经过多轮技术讨论，制订了相对可靠的技术方案，采用精密铸造工艺，并与快速原形技术结合快速制造产品毛坯。并且，为保证项目顺利实施，制订了补救技术方案，防止铸造报废引起项目延期。RP 中心制订了详细的项目实施流程进度，明确了项目负责人，最终在 30 天内如期完成了样件的快速制造（见图 2.7-5），合作取得了圆满成功。此工艺技术的引入改变了此类复杂铝合金结构件的开发模式，降低了此类产品的开发风险。

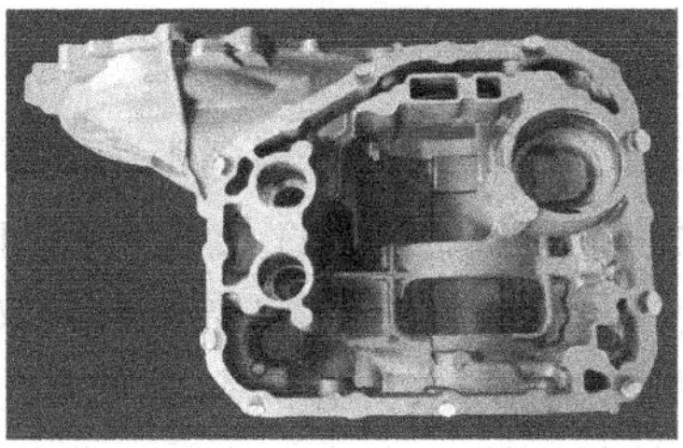

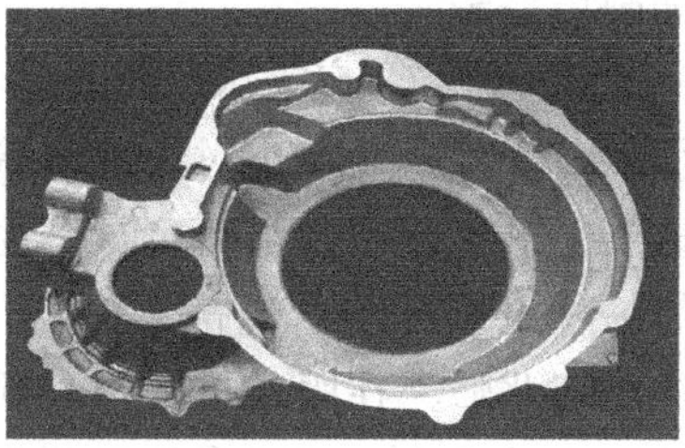

图 2.7-5　变速器壳体样件（示意）

（二）建立了面向汽摩产品的设计验证技术服务平台

RP 中心着力打造的汽摩产品的设计验证技术服务平台，为“两车”行业中小企业的产品创新提供了专业技术服务，推动了新技术在汽车摩托车企业中的应用。

例：进气歧管是汽车发动机的关键部件，金属塑料进气歧管由于重量占比大，制造加工工艺复杂，成品率低，目前已被塑料进气歧管代替。随着我国发动机自主研发的不断深入，企业对此类产品的开发和验证需求在不断增加。2010 年，RP 中心针对这种情况，开展了塑料进气歧管的设计验证技术研究。经过与多位专家合作与不懈的努力，最终找到了一种能满足塑料进气歧管 110℃耐温实验的功能样件的材料，探索出了一套可使样件精度达到产品级要求的快速制造工艺路线。应用此项技术，塑料进气歧管功能样件产品在耐高温、耐腐蚀性以及强度、密封性、疲劳性能等方面均接近实际工程产品。RP 中心运用此技术，为某进气歧管制造企业提供了 20 个样品的小批量试制服务。RP 中心提供的样件（见图 2.7-6）在精度等方面的技术指标均优于德国样件供应商所提供的产品。通过此次合作，RP 中心获得了该企业的信任。此项技术的应用推广，将为汽车行业开发塑料进气歧管提供有力的技术支撑。

图 2.7-6　某公司塑料进气歧管样件（示意）

六、经验和体会

重庆RP中心从成立之初就致力于为企业提供高质量快速样件的服务工作，RP中心全称中“激光快速原形”就体现了这一特点。经过10余年的发展，积累了丰富的样件制造经验。

（一）深入理解客户需求，选择适当的工艺方案

在很多时候，企业客户对快速制造工艺了解并不深刻，对很多工艺方式并不理解。而事实上，各种工艺都有自身特性和适应性，快速制造样件是多种工艺的组合，没有任何一种工艺可以“包打天下”。如果仅仅只是按照客户的要求来选取技术方案，往往南辕北辙。在服务过程中必须深刻理解客户需求，并向客户深入介绍各种工艺特性，协助客户选择适合的工艺方案，才能保证服务成功，使客户满意。

（二）勇于开拓创新，多手准备保证项目实施

新产品的试制具有极强的工艺不确定性。在每一次进行全新产品试制时均面临新的挑战，可参考的技术方案有限，甚至可能面临“前无古人”的情况。在此情况下，如果只遵照已有经验来开展工作，不勇于开拓创新，就很难取得突破。勇于挑战是进行功能产品试制服务所必须面对的压力。根据RP中心的服务经验，在面对全新产品试制项目时（有时产品不一定很复杂），必须要制订后备方案，进行多手准备，能够保证项目实施。有时甚至要推翻前期整体的技术方案选择，采用全新的方式进行重新试制。

（三）整合社会资源，完善技术链条

企业客户对样件的要求不断提高，客户已经不再满足于样件只停留在“能看不能用”的状态，需要样件能够“高度仿真”真实工程产品。这就要求要有更多的工艺技术予以支撑，而服务机构不可能建立产品生产的完整工艺链，尤其是一些特种加工如镀铬、热处理等。因此，服务机构必须具有很强的社会资源整合能力，集成多种工艺为样件制造所用。RP中心多年来深入行业，与众多特种工艺企业、检测机构、大学等建立长期稳定的合作关系，为RP中心提供高质量的样件提供了保障。

（四）回访客户，总结经验

由于开展技术服务的特点，在完成了试制项目后，样件是否能够完全满足客户需求，有时并不明朗。有时客户会主观地认为快速制造技术“仅此而已”“不可取”，这为后期服务带来了不便。RP中心在完成重大项目后均要对客户进行回访，跟踪样件使用情况，获取全面信息，与客户深入沟通，为以后服务的技术改进提供基础资料，同时也将建立客户的信心，为以后开展深入的技术合作奠定基础。

案例提供单位：重庆激光快速原形及模具制造生产力促进中心

[案例二]

实施“两甩”工程　提升企业信息化能力

一、业务背景

在“十一五”期间，宁波产业结构实现了重大转变，第一产业比重逐步下降，第二产业发展迅速并居于主导地位，第三产业相对增长较快。面对全球金融危机，宁波市有效顶住金融危机的巨大压力，实现主要经济指标平稳回升，经济总体复苏

良好。目前，宁波已初步形成以临港大工业、传统优势产业、高新技术产业为主体，区域特色鲜明的现代工业体系，涌现出了一大批在国内外有一定知名度的优势骨干企业和名牌产品。宁波已基本成为长三角南翼重要的制造业中心和全国的工业大市，步入了工业化发展的中后期阶段，为“十二五”期间的信息化和工业化融合创造了有利条件，为宁波工业实现成功转型升级、走出一条具有宁波特色的工业化发展道路奠定了良好基础。

同时，在“十一五”期间，宁波市以形成企业核心竞争力、加快转变经济发展方式、推动产业结构优化升级为目标，在市政府的大力支持下，开展了制造业信息化建设工程，着力推进“两甩”示范企业的建设，引导扶持制造业信息化公共服务平台建设，组织制造业信息化关键技术的攻关，承担制造业信息化中介服务体系建设，并取得了良好的成绩。继“十五”制造业信息化示范工程之后，宁波市继续开展示范体系的建设。宁波市设立了专项资金，实现了市、县区两级示范联动。“十一五”期间，培育了10家“甩图纸”示范企业，10家“甩账表”示范企业，4家“甩图纸+甩账表”示范企业，42家“甩图纸”“甩账表”推广应用企业，扶持资金共计5225.7万元。在“十一五”期间，宁波市形成了完善的制造业信息化技术咨询服务体系，服务220家以上企业，培训各类人才2万人次，开展“两甩”工程成果推广活动16次。

示范企业和推广应用企业取得了明显的效益：

（1）新产品贡献率提高指标16%；

（2）新产品开发周期缩短22%；

（3）生产周期缩短12%；

（4）产品平均综合成本降低11%；

（5）新产品数量年均增加24%；

（6）累计新增直接经济效益15亿元。

宁波市制造业信息化工程在“两甩”项目、关键共性技术的攻关和平台建设方面取得了很多高水平的成果。培育了软件企业项目86项，取得发明专利2项、软件著作权28项，发表相关论文15篇。

通过建设宁波市制造业信息化公共技术平台、宁波市中小企业信息化公共服务平台、汽配行业TS企业管理平台、宁波工业设计信息平台、区域集群协作互动信息化公共服务平台共5个平台，引导企业开展信息化建设，增强企业信心，提高信息化成功率。宁波市又组织相关科研力量对5项关键共性技术研发和攻关。

在宁波市各级政府的组织与领导下，在国内许多信息化软件公司和咨询公司的大力支持下，在企业的积极参与和配合下，宁波市制造业的信息化建设程度明显提高，企业家对信息化建设的认同度也越来越高，信息化带动工业化的效果日益明显，信息化工作体系逐步健全，信息技术在经济、社会各领域的推广应用全面开展。

二、业务内容

宁波市制造业信息化信息集成公共技术平台，立足于解决企业发展中遇到的在企业整体供应链管理及产品设计管理过程中遇到的数据基础不一致、各部门信息无法及时准确共享、业务沟通不畅的问题，以区域特色经济为依托，以 ERP 和 PDM 的数据共享与集成为研究对象，以宁波市为主要区域，以 PDM 与 ERP 的信息集成的设计开发、信息咨询为技术主线和支撑平台，为该区域的企业提供全方位的技术支持和服务，解决关键技术问题，将 PDM 与 ERP 的高新科技成果转化为生产力。

宁波市制造业信息化信息集成公共技术平台，针对中小企业的信息化建设中的集成问题，以公共服务为手段，提供专业化的共性应用服务，支持不同信息系统之间的信息沟通与交流。以区域内行业龙头企业为示范，带动产业链上一大批相关企业，促进宁波区域内块状经济以及跨区域产业链协作，加快宁波市中小企业发展。

建设内容包括：信息集成通用基础服务平台、企业应用定制开发平台“两大系统”；专业的技术支持及咨询服务“一大内容”。

（1）完成信息集成通用基础服务平台开发及建设；

（2）开展企业应用定制开发平台研发；

（3）开展 PDM、ERP 集成案例库建设；

（4）开展企业应用定制开发平台的企业应用；

（5）以 PDM 与 ERP 集成为核心技术，在电子、电器、机械（模具）行业中实施 2 家以上的信息集成应用示范企业；

（6）在电子、电器、机械（模具）行业中开展 4 家以上的信息集成公共技术平台应用推广。

三、工作步骤和方法

自宁波市制造业信息化信息集成公共技术平台立项以来，宁波市生产力促进中心（以下简称“中心”）联合其他课题参加单位主要开展了以下方面的工作。

（一）对宁波市制造业企业进行调研

充分利用各种资源，通过各种渠道对宁波市制造业企业的信息化状况和 PDM/ERP 需求进行业务调研工作，了解其企业信息化状况、产品开发、设计、制造、管理和企业协作过程，总结行业需求特点，进行业务抽象。

“中心”承接该课题后，利用自身渠道资源，同时依托宁波市制造业信息化服务联盟、宁波市制造业信息化示范工程和宁波市中小企业信息化联盟平台，对宁波市的中小企业开展广泛的调研。

（1）市场竞争和国内外市场的发展要求企业具有快速应变的技术实力。

（2）PDM 等技术信息化软件普及率不高。

（3）企业在有效的数据管理和灵活的工作流程管理方面对 PDM 功能有着强烈的需求。

（4）迫切需要对现有信息化资源进行整合，结束信息资源各自为政的状况。

（5）企业迫切需求一个信息化通用平台支持。

（二）完成信息集成通用基础服务平台的开发及建设

信息集成通用基础服务平台从 2006 年已经开始规划和原型设计，在 2007 年承接课题后，结合课题要求，投入大量开发资源进行全面的开发工作，并投入企业实施应用。其后，经过改进完善和性能优化，已达到可支持企业应用所需的成熟度。

（三）企业应用定制开发平台的研发及完善

通过课题组的努力，在企业应用定制开发平台方面，主要开展了以下工作。

1. 产品数据管理规范。

制定完善的企业产品数据管理规范，是企业应用的基础和依据，虽然企业在数十年的发展历程当中，积累了完善的管理和规范制度，但是在全面采用计算机管理后，由于现阶段企业生产和技术管理不可能完全脱离纸介质，即指挥一线生产的技术文件仍旧是传统的纸介质文件，这样就形成技术文件两条线的管理：电子文档和纸介质文档。为此，必须针对计算机的特点，总结企业多年成功的经验，制定适合计算机条件下的一系列管理制度和规范，使各种信息系统在流程和管理数据方面有切实可行的管理流程和数据规范，从而保证建设项目的实施。

2. 利用通用基础平台的报表及企业数据库定制工具。

通用产品数据系统提供各种定制工具满足企业各种报表和企业数据库的建立和管理，企业在多年的生产管理当中，已形成相当规范的报表和图档数据管理体系，为企业广大职工所熟悉。为此，在尽可能满足企业生产需要的条件下，通过对部分文件作适当的修改以及完整电子文档和纸介质文档的统一，是软件应用成功极为重要的一环。企业实施 PDM 和 ERP 更重要的一层是为生产管理提供正确可用的数据源。企业数据库标准和数据接口规范的制定是企业实施 PDM 和 ERP 的核心。

3. 基于客户组件化设计的客户需求调查和应标体系。

运用系统的客户化组件，按照企业的需求定制客户需求调查表和组件供用户下载及反馈，建立以设计、工艺及供应数据为核心的快速数据查询和组织体系，服务于企业应标和客户快速反应机制，最终打造与企业经营决策的快速有效的数据源和辅助决策系统。

4. 企业运用基础平台工具建立适合企业模式的工作环境体系。

通过建立一系列的管理标准和规范，能够保证软件在运行当中有据有序地工作。但是，软件最终使用的是具体完成各项工作任务的每一个人。按员工职权定制企业软件工作环境是保证企业软件运转的工作基础。

（四）开展 PDM、ERP 集成案例库建设

宁波市的区域块状经济非常明显，有 145 个，占全省的四分之一，占全市工业总产值 60% 以上。这些企业多数是科技含量和信息化水平较低且较难单独建设自己的信息系统的中小企业。因此，选择块状经济的重点行业——电子、电器、机械（模具）——作为企业试点的重点，加大信息技术推广应用力度是十分必要的。同时，又十分重视行业龙头企业的信息化，这些龙头示范企业给其他制造企业起到了很好的示范作用，有效地带动了全市设计制造信息化的全面开展。

1. 信息集成应用示范企业建设。

在针对各重点行业的典型企业需求调研和实施经验总结的基础上，研究了适应行业特点的行业解决方案，开发了一些具有行业特色的软件功能和工具，形成了以 PDM、ERP 集成为核心技术的通用基础服务平台。建立行业解决方案后，以宁波××集团公司为试点单位，实现了 PDM、ERP 集成应用，为通用基础服务平台建设提

供了完善的技术平台支撑。

2. 通用基础服务平台应用。

本着政府引导、企业创新、运用市场手段推广应用的宗旨，课题承担单位在政府政策营造的良好氛围中，投入大量精力，并依靠非政府的力量在宁波市制造业企业中推广通用基础服务平台应用。

在课题开展之初，“中心”根据宁波市的市场情况建立了3条推广渠道：一是以“中心”力量为主体组建了一套销售推广队伍，结合乡镇工作站的力量，通过在日常的业务活动时与企业发生的日常接触中发现商机、发掘需求，进行针对性的推广活动；二是通过“中心”与宁波地区现有从事制造业信息化推广的有关软件企业的接触，采用多种商务策略，鼓励这些软件企业在PDM、ERP应用以及集成方面的推广加大力度；三是从2005年开始与北京某公司合作，借助合作单位的技术力量与营销平台开展推广应用活动。

以合作公司重点目标客户为“点”、软件企业客户群为“线”、“中心”服务的企业为“面”，三路并举，在“点”“线”“面”三个层次同时开展PDM推广。在这三条渠道的共同努力下，在针对数据管理与工作流管理进行共性需求总结归纳的基础上，“中心”在电子、电器、机械（模具）行业中开展的有针对性的以数据管理和工作流管理为核心的推广应用，现已取得良好效果。

（五）业务流程图

平台服务的实施路径，按照如图2.7-7所示的流程来开展工作。

四、服务团队

在平台建设之初，“中心”联合宁波职业技术学院和双林集团共同完善平台，充分体现了产学研联合的优势。为了保障平台的顺利建设，三方联合组建团队共同建设平台。团队主要服务内容有以下三方面。

一是信息集成通用基础服务平台为该区域的企业提供全方位的技术支持和服务，解决关键技术问题，将PDM与ERP的高新科技成果转化为生产力；

二是企业应用定制开发平台，以区域内行业龙头企业为示范、带动产业链上一大批相关企业，促进宁波区域内块状经济以及跨区域产业链协作，加快宁波市中小企业发展；

三是专业的技术支持及咨询服务，针对中小企业信息化建设中的集成问题，以公共服务为手段，提供专业化的共性应用服务，支持不同信息系统之间的信息沟通与交流。

五、服务成效

目前，项目已经完成了信息集成通用基础服务平台、企业应用定制开发平台的开发和建设，并拥有专业队伍对企业的PDM、ERP集成提供专业咨询和技术支持。

项目在完成信息集成通用基础服务平台、企业应用定制开发平台的开发和建设以外，还开展了PDM、ERP集成案例库建设，拥有案例10例，开展了企业应用定制开发平台的企业应用，通过在电子、电器、机械（模具）、汽车等重点行业选择行业领先的企业中选取两个集团进行推广应用示范，并在多家企业中成功推广应用

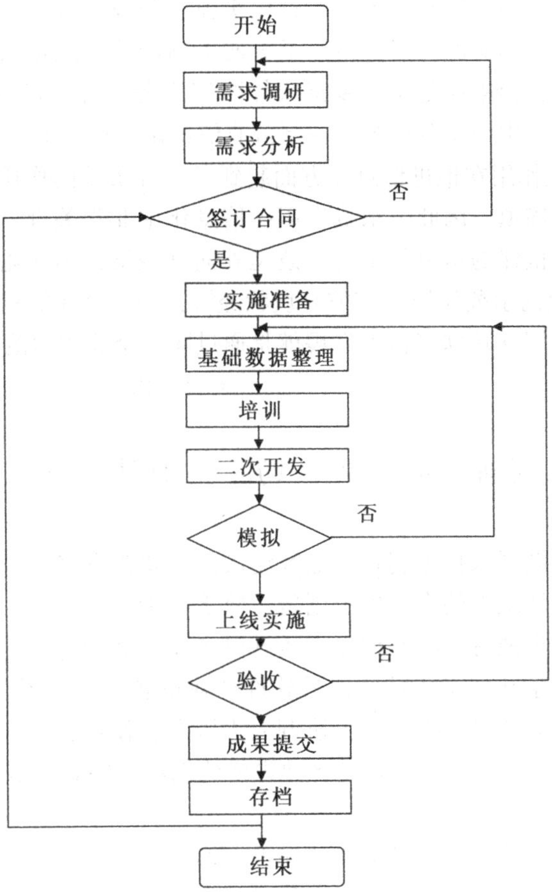

图 2.7-7　业务流程图

且取得了良好的效果。在这些企业中，PDM 已经在产品设计、工业设计、生产加工等环节得到了全面应用。

六、经验和体会

1. 在“宁波市制造业信息化信息集成公共服务平台”课题中，以“中心”为主导，宁波职业技术学院提供软件开发环境和研发过程中的技术协助，并在学院学生中开展相关的培训与宣传，××集团提供研发成果的实际应用反馈，三方联合，从各个方面不断完善平台功能，充分体现了产学研联合的优势。

政府在信息化工程中扮演为企业服务的角色：信息化是企业的自主行为。政府不要求企业做这做那，充分尊重企业的选择。主要是通过“中心”提供各种服务，促进信息化的发展。

“中心”以多种形式、不同层次服务于制造业信息化。“十一五”期间，坚持背靠政府、面向市场，开展了大量的宣传、组织、咨询、监理等服务工作。整合各种资源，促进制造业信息化科技示范工程的全面发展，达到四两拨千斤的目的。

鉴于宁波本土的软件公司实力不强，“中心”联合国内著名的软件公司，如艾克斯特、金蝶、用友、神州数码等，一起为企业信息化服务。这些公司都在宁波建立了实力强大的分公司，拥有庞大的信息化实施和服务人员，服务企业的数量在几百家到上千家。采用加盟的方式，组建了宁波市制造业信息化服务联盟，形成了以“中心”为核心、专家组为支撑、多家软件咨询服务企业、高校为基础的产、学、研相结合的较完善的中介服务体系，在制造业信息化工程的工作中发挥了重大作用。

2. 企业的示范作用在推进信息化方面起到了十分重要的作用。宁波企业有很强的学习能力，并很谨慎。因此，示范作用在信息化中非常关键。其中主要包括：国外竞争对手和合作伙伴的示范作用（宁波是外向型经济，国际竞争度和合作度高）；领先（龙头）企业的示范作用（宁波是块状经济，领先企业的示范作用十分明显）；同行企业的示范作用（块状经济的发展就是通过同行企业的示范作用实现的）。

案例提供单位：宁波市生产力促进中心

[案例三]

创新运营模式　助推产业技术升级

一、业务背景

软件产业是东湖国家自主创新示范区建设的重要内容之一。东湖高新区内聚集的众多智力资源，活跃着的大批勇于创新、敢于实干的创业者、企业家是东湖国家自主创新示范区建设强有力的原动力。通过以产业发展为导向，打造公共技术服务平台，实现资源共享和技术支持，促进软件产业链各项业务发展；以项目为载体，畅通项目渠道，协同项目承接企业，协调人力资源，使项目、企业、人力资源做到合理配置，为东湖国家自主创新示范区建设搭建创新、创业的示范环境。

二、业务内容

武汉东湖新技术开发区生产力促进中心（以下简称“中心”）组织建设的湖北软件开发与测试公共服务平台（以下简称“平台”）主要是指将企业需要的 IT 软硬件和管理工具集成为一个完整的服务平台，从而为软件及信息服务外包企业提供共享服务和技术支持。

平台涵盖软件工具、硬件设备、技术支持、信息共享、人才培训、外包协作 6 大方面的技术服务，形成了完整的技术服务支撑体系。

平台下设相关技术支撑子系统：云计算中心、软件开发管理子系统、软件测试实验室、IC 设计实验室、软件产品演示系统、远程教育子系统、企业信息交流与共享子系统等。

三、工作步骤和方法

（一）运作体系

1. 指标设计体系：“中心”作为指标确立者，依据《国家中长期科学和技术发展规划纲要（2006—2020）》和高新区产业发展方向，制定平台中长期发展和服务目标，并在每年年底征集软件产业链上相关企业需求，对下一年度发展和服务目标予以细化，确定具体指标。

2. 运营服务体系：依据平台年度发展和服务目标，通过择优竞标的模式确定专业技术单位负责运营服务。

3. 绩效考评体系：依据平台年度发展和服务目标，委托第三方专业机构对平台年度发展和服务目标进行考评。

（二）工作步骤

1. 年度目标的制定：每年 11 月，“中心”依据国家和高新区产业发展方向，对平台中长期发展目标进行分解、调整，确定年度目标。

2. 考核指标的确定：根据平台年度目标，“中心”对产业集群及产业链各企业进行走访调研，对次年平台发展目标、服务目标予以细化，制定考核指标。

3. 运营方案的审批：平台运营单位依据年度发展目标和考核指标提出运营方案，运营方案经“中心”初审后交部分中小企业提出修改意见，“中心”综合运营单位和使用单位的意见，最终确定平台运营方案。

4. 服务运营的提升：通过考核指标和运营方案的制定、审批，监督运营单位的服务实施，并在运营中主动提升服务水平、技术水平，谋划平台技术进步方案。

5. 绩效的考核与评价：“中心”委托第三方机构依据平台年度目标和运营方案，在对使用单位抽查的基础上，对平台全年状况进行报告分析，提出考核评价成绩。

6. 费用的核实与拨付：“中心”依据绩效考核评价情况，拨付平台运营费用。

（三）工作流程

工作流程如图 2. 7-8 所示。

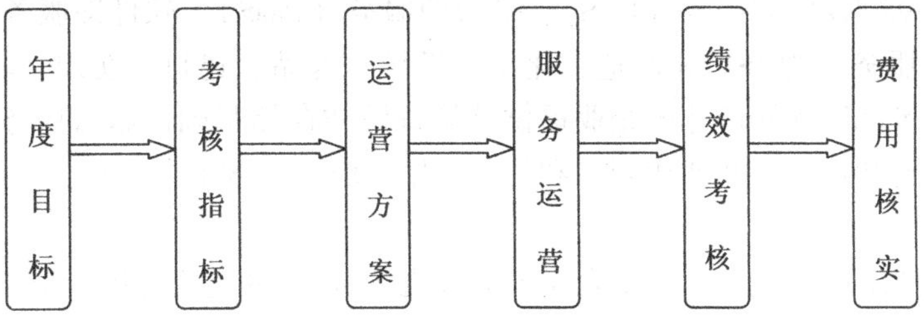

图 2. 7-8　工作流程图

四、服务团队

平台是多方位服务，因此，平台以“中心”为主，集合高新区专家资源，通过运营单位、第三方机构打造集成服务团队。该服务团队分为 3 个小团队。

一是指标设计体系研究团队，主要负责的工作是：依据《国家中长期科学和技术发展规划纲要（2006—2020）》和高新区产业发展方向，制定平台中长期发展和服务目标，并在每年年底征集软件产业链上相关企业需求，对下一年度发展和服务目标予以细化，确定具体指标。

二是运营服务体系研究团队，主要依据平台年度发展和服务目标，通过择优竞标的模式确定专业技术单位负责运营服务。

三是绩效考评体系研究团队，主要依据平台年度发展和服务目标，委托第三方专业机构对平台年度发展和服务目标进行考评。

三个小团队既能独立地为企业提供改善运营模式方面的帮助，又能联合起来为地方的经济发展提供有价值的参考意见。

五、服务成效

由于实行了权属分离，运营独立，考核公开，平台对中小企业服务的效率得以大幅提升，中小企业从中受益颇多。

（一）搭建云计算中心，促进本地云计算应用

1. 开展云计算技术研究：平台研究云计算开源技术，如虚拟机产品 XEN、KVM，云计算操作系统 Hadoop 等；举办“云计算下的软件及服务外包企业发展战略”研讨会，让更多的企业认识到云计算带给他们的机遇和挑战。

2. 注册成立光谷云联盟：平台于 2010 年 8 月 12 日注册成立了光谷云联盟。旨在联合、创新、发展：推动本地云计算应用；提升本地云计算服务能力；形成云计算服务人才高地；吸引云计算服务厂商投资。现已有 14 家成员单位。

3. 搭建三网融合云平台：三网融合云平台是以云计算为基础平台，为三网融合业务提供研发和运营支撑服务的创新型平台。主要为三网融合云应用及内容服务提供商提供云计算环境、运营支撑服务和研发支持服务，降低产品研发和营运成本，缩短产品上线周期。目前已完成 BOSS 系统研发及上线工作，互动电视平台（三网融合云应用平台的一种）已处于研发尾期。

4. 筹建两化融合企业信息化云平台：两化融合企业信息化云平台将采用云计算技术，提供基础设施即服务（IaaS）、平台即服务（PaaS）、软件即服务（SaaS）三种模式的云服务。为 ISV 和制造、化工、机械、食品、建材、纺织、轻工、医药、光电子信息等武汉支柱产业的企业提供计算资源和存储基础设施云服务，为企业云应用开发平台和接口以及通用管理和行业应用云服务。该平台将与云应用 ISV 合作，正在筹建中。

5. 筹建 3S 云平台：3S 云平台主要为领先领域 3S 的企业提供云服务创新实验平台和 3S 应用云计算运行环境。该平台将采用分布式云计算和云存储技术为企业提供海量数据存储和高性能并行运算服务。此平台亦可延伸到其他行业，如医药、气象、金融等。

（二）通过 IDC 基础服务，提升平台设备的利用率

1. 设备及场地使用：

平台服务器 44 台，正在使用 38 台，利用率 86%；

平台网络设备 13 台，正在使用 9 台，利用率 70%；

平台 PC 机 83 台，正在使用 73 台，利用率 88%；

平台带宽 110M，平台使用 50M，租赁 45M，平台办公 15M，利用率 100%；

平台场地 945. 38 平方米，正在使用 945. 38 平方米，利用率 100%。

2. 带宽租赁服务：为 12 家单位提供 45M 带宽服务。

3. 服务器租赁：为 8 家企业开展了 SaaS 应用或 Web3. 0 技术创新工作，共提供 21 台刀片服务器和 2 台曙光 A620R－EH 服务器。

4. 台式机租赁：为 4 家企业提供了台式机的租赁服务，累计提供 260 台/月。企业租赁台式机主要用于培训。

5. 服务器托管：为 5 家企业托管服务器 19 台。

（三）通过平台市场服务，助力企业市场推广

利用平台门户和平台知名度，帮助企业进行市场宣传。平台门户已有 303 家企业注册，252 家企业已将其企业、产品、服务、解决方案等信息发布到平台。

平台接待区设立企业形象展示区，共 5 个展架，目前展示的企业已经达到 40 家，展示企业产品、服务和解决方案 180 个。

（四）通过平台智力服务，助力企业融智

1. 招聘与求职发布。已有 62 家本地企业在平台门户上发布了人才招聘信息，共收录了 1885 位社会人才和大学毕业生信息。

2. 组织专场招聘会。组织深圳 3 家企业分别于 3 月 27—28 日在平台培训教室举办专场招聘面试会，应试求职人员共 76 人。

3. 通过专家团服务，为企业的技术发展、项目申报提供有力保障。

（五）SaaS 创新与孵化

武汉时捷软件公司、易维软件公司、阿格玛公司、武信咨询已入驻平台并开展了 SaaS 孵化，已将其研发的 SaaS 服务部署在平台。

百纳技术、百思极致、金力软件等四家企业已开始进行入驻前的准备工作。另有一家本地企业拟将其 SaaS 应用从苏州风云在线迁回至湖北软件开发与测试公共服务平台。

例：武汉××公司是面向欧美、日本以及国内市场的制造业、金融、电信、能源及 IT 行业提供 ITO、BPO 服务的企业，平台为其提供信息、人才、培训、资源等服务，促进其专业技术发展。

具体体现在：公司借助平台场地资源、IDC 资源以及其他设备，为该公司的业务发展提供了有效的辅助支撑作用；公司借助平台电信级 IDC 机房的设施和设备，与世界五百强企业之一进行数据业务，协助该公司走出去；公司借助平台的小型机资源，与 IBM 合作，开展联合培训业务，增强与 IBM 的合作关系；公司借助为平台联系多家培训机构和高校，拓宽人才招聘渠道，缓解人才招聘压力；公司借助平台云计算实验中心，开展云计算研发和服务。

六、经验和体会

（一）运营模式创新

为解决公共服务平台运营中可能出现的弊端，平台突破限制，创新运营机制，采取“中心”提出的发展和服务目标，监督实施；委托专业技术单位运营；委托第三方专业机构实施绩效考核的运营机制。运营模式创新见图 2. 7-9。

该运营机制能有效解决以下几个问题。

1. 可持续发展问题：“中心”提出效能利用及服务水平指标并落实建设和运营经费，由此可避免运营单位的短期逐利性，而追求平台利用率最大化和服务水平提升。

2. 技术创新问题：专业运营单位能充分发挥技术先觉性和灵敏的市场感知，能有效解决技术发展、技术人才聚集的问题。

3. 激励问题：第三方专业机构依据考核指标体系对平台运营单位进行年度考核

图 2. 7-9　运营模式创新示意图

和评价，考核结果与拨款挂钩，有效解决了公共服务体系运行效率低下的问题。

（二）协作发展创新

平台突破软硬件单纯搭建的运营理念，构建多平台互动，与中心其他公共技术服务平台和区域内其他共享平台实现对接，优势互补，资源共享。见图 2. 7-10。

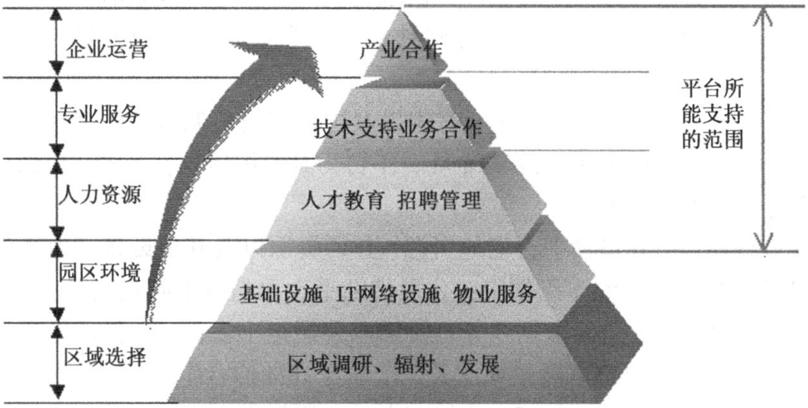

图 2. 7-10　协作发展创新示意图

1. 构建服务全省软件企业的数字化平台：采用虚拟服务器等业界成熟的技术，利用现有的互联网设施，突破平台的物理范围限制，把平台的服务从软件园推送给全省的软件企业。

2. 整合全省软件领域的技术和资源优势：把沉淀在科研机构、高等院校的专家和设备资源动员起来，充分利用外部优势，避免重复投资。

3. 主要服务中小软件企业：针对中小软件企业的特点，提供实用性强、服务面广、层次多样的服务平台。

（三）资源整合创新

通过利用已有的平台基础，整合外部优势资源，形成树状服务体系和网状服务平台。

（四）智力资源创新

平台充分利用社会资源专注核心业务，通过平台载体，充分利用区域内大专院校、重点实验室、科研院所的智力资源，打造专家委员会，辅佐平台的发展和运营。

案例提供单位：武汉东湖新技术开发区生产力促进中心

[案例四]

开展技术创新服务　提升企业创新能力

企业技术创新是指针对企业现有的技术创新能力，通过对企业现场调研、信息采集分析、方案设计、员工培训等形式，为企业提供技术创新体系的建立、技术创新发展战略制定、技术创新优惠政策、技术创新项目管理等方面的服务。

一、业务背景

宁波位于我国改革开放最具活力、经济最发达的长江三角洲地区，作为我国首批沿海开放城市，改革开放以来，经济飞速发展，并初步形成了较为完备的工业体系，成为浙江省的经济“发动机”，是中国市场经济发育最成熟、民营经济最发达的地区之一。

但是，宁波民营科技企业在快速发展过程中，面临了巨大的技术挑战，企业的R&D经费投入少，技术创新主体不明确；技术市场不完善；中小企业自主开发新技术的难度较大，难以独立承担技术创新的风险；没有形成中小企业与大企业的合作创新机制。技术创新还是以引进创新和自主创新为主，没有形成良好的合作创新机制。

宁波市生产力促进中心（以下简称“中心”）在对企业咨询服务时，尤其企业工程技术中心、科技型企业、高新技术企业认定和其他科技计划项目申报时，必须有技术创新体系建设的限制条件，促进了企业对技术创新体系工作的重视和技术创新项目组织管理水平的提升，进一步加大了技术创新体系咨询业务的市场需求空间。特别是在对企业在进行技术创新体系建设服务时，发现很多企业技术创新体系建设概念不清，简单认为下发一份文件、组织一个部门技术创新体系就组建完毕，不是真正意义上的技术创新体系建设；或者是仅仅将以前的技术部改为研发部，没有发挥技术创新体系的指导、组织和管理功能，从而不能有效促进公司产品的技术改进和创新，制约了公司的长足发展。

良好的技术创新管理体系，对企业的高速运转和持续获取竞争力起着强大的支撑作用。然而，目前宁波地区企业技术创新体系建设的现状是：大多数企业对技术创新体系还没有确立相应的概念，技术创新项目管理过于粗犷、简单，工具落后，缺乏完整的管理体系。因此，企业在技术创新方面面临着非常具体的管理挑战：如何建立技术创新体制、如何提高技术创新项目管理水平、如何组建技术创新管理体系必将是企业最先考虑的问题。实施技术创新体系建设战略存在大量需求。宁波市90%的企业没有技术创新体系建设战略，80%的企业没有研发管理部门，70%以上的企业没有专职研发人员，这些企业迫切需要技术创新体系战略的建设和实施。

“中心”作为宁波市科技创新服务体系的最大的服务机构，近年来，按照“组织网络化、功能社会化、服务专业化”的指导思想，在中小企业界、科技界之间，积极构建以生产力促进中心为主干的社会化技术创新服务体系。“中心”提供的咨询评估、项目申报、培训、对外交流、成果推广等综合性、全程性、系列性服务，受到中小企业界和科技界的普遍欢迎，收到了较好的效果。中心通过自身的机构职能和人才集聚优势，已为1000多家企业开展了技术创新咨询服务，积极咨询和指导企业开展技术创新服务，参加浙洽会、高交会，与武汉、重庆科技合作等，承担宁波市科技局交办的工作等，逐渐深入技术创新咨询服务领域，积极开展了面向科技型中小企业的技术创新体系建设服务业务。

二、业务内容

为不断提升服务能力和服务质量，“中心”积极组织宁波大学、宁波工程学院、宁波市科技信息院、中国兵器科学院宁波分院、中科院宁波材料所等相关机构，以其为服务技术依托，面向企业提供研发体系的建立、企业技术创新发展战略制定、技术创新优惠政策、研发项目管理等方面的咨询和辅导服务。具体服务内容和服务模式如下。

（一）技术创新体系的建立

1. 研发组织结构与岗位设置。

在实际工作中，首先要明确建立进行高效的研发管理，需要建立怎样的一个管理团队和工作团队，彼此之间如何进行分工与协作，管理的层次关系是怎样的，以及以怎样的方式去组织和管理每个具体的研发项目，等等。明确各自的责任和权力是进行各项工作的前提。根据企业需求，通过采取现场咨询、电话咨询等方式，初步了解企业现有的研发条件，邀请相关人力资源方面的专家为企业建立研发组织结构，设置相关研发岗位，真正意义上为企业量身定制服务。

2. 管理流程与工作流程。

通过对企业的初步了解，“中心”邀请本领域的技术专家为企业明确研发项目管理的各个阶段划分，明确工作的方式和步骤，建立工作规则和规范，建议相应的业务制度。通过规范化的管理，建立适度的结构化工作流程。

3. 项目资源的优化与筛选。

针对企业研发项目目前存在的普遍问题，强调根据项目的进展情况，专家在不同的阶段，根据不同的情况和准则，对项目进行重新评估和甄选。进行有效的项目资源的优化和实时的监控，避免资源的浪费，及时将不良项目进行终止或转移。

4. 绩效管理。

绩效考核体系的建立，是企业正常运作的重要保障，是激励企业员工提高工作效率、保持工作热情的重要手段。依托企业现有的管理文件和制度，建立和完善研发管理的绩效考核制度，以文件的形式落实研发人员在精神和物质上的奖励，提升和激励研发人员的开拓创新能力。

5. 产学研共建模式服务。

根据企业现有的人力资源配备、研发仪器和设备的装备程度及项目产品现有的技术水平，针对企业现有技术中存在的难题和发展“瓶颈”，充分利用“中心”产学研平台的资源优势，为企业引进产学研合作机构，促进企业技术创新，加快成果转化的进程。

（二）企业技术创新发展战略的制定

根据企业所在的行业及发展情况，针对国内外同行的竞争，帮助企业制定具有前瞻性和可操作性的企业技术创新发展战略，重点进行行业技术预警分析，提出发展对策，特别是在技术创新体系的管理、运用、评价和开拓创新方面制定出应有的策略。提高技术创新发展战略思维能力，在合理分析自身特点和市场定位的基础上，制定符合本企业的技术创新发展战略。

（三）技术创新优惠政策咨询服务

技术创新优惠政策主要体现在税收优惠政策，政府通过制定有利于促进技术创新的税收优惠政策，把政府的部分收入让渡给企业，影响企业技术创新的成本和收益，降低企业技术创新的风险，推动科技成果向现实生产力的转化。"中心"积极向企业宣传《中华人民共和国企业所得税法》及其实施条例（以下简称"新法"），鼓励企业研发投入的税收、高新技术产业发展、科研成果转化等优惠政策，刺激企业研发的积极性；扩大技术创新项目和行为的政策优惠范畴，在税收优惠措施上，不仅限于高新技术企业，对其他企业的技术创新投入也同样给予优惠；间接优惠强调事前扶持，能充分调动企业从事科研和技术开发的积极性，充分体现政府支持科技创新的政策意向。

（四）研发项目管理咨询服务

21 世纪，研发已成为企业竞争的主战场，研发项目管理是极具挑战性的一项工作：研发面临市场、客户的压力，需要与内外部的各部门协调，如内部的测试、工艺工装、生产、采购等相关职能部门，外部的供应商、认证机构等；在保证产品质量的同时，又要降低产品研发费用和成本；在产品开发的过程中需要不断积累技术和管理的经验以持续提高企业的核心竞争力。这些因素对企业及项目管理人员都提出了更高的要求。因此，研发项目管理工作不仅仅是技术层面的产品开发工作，而且是技术与管理相结合的工作，甚至更多的是管理工作。建立完善的研发项目管理体系是保障技术创新体系运行的重要支撑。

三、工作步骤和方法

"中心"作为宁波市十大公共服务平台之一——科技综合服务平台，积极整合各项服务资源，重点围绕中小科技型企业开展服务，为全市广大中小企业的科技创新提供一个强大的技术支撑。

（一）建立咨询评估专家库，为企业提供高效、对口的服务

充足的后备专家资源和强大的咨询专家实力是咨询服务质量的重要保障，专家库的建设水平是判断一个地区咨询服务水平的重要因素之一。因此，加大专家库建设是完善技术创新咨询服务的重中之重。"中心"按照市科技局的总体要求，在宁波国家高新区管委会等相关部门的大力支持下，征集了宁波地区大专院校、科研院所、政府部门和企业内电子信息、生物医药、新材料、光机电一体化、新能源、资源与环境及管理、财务等领域的高级专家，建立了专业及分工明确、门类齐全的专家队伍。通过建立咨询服务专家库，"中心"为宁波区域内中小科技型企业提供各类科技咨询服务，主要包括为企业提供技术创新优惠政策咨询、企业技术创新体系建设咨询、技术创新体系整体解决方案、企业研发和生产设备选型、企业技术人才

队伍的培养和引进等。企业可通过“中心”提供的多种方式进行技术创新体系建设咨询，极大程度上推进了宁波地区企业技术创新体系建设的快速发展。

（二）打造产学研创新服务平台，提供高效的服务

为了进一步满足企业需求，充分挖掘、利用国内外科技资源，更好地满足地方企业的科技需求，加大资源的共享，“中心”搭建了宁波市产学研创新服务平台，整合了各类技术需求、科技成果、技术人才、科技活动为一体的服务平台，成为促进宁波市技术交易、推动产学研合作的重要载体。宁波市产学研创新服务平台充分运用先进的互联网手段，集技术难题发布、专家成果推介、技术交易洽谈和数据管理统计等各项功能于一体，使技术交易更便捷、交易成本更低，是目前宁波市企业与大专院校、科研院所实现网上技术交易的一个快速有效的科技合作渠道。“中心”依托产学研创新服务平台，为企业提供技术创新体系全程跟踪服务。通过产学研创新服务平台的建设，帮助企业及时引进先进技术进行内部消化吸收，为提升企业自主创新能力提供了有力保障，同时为企业的技术供需信息发布、人才的引进等提供了支持。产学研创新服务平台的建立，有力地促进了企业技术创新体系建设的顺利实施，为企业快速发展提供了技术支持和保障。

（三）承担政府部门工作，提升服务水平

“中心”通过多次承担宁波市科技局、宁波市经发局、宁波市外经贸局以及高新区管委会等部门交办的多项工作，咨询服务水平逐步提升。“中心”先后参与了浙洽会、高交会、科技项目政策培训、武汉和南昌等地科技活动交流等，通过各类科技活动，引导国内知名大专院校、科研院所等将先进的技术和成果与宁波企业对接，实现双方共赢，同时为地方经济建设服务；通过科技项目政策培训，让企业了解技术创新是企业发展的动力、技术创新体系建设与否是企业长久不衰的秘诀，引导、鼓励和帮助科技型企业建立和完善技术创新体系建设。

（四）业务流程

1. 技术创新咨询服务流程见图 2. 7-11。

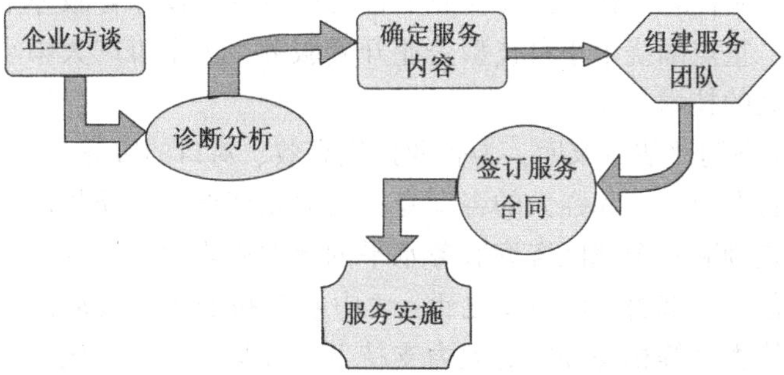

图 2. 7-11　服务流程图

2. 技术创新体系咨询服务的实施路径，按照如图 2. 7-12 所示的流程来开展工作。

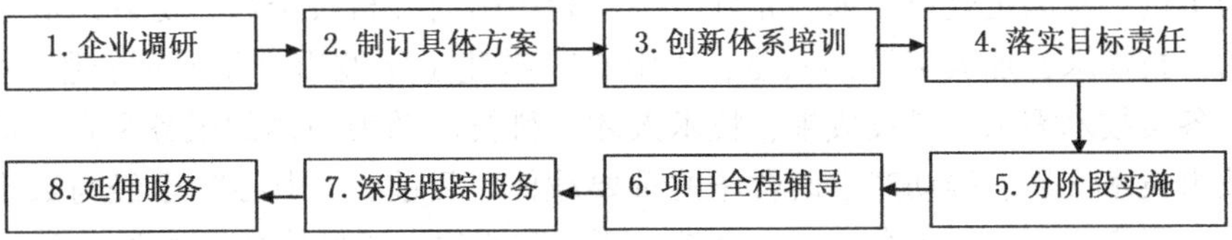

图 2. 7-12　业务流程图

四、服务团队

“中心”拥有一支高水平、高素质的服务团队，团队共有 26 人，拥有大学专科学历及以上水平 21 人。该服务团队按业务类别分成 5 个业务服务组：政策咨询服务组 6 人，技术创新战略咨询服务组 4 人，技术创新体系建设辅导服务组 4 人，创新项目管理辅导服务组 3 人，培训业务服务组 4 人，分区业务服务组 5 人，上述各业务服务组，根据企业需求可交叉组成业务服务组。

五、服务成效

“中心”通过几年的努力，技术创新体系咨询服务业务能力逐渐提升，范围不断扩大，目前服务区域覆盖了高新区、奉化、慈溪、鄞州等众多区域。“中心”通过开展技术创新体系咨询服务，极大程度地提升了中小科技型企业的科技成果转化和自主创新持续能力，加强了中小企业的可持续发展能力和市场竞争力，取得了较好的服务效果，主要有以下几方面。

（一）建立了专业及分工明确、门类齐全的专家队伍

目前已有各类专家 200 余人。通过建立咨询服务专家库，“中心”为区域内中小科技型企业提供各类科技咨询服务，主要包括为企业提供技术创新优惠政策咨询、企业技术创新体系建设咨询、技术创新体系整体解决方案、企业研发和生产设备选型、企业技术人才队伍的培养和引进等。企业可通过“中心”提供的多种方式进行技术创新咨询服务，极大程度上推进了宁波地区企业技术创新体系建设的快速发展。

例：宁波××建筑节能科技有限公司成立于 2007 年，专业从事建筑节能产品的研发、销售，建筑节能计算及咨询服务。公司总经理认为和高校建立校企合作是企业更好发展、立于不败之地的关键。2009 年，“中心”在了解了总经理的需求之后，搜寻了众多高校相关领域的专家，最后认为浙江大学无机非金属材料研究院王教授最为合适，通过牵线，几次面对面洽谈后双方达成了合作协议。此后，总经理负责产业资本和经营管理，王教授负责研发，“双王组合”使“研发跟着市场走”，产学研联合体的效果显著，公司目前保持 20%～30% 的增长速度，2011 年销售收入将超亿元，同时王教授本人和浙江大学通过这个产学研合作也得到了一定的收益。王教授凭借 5. 6% 的技术股，每年也获得了一定的经济效益，劳动价值和创新价值得到了体现，浙江大学与公司合作成立的研究生实践基地成为了浙江大学科研人才培养的基地，公司还向浙江大学材料学提供教育基金，奖励优秀老师、学生，资助经济困难的学生。通过公司与王教授这次的产学研合作，实现了高校、企业、专家三方

共赢。

（二）打造产学研创新服务平台，提供高效的服务

为了进一步满足企业需求，充分挖掘、利用国内外科技资源，更好地满足地方企业的科技需求，加大资源的共享，“中心”搭建了宁波市产学研创新服务平台，整合了各类技术需求、科技成果、技术人才、科技活动为一体的服务平台，成为促进宁波市技术交易、推动产学研合作的重要载体。目前，“中心”已经与数十家国外高校、研究院所，四十余家国内高校、研究院所建立了科技合作关系，这些高校、研究院所每年为“中心”提供各类科技成果信息近千项。“中心”每年通过各项业务服务企业近万家，在广大中小企业中有良好的口碑。“宁波市产学研创新服务平台”页面见图 2. 7-13。

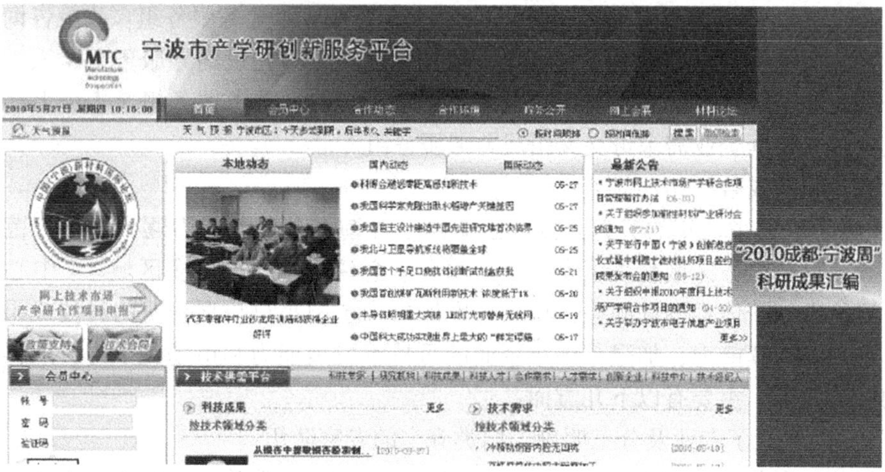

图 2. 7-13　“宁波市产学研创新服务平台”页面

例：宁波××能源科技公司成立于 2008 年，是一家专业从事生物质热风炉、热水炉，生物质燃料、生物质燃料成型设备的研发、生产、销售、技术咨询等的节能环保科技型企业。2010 年，企业负责人在平台发布了相关技术难题，希望能通过平台找到外界相关的技术支持，“中心”马上针对企业情况在平台内寻找合适的合作高校，最后选中河南农业大学，双方在互相交流和沟通之后合作意向都很浓，最后通过努力，该公司与河南农业大学农业部农村可再生能源重点开放实验室达成了合作。有了高校技术力量的加入，公司的技术创新能力有了显著的提升，双方合作研发了生物质燃料高温气流式集中烘烤系统，并且这个项目成功申报了国家中小企业技术创新基金项目，该项目正式投产后预计年销售额达 1000 万元。

（三）指导企业并制订了技术创新发展战略

帮助企业建立适应现代商业环境的技术创新模式，建立团队化、流程化的技术创新管理体系，同时鼓励企业开展自我创新意识和能力，以创新带动公司快速发展，增强公司的核心竞争力。

例：宁波××电器公司成立于 2003 年，是一家专业从事电器附件和通讯类产品的研发、生产、贸易的科技型中小企业。2008 年金融危机对该企业冲击很大，企业

的主营业务收入下降很多。公司负责人苦于产品单一、技术含量低、利润薄，希望能通过“中心”的指导来组建技术创新体系，进行新产品的开发和生产，摆脱企业目前的困境。“中心”人员进入企业后初步了解到，企业的技术创新体系几乎空白。经过有序的前期辅导，理顺了企业相关关系，为企业搭建了研发组织结构与岗位设置，并同时选择宁波大学的王教授为企业建立适度的结构化工作流程。在项目资源的优化与筛选中，企业单凭目前的研发能力很难有所突破。王教授本人持有一项发明专利“具有通用智能网络节点的通用智能家电控制系统”，和企业目前的现有产品相关，而且最近几年智能家电产品市场前景很大，并符合国家产业政策方向，通过“中心”的努力，企业与宁波大学及王教授达成协议，将本专利独家转让给公司，并帮助公司实现知识产权的产业化，帮助公司开发通用智能家电控制系统。公司并与宁波大学签订了长期的科技合作协议，宁波大学帮助公司开发智能电器方面的新产品，共同研发宁波市科技攻关项目或更高级别的科技项目，帮助公司科技创新。宁波大学还承担为公司提供专业技术人员的技术进修，提供教学场地、实验设备等硬件设施，选派优秀教师进行授课，并长期提供咨询指导等。经过“中心”的辅导及宁波大学的技术支持，企业的技术创新体系组建成功，实行严格的绩效管理考核体系和技术创新项目管理体系，每年开发4～6个新产品，2009年公司还成功申报了国家中小企业创新基金项目，2010年“宁波市××智能电工工程技术中心”通过宁波市工程技术中心专家组的认定，2010年企业销售额突破8000万元。企业通过科技创新带动了公司主营业务收入突破，非常成功地从传统行业快速转向新兴产业，并取得很好的经济效益和社会效益。

（四）面向中小企业开展科技培训

面向中小企业开展科技培训6000人次，通过系列培训，引导受训企业提高对相关科技政策及体系的了解，使受训企业明白技术创新是企业长期发展的重大战略，促进企业重视技术创新体系建设是企业生存之本，同时熟悉有关科技计划项目的申报条件与操作流程，传递信号，强化意识，更好地推动企业的科技进步，使更多的企业迈入科技型企业的行列。

（五）科技项目管理咨询

截至2010年，宁波市共有906项申报创新基金项目，其中517项地方立项，274项国家立项。通过国家创新基金项目支持以及地方配套，不但解决了企业资金短缺，同时提升了部分企业产业结构调整升级和核心技术突破，有力促进了企业自主创新产品的发展。

例：宁波××机械公司成立于1995年，公司的主营产品压铸机随着外围环境的变化一直处于下滑状态。2006年公司开始投入研发资金，在原有生产压铸机设备的基础上，与上海合作，利用公司加工和装配的技术优势，探索多工位全自动冷镦机绿色设计方法，通过分析冷镦工艺机理及机器结构特性，进行以节约资源和清洁化生产为目的的结构优化设计，将“绿色”与“增长”有机结合，通过近三年的研究开发，提出了冷镦机总体绿色设计方案，解决了冷镦机关键部件的节材优化设计、润滑冷却系统绿色设计和油雾处理。2009年，企业在项目产品产业化过程中投入较大，已申请一定程度的银行贷款，企业负责人希望政府在项目产业化过程中予以支持。“中心”组织专家及相关人员实地了解后，认为项目产品技术国内领先，项目产业化基础较好，产业化后能产生较大的社会和经济效益；并积极着手引导和帮助企业申报国家中小企业创新基金项目，经过“中心”相关人员前期的跟踪辅导，数次与企业技术人员就核心问题进行沟通，拟定出项目技术的创新点和工艺方案，同时与企业财务人员讨论与核算，确定项目执行期内的预期经济指标，整理相关附件，最终完成项目材料的编写。2009 年项目顺利通过宁波市创新基金专家组评审并推荐至国家，2010 年经过国家专家的评审给予本项目立项支持。通过创新基金的支持，该项目技术获得了多项有关绿色设计和油雾处理等发明专利及实用新型专利，形成了自主知识产权系统，为解决冷镦机的清洁化生产和降低碳排放做了切实有效的工作。2010 该项目产品销售额达到 9000 万元，2011 年销售订单已排至 10 月份，预计 2011 年销售额将达到 15000 万元。

六、经验和体会

1. 打造一支专业、高效、协作的团队，切实为企业解决问题。

2. 熟悉国家、地方的相关政策和法规，紧密围绕国家、地方发展规划和步伐去积极开拓业务。

3. 明确自身服务定位，以提高社会生产力为宗旨，是贯彻政府意图、体现政府意志、不以营利为目的、面向社会、为中小企业尤其为中小科技型企业提供科技服务为核心的中介服务机构。

4. 以小带大、以点带面开展深入式长期服务模式：“中心”以单个项目为起点，为未来市场潜力大、发展意识强的科技型中小企业提供全程跟踪服务模式，力所能及地解决企业发展过程中存在的问题，与企业成为发展中的战略合作伙伴；同时以县市区为单位进行点面结合，做好一家，宣传一家，推广一家。目前，“中心”已与多家企业建立了长期服务关系。

5. 积极开展各类培训，加大科技政策宣传力度，帮助广大中小企业了解国家、宁波市对技术创新的优惠政策，推动企业加大投入，持续不断地进行技术创新，提升自身的核心竞争力。

案例提供单位：宁波市生产力促进中心

[案例五]

依托专家服务团队　企业专利“一石三鸟”

一、业务背景

目前全球 5000 余万件专利总量中，4930 多万件专利不受我国法律保护，为公知公用技术。公知公用专利技术在我国的推广利用方式是以相关部门和机构提供信息检索平台，企业根据自身需要自行检索、查询为主的。在信息的供给方面，不同信息供给主体基本都在提供内容相同的信息服务，这种信息平台的重复建设造成了极大的资源浪费。在专利成果转化方面，我国专利成果转化、产业化以及专利技术交易率均远远低于发达国家。我国高校每年取得的专利成果真正实现成果转化与产业化的不到 1/10。我国拥有自主知识产权核心技术的企业仅为万分之三，99% 的企业没有申请专利，在国内申请的专利中仅有18%是发明专利，而国外企业的86%为发明专利。在专利预警预测方面，资料显示我国科研项目大量重复，重复率达到40%。为国内企业规避专利纠纷和开发自主知识产权，应建设和完善专利预警机制。

2009年，广西壮族自治区制定并下发了《广西壮族自治区实施知识产权战略意见》，明确了广西实施知识产权战略的重点是着力提高知识产权创造和运用能力，同时加强知识产权保护和管理，广西的知识产权战略自此正式全面启动实施。广西生产力促进中心（以下简略“中心”）凭借长期致力于专利检索、专利预警、知识产权咨询等知识产权服务工作，具有开展知识产权服务优越软硬件条件等优势，成为组建广西知识产权维权援助中心的首选。2008年，广西生产力促进中心申请设立中国（广西）知识产权维权援助中心，并于2009年4月正式挂牌成立援助中心并对外开展服务。“中心”拥有一支专家咨询服务队伍，能为广大中小企业提供多元化、综合性的服务与技术支持，通过组织开展专利信息分析和预警服务、专利成果转化交易服务、专利战略咨询、知识产权人才培训和知识产权维权援助服务，促进了企业技术创新，带动了产业技术升级，提升了创新主体的知识产权意识和能力，为推动广西自主创新发展提供了重要的服务支撑。

二、业务内容

围绕重点产业相关企业技术创新需求，组织专家服务团队，开展专利信息分析和预警服务、专利成果转化交易服务、知识产权维权援助等服务。主要业务内容包括以下几方面。

（一）技术研发专利分析

为创新主体开展共性关键技术研究、产业升级、工艺改进等科技创新活动提供专利信息分析服务，分析相关技术领域的专利布局、研发热点、技术现状和发展趋势，预测研发前景、研发方向和研发目标，启迪研发思路，提出研发路线，指导企业针对技术空白点研发新技术、新产品和进行专利布局，提升企业的专利产出和市场竞争水平。

（二）专利申请策划咨询

指导企业在开展共性关键技术研发、产业升级、工艺改进等科技创新活动过程中，及时分析挖掘技术创新成果，开展成果的新颖性、创造性初步分析并策划申请专利，保护创新成果，提升企业的核心竞争力。

（三）专利成果转化咨询

围绕专利成果的转化实施开展专利成果展示、推介、项目信息咨询、交易撮合、专利实施许可咨询、专利转让咨询等专利转化咨询服务，推动技术成果转化为现实生产力。

（四）知识产权维权援助服务

为广西中小企业与区外或国外企业的知识产权侵权纠纷提供维权援助服务，通过对涉案专利技术的分析研究，制定诉讼策略，提升胜诉的几率，维护企业合法权益。或在分析相关专利信息的基础上，指导中小企业对涉嫌侵权的技术或产品进行绕道设计达到相互交叉许可的目的，最大限度地减少损失。

三、工作步骤和方法

（一）建立网络平台，提升服务效率

一方面，通过建立中国（广西）知识产权维权援助中心门户网站，为社会提供在线咨询、与专家互动、在线维权的高效服务平台；另一方面，结合广西千亿元产业发展需求和维权援助服务需要，通过建立和完善中药行业、机床行业、生物质产业等重点优势产业和领域专题专利数据库，不断完善行业专利预警平台，大大提升维权援助服务的效率。

（二）完善服务体系，形成服务合力

进一步完善维权援助工作机制，建立了知识产权服务质量监控机制、制度和流程等，实现对知识产权服务全过程的监督监控；积极与广西大学等高校以及相关知识产权优势企业、知识产权服务机构合作，形成以维权援助中心为核心、社会知识产权服务资源广泛参与和高效有机联动的工作队伍，维权援助协作服务体系得到不断完善。

（三）重视人才培养，夯实人才基础

继续加强人才的培养和储备，组织开展集中培训、上岗培训以及研讨会、案例分析会等多种形式的培训，培育一支既熟悉知识产权法律制度，又掌握产业专业技术，一专多能的人才队伍。同时，鼓励和支持工作人员参加各种培训班及其他形式的业务培训和学习，提升员工的业务素质和工作能力，为开展知识产权服务提供人才支撑。

（四）强化舆论宣传，营造良好氛围

通过广西区内主流媒体及其他途径，向社会宣传“中心”知识产权方面的服务功能等，不断增强社会对知识产权服务工作的认识。开通中国（广西）知识产权维权援助中心网站，为社会提供一个了解知识产权相关知识、政策动态、行业警示信息的全新的网络平台。同时，利用广西科技信息网举办的“专家在线访谈”栏目向网友介绍知识产权方面的知识，为开展知识产权服务营造良好的社会氛围。

（五）业务流程

1. 知识产权举报投诉流程图见图 2. 7-14。

2. 知识产权维权援助流程图见图 2. 7-15。

四、服务团队

近年来，在知识产权服务方面，“中心”依托中国（广西）知识产权维权援助中心，建立了一支高素质、专业化的服务团队，拥有具有专利代理人资格、律师职业资格证的共 12 人。该服务团队按业务类别分成技术研发专利分析服务组、专利申请策划咨询服务组、专利成果转化咨询服务组、知识产权维权援助与举报投诉服务组 4 个服务组。以上服务组根据具体的服务需求不同，可交叉组成服务组，为客户提供服务。

五、服务成效

围绕广西中小企业开展共性关键技术研发、产业升级、工艺改进等技术创新活动，2010 年，“中心”累计为 678 家广西中小企业技术创新提供了知识产权服务，

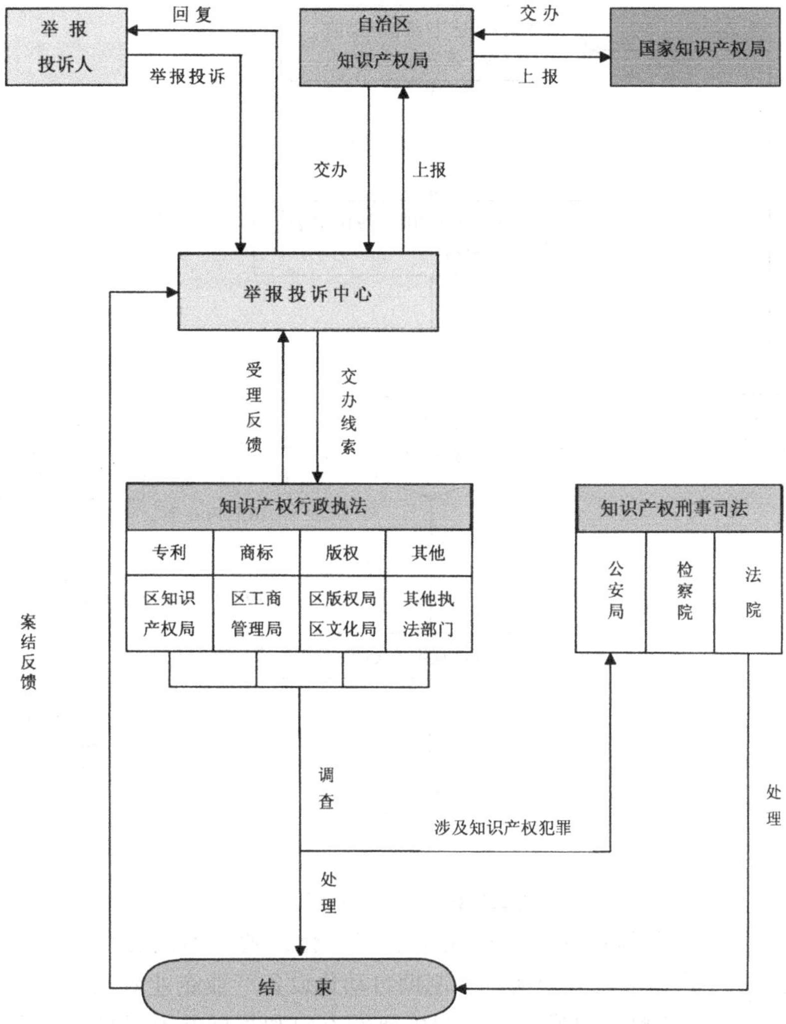

图 2.7-14 业务流程图

服务项目累计达 1398 项。其中，为企业技术研发提供专利分析 826 项，为企业技术研发成果提供专利策划申请服务 182 项，为企业技术升级提供专利成果推荐及引进转化服务 368 项，为企业保护自主创新成果提供知识产权维权援助服务 22 项。为企业研发人员提供知识产权培训服务 800 多人次。促进了中小企业的创新发展，有效提升了区域主导产业的竞争力。

（一）组织开展产业科技创新能力提升专项行动，促进产业创新发展

例：钦州××公司是一家集研发、生产、销售、服务为一体的，以糖厂中和酸（pH）值自动控制装置为核心的高新技术企业。主导产品有 HC－KW52CB2 玻璃电极中和 pH 自控系统等 5 个系列多样产品，产品已被广泛应用于糖厂、选矿、食品、环保等工业现场的 pH 控制，以其检测精度高、自动控制效果好，在制糖行业中赢得了很好的口碑，并出口到越南、巴西、巴基斯坦、南非等国，在国外应用中获得

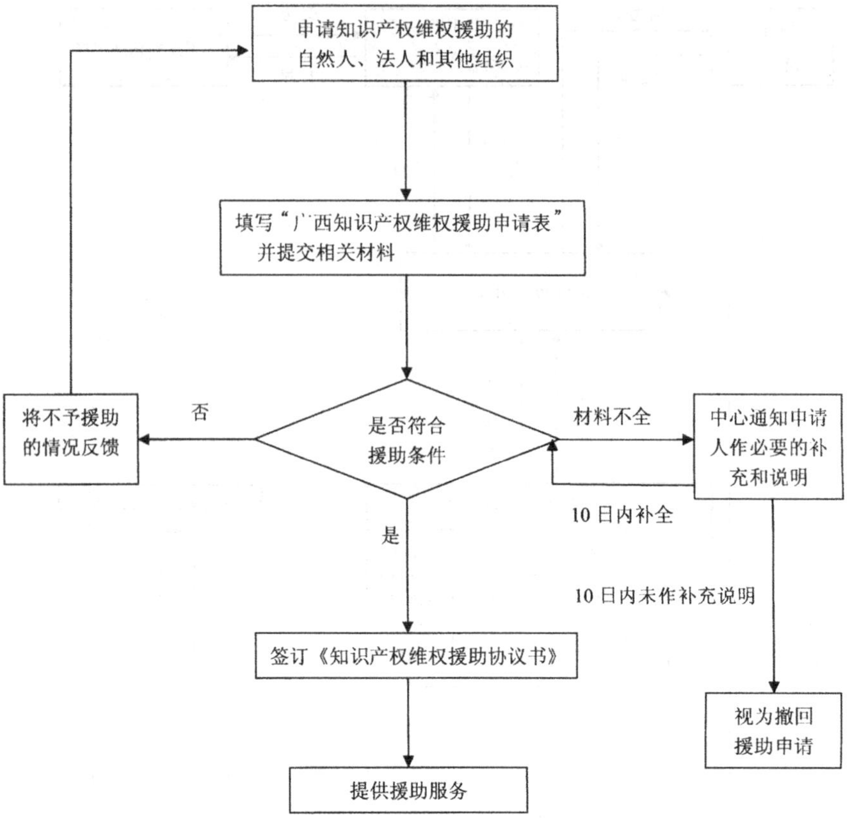

图 2.7-15　服务流程图

好评。为了进一步研发新产品，使产品更加多元化，满足不同客户的要求，2010年，该公司承担了广西科技计划项目“制糖自动化设备产业企业专利创造与产业化能力提升示范”。为了提高研发起点，明确研发方向和目标并形成自主知识产权产品，该公司委托“中心”开展“糖厂 pH 值、硫熏强度自控产品”相关领域的专利分析。“中心”利用“中外专利数据库服务平台”“中献专利信息分析系统”等先进的专利分析工具，为该公司开展了该领域的专利信息分析，进行国内外相关技术和产业发展现状分析、专利态势分析、本领域技术发展趋势、专利技术主题分析、专利保护地域分析、主要竞争对手（专利态势、技术发展趋势、技术主题、专利地域）分析、国外来华申请专利布局分析等专利现状分析，以及该公司所面临的专利风险分析，提出该公司本领域技术研发方向以及防范专利风险的应对措施，并在此基础上指导企业针对技术和市场空白点研发出新技术、新产品。最终公司提出了糖厂硫熏强度自动检测装置等 4 项专利申请，进一步丰富了公司的产品，实现了公司的技术升级，提升了企业的核心竞争力。

（二）组织开展创新主体维权能力提升专项行动，维护创新主体权益

1. 组织专家为 20 多家企业提供有关知识产权的法律法规、诉讼咨询和纠纷处

理咨询等服务，有效维护企事业单位的合法权益。

例：广西××汽车有限公司发现安徽合肥某公司未经许可生产和销售其“二级压缩式垃圾挤压装置”专利产品后向“中心”请求援助，“中心”及时组织有关机构和专家为该公司提供诉讼前期的调查取证和侵权分析咨询等服务，并组织有关机构为其向福州市中级人民法院启动诉讼程序；又如南宁市××动力设备有限公司金浦分公司因广西某设备公司诉其侵犯“高浓度有机废水浓缩、燃烧、发电设备”的专利权向“中心”请求援助，“中心“及时组织有关机构和专家为其提供专利权侵权判定分析，并组织为其启动无效宣告请求程序，涉案专利最终被宣告全部无效，维护了企业的权益。

2. 为100多家企事业单位提供专利申请咨询服务，提升了企业的核心竞争力。

例：南宁××公司是广西电力装备制造业的重点优势企业，是广西首批自治区重点扶持的出口型研发企业，也是“中心”重点服务的企业，“中心”专家长期跟踪该公司的技术研发项目，协助该公司及时分析挖掘技术创新成果，并在对研发成果新颖性、创造性进行分析的基础上，选择了技术关键点，为该企业策划申报了“零电流无弧切换式调压稳压装置及其电压补偿方法”“无极相控补偿式交流稳压装置及其电压补偿方法”“相控无功功率动态补偿装置及其补偿方法”“零电流无弧切换式调压稳压装置”等8项专利，使企业科研成果得到有效保护并提升了其市场竞争力。

（三）组织提供专利展示交易服务，推动专利成果的转化实施

例：广西××集团公司是一家以磷化工发展为核心、具有产品研发及生产的专业化企业，目前有磷酸、黄磷、磷铵及各类磷酸盐产品20多项，总产能已达50万吨。为进一步拓展市场、升级产品，拟转化实施公司的“用湿法磷酸生产食品级磷酸一铵的方法”等3项专利技术。“中心”专家经过撮合并协助办理相关转让手续，促成集团与广西某公司合作，集团向公司转让“用湿法磷酸生产食品级磷酸一铵的方法”等专利并由广西某公司开发和生产新产品。通过双方合作，公司也进一步提升了技术水平，丰富了企业的产品结构。

（四）组织开展社会知识产权意识提升专项行动，提升全社会知识产权意识

通过政府网站、新闻媒体、内部刊物以及开展各种重大活动，举办各种培训班、研讨班等手段，广泛开展知识产权宣传和培训，提升了全社会的知识产权意识。一是在“4·26”知识产权宣传周期间，在《广西日报》等新闻媒体开设知识产权宣传专版，宣传“中心”的工作成效和服务内容；组织“中心”的领导和专家在广西科技信息网举办的“专家在线访谈”栏目向网友介绍知识产权维权援助的知识，提升社会公众的知识产权意识和维权援助意识。二是组织系列知识产权培训，培养知识产权人才，提升公众运用知识产权的能力。一年来，先后组织开展了包括专利信息检索概论、因特网上中国专利信息资源及其获取、国外专利信息资源及其获取、专利技术信息检索、专利信息分析及相关专利分析软件使用等内容的专利信息分析培训；开展了包括单位与发明人的知识产权保护关系、单位与劳动者知识产权保护、单位与他人技术合作知识产权保护等内容的知识产权保护培训等多个培训班，培训

人数超过800人次。三是编辑出版了《产业专利动态简报》和相关专版专刊，分析国内外专利动态、典型案例等，提升全社会的知识产权意识。

六、经验和体会

（一）整合外部资源提供服务的能力，是提升知识产权服务质量的重要途径

依靠知识产权维权中心自身的服务力量，往往很难满足企业的各种需求，有一定的局限性。因此，在提升自身服务能力的同时，要整合外部资源提供服务的能力。“中心”建立了健全的管理制度和客户管理制度，与区内外的科研机构、知识产权中介服务机构等建立了友好的合作关系，建立了具有32家服务机构和合作单位库、37名专家的合作专家库，并建立了重点产业知识产权联盟，集成各产业领域优势企事业单位和专家资源，形成了以“中心”为核心、辐射企业知识产权服务机构和专家团队的工作体系。同时，针对维权援助无专项资金、经费有限的问题，将维权中心业务与专利代理机构业务有效对接，由维权中心推荐的案件，代理机构将减免部分费用，实现了维权中心、服务机构、专家之间的无缝对接和资源高效利用。

（二）以项目为载体服务当地优势产业，是开展知识产权服务的有效途径

为提升重点产业知识产权创造、运用、管理和保护能力，推动产业创新发展，知识产权维权中心要针对当地优势产业发展重点，以项目实施为载体，根据服务对象和服务方式的不同搭建各类服务平台，满足产业发展需求。“中心”整合全区生产力促进中心体系优势资源，通过牵头实施了自治区科技计划项目“知识产权服务经济科技支撑平台建设”“广西专利转化服务平台建设”“专利分析预警平台建设”和国家知识产权局下达的“广西北部湾经济区知识产权服务”等与知识产权服务有关的国家和自治区项目，围绕广西千亿元产业创新需求，组织开展知识产权服务，有效推动了产业创新发展。

（三）营造良好的社会氛围和舆论环境，是开展知识产权服务的有力保障

为提高公众对知识产权的认识，加强保护知识产权的意识，要利用各种媒体和途径对知识产权服务进行介绍。如通过知识产权宣传周、专利周等活动的开展，向社会大众宣传知识产权保护的重要意义和方法，组织人员对中小企业进行知识产权培训等。特别是对于广西这样的欠发达地区，中小企业是支撑社会和经济发展的中坚力量，而多数的中小企业的专利意识和维权意识薄弱，很大程度上阻碍着自身和整个经济社会的长远发展，因此，知识产权保护的宣传工作显得尤为重要，将为广西全面深入地开展知识产权战略提供有力的保障。

案例提供单位：广西生产力促进中心

[案例六]

实施知识产权战略　服务高新技术产业

知识产权服务是指针对企业的知识产权创造、运用、保护等内容，通过代理、培训、辅导等多种形式开展的相关服务。

一、业务背景

沈阳高新技术产业开发区是国家知识产权试点示范园区，又是科技型中小企业

密集区域。为把高新区建设成为促进技术进步和增强自主创新能力的重要载体，成为带动区域经济持续发展和经济增长方式转变的重大引擎，引导和推进企业在知识产权创造、运用、保护和管理方面不断强化和完善，沈阳高新区不断加大知识产权投入力度，鼓励和支持企业实施知识产权战略，支持知识产权科技中介机构的发展，实施高新区知识产权发展战略，将知识产权工作提到新的高度。

企业在申报项目时，尤其是申报创新基金等各类科技计划项目时，要求必须有专利等自主知识产权，促进了企业对专利工作的重视和知识产权保护意识的提升。同时也进一步加大了专利服务业务的市场需求空间。

企业在进行技术开发时，不善于申报专利。尤其一些大型且具有较高技术含量的设备，企业往往整体申报一项专利。没有体现出应有的技术水平和创新性。

在企业知识产权战略咨询方面存在大量需求。沈阳市 98% 的企业没有知识产权战略，85% 的企业没有知识产权管理部门，60% 以上的企业没有知识产权管理人员，这些企业迫切需要知识产权战略的制订和实施。

沈阳高新技术生产力促进中心（以下简称“中心”），作为浑南高新区科技创新服务体系的重要支撑机构之一，在不断夯实服务能力的同时，积极探索、创新服务业务。沈阳世纪蓝海专利事务所是沈阳市 17 家事务所之一，“中心”和事务所通过为 500 多家企业开展专利咨询服务，多次承担知识产权相关课题，参加沈阳知识产权宣传周等活动，承担高新区知识产权局交办的工作等，逐渐深入知识产权服务业务领域，积极开展了面向科技型中小企业的知识产权服务业务。此项业务的开展得到了高新区各级领导、知识产权局等相关部门的大力支持，目前，“中心”已成为推动高新区实施知识产权发展战略的重要力量。

二、业务内容

为不断提升服务能力和服务质量，“中心”积极组织沈阳世纪蓝海专利事务所、沈阳维特商标事务所等相关机构，以其为服务技术依托，面向企业提供专利、技术标准、版权等方面的申请咨询及相关检索、查询服务；专利（商标）代理服务；制定企业知识产权发展战略，建立知识产权制度等服务。具体服务内容和服务模式如下。

（一）知识产权信息检索、查询

根据企业需求，通过采取现场咨询、电话咨询、信函咨询和网上咨询等方式，开展专利、商标、版权等方面的咨询及专利检索服务，为企业提供全方位、专业化和高效便捷的知识产权检索、查询以及战略分析等相关服务。

（二）知识产权人员培训

通过举办知识产权培训会，对知识产权发明创造人才、专业人才、管理人才等进行专利申请、专利维护、专利产品开发、专利权维护等培训，指导高等院校、科研院所和企业建立相应的培训制度，提高科研开发人员的知识产权意识。

（三）知识产权申请代理

依托沈阳世纪蓝海专利事务所、沈阳维特商标事务所等机构，帮助企业撰写专利权利要求书、专利说明书等工作，并帮助企业协调各有关政府部门的专利费补贴和减免等事宜；帮助专利权人寻找合作伙伴，促进专利成果迅速转化。

（四）企业知识产权战略制定

根据企业所在的行业及发展情况，针对国内外同行的竞争，帮助企业制定具有前瞻性和可操作性的企业知识产权战略，重点进行行业知识产权预警分析，提出发展对策，特别是在知识产权的创造、管理、运用和保护方面制定出应有的策略。提高知识产权战略思维能力，在合理分析自身特点和市场定位的基础上，制定符合本企业的知识产权战略。

（五）知识产权创造的辅导

大多数企业对知识产权认识不清，重视不够，从申请、管理、运用和保护方面都非常薄弱，“中心”从企业需求出发，为其提供指导和帮助，特别是在知识产权的形成和管理过程中给予系统辅导，起到了事半功倍的效果。

三、工作步骤和方法

面向国家知识产权试点示范园区，搭建知识产权服务平台，发挥两个知识产权工作站的节点作用（沈阳理工大学和沈阳软件园知识产权工作站），整合知识产权服务资源，重点围绕科技型企业开展服务。

（一）建立知识产权工作站，创新服务模式

“中心”按照国家知识产权试点园区的总体要求，在沈阳高新区知识产权局相关部门的大力支持下，以沈阳世纪蓝海专利事务所为技术依托，先后在沈阳理工大学等大学、沈阳软件园设立了知识产权工作站。通过知识产权工作站，开展知识产权的创造、申请、培训及管理等系统化服务，更好地实现了服务的集中化、专业化，对促进产学研结合、加速科技成果转化、鼓励知识产权创造和运用、加强知识产权保护等方面起到了重要作用，同时，极大程度地推进了沈阳高新技术产业开发区知识产权工作的快速发展。

（二）打造知识产权公共服务平台，提供高效服务

“中心”根据高新区企业知识产权实际情况，充分整合知识产权服务方面的优势资源，建立了涵盖查新检索、申请代理、培训宣传、咨询辅导、评估转化以及维权保护等功能的综合性、专业化“一站式”知识产权公共服务平台，该平台以沈阳世纪蓝海专利事务所、沈阳维特商标事务所、沈阳市情报所、沈阳市技术交易中心等单位为服务技术依托，为企业提供知识产权的“一站式”服务。通过知识产权服务平台的建设，为提升高新区自主创新能力提供有力支撑，取得区域知识产权创造、管理、实施和保护的较大成效。对形成知识产权事业与科技创新、高新技术产业协调发展的新格局；大幅提高专利申请总量，优化知识产权结构，提高专利申请质量，积极开展专利战略分析和专利技术产业化可行性研究，促进拥有自主知识产权的产品，以及健全和完善浑南高新区知识产权工作和服务职能，全面优化和提高浑南高新区知识产权的环境和发展建设具有重要意义。

（三）承担政府交办工作，提升服务水平

“中心”通过多次承担知识产权相关课题，以及高新区知识产权局等部门交办的多项工作，知识产权服务水平逐步提高。“中心”先后参与了高新区知识产权工

作站方案制定、高新区知识产权发展战略实施规划以及沈阳市企业知识产权战略研究等课题，通过对知识产权的深入研究，有效地提高了“中心”知识产权的服务能力和专业性，为更好地开展知识产权服务提供了有力保障。

（四）业务流程

一般的企业知识产权咨询服务流程如图 2. 7-16 所示。

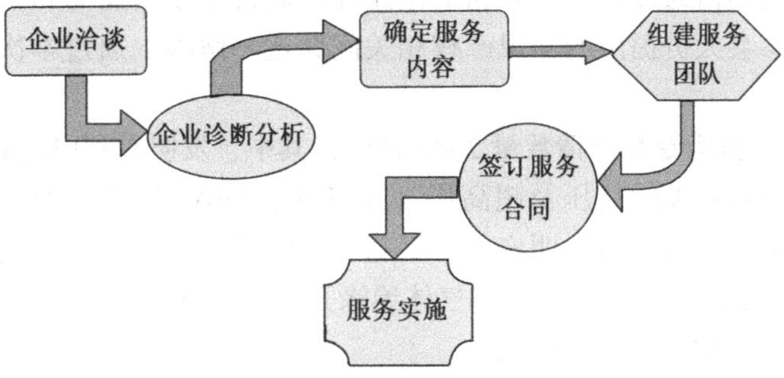

图 2. 7-16　业务流程图

四、服务团队

近年来，在知识产权服务方面，以下属沈阳世纪蓝海专利事务所为依托，提供专利和版权等方面的申请咨询及相关检索、查询服务；专利（商标）代理服务；制定企业知识产权发展战略，建立知识产权制度等。

为了保障本项工作的顺利实施，“中心”组成了包括“中心”主任在内的 8 名骨干成员的工作团队具体负责项目的实施，由“中心”主任任项目组组长。该服务团队按业务类别分成 5 个知识产权业务服务组。

1. 培训业务服务组：配备专利师 1 名及助理 1 名；
2. 辅导业务服务组：配备咨询师 2 名；
3. 咨询业务服务组：配备产业工程师 1 名，法律顾问 1 名；
4. 申请代理业务服务组：配备专利代理师 1 名，产业工程师 1 名；
5. 发展战略规划制定业务服务组：配备咨询顾问 1 名，产业工程师 1 名。

上述各业务服务组，根据企业需求可交叉组成业务服务组。

五、服务成效

“中心”通过几年的努力，知识产权服务业务能力逐渐提升，范围不断扩大，目前服务区域覆盖沈阳、营口、辽阳、抚顺等众多区域。“中心”通过开展知识产区服务，极大程度地提升了中小企业的科技成果和自主创新产品的保护能力，加强了中小企业的可持续发展能力和市场竞争力。

1. 按照国家知识产权试点园区的总体要求，在沈阳理工大学等大学、科研院所和创新能力较强的企业，建立知识产权工作站，更好地推进沈阳高新技术产业开发区知识产权工作的快速发展，对促进产学研结合、加速科技成果转化、鼓励知识产权创造和运用、加强知识产权保护起到了巨大的推动作用。

例：2010 年 11 月 5 日，“中心”组织沈阳世纪蓝海专利事务所，在沈阳高新技术产业开发区知识产权局的支持下，在沈阳理工大学建立了知识产权工作站。同时举办了“沈阳高新技术产业开发区企业知识产权培训大会”，本次培训大会的参加人员包括企业的技术人员、管理人员和部分企业领导近300人。此次培训邀请沈阳世纪蓝海专利事务所资深专家主讲，专家以其多年从事专利代理、专利管理和教学的实践经验，以严谨的思路、丰富的案例，系统地讲述了专利的创造、运用、保护等内容，特别就如何通过企业的专利工作提升企业自主创新能力和参会人员进行了互动交流，对参会人员提出的知识产权相关问题逐一解答。通过本次培训，与会者受益匪浅。

2. 为高新区新增专利申请数量2000余项，其中，发明专利申请数量900余项。

例：××公司开发的高压及超高压（72.5kV、126kV）环保型气体绝缘金属封闭开关，原先只想申请1项发明专利，经过“中心”专利师的考察、分析和研究，最后形成了10项专利（图2.7-17为气体绝缘开关），已经有7项获得授权：

（1）一种72.5kV三工位开关；

（2）一种72.5kV真空断路器的固封极柱；

（3）一种72.5kV气体绝缘金属封闭开关设备 ；

（4）一种气体密封装置；

（5）一种高压真空断路器 ；

（6）C－GIS配用的新型传感元件；

（7）复合绝缘结构设计；

（8）固封极柱温升控制技术；

（9）固封极柱的粘合技术；

（10）大电流开断时的电弧屏蔽技术。

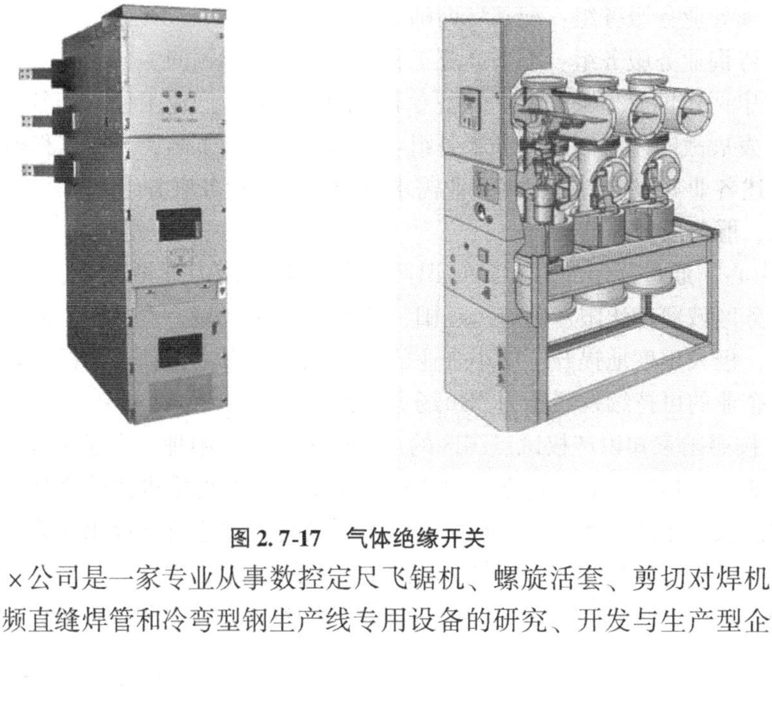

图2.7-17　气体绝缘开关

例：××公司是一家专业从事数控定尺飞锯机、螺旋活套、剪切对焊机、管端平头机等高频直缝焊管和冷弯型钢生产线专用设备的研究、开发与生产型企业。公司自成立以来，先后取得国家、部委、省级科研成果、专利13项，技术实力雄厚。随着企业的发展，对产品自主知识产权的保护意识逐渐增强，“中心”接受公司委托，组织相关专家积极开展知识产权专业化培训、辅导等服务，帮助企业建立完善的知识产权运用及保护制度，对企业知识产权创造人员进行专利策划、撰写、申请等系统化的培训、辅导，通过专业化的知识产权服务，2010年使企业新增专利申请数量达20余项，其中发明专利6项，实现专利申请数30%的增长率，加强了企业知识产权创造、运用和保护的意识；提高了知识产权创造和管理人员的水平；提升了企业的自主创新能力，取得了良好的服务效果，并为企业带来了直接的经济效益。

图2.7-18　数控飞锯机

3. 为150余家企业指导和制定了知识产权管理战略，帮助企业逐步建立知识产权管理制度，强化自主知识产权保护，同时鼓励企业开展知识产权战略研究，拥有更多自主知识产权，极大程度增强了企业综合竞争力。

例：××公司是一家长期从事数控超高压水射流设备生产及技术研发的高新技术企业，公司致力于高压水射流技术的应用和创新，强大的研发力量，以人为本的企业文化，现代化的传媒手段，打造了集高品质和热情服务于一体的“XX”金质品牌。“XX”牌数控超高压水切割机系列产品是拥有整机专利的数控水切割设备。经过数年考验，“XX”水刀已经成为不断创新中的成熟产品，其设计和工艺均属国际领先水平。随着企业的快速发展，由于对产品自主知识产权保护意识薄弱，以及知识产权运用能力较低，产品的核心技术受到了来自行业企业不同程度的侵犯，为企业产品的市场竞争力带来了极大影响，因此，引起了企业对自主知识产权运用及保护的高度重视，中心接受××公司委托，整合沈阳世纪蓝海专利事务所的专家资源，为企业制定了知识产权发展战略和一系列知识产权保护培训，通过实施知识产权发展战略，企业更好地实现了对知识产权保护、运用及管理，提高了企业对产品核心技术的保护能力，增强了企业产品的市场竞争力，服务效果得到了企业的高度认可。图2.7-18为数控飞锯机。图2.7-19为数控水刀。

4. 面向高校、科研院所及企业开展知识产权人员1500人次，通过培训，强化了企业知识产权创造、运用和保护的意识；提高了知识产权创造和管理人员的水平；

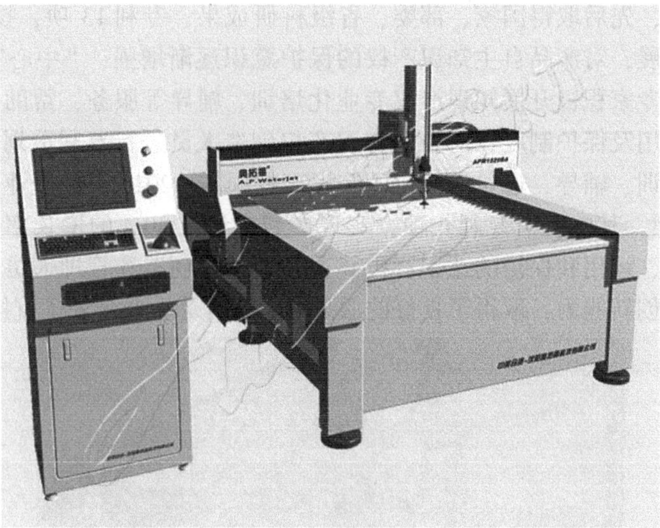

图 2. 7-19　数控水刀

建立了参会企业与知识产权服务机构的联系，为提升企业自主创新能力、推动高新区以及沈阳市知识产权工作起到了积极的促进作用。

六、经验和体会

（一）要有一支专业化队伍

知识产权服务的专业性极强，而且需要既懂技术又懂法律的复合型人才，因此建立一支专业化团队至关重要。

（二）要紧紧围绕国家发展规划和步伐开展业务

知识产权是国家战略，也是各地区科技创新的重点，因此，要搞好跟踪服务。

（三）为企业服务要坚持薄利多收，共同发展的理念

科技型中小企业往往资金短缺，因此，前期要以服务为主，公益性与市场化相结合，坚持薄利多收为益。

案例提供单位：沈阳高新技术生产力促进中心

第八章　产业集群

产业集群是指集中于一定区域内，与特定产业的众多具有分工合作关系的不同规模等级的企业发展有关的各种机构、组织等行为主体，通过纵横交错的网络关系紧密联系在一起的空间积聚体，代表着介于市场和等级制之间的一种新的空间经济组织形式。产业集群在特定区域中，具有竞争与合作关系，且在地理上集中，有交互关联性的企业、专业化供应商、服务供应商、金融机构、相关产业的厂商及其他相关机构等组成的群体。不同产业集群的纵深程度和复杂性相异。从产业结构和产品结构的角度看，产业集群实际上是某种产品的加工深度和产业链的延伸，在一定意义上讲，是产业结构的调整和优化升级。从产业组织的角度看，产业集群实际上是在一定区域内某个企业或大公司、大企业集团的纵向一体化的发展。生产力促进中心服务产业集群创新和产业升级，主要是面向产业集群和产业链各环节，构建技术创新和成果转化服务体系，加快先进适用技术的推广应用，提升企业竞争力，促进传统产业优化升级和战略性新兴产业培育。

[案例一]

实施节能减排工程　促进菱镁产业升级

一、业务背景

菱镁矿属于国家重要战略资源。全球菱镁矿资源量约126亿吨，我国菱镁矿储量约占全世界储量的28.7%，居世界首位。辽宁省菱镁矿储量占全国储量的85%，居全国首位。辽南地区现有各类菱镁原料及其制品生产企业千余家，年产量超过2000万吨，总产值近700亿元。

营口地区是全国菱镁矿主要产地，被国家科技部命名为“国家镁质材料产业化基地”，被中国矿业协会誉为“中国镁都”。

菱镁矿及制品应用范围极其广泛，如钢铁、建材、IP产业、航空航天及军事工业等领域。

辽宁省菱镁产业虽然拥有得天独厚的矿产资源优势，经过近百年开采，曾为我国冶金、建材等行业作出了巨大贡献，但同时也带来了高耗能、高污染、低效益、生态环境破坏严重等一系列矛盾和问题，仅以“三镁”（轻烧镁、重烧镁和电熔镁）为例，年耗电70亿度以上，耗煤50余万吨，二氧化碳排放2000余万吨，而吨菱镁矿初级产品利润率仅为3%左右，其主要原因是产业结构不合理和粗放式发展。

二、业务内容

辽宁生产力促进中心（以下简称“中心”）依据循环经济理念，以提高资源利用效率为核心，创造性地研发低品位菱镁矿高效利用技术，使我国在菱镁矿资源综合利用领域具有国际领先水平。推广及产业化后可大幅度降低镁产业的生产成本，提高产业竞争力，为实现镁产业的技术升级和循环经济发展作出重大贡献。具体服务内容和服务模式如下。

（一）承担组织协调任务，促进产业集群发展

“中心”以调结构、转方式、优化和升级为主攻方向，以打造低碳、绿色、生态、可持续发展“中国镁都”为目标，以菱镁资源高效综合利用、“三镁”综合治理、矿山生态修复和做大做强菱镁产业链为重点，以科技创新为动力，以产学研合作为支撑，着力由粗放向集约转变，走创新驱动的新型工业化发展道路，把菱镁产业建设成为在国际上具有一流创新能力、一流加工能力和一流综合竞争力的双千亿产业集群，将辽宁省菱镁资源优势转变为经济优势。

（二）通过引进先进技术及设备，推动节能减排工程建设

“中心”积极引进国外先进的技术设备推动镁产业健康发展，使资源利用率由40%提高到90%以上，能耗降低20%以上，实现清洁生产，菱镁产业工业生产总值达到2000亿元以上，初步实现菱镁产业“多元化、集群化、规模化、生态化”的可持续发展。

（三）组织成立以院校为技术支撑的技术研究基地

组织形成以东北大学、大连理工大学、北京矿冶研究院等为技术支撑的综合节能技术研究基地，以东北大学科技产业集团为依托的综合节能技术转化基地，为项目的推动提供有力的技术支撑。

（四）培养一大批专业技术人才

由于引进新的技术及设备，必将造就和培养一大批专业人才，为将成熟技术和共性技术以及运行模式和成功经验进行推广应用打下了坚实的基础。

（五）推动各级政府完善与节能减排相关的配套政策

紧紧围绕“中国镁都”可持续发展战略的总体部署，在政府加大投入的同时，鼓励社会资本积极参与实施镁产业可持续发展战略，逐步形成政府、企业、金融机构等多元化投融资体系。

三、工作步骤和方法

贯彻国家政策，以科技引领，促进产业结构调整和发展方式转变；以市场为导向，积极推动镁产业绿色发展；以沿海营口科学城的开放、技术、发展优势，实施节能减排策略，促进镁产业集群发展。

（一）建立镁产业技术联盟

“中心”遵循“政府推动，科技中介参与，大院、大所为技术依托，试点企业为应用基地，全面推广”的运行模式，积极组织各大专院校进行科研工作，占领产业技术制高点。

（二）攻克镁产业发展的关键技术

攻克镁产业发展的关键技术，掌控话语权，制约我国镁产业的发展主要有4大技术“瓶颈”。

1. 约占菱镁矿总储量60% ~70% 的低品位菱镁矿资源未能得到有效利用，尤其低品位菱镁矿被大量废弃和填埋，资源浪费严重。

2. 菱镁矿熔炼装备落后，多耗电20%，能源浪费严重。

3. 镁熔坨含有的大量热能资源被白白浪费。

4. 菱镁矿熔炼过程中大量排放烟气、粉尘与 CO_2，造成环境严重污染，加重温室效应。每年约有150万吨 CO_2 排放。

（三）开发具有高附加值的镁制产品

辽宁省虽然拥有得天独厚的资源优势，但菱镁制品至今还在轻烧镁、重烧镁、电熔镁及加工制成的各种耐火砖等低端产品徘徊，全省每年平均消耗5000万吨优质菱镁矿，产值仅600多亿元，每万吨菱镁矿平均产出仅为1000万元，资源用量大、能耗高，导致菱镁产业链条较短，产品应用领域窄。开发高附加值产品意义重大。

（四）实施示范工程，实现局部市场产业化

"中心"以示范工程为重要载体，示范工程依据循环经济理念，以提高资源利用效率为核心，创造性地研发低品位菱镁矿高效利用技术，示范工程的实施使我国在菱镁矿资源综合利用领域具有国际领先水平。推广及产业化后可大幅度降低镁产业的生产成本，提高产业竞争力，为实现镁产业的技术升级和循环经济发展作出重大贡献。

（五）整合镁产业资源，促进产业集群发展

"中心"结合辽宁省菱镁资源的特点，突出资源优势，研发高纯氧化镁单晶、PDP用高纯氧化镁单晶粉碎体、高纯熔融镁砂、硅钢氧化镁、医药氧化镁等高端氧化镁系列产品，提升菱镁产品的附加值和优化产业结构，做大做强菱镁产业链。

（六）业务组织流程

业务组织流程见图2.8-1。

四、服务团队

"中心"充分发挥科技中介这一桥梁纽带作用，十分注重自身人才培养及团队建设。为促进菱镁产业集群发展，实施节能减排工程建设，"中心"组织成立了包括"中心"主任在内的8名骨干成员的工作团队具体负责菱镁产业集群建设，由"中心"主任任项目组组长。

五、服务成效

"中心"以示范工程为重要载体。针对镁产业集群建设，"中心"实施了"辽宁省镁产业节能减排工程"，并取得了显著成效。主要有以下几方面。

（一）实现菱镁矿资源高效综合利用

目前，约占菱镁矿总储量30% ~40% 的低品位菱镁矿资源未能得到有效利用，甚至被大量废弃和填埋，资源浪费严重。针对这一现状，开展低品位菱镁矿纯化等系列关键技术研发，深度开发低品位菱镁矿高效利用应用新领域，实现矿物资源的尽采尽用、变废为宝，彻底改变矿山采富弃贫的状况，增加可利用菱镁矿资源量近5亿吨，扩大可利用的菱镁矿资源量。

例：低品位菱镁矿高效制备电熔镁砂节能减排技术与装备项目。针对低品位菱

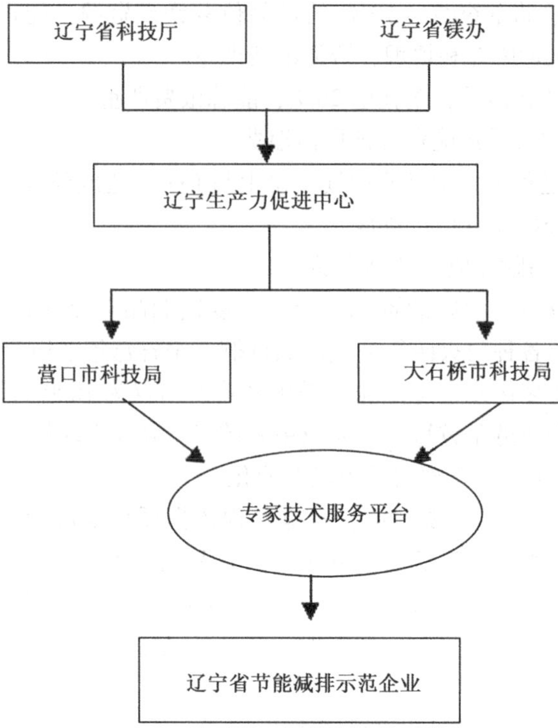

图 2.8-1　业务组织流程图

镁矿开展提质降杂的关键技术攻关，通过自主创新和技术集成，形成具有自主知识产权的菱镁矿反浮选脱硅、脱铁新药剂与新技术，降低菱镁矿的入选品位，扩大可资利用的菱镁矿资源量，为低品位菱镁矿的高效利用提供技术支撑。实现低品位菱镁矿入选品位 42%，精矿品位 46.5% ~47 %；菱镁矿综合利用率达到 75%。

（二）初步实现“三镁”（轻烧镁、重烧镁和电熔镁）综合治理

辽宁省目前现有轻烧炉 1500 台、重烧镁炉 454 台和电熔镁炉 1200 台，耗能和污染占菱镁产业的 90% 以上。针对“三镁”生产技术、工艺装备落后的现状，着力搭建产学研合作平台，突破制约菱镁产业低碳可持续发展的共性关键技术，开展大型自动化轻烧镁节能减排技术及装备、大型全密闭重烧镁的节能减排技术与装备研发和低品位菱镁矿高效制备电熔镁砂的节能减排技术与装备研发，实现综合节电率 20% 以上，年回收二氧化碳 1000 万吨，节煤率 20% 以上。

例：低品位菱镁矿高效制备电熔镁砂节能减排技术与装备项目。针对菱镁矿熔炼过程高耗能、高污染的现状，开展技术攻关，通过自主创新和技术集成，研发具有自主知识产权的绿色熔炼关键技术与装备，建造了 5 台 3000 kVA 高效密闭旋转菱镁矿熔炼炉示范装备，实现高效节能、绿色环保熔炼（电熔镁炉见图 2.8-2）。实现变压器额定容量：3000 kVA；炉体旋转速度：0.5 ~5 转/昼夜；产能：12 ~16 吨/炉；电熔镁单耗指标：2500 kW · h/t 以下；节电率：13%。

（三）初步制订矿山生态修复计划

菱镁矿山的生态破坏是制约菱镁产业可持续发展的重大“瓶颈”问题，这一问

图 2. 8-2　电熔镁炉

题不仅制约了区域经济的可持续发展，而且对区域生态环境安全构成极大威胁。

例："中国镁都" 建设项目，开展重点区域生态修复与生态系统功能恢复、资源环境承载力及生态系统健康管理等方面的研究工作，形成系统解决区域性生态环境问题的关键技术与系统集成，在区域尺度上研究和探讨生态环境问题的形成机制与控制机理并形成系统的解决方案，开展菱镁矿区生态恢复与示范，为土地污染危机缓解、产业合理布局及生态建设提供科学依据与技术支撑，保障菱镁产业区域生态环境的安全和可持续发展。

（四）做大做强菱镁产业链

辽宁省虽然拥有得天独厚的资源优势，但菱镁制品至今还在轻烧镁、重烧镁、电熔镁及加工制成的各种耐火砖等低端产品徘徊，结合辽宁省菱镁资源的特点，突出资源优势，研发高附加值氧化镁产品。

例：高附加值氧化镁（氧化镁图片见图 2. 8-3）开发项目，研制高纯氧化镁单晶、PDP 用高纯氧化镁单晶粉碎体、高纯熔融镁砂、硅钢氧化镁、医药氧化镁等高端氧化镁系列产品。据有关专家预测，仅高温超导器件生长基片在我国以 2500 元售价计算，市场空间可达 150 亿元，生产以上高附加值菱镁产品平均每万吨菱镁矿产出为 1 亿元以上，提升菱镁产品的附加值和优化产业结构，做大做强菱镁产业链。

图 2. 8-3　氧化镁

六、经验和体会

（一）注重组织协调工作，建立资源共享服务体系

将成功的案例推广应用到同行业的其他企业，在菱镁产业基地快速发展的同时，要更注重集群化发展理念，使这一理念深入人心，贯彻到底。同时，项目的建设需要各方面的积极努力，要解放思想、大胆创新，积极推进菱镁产业区域体制、机制创新和资源整合。

（二）紧密结合科技体制改革，充分利用企业及科研机构资源

各地方政府要抓住当前科研院所深化科技体制改革和国家倡导发展生产力中心的机遇，通过结构调整、人才分流、资源重组，使一些科研机构与企业良好结合，无论从盘活这些科研机构来看，还是就加快发展生产力中心而言，都不失为一着高棋。同时，开展多方位、多层次的人才队伍建设。加强专家队伍建设，在为项目的推动提供智力支持的同时利用好高等院校、科研院所、企业技术人才。建立各类人才各尽其能、各尽其才，形成以企业为主体、以市场为导向、产学研相结合的技术创新体系。

（三）注重传统产业战略升级，为产业集群提供综合性服务

在“十二五”期间，“中心”将紧紧围绕服务产业集群、支撑企业成长、密切产学研用、强化体系联盟和深化自身建设，积极推动传统菱镁产业实现战略升级，为产业集群提供综合性服务，推动地方经济实现跨越式发展。

（四）依托政府、服务企业，发挥优势，做出特色

在为企业服务方面，“中心”积极熟悉企业的情况，与有关科研机构联系很多。可以最大化地将政府资源转变为企业优势，为产业发展做好服务。另一方面，随着政府职能转变和政府机构改革的到位，在产业服务上出现了一些空白地带，“中心”一定要注意充分发挥自己的这些优势，想企业之所想，急企业之所急，让“中心”的工作形成自己的特色。

案例提供单位：辽宁生产力促进中心

［案例二］

培育核心业务能力　服务特种机床产业

根据生产力促进中心开展服务产业集群、服务基层科技专项行动的工作指导意见，近年来，沈阳市生产力促进中心（以下简称“中心”）围绕沈阳数控机床产业集群发展战略与规划制定、中国沈阳国际特种机床装备城规划设计、项目服务、招商引资、技术服务等方面，做出了大量工作，并取得了显著的效果。

一、业务背景

沈阳作为国家装备制造业重要基地、“机床之乡”，拥有存量规模大、经济总量高、技术基础雄厚、市场竞争力强的数控机床产业。目前，沈阳数控机床及相关产业形成了以沈阳机床集团为龙头、数控机床产业园和特种专用数控机床及功能部件产业园为支撑，技术基础雄厚，加工配套企业门类齐全，服务体系基础良好的产业集群，产业集群内聚集了500余家相关企业，2009年总收入近550亿元，已经成为沈阳装备制造基地建设的核心力量。随着国内外市场的发展和国家产业政策的扶持，

在国有大型机床企业快速发展的同时，一大批中小型民营企业在专用数控机床领域也得到迅猛发展，成为一支推动数控机床产业发展的重要力量，形成大型企业“高、大、精”通用数控机床与中小型企业集群“专、特、稀”专用数控机床相互补充、协调发展的格局。

近年来，针对地区数控机床产业发展的战略规划和企业实际需求，“中心”围绕推进沈阳数控机床产业特别是以广大中小民营企业为组成主体的特种专用数控机床产业集群的发展，开展产品创新服务、信息化技术咨询与服务、创新基金咨询与服务、技术与技能培训服务、企业管理咨询与服务、企业投融资辅导等一系列服务业务，取得了一定的成效。

二、业务内容

围绕服务特种专用数控机床产业集群发展，“中心”开展了以下几方面工作。

（一）项目咨询服务

为不断提高机床产业集群企业技术创新能力，面向机床集群中小科技企业开展集群规划咨询、创新基金项目咨询、科技计划项目咨询、ISO 9001 认证咨询、企业管理咨询、专利咨询、财务咨询等服务。

（二）产品创新设计服务

“中心”作为科技部批准的第一批中国生产力工业设计服务联盟单位，通过与沈阳工业大学、沈阳北方特种机床设计院、中科院沈阳自动化研究所等 10 家单位合作，以工业设计为重点，面向中小型机床制造企业提供产品数字化样机设计、工程分析、数控加工、工业设计、快速原型制造、产品多媒体样本制作等产品创新设计与制造集成服务。

（三）企业信息化技术服务

为实现“两化融合”，提高企业应对市场和自主创新的能力，提升企业现代管理水平，组织集群企业以“甩图纸”和“甩账表”为目标，积极开展了信息化单项技术与集成技术的推广与应用，围绕机床产品开展了 3D 数字化设计应用关键技术攻关，为企业提供信息化技术咨询、技术推广、技术服务、项目监理、系统集成等服务。

（四）科技金融服务

作为科技金融试点单位，“中心”积极探索风险投资运作和管理模式。一方面，有效整合企业管理咨询力量和资源，形成了包括企业发展战略咨询、风险投资辅导、企业财务咨询、质量认证咨询、企业市场营销战略等服务业务；另一方面，与科技风险开发中心、沈阳大通投资担保公司等 32 家创业风险投资机构和担保融资机构建立合作关系，建立起有效的项目推介渠道，为企业提供科技金融服务。

（五）人才培训服务

“中心”建立了人才实训基地，旨在培养集群企业急需的产品设计与制造技术人才和技能人才，全面提升企业的核心竞争力。编制了培训教材 12 套，制作培训课件 46 个。采取开设专业班、普及型培训、举办技术讲座与技术交流会、到企业内培训等多种形式进行人才培训。

（六）企业孵化服务

“中心”与沈阳中港地产有限公司合作，共同建设中国沈阳国际特种机床装备城孵化器，建设了特种数控机床设计平台和检测平台、集中采购平台、销售服务平台、仓储物流服务平台等专业以及技术服务平台，立足园区为集群企业提供培训、咨询、技术服务、技术推广、科技中介、政策服务、项目服务等孵化服务。

三、工作步骤和方法

（一）建设公共服务平台

建立和完善面向产业集群的中小企业公共服务平台、工业设计服务平台、特种专用数控机床公共研发平台、“863”软件服务平台、嵌入式技术服务平台、制造业信息化服务平台、科技金融服务平台7个公共服务平台，形成融集成、创新、示范、引领、辐射于一体的服务平台，为中小企业提供专业化咨询与服务，提升创新能力和市场竞争力。

（二）建立服务体系联盟

1. 建立沈阳市生产力促进中心服务体系。

以“中心”为核心，建立由各区（县）生产力促进中心、行业生产力促进中心和沈阳市科技中介服务机构组成的沈阳市生产力促进中心服务体系，实现生产力促进中心服务的网络化、社会化和产业化。

2. 建立沈阳市特种专用数控机床产业技术创新战略联盟。

由沈阳市特种机床联合会50家会员单位同中国科学院、东北大学、沈阳工业大学等科研机构共同发起，组建了沈阳市特种专用数控机床产业技术创新战略联盟。运用市场机制集聚创新资源，创新产学研结合机制，共同致力于突破数控机床技术创新和产业发展的技术“瓶颈”，提升我国数控机床产业整体水平。

3. 建立沈阳市信息化技术与产品推广服务联盟。

建立由沈阳软件协会会员单位和国内外IT制造与服务企业组成的沈阳市信息化技术与产品推广服务联盟，开展工业软件研发与服务，推广应用企业信息化技术，促进信息化与工业化融合。

（三）产学研结合面向集群开展集成服务

“中心”采用市场机制，应用平台和体系联盟的资源，采用本单位技术人员服务、客座工程师服务和与联盟单位合作服务等多种方式，面向我市数控机床产业集群企业开展技术咨询、技术服务、产品设计、制造、技术转移、人才培训等集成服务。

（四）制订业务管理规范与流程

为更好地为企业集群提供科学、规范的服务，“中心”通过了ISO 9001国际质量体系认证，每项业务都制订了业务管理规范和业务流程。

以下为“中心”两个典型业务的服务流程。

1. 项目咨询服务流程见图2.8-4。

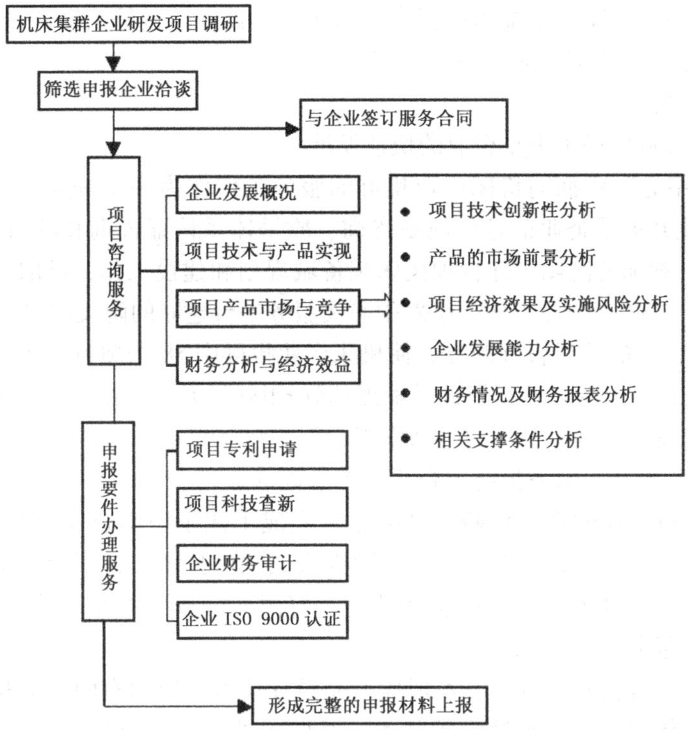

图 2.8-4　项目咨询服务流程图

2. 企业信息化服务流程见图 2.8-5。

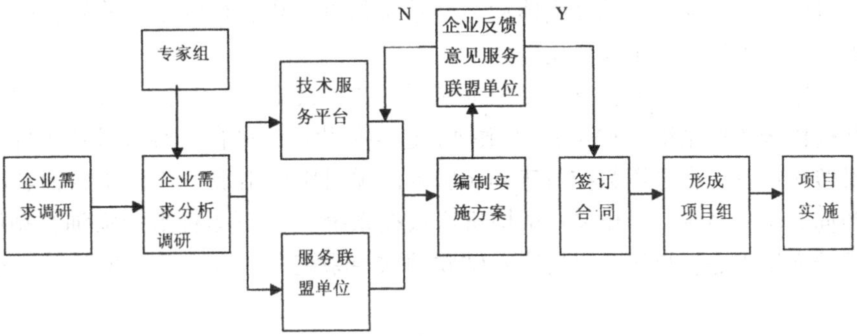

图 2.8-5　企业信息化服务流程图

四、服务团队

“中心”经过多年的发展和有效的资源整合，拥有了一支多学科、高层次的科技人才队伍，具有较强的科技开发实力和技术服务能力。

“中心”现有固定员工总数 35 人，其中具有本科以上学历的有 25 人，拥有教授级高级工程师 4 人，高级工程师 8 人，中级职称 15 人；“中心”还聘请了 40 名各领域的专家组成了专家组，随着“中心”承接的项目共同开展工作。“中心”在为集群企业服务的过程中，还加强产学研合作，整合了技术服务联盟的人力资源共同为企业服务。

同时，“中心”注重人员能力的提高和队伍的建设，通过员工培训、绩效考核、项目管理等制度，为开展服务业务提供保证。

五、服务成效

（一）咨询服务促进了中小企业的快速发展

近几年，“中心”将面向机床产业集群的服务工作作为一项重点工作，先后为70余家机床企业开展了企业信息化规划咨询、质量体系认证咨询和项目咨询服务。特别是“中心”参加的沈阳国际特种机床装备城规划和建设工作，已取得一期标准化厂房建设完工、32家企业入住、研发中心及服务平台建立的阶段成果。

同时，“中心”的项目咨询服务，使机床产业集群中58个项目获得国家创新基金，省、市科技计划立项，获得资助总额度达到6100万元，为集群企业项目的产业化及企业的快速发展起到了极大的推动作用。

（二）产品创新技术服务提高了企业的市场竞争力

为了支持集群企业的产品创新，“中心”完成了沈阳中小企业公共服务平台、沈阳特种专用数控机床公共研发平台和沈阳嵌入式软件技术支持平台的搭建，围绕企业产品创新设计，开展包括三维实体造型、有限元分析、工业设计、虚拟装配、运动模拟等技术服务。

联合东北大学等技术力量，引入现代产品设计技术，应用有限元分析、多刚体动力学分析、实体建模和虚拟装配等技术，对机床进给系统的高加速度移动性能、床身系统动态特性、高速主轴的动平衡精度等关键技术问题以及主轴插补阻尼力进行理论计算、有限元分析和系统动态仿真，在机床主要零件实体建模及整机的虚拟装配，机床高速运动部件的多刚体动力学系统仿真分析，机床系统的静、动力学特性有限元分析中发挥了重要作用。

通过服务平台的服务，支持了“非圆活塞数控机床”“阀门专用数控机床”“开放式结构机床数控系统（EMC）”“敏捷制造参数化设计平台”等大批企业自主研发及成果转化项目，在专用数控机床领域服务的项目中已出现了“机床六轴联动数控系统和伺服驱动系统”“开放式结构机床数控系统”“ 五坐标数控喷油孔钻床”“数控铣端面钻中心孔机床”“机床六轴联动数控系统和伺服驱动系统”等一批应用成果。

几年来，为沈阳机床集团、沈阳创新数控机床有限公司等单位完成了数控彩显玻壳屏压机实体造型、数控多轴自动车床造型等32个产品的创新设计服务，为沈阳贝特数控机械有限公司等8家企业完成非圆活塞多功能数控机床等机床产品的设计15项，有效地提升了一些机床产品的品质，提高了企业产品的市场竞争能力。

图2.8-6至图2.8-8为部分数控机床产品。

图 2. 8-6　数控机床产品三维设计与工程分析

图 2. 8-7　数控机床产品工业设计

图 2. 8-8　为沈阳贝特数控设计的活塞异形外圆数控车床

（三）企业信息化服务提高了企业的现代设计和管理水平

在科技部“十一五”“制造业信息化科技示范工程”战略的指导下，在数控机床产业集群内调研并遴选了沈阳机床集团作为“双甩”示范企业、沈阳贝特数控等5家“单甩”示范企业、20家推广应用企业。组织企业以“甩图纸”和“甩账表”为目标，积极开展了信息化单项技术与集成技术的推广与应用，围绕装备产品开展了3D数字化设计应用关键技术攻关，开展企业信息化咨询与服务62家次，推广应用软件186套。企业产品研发周期将缩短25%～30%，降低产品成本10%，提高了市场占有率，提高企业的现代设计和管理水平。

（四）科技金融服务促进了集群及企业快速发展

“中心”先后组织数控机床企业与金融机构举办了十余次的科技金融对接会和企业推介会，并与建设银行达成以最优惠的条件为进驻国际特种机床装备城的32家机床企业集中提供购房按揭贷款的协议，与大通担保公司达成为企业按揭贷款提供担保的协议，目前已实现风险投资2450万元，小额贷款860万元，承保总额1800万元，并为沈阳中威机床公司、沈阳汉科机械公司等企业完成设备租赁项目6项。

在沈阳特种机床装备城建设中，“中心”积极发挥科技中介的作用，通过科技招商成功引入福建东升置业集团170亿元的建设项目，并已完成10亿元投资和一期15万平方米的建设项目。

通过与各银行的合作，“中心”也跟踪一批企业贷款项目，先后为38家企业开展了贴息项目的咨询，成功地完成了17个项目的立项支持。

几年来，“中心”通过科技金融服务平台总计为企业融资的额度超过2亿元。

（五）人才培训服务为集群可持续发展提供了人才保障

“十一五”期间，“中心”与中科院沈阳计算技术研究所和东北大学共同承担了沈阳市“装备制造业企业信息化及万人培训工程”项目。“中心”与10所院校建立了实训基地合作办学关系，与沈阳地区建立了30余家企业的人才服务合作关系。组织10000多名技术人员、蓝领职工和在校学生，进行装备制造、信息技术的实际操作培训。累计办培训班351个，培训人才13800人次，其中数控加工和数控编程人员7600人次。

（六）企业孵化服务培养壮大了一批中小企业

为做好企业孵化服务工作，“中心”建设了中国沈阳国际特种机床装备城孵化器，优化特种专用数控机床产业发展的空间布局环境、技术研发环境、产业配套环境、交流合作环境、市场交易环境和政策扶持环境，形成专业化、标准化的开发生产格局。目前，已有37家企业入驻中国特种机床装备城，“十一五”期间，“中心”共组织各类推广活动42次。2010年“制博会”上，组织57家沈阳特种专用数控机床产业联合会企业参展，参展成果105项，会上签订产品定购合同71项，合同总金额2200万元。图2.8-9为“制博会”上组织的沈阳特种数控机床展览。

图 2.8-9 “制博会”上组织的沈阳特种数控机床展览

六、经验和体会

（一）服务业务与产业发展结合使工作充满生机

本地区产业的集群化对应服务的需求既是多元化，又是集成化，根据产业特点，掌握产业需求，有针对性地培育和开展科技服务，具有广阔的市场空间和发展动力。

（二）产学研合作是服务产业集群的有效方法

充分发挥本地区科技优势，从项目入手，把科研机构项目研发与企业推广应用结合，把企业难题通过科研机构联合技术攻关。企业的需求推进科研的实用性，科技成果的转化助推企业的发展。

（三）市场化的运行机制是产业技术服务联盟运作的保证

形成健全的组织管理机制、科学的工作运行模式、适用的业务制度规范、有效的科技服务方法，才能实现有效的资源聚合。

（四）专业化服务团队是开展集群服务的保障

面向产业集群开展服务，首先要有一支专业化的服务人员，紧紧围绕国家产业发展规划开展咨询服务；在服务过程中，服务人员要坚持诚实、守信，不弄虚作假；为企业服务要坚持薄利多收、共同发展的理念，并根据企业需求，注重服务业务的拓展。

（五）培育核心业务提升可持续发展能力

“中心”为更好地服务产业集群，不断培育核心业务，打造了六项精品服务项目和品牌，提升高端服务、专业化、系统化服务的水平，着力拓展服务空间，增强服务功能，实现了可持续发展。

案例提供单位：沈阳市生产力促进中心

[案例三]

依托技术创新战略联盟　壮大半导体照明产业

一、业务背景

为产业集群创新和产业升级服务，是《生产力促进中心“十一五”发展规划纲要》中提出的一项主要任务，是“两服务行动”任务之一。按照科技部的总体要求，黑龙江省生产力促进中心（以下简称“中心”）也在积极探索创新服务模式，实现从服务企业向服务产业的转变。

2007 年，黑龙江省科技厅提出大力发展半导体照明产业，建设具有高寒地区特色的半导体照明产业基地，依靠科技尽快促进我省半导体照明产业形成集群发展。“中心”以此为契机，将服务半导体照明产业集群发展确定为协助政府培育发展战略型新兴产业的突破口，并选择“产业技术创新战略联盟”这一密切产学研合作的新型组织模式，作为服务产业集群创新和产业升级的载体。

“中心”在省科技厅的指导下，组织成立了“黑龙江省半导体照明产业技术创新战略联盟”，并承担秘书处工作。联盟共集聚了哈尔滨海格科技公司、哈尔滨市电子研究所、哈尔滨工业大学奥瑞德光电技术公司及哈尔滨工业大学、哈尔滨工程大学等47家具有一定规模和技术水平的半导体照明生产和研发单位，以产业技术创新需求为导向，以形成黑龙江特色半导体照明产业链为目标，积极推动产业技术进步和产业化，提升我省半导体照明产业的整体竞争力。

二、业务内容

“中心”以半导体照明产业技术创新战略联盟为载体，以务实的态度和扎实的工作作风积极推动产业技术进步和产业化，通过组织半导体照明应用示范工程、产学研合作、开辟俄罗斯市场、开展对外交流、建设照明检测平台、新产品推广等，服务于我省半导体照明产业的发展。

（一）以应用促进发展，推动半导体照明示范工程

根据黑龙江省半导体照明产业的现状，中心在省科技厅的指导下，组织实施半导体照明应用示范工程，以应用促进产业发展。2009年和2010年，在哈尔滨冰雪大世界连续举办了两届国际LED冰雪景观照明创新设计大赛，吸引了全国各地数十家LED企业参赛。据统计，2010年第十一届冰雪大世界应用了9000余只LED照明灯具，替代荧光灯管54000余只，LED应用覆盖率接近90%，较第十届增长了50%，为景区整体节电约50%以上，较上一届提高了20%，不仅有力地推动了LED在冰雪景观照明上的应用，而且为我省的节能减排、绿色照明工作起到了示范和推动作用。

（二）促进产学研及联盟间合作，提升技术创新能力

组织产学研合作，解决共性技术和关键技术，是产业可持续发展的保证。通过组织研讨会、论坛、茶话会、沙龙、成果对接会、产业合作交流会、各类行业展会等多种形式，促进联盟成员产学研合作。在“中心”组织召开的LED技术推进会上，哈尔滨工业大学李垚老师研发团队研究开发的“光子晶体技术”能够提高LED出光效率，引起了联盟企业的浓厚兴趣。通过“中心”联系协调，联盟企业海格科技、聚光科技与该团队开展合作，为研发提供LED芯片样品。目前试验结果显示，高出光率光子晶体可提高LED出光率约5%，效果显著。“中心”还组织促成爱普照明与哈尔滨理工大学的“LED防爆灯”，聚光科技与省农垦科学院、省科学院的“LED植物生长灯”等多个产学研合作项目。

以铝、镁合金件为主的LED散热材料和灯具材料占最终LED照明产品总体成本的30%左右，半导体照明产业与铝、镁合金产业的关联度很大。“中心”组织半导体照明产业联盟与铝镁合金产业联盟先后开展了多次对接，两个联盟间企业达成了联合建设研发平台的合作意向，联合设计申报的“镁合金LED灯具散热材料及成

型技术研究”项目已被列为2010年省重点科技攻关项目。

（三）拓展国际合作，开辟俄罗斯市场

黑龙江毗邻俄罗斯，在对俄合作方面有着悠久的历史和得天独厚的条件，未来几年，俄罗斯政府将加大莫斯科、圣彼得堡等城市的基础设施建设，并积极筹备2014年冬奥会。同时，受俄罗斯政府近期颁布的《俄罗斯2020年前能源发展战略》影响，俄罗斯半导体照明市场展现出巨大商机，高效节能环保照明产品需求量剧增。2010年8月，“中心”在俄罗斯萨哈林州举办了“国际节能照明产品展览会”，并常设展馆，共展出7家联盟企业的11大类78件展品，集中展示了我省联盟企业生产的主要产品。通过成功举办本次展会，“中心”在中俄新能源产业合作领域搭建了一座桥梁，将为推动黑龙江省半导体照明产业的国际化进程，同时也为联盟会员单位开辟了对俄出口的新渠道。

（四）加强对外交流，促进产业招商引企

产业的发展离不开交流与合作。近年来，“中心”组织联盟企业参加了各类展会和论坛，如由国家半导体照明工程研发及产业联盟主办的“国际新光源新能源论坛”“LED装饰照明研讨会”“中国国际半导体照明展览会”等，以联盟的整体形象参展，在国内外同行面前充分展示了黑龙江省半导体照明产业特色和发展环境，吸引了台湾玉晶、厦门格绿能、深圳浩博尔、北京中海洋、鹤山银雨等企业来黑龙江省投资创办企业，提升了产业的整体实力。

（五）建立公共技术平台，制定寒地技术标准

自2007年开始，“中心”积极推进照明节能检测中心的组建工作。至2009年初，节能检测中心获得省质监局的认证，成为东北三省唯一一家照明节能检测中心，也是除北京和上海外，全国第三家投入使用的半导体照明检测平台。“中心”组织联盟成员参与制定了《寒地LED道路照明产品技术规范》《LED冰雪景观照明产品技术规范》，为产业健康发展提供保障。

三、工作步骤和方法

黑龙江省××照明电器有限公司是半导体照明产业技术创新战略联盟企业，创建于2008年5月，坐落在大庆高新区林源工业园区，注册资金1.1亿元，是集自主研发、生产和销售为一体的新型照明企业。该公司涉入LED领域时间不长，缺乏相关的研发能力和核心自主知识产权。

（一）开展市场调研，了解企业需求

“中心”在深入大庆地区调研时，了解到公司原来以生产传统的稀土三基色节能荧光灯为主，企业产品单一，发展后劲不足。企业准备在半导体照明领域寻求更大的发展空间，但对半导体照明产业缺乏深入了解，产品定位、市场定位比较模糊，也缺乏相关的研发能力和人才。

同时，“中心”了解到大庆等地的石油化学企业主要采用白炽灯和气体光源作为主要的照明手段，以隔爆型和增安型照明灯具为主要灯具类型。由于白炽灯和气体光源的寿命有限，需要经常更换光源来保证正常的照明要求，这为石油化学工业的高危生产环境带来了极大的安全隐患，而且使用不便。据调查，在用防爆照明产

品有450万只，在钻探、储油、井下、采气、加油站和化工企业广泛应用，大庆地区每年更新和改造都在40万只以上，销售额近8000多万元，特别是大庆120万吨乙烯扩建工程的建设，仅专用防爆照明产品需用30万套以上。另外，黑龙江省有2.4万个加油站，平均每个加油站有30只专用防爆灯。所以，在黑龙江省的潜在需求超过120万套以上。

（二）组织专家论证，为企业确定发展战略和市场定位

在调研基础上，“中心”组织哈尔滨理工大学、哈尔滨工程大学、哈尔滨工业大学的专家召开了咨询论证会，征求专家意见，帮助××电器有限公司明确产品研发方向和市场定位。

与会专家一致认为，针对石油和化学工业生产的特殊环境下对照明产品的需求，该公司可以研究开发LED防爆灯具。该产品具有节能、环保、防爆、使用寿命长、维护方便等优势，可广泛应用在钻探、储油、井下、采气、加油站、海上石油和化工企业，拥有巨大的市场潜力和应用前景。该项目不仅符合国家的产业政策，而且可以形成具黑龙江省特色的LED产品，对黑龙江省的半导体照明产业的发展具有重大意义。同时，企业可以充分利用坐落在大庆的优势，以大庆油田的石化企业为先期市场，以销定产，逐步做大企业，再开拓省外市场。

（三）开展项目对接，促进校企合作

在该企业认可专家意见的基础上，“中心”根据该公司所拥有的实力、发展现状、生产经营状况以及发展规划等情况，充分利用省半导体照明产业技术创新战略联盟的资源，积极为企业联系研究开发项目的合作单位。经多次磋商，2009年9月3日，该公司与哈尔滨理工大学签订了暂定两年期限的项目开发合作协议书，拟定针对大庆油田化工企业厂矿LED防爆灯、LED照明灯和LED射灯3项进行联合研发。其合作项目“石油化学用LED免维护防爆灯研制”作为典型在“2009年全省加快新材料产业发展推进会”上正式签署了合作协议。

（四）延伸跟踪服务，促进企业发展

“中心”通过电话、电子邮件、网络QQ等多种方式以及参加会议的机会经常与企业保持联系，了解项目合作进展情况和遇到的问题，协调帮助其解决困难。同时，为帮助企业提升技术创新能力，缩短新产品开发周期，2010年3月，“中心”组织人员为该企业研发人员进行了TRIZ理论培训，并协助企业申报专利。

（五）业务流程

业务流程见图2.8-10。

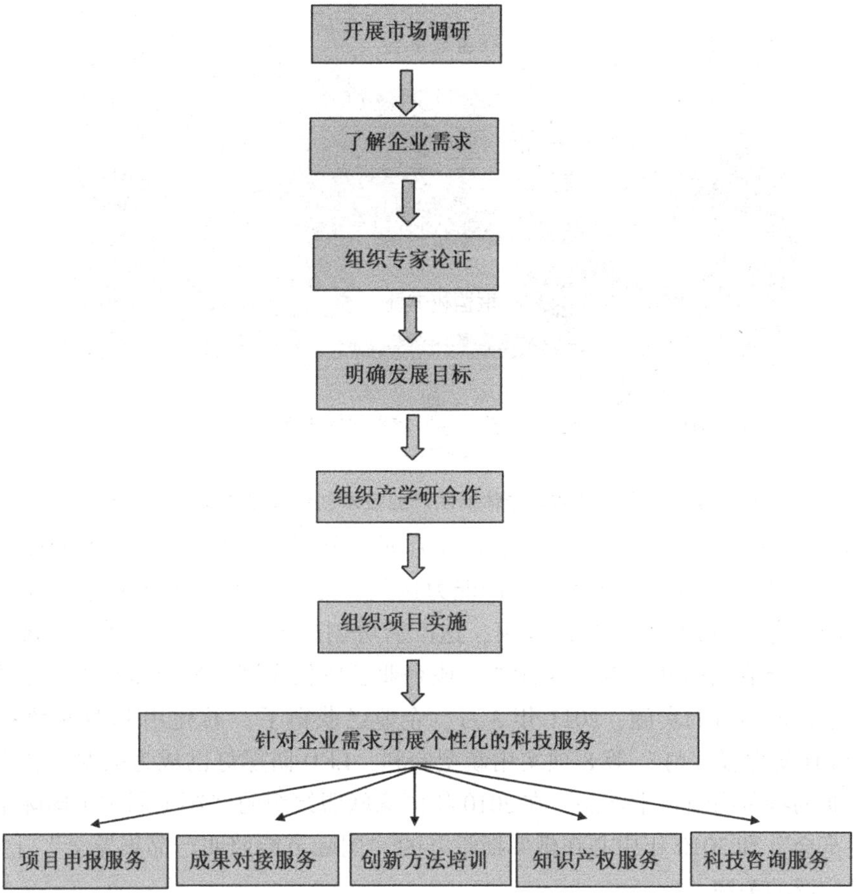

图 2. 8-10　业务流程图

四、服务团队

中心首先成立了半导体照明产业技术创新战略联盟，其组织架构如图 2. 8-11 所示。与此同时，以中心人员为骨干，对联盟服务部门按业务要求，配备了相应专业知识结构的服务人员，形成了能力较强的服务团队。

五、服务成效

通过几年来的不懈努力，黑龙江省半导体照明产业技术创新战略联盟目前已成为省内最活跃的产业技术创新战略联盟之一。该省的半导体照明产业格局初步形成，产业链逐步完善，产业特色鲜明，产业规模和影响力迅速扩大，成为该省重要的战略性新兴产业。同时，涌现了海格科技、工大奥瑞德、固泰电子、爱普照明、聚光科技等骨干企业，蓝宝石晶体制备、大功率 LED 封装、驱动技术、碳基复合散热材料等技术成果在全国处于领先地位，冰雪景观照明专用 LED 灯、LED 防爆灯、LED 植物生长灯、LED 平面灯、LED 筒灯、寒地 LED 路灯等产品已成为该省的特色产品，全省半导体照明产业产值从 2007 年的 2 亿元增长到 2010 年的 6 亿元，实现了跨越式发展。

例：××照明与哈尔滨理工大学的合作项目已进入试生产阶段，小批量生产销

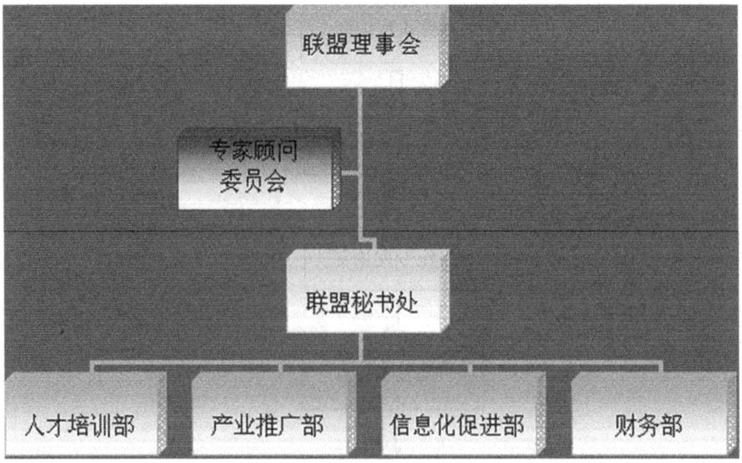

图 2.8-11　黑龙江省半导体照明产业技术创新战略联盟组织架构

售了 LED 防爆灯 1000 多套，收入 150 多万元。公司目前生产能力为 3600 套/年，2010 年底增扩 2 条专业生产线，生产能力达到 5 万套，计划 2011 年增扩 6 条生产线，生产能力达到 20 万套/年的规模，达产后可创产值 1.5 亿元，利税 2800 万元，预期产品综合节能率可达 30% ~50%。该企业已成长为该省半导体照明产业的骨干企业，通过该项目的实施，2011 年 3 月，企业已获得了“石化用 LED 免维护防爆灯”“LED 防爆投光灯”等 8 项实用新型专利，LED 防爆灯已成为黑龙江省半导体照明产业的特色高新技术产品，在 2010 年国家联盟组织的“第七届中国国际半导体照明展览会”和 2010 年中心在俄罗斯举办的“国际节能照明产品展览会”上展出，获得了广泛的关注。

六、经验和体会

（一）背靠政府是中心快速发展和业务拓展的保障

省科技厅延伸政府职能，将事务性工作如高新技术企业和高新技术产品认定、科技计划项目辅助管理工作等委托中心承担，一方面，促进了中心发挥背靠政府的优势，拓展了服务领域，提高了服务能力和显示度；另一方面，通过承担这些工作，“中心”密切与企业的联系，深入了解企业需求，并开展有针对性的服务。

省委省政府把半导体照明产业列为战略性新兴产业给予重点支持。省科技厅高新处将半导体照明产业技术创新战略联盟秘书处放在“中心”，既是对“中心”的信任，也是对“中心”的支持，同时也为“中心”服务产业集群搭建了平台。

（二）服务产业集群是生产力促进服务的发展方向

生产力促进中心“两服务行动”，为“中心”指明了方向。围绕省委省政府的战略部署和省科技厅的中心工作，“中心”准确定位，抢抓机遇，搭建产业技术创新战略联盟，服务半导体照明产业，实现了从服务企业向服务产业转变，提升了“中心”的服务能力和服务水平，服务企业真正落到了实处，也推动了产业的快速发展。

（三）培养人才打造团队是可持续发展的基石

“十一五”期间，“中心”通过“内培外引”，加强人才队伍建设，提升核心竞争力。一是加强内部业务培训，经常组织不同形式和内容的业务讲座和培训，提升员工的业务素质和服务能力；二是鼓励员工深造，更新知识，目前共有15人参加在职研究生学习，已毕业5人；三是面向社会招贤纳士，吸引优秀人才，共招聘硕士研究生10人，充实到重点业务部门；四是通过公开竞聘，部分优秀人才走上了中层干部岗位，成为骨干力量。在服务半导体照明产业技术创新战略联盟及企业过程中，“中心”人员也逐步成长为半导体照明产业方面的“专家”。

（四）为企业提供优质有效服务是核心

企业是技术创新的主体和科技成果转化落地的接受者。“中心”作为联盟秘书处，在联盟筹建初始，以务实的态度和扎实的工作作风为联盟内企业开展各种服务工作，服务于该省半导体照明产业的发展。通过密切与企业的联系，及时了解企业需求和发展动向，提供针对性的有效服务和跟踪服务，从而赢得企业的信任，实现了由“中心”主动为企业服务向企业主动上门寻求服务的转变。

案例提供单位：黑龙江省生产力促进中心

[案例四]

构筑“科工农信”服务平台　促进县域经济快速发展

一、业务背景

凤城市位于辽东半岛东部，为辽宁省丹东市所辖的县级市，是辽东半岛著名的特色农业产业区、工业重镇、旅游名城以及丹沈高速、辽蒙高速，辽吉高速和丹沈铁路、丹吉铁路的交通枢纽。全市总面积5513平方千米，户籍总人口近59万人。目前，凤城市农业人口40.8万人，农业户数12.3万户，耕地面积93万亩。全市拥有中小企业27706户，其中规模以上企业226户。

目前，凤城市已初步形成了以机械、冶金、化工、轻工、建材、纺织、酿造、服装为主的几大行业。其中机械行业所占比例达60%，成为工业产业中的支柱产业，其中增压器行业在全市工业产销中占35%以上，占据行业中的主导地位。凤城市现有增压器零部件生产企业1350余家，拥有百余个基本型号增压器配件品种和三百多个子型号产品，其中增压器零部件已经占据全国增压器零部件市场份额的30%以上，成为该产品在国内的增压器零部件集聚地。

凤城市生产力促进中心（以下简称“中心”）作为凤城市科技创新服务体系的重要机构之一，通过联合大专院校、科研院所为中小企业提供信息咨询、技术培训、产品检测、软件制作和人才引进等服务，被誉为凤城市中小企业的服务中心、政府服务的信息中心、“三农”和新农村建设的助推中心。

二、业务内容

“中心”通过几年来的不懈努力，开创了民办公助的县区生产力促进中心特色服务业务和服务模式，科技服务职能得到有效延伸，是政府宏观决策的“外脑”，也是中小企业和乡村有力的技术支撑和科技成果转化的助推器，具体服务内容如下。

（一）科技信息服务

充分整合“五电一报”即电脑、手机、电视、电话、电台和《凤城科技信息报》多媒体信息资源，提供包括工业、农业各种科技知识，成果推广项目，生活常识，企业宣传，人才、技术供求信息，技术解答等综合信息服务。

（二）专业培训服务

通过组织举办各类培训会、研讨会等交流活动，面向企业经理人、技术人员及广大农民开展培训活动。企业经理人培训主要包括企业经营管理、人力资源管理、企业发展战略规划培训等。技术人员培训分为两类：一是计算机操作技术培训，主要包括计算机操作基础、现代办公软件应用、平面设计、CAD、3D、动画设计制作、网站设计制作、计算机维修等；二是针对操作人员的技术培训，主要包括企业数控技术、自动化操作技能等专业技术培训，广大农户培训主要包括种植新技术、新品种培育、农民经纪人培养等。

（三）产业集群服务

以增压器中小企业公共服务平台和中国增压器商务网为技术依托，面向汽车增压器企业及相关行业提供专业化的产品研发设计、原材料检测检验分析、模具设计与定型、产品质量控制与检测以及技术咨询、信息交流、人才培训等服务，并为汽车增压器产业的研发和企业自主创新提供公共实验室，帮助企业建立商务网站，培植增压器行业的龙头企业，充分整合产业资源，做大做强产业集群。

（四）“三农”服务

通过在市、镇、村建立三级信息化网络服务平台，组织相关专家为乡镇发展提供信息、技术咨询服务，通过网络、电话、短信等形式为农民提供生产资料、新技术、农产品供求等服务，帮助农民解决遇到的实际问题，促进农民增收，加速农业科技成果转化、加快市场和科技信息传播与交流，实现科技对“三农”的有效支撑和引领带动作用。

（五）新农村联防报警联动技术支撑服务

为加强社会主义新农村建设，保障经济发展和社会稳定，配合市公安局，积极开展“警铃入户”建设，建立“技防报警服务接警平台”，将传统的“十户联防”注入了技防元素，积极推动全县技防建设由集镇向农村腹地扩展延伸，全面构建了专群结合、警民联动、全民参与、齐抓共建、“三防”配套、打防控一体的农村治安防范新机制，实行24小时常年监控，为社区、交通路口及矿山的重点部位等提供安全保障服务。

三、工作步骤和方法

（一）开展“五电一报”服务，实现科技强民惠民

为不断提高科技信息服务能力，积极与广播电视局、移动公司、电信等部门联合，于2008年在全省率先建立了县级农村科技信息化服务中心，开办和整合了电脑网站、手机群发、电台、电视、电话热线和《凤城科技信息》“五电一报”多媒体信息资源。

服务中心通过创建“一级平台在县城，二级平台在乡镇，三级平台在农村”的模式，建立“五电一报”信息传播的渠道，理顺小城信息的传播渠道，实现了小城镇尤其是农村高速、面广的信息传播目标，对实现信息化小城镇建设起到了极其重

要的作用。

同时，“中心”与凤城电视台、凤城广播电台、沈阳农业大学、辽宁大学、大连工业大学等院校及相关部门达成了多项合作。在农村科技信息化服务中心建立了电台直播系统和终端自动传输系统，采用先进数字技术进行偏远山区信号增强，利用智能化、远程控制、多网合一、自动系统技术参数自动修改、系统使用数字编解码、防止空间电磁波干扰等技术手段，达到专家远程室内播音无线传输清晰的效果，并自动定时释放和开闭。此项技术功能强大，具备有线广播和无线广播的特点，使村民能够灵活、方便、快捷地获取科普知识，解决了山区农民学习技术难的问题。

经过辽宁省工商局等部门批准，“中心”与科技部门共同在辽宁省率先创办了《凤城科技信息》报，每月 3 期，每期 8 版，每期发行量 5000 份。主要内容包括工业、农业各种科技知识，成果推广项目，生活常识，企业宣传，人才、技术供求信息，技术解答等，年传播各类技术信息 30 万条。该报通过邮递部门免费发行到企业、农村、政府机关及重点养殖户和种植大户手中。

通过开展“五电一报”信息化服务，实用技术覆盖面由原来的 30% 提高到 70% 以上，科技强农惠民提高到一个新的发展水平。

（二）建设培训基地，培育专业人才

近几年，“中心”积极开展了多样化的专业人才培训服务，建立了专业化的培训基地，并设有计算机培训学校，拥有千余平方米的现代化电教室，配备了 200 台电脑、30 台缝纫机、数控机床、绘图编程系统软件、模具软件、日立 982 投影仪、课桌椅 500 套等培训设施，同时，聘请了专职教师及专职校务管理人员。

通过与丹东经济干校联网，建立了网上教学。面向企业经理人开展了包括企业经营管理、人力资源管理、企业发展战略规划培训等，面向技术人员开展了计算机操作基础、现代办公软件应用、平面设计、CAD、3D、动画设计制作、网站设计制作、计算机维修、企业数控、机械制图设计专业技能等培训，同时开展了普惠制就业人才、农民经纪人、军地两用人才、下岗职工、农村劳动力培训以及阳光工程就业技能人才培训、机关事业人员培训等。

（三）打造“三农”信息平台，助推农业经济快速发展

建立了三级农村信息化服务平台，实现了市、镇、村三级互动信息化服务。在“中心”设立了专门工作室，并在全市的村镇安装了 230 部信息群发机，每天 24 小时提供各种科技信息 100 条以上，为农民提供生产资料、新技术、农产品信息等服务，解答、反馈各种技术和供求难题。

根据凤城市农业产业发展的需要，开展了特色农业服务业务：一是面向特色农业的新品种、新技术服务，产业需要什么，就提供什么；二是农业专家即时服务，农民在田间地头、家庭院落，随时随地都可以通过网络、移动电话等向专家进行咨询。

通过充分发挥网络、电信等资源优势，形成了高效的“三农”信息化服务，真正实现了“网络盖县区、触角达乡镇、信息到村屯”的服务格局。

（四）创建公共技术平台，服务支柱产业集群

“中心”于 2007 年建立了增压器中小企业公共服务平台，该平台下设汽车增压器研发中心、汽车增压器检测中心、科技信息服务中心、汽车增压器培训中心。

1. 汽车增压器研发“中心”。

充分整合区域内高校及科研院所的实验室、专家人才资源，面向汽车增压器企业及相关行业提供专业化的产品研发设计、模具设计与定型、技术咨询等服务，通过开放共享和系统优化，加强科技资源的高效配置和综合利用，最大程度地降低企业产品科技创新成本，提高企业研发效益。

2. 汽车增压器检测中心。

发挥集群效应，整合平台的技术资源，为企业提供增压器材质、金相检测、性能等测试系统、增压器实验、原材料检测分析、产品质量控制与检验以及技术咨询等服务。

3. 科技信息服务中心。

创建了中国增压器 OEM 商务网，兼备信息咨询、合作促进、电子配对、协同谈判、研究决策等多项专业信息服务功能，并制定了标准业务流程，该流程是标准化的 OEM/ODM 业务过程模型，利用 J2EE 技术提出其系统开发的关键技术，是基于网络和电子商务的开放式网络化集成供应链体系。以增压器 OEM 商务网为依托，面向区域内的汽车增压器产业内的企业提供供求信息、市场分析预测、行业动态、技术与管理等信息，实现科技信息资源网上共享。

4. 汽车增压器培训中心。

配备了完善的培训、教学、公共服务设施，根据企业实际需求，为企业提供技术人员、管理人员、销售人员和生产骨干等专业化培训服务，不断提升企业人员的专业技能和综合素质。

此平台以互惠互利为原则，以服务为根本，实行企业“会员式”服务模式，通过开展现场服务、即时服务、网络媒体咨询服务等多种有效服务方式，将传统的现场服务与网上服务有机结合起来，并通过专家诊断式咨询，既体现了现场服务的可靠性，也体现了网上服务的高效性，同时，顺应了现代技术服务方式的发展趋势。为企业创造了良好的技术创新环境，提高了凤城市汽车增压器产业的整体实力和国际竞争力，有力促进了汽车增压器产业集群的快速发展。

（五）建立网络信息监控平台，提供农村联防联动技术支撑

“中心”会同县综治部门通过调研、试点实践，将传统的“十户联防”注入了技防元素，开展“警铃入户”建设，积极推动全县技防建设由集镇向农村腹地扩展延伸，通过扩面增效全面构建专群结合、警民联动、全民参与、齐抓共建、“三防”配套、打防控一体的农村治安防范新机制。

根据科技强警的需求，建立了“技防报警服务接警平台”，并在社区、交通路口、矿山重点部位安装了若干监控设备，监控服务“中心”利用中心开发的管理软件系统，24 小时常年监控。全面实施“十户联防、警铃入户”工程，以村为单位，每十户编为一组，每组设一户长，一户按警，九户救助，形成邻里守望、群防群治的全天候农村技防网络。使不安全因素随时都能掌握在公安和安全部门眼中，使其及早防范，降低发案率，提高破案能力，促进了社会安全稳定。

四、服务团队

“中心”组建了知识结构全面、年龄梯度合理、团结高效的高素质管理团队。现有人员 28 人，大学以上学历 25 人，占中心总人数的 89%，其中硕士学位 6 人；

35 岁以下 13 人，50 岁以下 11 人，分别占中心总人数的 46% 和 39%。人员专业结构包括电子信息、机械制造、农业技术、企业管理、财务管理。其中，有 5 人获得市和省的科技进步奖和新产品开发奖。“中心”同时外聘了 50 名汽车增压器领域的咨询服务专家，形成了以中心业务骨干为核心、外聘专家为支撑的人才队伍体系。为“中心”业务开展提供了有力的人力资源保障。

五、服务成效

（一）“五电一报”综合服务系统成效显著

以县（市）、镇（区）、村三级信息服务平台为主线，实施了信息交互一级平台、二级信息服务站、三级信息服务点的系统架设。通过“五电一报”信息化建设，实用技术覆盖面由原来的 30% 提高到 70% 以上，科技强农惠民提高到一个新的发展水平。自办凤城电台科技节目，改变了过去部门“走进直播间”受众面小的弊端，在每天 9:30 到 10:00 开办农业专家访谈，直接接受农民的咨询，传播科学技术。将农业科技创新典型和技术成果搬到了电视屏幕，引导专家走进电视直播间，开展和农民互动，解决农业技术难题，极大程度地提高了山区技术普及率和入户率。

（二）“三农”科技服务中心贡献突出

在凤城市政府的大力支持下创建了凤城市“三农”科技服务中心，服务中心包括以“五电一报”科技信息化建设为主的农业技术培训中心、科技联合网络、电视、电台专家直播互动系统、电脑和手机群发三级信息网络、网上庄稼医院、科技资源库、项目库及农业技术培训学校等建设内容，通过电脑 QQ 群和信息群发机，让农户直接与科技特派员进行技术咨询和交流。目前，市科技局和市委组织部联合为 21 个镇（区）和 201 个村免费送去 222 台电视和 230 台信息群发机，并进行了全部联网，形成了县（市）、乡镇和三级科技信息化网络。截至目前，凤城市已选派科技特派员到基层创业人员 200 名，全市引进新品种 60 个，推广新技术 30 项，建立各类科技示范园 100 个，科技特派员领办和参与组建经济技术合作社 180 家，带动和发展壮大以小浆果产业、大棚蔬菜、水果、中药材、肉牛肉鸡、绒山羊、食用菌等特色产业快速发展，直接带动 6 万农民增收致富。

“中心”通过建立科技特派员“活动之家”和“三农”科技信息服务平台，进一步提高了“三农”科技特派员活动服务“三农”的能力。推进科技特派行动入户，把已有的新技术、新产品转化为现实生产力，同时依托服务中心的示范、带动和指导作用，对带动“一村一品”建设、提高凤城市农业产业的经济效益、提高竞争力、增加农民收入及发展现代农业、大力推进我市社会主义新农村建设具有重要的意义。

（三）汽车增压器产业公共技术服务平台支撑作用强大

自平台建立以来，为 46 家企业进行了多次产品质量检验、检测服务；创建了中国增压器商务网，年浏览量 2 万次；为神龙、凤凰等多家企业制作了企业网站，并以会员形式登录上网；为制造业举办 CAP/CAM、机械设计、数控技术、铸造、车工、模工、动平衡培训班，参加培训 1000 人次，其中，600 人拿到了技术等级培训证书；调研咨询增压器企业 220 个，网络招聘技工 30 名，为企业三维设计、编程、造型服务 500 件次，召开产业集群发展研讨会 2 次、协调会多次，广告策划多次。加快促进增压器企业科技创新和技术进步，对扶持新产品、新工艺、新技术等领域的中小型高科技企业快速成长起到了积极有力的促进作用，同时，极大程度地提升了汽车增压器产业集群的竞争力。

（四）科技示范园辐射力强

科技示范园是引领农民发展产业、提高增收的样板，“中心”主动为县域经济发展提供多样化服务，通过增加技术投入和引进新品种，使每个乡镇（区）培育5个科技示范园。

“中心”积极配合凤城市科技局建立科技示范园105个，确立农民科技示范户2000多户，利用多种措施，共引进新品种120种，推广实用技术80余项，为全市农业产业的发展发挥了较好的引领作用，同时，带动了相关产业加速发展。

（五）新农村联防报警联动信息网络服务平台安全可靠

在县委、县政府的统一领导下，“中心”会同县综治部门，通过调研、试点实践，将传统的“十户联防”注入了技防元素，开展了“警铃入户”建设，全面实施“十户联防、警铃入户”工程，以村为单位，每十户编为一组，每组设一户长，一户按警，九户救助，形成邻里守望、群防群治的全天候农村技防网络。积极推动了全县技防建设由集镇向农村腹地扩展延伸，通过扩面增效全面构建专群结合、警民联动、全民参与、齐抓共建、“三防”配套、打防控一体的农村治安防范新机制。使不安全因素随时都能掌握在公安和安全部门眼中，使其及早防范，降低发案率，提高破案能力，促进了社会安全稳定。

六、经验和体会

按照凤城市一手抓传统特色产业提升、一手抓新兴产业培育的跨越式发展战略的总体要求和科技工作的具体要求，结合自身特点，形成服务特色。

（一）特色服务是最好的品牌

根据凤城市农业的特色，建立了特色农业服务。一是面向特色农业的新品种、新技术服务。产业需要什么，就提供什么。二是农业专家即时服务。农民在田间地头、家庭院落，随时随地都可以通过网络、移动电话等向专家进行咨询。

根据凤城市工业的特色，建立了特色工业服务。一是面向特色产业的新产品、新技术、新工艺、新材料服务。二是面向优势特色产业的技术服务。例如，“中心”专门面向增压器的新产品、新技术、新工艺、新材料服务，专门为增压器产业建立了产品质量检验检测中心，为其提供专业化的产品研发设计、原材料检测检验分析、磨具设计与定型、产品质量控制与检测以及技术咨询、信息交流、人才培训等服务；并为企业建立了共享资源数据库，为企业提供深层次的技术和管理服务。

（二）专业化服务平台是重要工具

近几年，“中心”在农业、工业及服务业上先后建立了农业科技信息网、中小企业公共服务平台、科技培训多媒体服务平台等，都是“中心”进行的有益探索，并取得了良好的服务效果。

案例提供单位：凤城市生产力促进中心

[案例五]

创建生产力促进联盟　服务北部湾经济区

服务北部湾主要是指充分发挥生产力促进中心在北部湾经济区开放开发中的重要科技支撑作用，利用生产力促进中心丰富的信息资源和专业人才、网络体系等优势，为广西北部湾经济区发展提供包括信息与信息化服务、技术与管理咨询、知识产权服务、创业创新人才培训、科技项目策划与包装、产业技术难题攻关等相关服务，促进创新主体产出“新专利、新成果、新产品、新技术和新方法”，推动广西北部湾经济区发展。

一、业务背景

改革开放特别是实施西部大开发战略以来，广西北部湾地区经济社会快速发展，得到了党中央领导的高度重视。胡锦涛总书记指出，广西沿海发展应形成新的一级，要充分发挥广西在中国与东盟多区域合作中不可替代的作用，努力将广西打造成中国与东盟的区域性物流基地、商贸基地、加工制造基地和信息交流中心。2008 年 1 月，国务院正式批准实施《广西北部湾经济区发展规划》，标志着广西北部湾经济区开放开发纳入国家发展战略，这为广西北部湾经济区带来了前所未有的发展机遇。2008 年 12 月，科技部批准建设广西北部湾经济区国家高新技术产业带建设，提出生产力促进中心要成为产业带的主要创新载体之一。北部湾经济区的开放开发对科技服务的需求将明显增加，给生产力促进中心带来了新的发展机遇和提出了更高的服务要求，同时也为生产力促进事业发展搭建了一个新的工作平台和提供了更为广阔的服务空间。

二、业务内容

为了充分发挥生产力促进中心的支撑作用，更好地服务北部湾经济区发展，2008 年，由广西生产力促进中心（以下简称“中心”）牵头，联合市县生产力促进中心、行业生产力促进中心和其他科技中介机构及产学研组织参与组建了广西北部湾经济区生产力促进联盟（如图 2. 8-12 所示），联盟采取统一品牌、统一管理、统一配置资源的运作模式，针对北部湾经济区发展中科技创新需求开展科技决策咨询服务、工业分包服务、高新技术产业化服务和“五新”服务（新专利、新成果、新产品、新技术和新方法）。

（一）科技决策咨询服务

围绕广西北部湾经济区发展中重点优势产业和广大中小企业科技发展战略需求，运用现代分析工具为政府部门、企业和研发机构等提供定性和定量相结合的专题或综合性调研报告，进行产业发展、项目技术评估及可行性论证，提供最前沿、全方位的科技决策信息支撑。

（二）“五新”服务

1. 新专利服务。为广西北部湾经济区广大中小企业在专利申请、专利维权、专利受理、专利战略咨询、专利产品开发、专利转化、专利预警等方面提供专业化咨询服务，致力于解决企业进行专利成果转化和实施知识产权战略过程中遇到的问题和困难，提升企业的专利申请、保护、运用和管理水平。

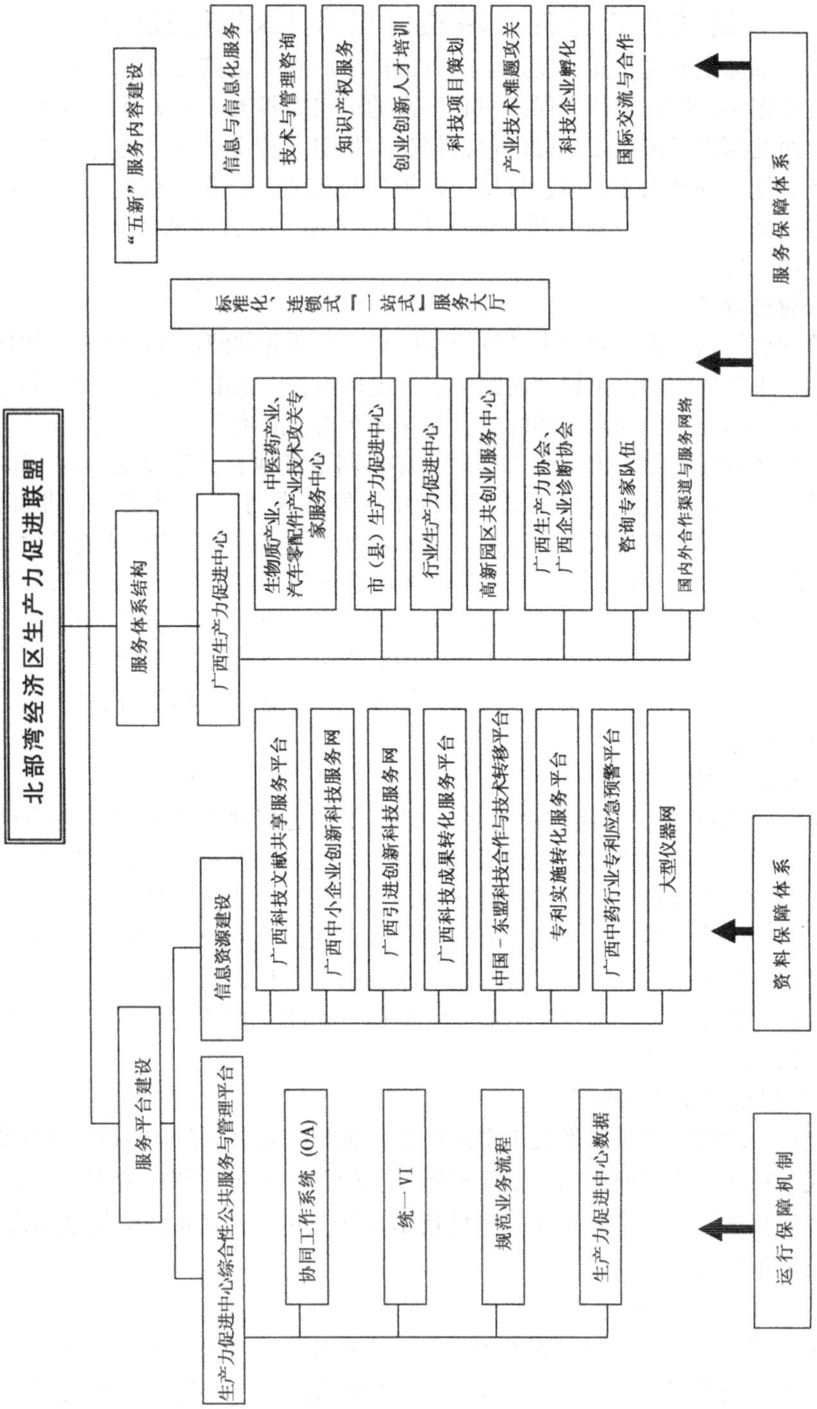

图 2.8-12 北部湾经济区生产力促进联盟框架结构图

2. 新成果服务。结合广西北部湾经济区开放开发中的重点优势产业，利用广西科技成果登记和交流展示服务中心、广西农业科技成果转化和技术转移基地等优势资源，组织专家和企业对具有较大实用价值的科技成果进行后续试验、开发，为科技成果推广应用和产业化提供技术支撑。

3. 新技术、新产品和新方法服务。围绕北部湾经济区中小企业开展共性关键技术研发、产业升级、工艺改进等实施的技术创新项目，提供项目研究领域的技术信息分析服务，分析掌握相关领域的研发热点、技术趋势，预测研发前景，启迪研发思路，确定项目研究开发路线，规避研发侵权，指导企业针对技术和市场空白点研发出新技术、新产品和新方法，抢占产业领域技术高端。

（三）工业分包服务

围绕北部湾经济区优势产业集群和东盟国家中有参与工业分包基础和需求的企业，搭建北部湾经济区工业分包信息与服务平台，为北部湾经济区发展中广大中小企业提供人才培训、管理咨询、科技资源服务、会展服务、技术服务、国际合作服务、投融资策划服务、ISO 标准化管理体系服务等国际工业分包服务，帮助企业增强参与国际竞争与合作的能力和水平。

（四）高新技术产业化服务

通过建立广西北部湾经济区高新技术产业化服务平台，为北部湾经济区各类各级创新主体提供包括信息资源共享、技术转移、高新技术孵化、知识产权等专业化的一条龙服务，着力增强北部湾国家高新技术产业带培育项目、技术创新、产学研转化的能力，提升广西高新技术产业化发展水平。

三、工作步骤和方法

“中心”在推进联盟建设及服务业务拓展过程中，采用建立生产力促进机构协同工作系统、统一的一站式科技创新服务大厅及实行链锁式、标准化管理相结合的实施方式稳步推进。通过北部湾经济区生产力促进联盟服务北部湾，一般分为服务需求征集、服务需求分析评审、服务需求攻关及服务跟踪总结 4 个阶段进行。

（一）服务需求征集阶段

联盟成员单位对本地或本行业企业广泛开展创新创业中信息、技术、资金和人才等各方面要素的需求收集，并将收集的企业需求信息进行整理、分析、归类后，依据《联盟成员合作协议书》，通过协同工作系统递交联盟核心单位（即“中心”）。

（二）服务需求评审阶段

联盟核心单位围绕成员单位递交的需求信息，进行需求分析评审，评审内容包括服务范围及内容、所涉及的专门技术、人才资源及时间进度等。经评审后，组建服务团队，制订服务方案，明确相应的责任人及责任分工。

（三）服务需求攻关阶段

采用集成联动的方式，组织相关专家队伍利用联盟相关资源如专业工具、数据库等，通过查新检索、专题研究、咨询讨论等方式开展难题攻关和服务。在此过程中主动征求企业意见，加强沟通，向企业提供最终需求服务。

（四）服务跟踪总结阶段

进行工作总结，征求企业的意见，建立起为企业提供服务的跟踪机制，建立服务企业档案，对服务过程开展监控，及时洞悉市场变化，及时更新服务内容，让企业评价满意度，将相关资料归档。

四、服务团队

截至2010年底，北部湾经济区生产力促进联盟成员已有54家生产力促进中心及其他组织机构，其中，国家级示范生产力促进中心达到9家，省市中心15家，行业中心12家，县区中心27家，服务团队1026人，服务覆盖了广西14个中心城市和广西的电子信息、生物医药、新材料、有色金属、海洋生物、生物质能源等主导产业。

五、服务成效

（一）为北部湾经济区产业规划和发展提供了有效的决策咨询服务

为充分发挥生产力促进中心在北部湾经济区开放开发中的信息支撑作用，广西北部湾经济区生产力促进联盟充分发挥各成员单位的优势，瞄准北部湾经济区重大科技决策急需的全局性、焦点性课题，开展了广西北部湾经济区科技创新能力评价与政策配置及广西北部湾经济区国家高新技术产业带规划等相关政策研究和咨询服务工作。特别是“中心”联动北部湾经济区各生产力促进中心在专题调研分析的基础上形成了《广西北部湾经济区国家高新技术产业带规划方案》。2008年12月底，《广西北部湾经济区国家高新技术产业带规划方案》已获国家科技部批准实施，为广西北部湾经济区建设提供了有效的决策信息支撑。

（二）推动了北部湾经济区中小企业的创新发展

2010年，“中心”共开展“五新”服务项目2256项，其中新专利服务682项、新技术服务421项、新成果服务589项、新产品服务206项、新方法服务项目358项。

1. 促进企业产出“新专利”。“中心”通过利用自身资源指导中小企业及时分析挖掘技术创新成果并策划申请专利，保护创新成果，提升企业的核心竞争力。

例：××公司是一家专业从事碳素制品制造及销售的中外合资企业，主营产品有铝电解用预焙阳极、石墨化阴极、石墨电极、铝电解用钢爪等。该公司是“中心”重点跟踪服务的企业。为了协助该公司及时分析挖掘技术创新成果，“中心”专家在对研发成果新颖性、创造性进行分析的基础上，选择了技术关键点为该企业策划申报了“铝电解用新型组合石墨化异型阴极”“铝电解用阴极石墨化阻流块”等4项专利。同时还为该企业合案申请了“铝用新型组合石墨化异型阴极及其石墨化阴极阻流块”国外专利，布局到世界上碳素制品制造和销售需求旺盛的德国、加拿大、俄罗斯和印度4个国家，在使企业科研成果得到有效保护的同时，助力企业拓展和保护其海外市场。

2. 促进企业产出“新技术”。“中心”围绕中小企业开展共性关键技术研发、产业升级、工艺改进等实施的技术创新项目，分析掌握相关领域的技术发展趋势，指导企业针对技术空白点研发新技术，抢占产业领域技术高端。

例：××公司是一家专业从事环卫专用车制造企业。公司产品分环卫设备、工程车、矿用车3大板块9大类。在环卫设备板块，公司是国内最早研发生产垃圾转运站设备的厂家之一，是刮板式垃圾转运站的发明者和倡导者。“中心”专家长期跟踪该公司的技术研发项目，协助该公司及时分析挖掘技术创新成果，促使该企业产出了“轻型矿用自卸车车架”“车厢可卸式垃圾车污水收集装置”“垃圾转运车车厢污水收集装置”“矿用自卸车平衡悬架”等7项新技术，增强了企业的核心竞争力。

3. 促进企业产出“新产品”。“中心”利用自身资源优势帮助中小企业研制开发新产品，分析掌握相关领域的产品发展趋势，指导企业针对产品空白区研发新产品和进行新产品上市可行性分析，抢占市场空白领地。

例：××公司是一家以农药剂型为核心业务，集研发、生产和销售为一体的高新技术企业，几年来相继开发、转化了40%瘟毕克乳油、25%施立脱乳油、75%瘟立清可湿性粉剂等80多个产品。为了进一步研发新产品，使产品更加多元化，提升市场竞争力，公司委托“中心”开展“高功效药剂（热雾剂、超低容量油剂、超低容量静电油剂）”相关领域产品的分析。“中心”利用先进的平台和网络分析工具，为该公司开展了高功效药剂领域产品信息分析，指导该公司针对市场中的产品空白点最终研发出了阿维o噻唑磷、阿维丙硫克、氯虫苯甲酰胺o吡虫啉等6项新产品，进一步丰富了公司的产品结构，提升了企业的核心竞争力。

（三）为北部湾经济区中小企业加入全球供应链提供有效的工业分包服务

“中心”作为CSPX广西中心的骨干核心力量，先后承担实施了2009年广西科学研究与技术开发项目“广西工业分包信息与服务平台”和国家“火炬计划”“广西北部湾经济区工业分包信息与服务平台建设”2个项目，通过建设CSPX广西中心门户网站、积极收集和传递信息数据、精心策划发包商考察洽谈、开展企业信息调研和培训、引入专家参与企业诊断等方式扎实推进工业分包业务，积极推动广西中小企业加入全球供应链，切实提高广西企业创新能力与技术管理水平，取得了一定成效。

例：2010年6月，为推动广西与越南在农药生产领域科技与经贸的交流合作，“中心”精心策划安排越南农药采购考察团到广西考察访问，并与广西相关农药生产企业广西××生化股份有限公司、广西××生物科技有限公司和广西××化工有限责任公司进行农药采购洽谈。越南农药考察团以越南河内××公司（SUTRACO）总经理潘某为团长，成员包括越南农药和肥料企业协会主席陈某等7人。越方与田园生化就合作生产、开拓越南市场达成了共识，并约定待有关技术资料翻译完成后，推进细节方面的合作。越南农药采购访问团的参观、洽谈、访问，开拓了越南与广西农药领域的合作分包渠道，为双方下一步实施合作奠定了良好的基础。

六、经验和体会

（一）资源共享、集成联动是增强生产力促进中心尤其是西部欠发达地区生产力促进中心服务能力的有效途径

广西是后发展地区，科技资源相对不足，并且存在着分布不均、分配不合理等

突出问题。“中心”是广西规模最大、综合实力最强的科技创新服务机构，但从整体上看，“中心”还存在着服务基础薄弱、缺乏特色品牌服务、服务企业创新能力不强等问题。而作为西部欠发达地区的科技服务机构，仅靠“中心”自身的力量越来越难以满足科技经济发展的需要。通过建立以“中心”为核心的区域性服务联盟，一方面既促进了科技资源向生产力促进中心的集聚，有利于培育及加快“中心”核心业务的发展，另一方面也有利于形成门类齐全、各有专攻、机制灵活、功能完备的生产力促进服务体系，发挥体系整体作用，实现服务能力聚变，有效提高科技服务水平。

（二）围绕创新主体开展“五新”服务，是彰显生产力促进中心社会作用和功能定位的强有力抓手

“五新”（新专利、新成果、新产品、新技术和新方法）在很大程度上体现了企业自主创新的能力，与企业所取得的经济效益有深层次的关系，是企业占领市场先机、长远强劲发展的核心所在。生产力促进中心作为推动企业科技进步的重要助手，在市场经济体制下，以专业知识、专门技能为基础，利用自身资源与优势为企业开展“五新”服务，为企业优质高效地产出新专利、新成果、新产品、新技术和新方法，不仅有利于增强企业自主创新能力，提高企业的市场竞争力，促进企业健康发展，也有利于彰显生产力促进中心自身在社会经济发展中的功能定位和社会作用。

（三）建立联盟成员之间的共建共享机制、服务合作协调机制是生产力促进联盟有效运转的前提

研究建立服务联盟成员之间的共建共享机制、服务合作协调机制，加强联盟服务模式和手段的创新是生产力促进联盟有效运转的前提和保障。“中心”在推进联盟建设及服务业务开展过程中，建立了有效的运行机制，与各联盟成员单位签订了合作协议，并利用多媒体、网络技术，在北部湾经济区生产力促进联盟成员单位建立了统一的生产力促进中心一站式科技创新服务大厅，将生产力促进中心的主要信息资源实现数字化的信息管理方式和沟通传播方式，构建多层次、创新型、开放式的信息服务体系，促进生产力促进中心内服务队伍与客户的互动与协作，实现了高质量创新资源、信息资源和智力资源的共享与传播，并形成开放、高效的科技服务模式，提高了科技服务的质量和效益，营造了生产力促进中心的品牌价值。

案例提供单位：广西生产力促进中心

[案例六]

争当科技服务先锋　助推高新园区发展

一、业务背景

沈阳高新技术产业开发区（以下简称“高新区”）是经国务院首批批准成立的国家高新技术产业开发区，是科技部重点支持的开发区之一。目前，已经形成了以电子信息、先进装备制造、生物与医药、新能源与高效节能、新材料、文化创意等为重点的产业体系，已建成软件及系统集成、数字医疗设备、机器人等我国重要的高科技产业化基地。至2010年底，高新区注册企业已达8000余家，其中规模以上

工业企业270家，外资企业近700家，世界五百强企业和跨国公司38家；高新区科技型企业达到2800家，占企业总数的35%，其中国家级高新技术企业58家。拥有国家数字化医学影像设备工程技术研究中心、计算机软件国家工程研究中心等51个国家和省级研发工程中心和重点实验室。2010年，六大高新技术产业实现产值550亿元，占规模以上工业总产值的82%。

高新区的快速发展为沈阳高新技术生产力促进中心（以下简称“中心”）提供了巨大的市场空间和良好机遇，面向高新区企业和特色产业集群提供服务。“中心”作为沈阳高新区科技创新服务体系的重要支撑机构，肩负着促进科技与经济紧密结合、加快科技成果转化、提高中小企业创新能力和市场竞争力的重要使命，为高新区中小企业技术创新能力的提升、促进科技成果转化、推进高新区又好又快发展起到了积极有力的促进作用。

二、服务能力建设

“中心”现有6个部门：项目咨询部、发展规划部、知识产权部、CSPX沈阳中心、投融资部和综合服务部。

项目咨询部：主要负责为企业提供国家创新基金项目、“火炬计划”项目、“863”计划项目、科技支撑计划项目等科技项目的申报培训、可行性研究报告编写辅导、中期检查、合同签订及验收等工作，同时开展辽宁省、沈阳市及高新区科技计划项目的系统咨询服务，以及高新技术企业认定咨询服务等。

发展规划部：主要负责为企业提供发展战略规划的制订和咨询，开展营销策划及人力资源管理规划，并为有关政府部门编制经济和社会发展、科技项目规划、产业发展规划等。

知识产权部（沈阳世纪蓝海专利事务所）：主要为企业提供专利咨询、人员培训和专利代理等服务，帮助企业撰写专利申请书、专利说明书等工作，并帮助企业协调各有关政府部门的专利费补贴和减免等事宜。

CSPX沈阳中心：主要负责在沈阳地区开展国际工业分包与合作交流业务，并完成中国联盟布置的其他相关工作。

投融资部：主要负责为中小企业提供征信、融资、担保、咨询服务。

综合服务部：主要负责“中心”的内部管理、财务管理和综合管理工作。

“中心”现有人员23人，大专以上学历20人，其中博士学历4人，硕士学历6人。人员专业结构包括机械制造、电子信息、生物技术、企业管理、农业技术、行政管理等多个领域。人员从业背景包括投资机构、政府部门、外贸部门、大学、研究所、企业及中介机构等。除此之外，尚有一个由不同专业领域构成的百名专家数据库。

三、服务对象及服务内容

（一）服务科技型中小企业

1. 科技项目咨询服务。为企业提供国家创新基金项目、“火炬计划”项目、“863”计划项目、科技支撑计划项目等科技项目的申报培训、可行性研究报告编写辅导、中期检查、合同签订及验收等工作，同时开展辽宁省、沈阳市及高新区科技计划项目的系统咨询服务。

2. 管理咨询服务。指导并帮助企业制订发展战略规划，开展企业管理咨询、人力资源管理辅导及培训、营销策划等，为培育企业成长提供管理咨询服务。

3. 知识产权服务。为企业提供专利、商标、版权等方面的咨询及专利检索服务；组织企业人员进行专利申请、专利维护、专利产品开发、专利权维护等专利管理员的培训；帮助企业撰写专利权利要求书、专利说明书等工作，并帮助企业协调各有关政府部门的专利费补贴和减免等事宜；帮助专利权人寻找合作伙伴，以期促进专利成果迅速转化。

4. 技术研发服务。针对中小企业开展技术、产品研发服务，通过组织大学及科研院所的专家资源，联合为企业新技术和新产品研发提供技术支撑；提供企业科技项目技术经济论证服务；开展科技成果转化、技术标准设立等服务。

5. 专业培训服务。围绕行业需求，组织多样化的专业培训，包括技术培训、标准化培训、知识产权专题培训、企业经营管理及人才培训等，全面提升企业和相关人员的专业素质及综合素质。

6. 高新技术企业认定咨询服务。组织高新区企业进行认定培训，指导其进行高新技术企业申报，为企业提供申报指导和咨询服务，并在高新区内组织企业开展初审和筛选工作。

（二）服务产业集群

围绕高新区信息产业、IC 装备制造业、数字医疗产业等几大优势产业提供产业集群服务，主要有科技园区及产业化基地建设规划、产业发展规划、公共技术服务平台建设方案、产业技术创新联盟建设等相关服务。促进产业共性关键技术研发攻关及先进适用技术的推广应用，提升区域经济发展能力。同时，发挥生产力促进中心的桥梁和纽带作用，推动企业、高校院所和科研机构等围绕产业技术创新的关键问题，开展技术合作，引导或参与建立一批产业技术创新战略联盟。加快技术转移，提高创新效率，促进知识成果传播、转化、应用，加速科技成果产业化，提升产业竞争力。

（三）服务政府部门

积极开展科技、经济发展战略与规划调查研究，为政府相关部门的各项决策提供依据和建议，完成政府部门授权委托的工作事项。为有关政府部门编制经济和社会发展、科技项目规划等。同时，按照国家知识产权试点园区的总体要求，配合高新区知识产权局制订了高新区知识产权战略，并在大学、科研院所和创新能力较强的企业，设立知识产权工作站，鼓励知识产权创造和运用，加强知识产权保护力度，是高新区实施知识产权战略的重要内容之一。

四、服务成效

“中心”经过几年的不懈努力，受到了高新区各级领导、科技局、知识产权局、信息产业局、新加坡工业园、动漫产业办、高科技创业中心等部门的认同，已成为高新区科技创新服务的主导力量，为提升高新区企业研发能力和产业升级发挥了重要作用，并获得了良好的经济及社会效益。

取得的主要工作业绩如下。

近年来，重点开展了软件产业、动漫产业、IC 装备制造业、高精数控产业、生物医药产业、数字医疗产业、物联网产业等咨询服务工作。

通过对沈阳市嵌入式软件企业、传感器企业、数据传输与处理企业等多家企业进行的调查和访谈，摸清了沈阳市发展物联网产业的基本情况，制订了沈阳市物联网产业发展规划和行动计划。

主要完成了《沈阳数字医疗产业发展规划》《沈阳软件园建设可行性研究报告》《沈阳物联网产业发展规划》《沈阳市动漫产业基地建设规划》《沈阳市新材料研发中心及产业基地建设》《沈阳市数字娱乐软件产业基地建设》等 50 余项产业规划服务，其规划得到了企业、政府部门及高新区的一致好评。在“十一五”期间，累计指导帮助 500 余家企业进行科技项目申报，并为企业提供咨询信息 20000 条，为企业提供培训 300 余次，培训人员达 6000 人。新增专利申请数量 2000 余项，其中，发明专利申请数量 900 余项，为 150 余家企业指导和制定了知识产权管理战略。每年科技项目服务外包企业达 20 家以上。伴随着服务企业数量的增加，服务能力也得到了大幅度提高。

五、经验和体会

（一）加强人才队伍建设

人才资源是中心的第一资源，中心采取了“培养一批业务骨干、造就一批 CIO、用一批老的，聘一批小的”独具特色的人才战略，并取得了良好的运营效果。

1. 培养业务骨干，使其在技术上熟悉某个专业领域，了解这个领域的发展动态，认识该领域专家，掌握该领域的企业，知道该领域的信息与技术需求，从而为这个领域提供综合服务。

2. 生产力促进中心所需的人才更多的是既懂技术又懂管理的通才，因此，首席信息官（Chief Information Officer，CIO）在生产力促进战线大有可为。造就一批 CIO，培养从业人员收集及分析各类信息，归纳各专业领域技术发展，针对不同类型、不同需求的客户，有效配置资源，提供优质服务。

3. 启用一批退休的老同志，利用他们经验丰富、精通业务的优势，另外，吸纳一批优秀本科生和硕士研究生加盟生产力队伍，培养他们对生产力促进中心的感情和业务能力，并作为“中心”的贮备力量。

（二）市场化运营机制开展服务

“外部市场化、内部绩效化”是“中心”理想的运营机制，目的是把资源、资金、人才、技术这些生产力要素进行优化配置，采用市场化的管理体制，开展服务，既培养从业人员独立工作能力，又培养其高度责任感；同时，严格控制运营成本费用，并通过提供优质的服务获取服务收益，实现“中心”良性发展。

（三）重点服务产业集群

“中心’针对高新区产业特点，对电子信息、先进装备制造、汽车零部件、生物医药等几大优势产业进行深度挖掘，对该产业相关的上下游企业予以关注，进行长期跟踪。通过走访调研，对企业的主营产品、技术水平、生产能力、管理水平、行业认证等情况进行深入了解，掌握该产业集群内的企业需求，围绕优势产业，有针对性地开展共性的特色服务，为企业解决发展中的“瓶颈”问题提供全方位的技术支撑服务。

案例提供单位：沈阳高新技术生产力促进中心

[**案例七**]

打造一流行业“智库” 促进区域经济腾飞

咨询服务是一种顾问及相应的客户服务活动，其内容是为客户提供咨询服务，这种服务的性质和范围通过与客户协商确定。生产力促进中心的咨询服务是指为政府、行业、企业发展所提供的专业性的服务活动。

一、业务背景

咨询服务是中机生产力促进中心（以下简称“中心”）的主要业务板块之一。二十多年来，“中心”在制造业、装备制造业、机械工业产业发展及科技发展战略和政策方面做了大量的研究工作，对国家、省市的科学决策起到了重要作用。目前，“中心”拥有一支由国内知名专家、中青年博士生及硕士生组成的软科学研究梯队，形成了两院院士、经济学家、管理专家、政府官员、高校教师和在读博士生及硕士研究生参与咨询与研究的开放式、高层次、高效率的软科学研究体系。最为代表性的成果有：首先提出了在中国大力发展机电一体化技术和产品；首次引入了工业工程的概念并在全国推广；首次在国内系统地应用技术预测和关键技术选择的理论与方法，开展研究；率先导入生产力促进中心的模式；提出了先进制造技术的理念；提出了装备制造业的概念及发展战略；首次编制了《机械制造业行业产排污系数手册》。

二、业务内容

“中心”在装备制造业发展规划与战略、技术预测和关键技术选择、科技管理和科技政策、信息服务平台建设、绿色制造5大领域特色突出，优势明显。

（一）产业发展规划与战略研究

1. 国家层面。近年来，“中心”完成的主要研究课题有：国家基础装备规划研究、我国制造业和装备制造业发展现状与国际比较研究、2006—2007年中国装备制造业发展报告、2006—2008年中国装备制造业发展报告、中国发电设备制造业国际竞争力评价项目等。目前，在运行的咨询服务项目有：城市轨道交通装备制造业“十二五”规划研究，机械基础零部件、关键材料及工艺“十二五”发展规划研究，智能制造装备产业“十二五”规划论证研究等。

2. 区域层面。在区域产业发展规划与战略研究方面，在研的咨询服务项目有：东湖示范区现代装备制造产业发展规划研究，郑州市装备制造业“十二五”发展规划研究，深圳装备制造业“十二五”规划研究，大连金州铸造园区规划研究等。

3. 企业层面。近年来，“中心”先后完成了上海电气发电设备制造业国际竞争力评价研究、东方电气发电设备制造业国际竞争力评价研究、哈电集团发电设备制造业国际竞争力评价研究、中国石油物质装备（集团）总公司装备制造业中长期发展规划，目前在行的咨询服务项目有：秦川机床工具集团公司战略规划研究。

（二）技术预测和关键技术选择

“中心”是国内最早系统地应用技术预测和关键技术选择的理论与方法开展研究的单位。其所承担的“高档数控机床与基础制造装备”国家重大科技专项课题“数控机床与基础制造装备领域技术预测与关键技术选择”日前在北京通过04专项办公室组织的验收。

（三）科技管理和科技政策

“中心”长期从事科技管理和科技政策研究，在国内率先导入生产力促进中心的模式，并在科技中介服务体系、产业共性技术体系等领域有着研究基础，出版了《技术创新服务体系》。近期完成了“十二五”国家科技规划体系研究，同时也是国内唯一长期对转制研究院所进行跟踪研究的单位。

（四）信息服务平台建设

“中心”在行业信息服务平台建设和提供企业信息化方面积累了丰富的经验。

1. 现代集成制造系统技术需求分析与总体方案设计见图2.8-13。

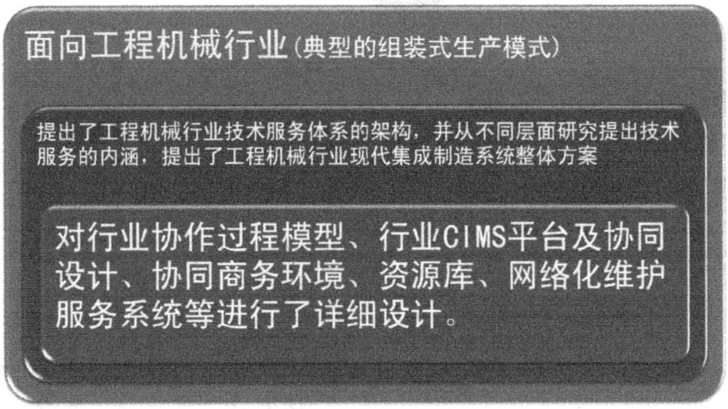

图2.8-13　信息服务

2. 产业链协作公共服务平台开发与应用见图2.8-14。

（五）绿色制造

绿色制造是21世纪制造业发展的重要方向。受第一次全国污染源普查工作办公室的委托，在大量调研的基础上，“中心”于2008年提出了基于典型产品工艺、基础制造工艺和污染因子的机械工业产排污分析模型，并编制了《机械制造业行业产排污系数手册》，研究成果为第一次全国污染源普查提供了技术支持，为建立健全我国机械工业环境统计体系奠定了数据基础，为有针对性地开展节能减排、提高国民经济运行质量与效率的科学决策提供了参考依据。此后，承担了多项国家科技支撑计划项目课题，如绿色制造技术联盟研究、包装物全生命周期分析系统与环境影响数据库建立及绿色包装评价指标体系研究、机械行业（铸造和热处理）清洁生产技术评价与标准研究、装备制造行业节能减排技术筛选与评估等绿色制造的相关课题。

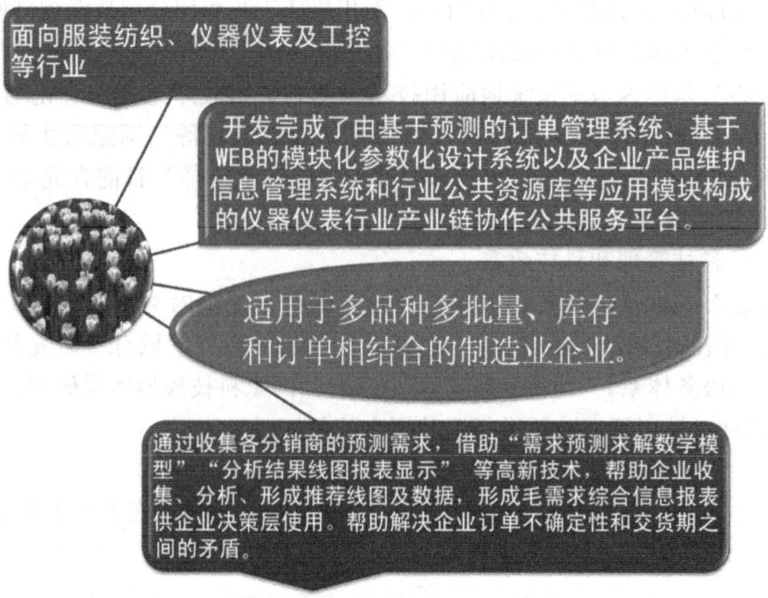

图 2.8-14　平台开发

三、工作步骤和方法

（一）工作步骤

工作步骤见图 2.18-15。

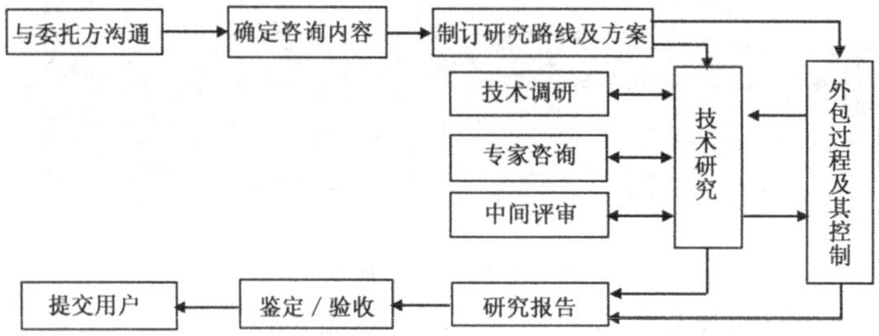

图 2.8-15　工作步骤

（二）工作方法

咨询服务活动中常用的方法有头脑风暴法、专家咨询法、实地考察、问卷调查、数据收集/处理/分析法等科学方法。

定量研究方法有：经济模型——投入产出、投入产出 + 系统动力学模型；道格拉斯函数——技术进步对经济增长贡献计算法；回归分析和趋势外推法——用于经济预测；投资回收期法等。

定性与定量相结合的方法有层次分析法、综合评价法、对标分析法等。

定性分析法有德尔菲法、相关矩阵分析法、比较分析法、情景分析法、SWOT 分析法、路线图法等。

可根据具体研究问题选择适合自己的方法。

四、服务团队

“中心”根据实际工作的需要将服务团队分成了4个工作组。

第一组是产业发展规划与战略研究小组。具体负责国家层面、区域层面和企业层面的战略规划研究。

第二组是技术预测和关键技术选择小组。具体负责应用技术预测和关键技术选择的理论与方法。

第三组是科技管理和科技政策小组。具体负责科技管理和科技政策研究。

第四组是信息服务平台建设小组。具体负责行业信息服务平台建设和为企业提供信息化方面的技术等。

五、服务成效

（一）“沈阳市用高新技术改造传统装备制造业推进先进装备制造基地建设战略与对策研究”为沈阳老工业基地改造提供战略指导

20世纪末，我国装备制造业发展严重滞后，已影响到国家经济和国防安全，振兴装备制造业引起国家的高度重视。作为装备制造业重镇的沈阳，也面临着是否要把装备制造业继续作为经济支柱、产业如何定位等重大战略抉择。在上述背景下，国家科技部将“沈阳市用高新技术改造传统装备制造业示范工程”（项目编号2001BA206A）列为国家科技攻关计划的重大项目，这是国家计划中第一个振兴装备制造业专项计划。

“中心”联合沈阳市科技局和东北大学共同承担了“沈阳市用高新技术改造传统装备制造业推进先进装备制造基地建设战略与对策研究”项目，为整个“示范工程”提供了总体指导，这是国内第一个对一个城市装备制造业进行了深入、系统研究的课题。

项目分综合研究、专题研究、产业发展研究3个层次，共设立了30个课题。课题在对沈阳装备制造业现状及竞争力评价、市场需求和技术需求分析、面临的环境分析的基础上，制定了用高新技术改造传统装备制造业的战略对策。重点围绕装备制造业企业体制与机制创新、装备制造业发展政策、铁西老工业区改造对策等9个专题进行了系统研究，保证了战略对策的针对性、现实性和可操作性。同时，选择机床、输变电装备、石化装备、冶矿装备、燃气轮机、机器人及自动化成套装备、数字化医学影像设备等13个装备制造业进行了产业发展战略研究，对沈阳装备制造业整体发展战略研究提供了充分的论据。研究工作由来自国内27个单位的约300多名科技、经济、管理等方面的专家、学者参加，历时3年，研究报告共计81万字，附件30万字。

研究成果对沈阳市区域经济发展战略方向的调整、确立工业立市战略、作出建设沈阳先进装备制造基地的重大决策起到了重要影响。以本课题研究成果为基础，制定了“沈阳市老工业基地振兴规划纲要（2003—2010）”。出台了八项扶持政策，包括：市财政拿出3亿元资金，设立装备制造业发展基金；建立完善10所装备制造专业技工培训学校等。研究成果对“十五”后期及“十一五”第一年沈阳装备制造业快速发展起了推波助澜的作用，据统计，2006年全市装备制造业增加值是2000

年的5.8倍。

报告前瞻性地提出了沈阳市装备制造业的全新定位：强调以重大成套装备为特色；沈阳应从装备加工基地向具有自主开发能力的制造基地转变；沈阳不仅要发展主机，还应大力发展中场产业，即发展关键零部件、元器件和中间材料产业；沈阳不仅要发展单机制造，更应该注重培育具有工程总承包能力的工程公司；沈阳不仅要重视装备制造实业，还要十分重视装备制造延伸的新型制造服务业。

根据这一定位，沈阳实施了“2111”工程，即到2010年支持骨干企业购并200户国内外科技型企业，培育100个世界级产品，组建10家工程成套公司，引进1万名高技术人才。其中，工程成套公司是一项重要内容，目前沈阳市已建设了6个工程成套公司，包括沈重技术工程成套公司、沈鼓集团石化工程成套公司、输变电设备成套公司、机床集团设备成套公司、黎明公司轻型燃气轮机成套公司、东北大学现代氧化铝生产成套装备公司。

创造性地提出了沈阳装备制造业发展的重点任务：用信息技术改造、提升机床、石化、冶矿、输变电4个传统产业；培育、发展机器人、数字化医疗设备、燃气轮机、环保能源设备、电子信息设备5个新型产业；重视模具、汽车零部件、仪表元件、铸件等中场产业；积极发展工程公司、物流、会展、中介服务等现代制造服务业；构建铁西、浑南、大东3个装备制造工业园区。

报告提出了用高新技术改造传统产业新的模式和途径。通过“示范工程”及近三年的实践，总结出了用高新技术改造传统装备制造业的11种模式，在全国具有推广意义。这11种模式是：信息化提速工业化；用高新技术改造与体制、机制创新相结合——铁西老区改造新思路：搬迁、并轨、合资、就业；改造提升传统产业与培育发展新型产业并举；建设装备制造业集聚基地，让企业进园区落户；承接外包业务，全面提高企业制造技术水平和服务能力；重大专项牵动关键技术攻关；技术创新模式由引进消化型向自主创新型转变；虚拟制造：整合制造资源，重构价值链；发展装备制造业延伸的新型服务，拓展装备“后半生”利润空间；开发嵌入式系统，“硬”设备“软”提升；发展中场产业，做国家级乃至世界级“中场队员”。这11种模式已在全国推广，研究成果对后开展的上海、天津、深圳、哈尔滨、德阳等地制定装备制造业发展战略和规划起到了重要的示范作用。

（二）“深圳装备制造业发展战略研究”为深圳的产业结构调整提供了决策依据

“深圳市装备制造业发展战略研究”是由深圳市发展计划局委托的软科学研究项目。课题组先后对深圳30余家主要企业进行了实证研究，与深圳市发展计划局、统计局、海关、贸易工业局、市机械行业协会、市电子商会等进行了多次对话，收集了大量的国内外相关行业的资料，为课题研究奠定了翔实的数据基础。

课题分深圳电子及通信设备制造业等14个重点产业发展研究及深圳装备制造业产业链分析等6个专题研究，共20个分课题。本课题研究过程中，依据区域经济发展理论、产业结构演变规律和战略管理等理论，运用统计分析、竞争力评价分析、SWOT分析、头脑风暴、实证研究等方法，切合实际地提出了深圳装备制造业的产业定位和发展战略。研究报告共计40余万字。

研究报告提出了：深圳的产业定位应坚持以电子及通信设备制造业为特色和主体；深圳不能只发展整机制造，更要大力发展中场产业；深圳不仅要重视发展装备制造业实业，还要十分重视发展装备制造业延伸的现代制造服务业；深圳不应该只满足于一个世界加工基地，而应成为具有很强技术创新能力的制造基地；深圳适宜发展资源节约型和环境友好型装备制造业；并进而提出了深圳装备制造业发展的重点是“一体两翼”，即以电子及通信设备制造业为主体，以数字化装备和现代制造服务业为两翼。这不仅解决了深圳产业结构调整的困惑，而且对深圳装备制造业的结构调整和升级起到了导向作用。14 个产业的发展战略研究报告，既考虑了与全球和全国在产业链上的衔接，又符合深圳的现实基础、优势特点和所处环境，具有全局性和可操作性。

深圳发改局根据课题的研究成果，制定了《深圳市优先发展的装备制造业指南》，以加快深圳装备制造业的发展，进而促进深圳产业结构的优化升级及创新型深圳的建设，提高城市综合竞争力。

六、经验和体会

软科学研究成果水平的高低，与长期的业务积累密切相关。“中心”能够得到业界的认可，与其长期持续跟踪装备制造业的发展、跟踪转制院所的发展有着直接的联系。

20 世纪 90 年代，信息社会、知识经济、网络经济、新经济等各种提法层出不穷，在这一背景下，有人认为制造业是没落的“夕阳产业”，甚至有人提出“中国可以绕开工业化进程直接进入信息时代”。这些看法对我国经济的发展产生了严重的负面影响。如果不及时对我国制造业的地位作用、发展现状、发展战略、发展对策作出具有说服力的论述，将延缓我国工业化和现代化的进程，使处于工业化初中期阶段的中国经济发展蒙受巨大损失。为此，10 位院士给中央领导提出“关于在‘十五’计划中设立‘振兴装备制造业专项计划’的建议”，部分政协委员提案“振兴装备制造业的两点建议”，徐性初委员在政协联组会上发言“发展和强化我国制造业迫在眉睫”等，在这样的背景下，国家发展和改革委员会、国家科技部、中国工程院等相关部门着手研究如何振兴装备制造业。

“中心”承担了国家发改委“中国装备制造业发展战略研究”、科技部“沈阳市用高新技术改造传统装备制造业战略与对策研究”、中国工程院“我国制造业发展现状研究”等多项研究工作，并着力对我国制造业和装备制造业的发展问题进行更为深入的研究。又先后承担了“新世纪如何提高和发展我国制造业”“新世纪振兴我国装备制造业的对策”“十一五振兴我国装备制造业的途径与对策研究”等十几项课题的研究工作。

这些研究工作为国家发展和改革委员会、国家科技部等部门制定振兴装备制造业的相关政策、扶持的重点等方面起到了决策支撑作用，为国家计委撰写《关于编制装备制造业专项规划的情况报告》提供了支撑，为制定《国务院关于加快振兴装备制造业的若干意见》提供了技术支撑。同时，为制定“十一五”装备制造业发展规划提供了决策支持。

在国家大力振兴装备制造业的政策指引下，各省市地方也开始着手本地装备制造业的发展。在振兴地方装备制造业的过程中，“中心”与多个省市和地区合作，协助地方振兴装备制造业的发展。先后与多个省市政府合作，完成了《沈阳市用高新技术改造传统装备制造业，推进先进装备制造基地建设战略与对策研究》《深圳市装备制造业发展战略研究》《滨海新区现代制造研发与转化基地建设研究》等18项课题的研究工作，这些研究成果为后来各个地方制定装备制造业发展规划、支持政策等方面起到了指导作用。

案例提供单位：中机生产力促进中心

第九章　产学研合作

产学研合作，是指以企业为核心主体、以企业（行业）需求为导向、以转化科技成果为目标而开展的科技经济活动。按照不同的分类方法，产学研合作有着不同的表现形式，其特点是：合作的主体是企业，合作的动力源于企业，投入的主体来自企业，科技成果产权出现流动或变更，科技人员具有兼职、流动、互聘特征，最终目标是使高校、科研院所的科技成果得以转化和应用，解决科研与生产脱节、科技与经济结合不紧密的问题。通常情况下，产学研合作要依靠建立合作组织的形式来实现。产学研合作组织是指企业与高校、企业与科研机构以及企业与高校和科研机构围绕成果转化而建立的一种利益共享、风险共担的紧密型科技经济合作组织。产学研合作组织包括兴办技术资本合作实体、共建研发机构（平台）、共建产业基地、组建产学研联盟、共建创新团队等类型。其特点是：是一种紧密型合作组织，具有民事责任能力或合作主体可联合承担民事责任。其优点在于：可实现企业与高校或科研机构的研究课题、成果信息和科技资源沟通，避免盲目研究和重复研究；可实现企业与高校或科研机构的科技人员流动和交流；可实现科技成果与产业资本的有效结合。

[案例一]

产学研创新服务平台　为中小企业排忧解难

宁波市产学研创新服务平台是由宁波市科技局主办，宁波市生产力促进中心和各县（市）、区科技管理部门共同承办的产学研合作综合管理、服务平台。

平台集产学研对接活动、技术难题与科技成果对接、网上技术交易洽谈和产学研数据管理统计等各项功能于一体，通过日常工作与活动结合、网上网下服务相结合、网络化全覆盖的运行模式，使技术交易更高效、便捷，是目前宁波市企业与各高校、研究院所实现技术交易的一个重要科技合作渠道。

一、业务背景

近几年来，宁波市企业受到了国际金融危机的冲击，企业发展受到抑制，尤其是以外向型经济为主的民营企业受到了较大影响。产业转型、技术升级、开发新产品和开拓新市场成为全市企业的迫切需要，产学研合作作为提升企业自主创新能力的一种重要方式得到了越来越多的企业的重视。在此形势下，进一步加强科技合作、促进技术市场发展、推动产学研的结合，已成为加速科技成果转化、促进经济增长方式转变的有效途径之一。

二、业务内容

网上技术市场是适应社会主义市场经济发展的需要而形成的，是促进科技成果向现实生产力转化的重要渠道，也是区域科技创新体系的重要组成部分。随着计算机技术和网络技术的发展，出现了许多为技术转移服务的WEB网站——网上技术市场。这些网上技术市场最初表现为技术转移信息平台，随着软件技术的开发以及平台支持数字化交易的功能加强，逐渐演变为技术交易支持平台和科技资源配置平台。网上技术市场已成为促进科技创新、技术交易、加快企业生产方式改进、产业转型升级的新兴生产要素市场。

（一）平台特色

宁波市产学研创新服务平台作为企业和高校、研究院所开展产学研合作的重要载体，主要有以下创新特色。

1. 实行实名制的会员管理方式，保证信息的真实性和可追溯性。产学研创新服务平台会员主要包括企业、高校和研究院所、科技中介机构单位会员以及专家、技术经纪人、科技人才个人会员6类。各类用户在申请会员注册时需提供真实、有效的身份证明（营业执照、组织机构代码证等），经平台各级管理部门审核通过后才能发布有关信息，这样就有效保证了信息的真实性，一旦出现不实信息，也可及时进行追溯。

2. 对同类会员的信息实行互相隔离和屏蔽，通过角色管理对平台内的各类会员设置了不同的权限，从而保证了各类信息的私密性和不可复制性。如企业会员发布的技术需求信息，其他企业会员是无法通过该平台获取该信息的，消除了企业在该平台上发布新产品、新工艺等开发信息后被相关企业获取从而失去产品竞争力的顾虑。

3. 建立网上、网下的产学研合作运行管理机制。在宁波市生产力促进中心设立了市级市场，在12个县市区设立了分市场，同时充分整合宁波市内各类技术转移的资源，发挥它们在技术转移中的作用，组建了一支专门从事技术对接的工作团队，负责企业技术难题挖掘、信息审核、管理、技术供需对接等各项工作，为使产学研平台长效运行，促进企业与高校、研究院所的科技合作，提高企业技术创新能力提供有力的保障。

（二）运行体系

宁波市产学研创新服务平台不仅搭建了一个供企业、专家和科技中介机构进行信息发布、项目洽谈对接的网上技术市场，还构建了由各类科技中介机构共同参与服务、多种服务手段相结合，从技术难题挖掘、信息发布管理、网上网下技术供需对接相结合的一个立体式的服务网络。

宁波市生产力促进中心作为市级市场，主要负责网上交易平台综合管理、组织各项产学研对接活动，对各县市区分市场进行业务指导。各分市场具体负责本辖区内企业技术难题的挖掘、网上交易平台的信息审核、管理、企业技术难题对接等各项工作。科技中介机构则利用网上交易平台开展技术难题对接、促进科技成果的转化。

三、工作步骤和方法

为保证宁波市产学研创新服务平台的正常运行，主要从以下几方面进行平台建设。

（一）搭建网上交易平台，提供网上信息渠道

宁波市产学研创新服务网络平台（网址：www. nbcxy. gov. cn）于2008年开发完成并投入运行。平台主要有以下功能。

1. 网上交易洽谈：平台为会员提供了从技术供需信息发布、在线洽谈、技术合同签订等全过程的网上技术交易功能。

2. 数据统计分析：系统可以对宁波市各类科技合作数据进行实时统计分析，为产学研合作的发展提供有效的决策依据。

网上交易平台实行实名制的会员管理方式，各类用户具有不同的权限，具体的会员功能见图2. 9-1。

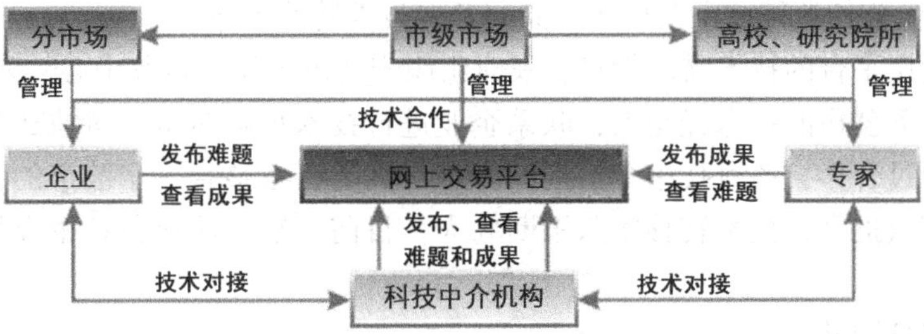

图2. 9-1　平台功能图

（二）结合科技合作活动，推动产学研合作

在建设网上交易平台的同时，宁波市生产力促进中心还通过各类科技合作交流活动宣传平台，进行企业技术难题与科技成果对接服务，并在活动期间充分利用专家资源，组织专家赴企业进行实地考察调研，增加平台上的专家与企业面对面交流的机会，协助企业制定技术发展方案，为企业出谋划策。

1. 中国宁波高新技术成果交易洽谈会：每年9月份举办，已连续举办了12届，包括高校、研究院所成果推介会，企业需求对接洽谈，专家教授企业行等内容。

2. 中国（宁波）新材料与产业化国际论坛：每年11月份举办，已连续举办了6届，包括主旨报告、专题报告及专家企业行等内容。

3. 友好城市宁波周：每年组织企业前往友好城市进行科技交流活动，并赴当地高校、科研院所进行实地考察交流。

4. 市外科技合作活动：每年组织企业参加北京科博会、深圳高教会、浙江网上技术市场周等全国各地的科技合作活动。

通过各项科技合作活动，三年内组织了宁波市近5000家企业与600多位专家进行了面对面的项目合作洽谈，达成合作意向400余项。

（三）加强平台宣传，提高平台知名度和影响力

定期组织各县（市）、区企业代表进行产学研创新服务平台操作及相关政策培

训，三年共组织培训25场，培训企业代表2000多位，发送各类宣传资料5000多份。通过培训，企业会员对如何开展网上技术交易、进行产学研合作有了更深入的认识，同时吸引了更多的宁波中小企业利用平台开展产学研合作。

安排专人负责各分市场的企业技术难题挖掘、网上交易平台的信息审核、管理、企业技术难题对接等各项工作，进行网上网下的技术对接服务，并要求定期走访企业、宣传发动，吸引更多的企业注册为平台会员，发布相关技术难题。

同时，宁波市生产力促进中心通过各类渠道，邀请国内外各高校、科研院所及其专家注册为平台会员并发布相关科技成果，并根据平台上的技术难题信息，为企业联系相关领域的专家，推动技术难题的网上对接，从而帮助企业提升技术创新水平。

截至2010年底，平台共上网企业会员1855家，发布技术难题1392项，注册高校、研究院所单位会员242家，专家会员389位，发布科技成果2000多项。

（四）联合各类科技中介机构，共同开展技术转移服务

充分利用平台的技术需求信息，及时组织宁波市各技术转移中心、院士工作室、技术中介服务公司的技术经纪人，联系企业进行技术难题对接、科技成果转化等各项工作。通过合作，各科技中介机构的资源得到了有效整合，宁波市的科技中介实力得到了有效提升，技术转移团队不断壮大。目前，平台注册科技中介机构单位达57家。

四、服务团队

为了保障市区网上技术市场工作的顺利实施，专门成立了网上技术市场市级市场以及12个县（市）、区分市场，并安排专人负责宁波市产学研创新服务平台相关工作，包括宁波市生产力促进中心、宁波海曙海一科技交流服务有限公司、宁波江东上广源技术转移有限公司、宁波江北大学联合研究院、宁波市镇海区技术市场、宁波经济技术开发区金港科技服务中心等13个单位，为市级市场、海曙区分市场、江东区分市场、江北区分市场、镇海区分市场等多个区域提供服务，以其专业的技术水平，为客户提供专业化的、一流的服务。

五、服务成效

宁波市产学研创新服务平台得到了各地高校、科研院所和全市企业的广泛认同和充分肯定，企业、专家、科技中介机构洽谈踊跃，项目对接积极，产学研合作成效显著，截至2010年底，共有21个省市的高校、研究院所与宁波企业签订网上技术合同356项，合同成交金额达47413.3万元，涉及企业320家。产学研合作为加快宁波企业经济转型升级、提高企业科技创新能力提供了科技保障。

宁波市产学研创新服务平台项目合作案例见图2.9-2。

六、经验和体会

宁波市产学研创新服务平台自2008年开始运行至今已有三年的时间，各项运行管理、操作流程、功能模块逐步得到完善，服务体系已基本建立健全。但要更好地推动宁波市网上技术市场的发展，全面开展企业与高校、研究院所的产学研合作，加快企业转型升级，技术水平的提高，还需做好以下工作。

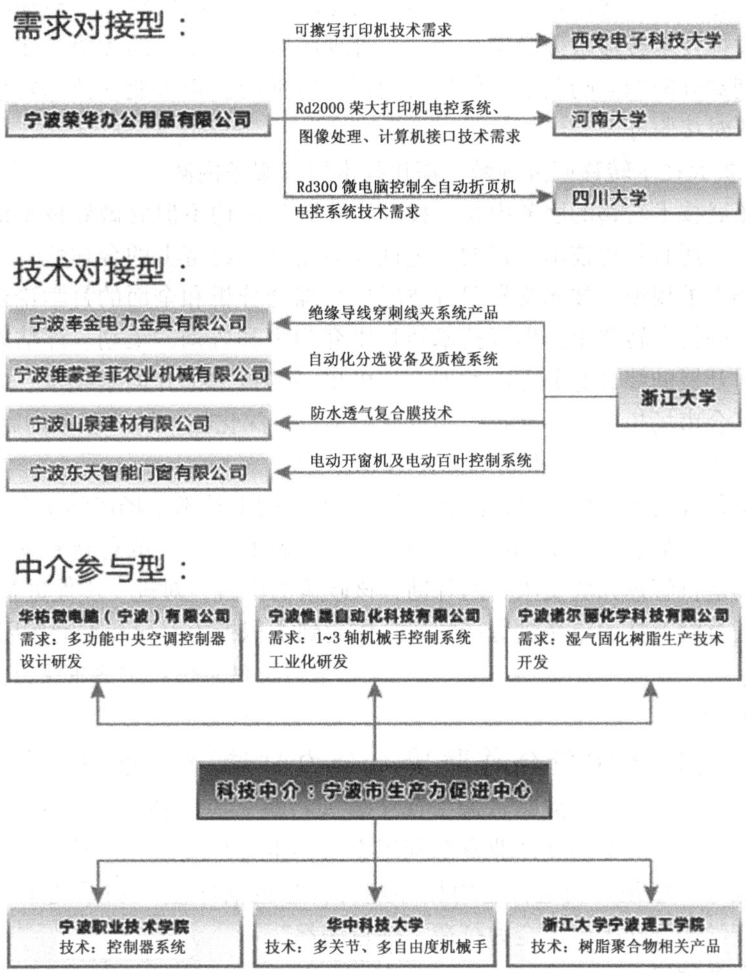

图 2.9-2　业务服务

（一）加强经纪人队伍建设，提高技术转移服务能力

技术经纪人是技术转移服务的重要组成部分，技术商品的特殊性决定了技术经纪人不但应具有多学科、多领域的综合性技术知识，而且要熟悉和掌握一些相关的法律知识，了解经济、贸易、金融和无形资产评估等方面的知识，了解相关的国际法律、国际金融和国际贸易方面的知识。拥有广博的知识是一名合格的技术经纪人的基本素质，也是做好技术转移服务工作的重要基础。

全球经济一体化和我国加入世界贸易组织，为技术转移机构提供了向国外拓展的机会，也使我国技术转移中介机构参与国际技术贸易成为可能。建立一支专业的国际技术转移人才队伍，更好地为企业引进国外先进技术，并在引进、吸收、再创新的基础上，提升企业的技术创新能力，已成为宁波市生产力促进中心的主要目标。

（二）组建技术转移联盟，建立技术转移服务机制

积极联合宁波市研发园区内的 5 家院士工作室、12 家大院名校等技术转移机构

人员，并充分整合国内外技术转移机构的信息资源，共同构建技术转移的立体式服务网络，发挥技术转移服务机构在经营、管理和服务手段上的优势，建立协同合作的机制和利益分配的激励制度，促进跨地区、跨部门、跨行业的技术转移，为企业提供产学研对接服务。

（三）扩大技术转移服务领域，深化技术转移服务内涵

不断拓展技术转移的服务内容。技术转移服务机构不但要做好技术信息的获取与管理工作，还必须对技术项目的先进性和适用性、经济上的合理性、实施的可能性以及市场需求规模、技术交易双方情况进行综合分析和全面的科学论证，使服务内容从单一的技术转移中介向以技术转移中介为主和咨询、策划、评估以及各种专业培训同时开展的综合服务方向发展，从由单一的技术中介向集技术、人才、融资于一体的综合市场拓展，不断扩大服务业务领域，深化技术转移服务内涵。

（四）加强政策引导，推动网上技术市场发展

宁波市科技局于2009年修订出台了《宁波市网上技术市场产学研合作项目管理暂行办法》（甬科合〔2009〕61号），设立了每年2000万元的科技专项经费用于网上技术市场运行管理和成交项目的补助，该政策的出台，对进一步促进企业与高校、研究院所通过网上技术市场进行产学研合作起到了积极的引导和推动作用。

案例提供单位：宁波市生产力促进中心

［案例二］

创建产学研合作联盟　全力打造“绿色镁都”

菱镁矿是我国重要的战略资源，辽宁省大石桥、海城被誉为“中国镁都”。辽宁生产力促进中心针对菱镁产业资源利用率低，生态环境破坏严重，耗能高、污染重、效益低等“瓶颈”问题，运用循环经济、绿色洁净生产和系统工程等现代理论，搭建产学研合作平台，全力打造“绿色镁都”。

一、业务背景

中国是世界上菱镁矿资源较为丰富的国家之一，已探明储量35.64亿吨，占世界总储量的28.70%，居世界首位。我国的菱镁矿资源分布比较集中，其中辽宁省菱镁矿储量丰富，占全国总量的85%，居全国首位。辽宁省是全国镁质材料的主要产地，营口地区被国家科技部命名为“国家镁质材料产业化基地”，被誉为“中国镁都”。以菱镁矿为原料熔炼的电熔镁砂在镁质材料产业中具有举足轻重的地位，是许多镁质材料的基础原料，对材料的性能有决定性的影响。

我国拥有的菱镁矿资源中，低品位菱镁矿占总储量的30%～40%。低品位的菱镁矿不能直接用于高档产品的生产，从而被大量废弃和填埋，使得资源浪费严重。因此，如何深度开发低品位菱镁矿高效利用应用新领域，实现矿物资源的尽采尽用、变废为宝，意义十分重大。

我国电熔镁砂产业属于低效率、高耗能、重污染的传统落后产业，亟待产业升级换代。目前，我国菱镁矿熔炼基本仍在沿用20世纪70～80年代粗放的落后生产技术、工艺和装备，电熔镁砂企业生产组织还处于较为原始的状态。随着菱镁矿熔炼产业规模的不断扩大，采取高效节能措施，提高产业生产技术水平，已成为产业

发展的当务之急。

辽宁生产力促进中心（以下简称“中心”）作为中小企业技术进步的有力支撑和科技成果转化的推进器，真正发挥了生产力中心科技中介的服务功能，把“官、产、学、研、用”等创新要素有机地链接起来，为政府、产业、科研院所服务，在促进产业升级、推动区域经济发展的同时，增强了生产力中心工作的显示度，扩大了生产力中心的品牌影响力，积极推动了地方项目建设，为菱镁矿改造服务。

二、业务内容

产业集群服务以示范工程为重要载体，开展多方位、多层次的人才队伍建设，为中小企业搭建产学研服务平台，取得了显著成效。具体服务内容和服务模式如下。

（一）作为组织协调中心，组织实施菱镁矿改造

结合企业实际，搭建服务平台，组织协调专家、政府及企业各方面的专长及需求，真正做到物尽其用、人尽其才，将菱镁矿改造项目成果效益最大化。

（二）通过引进消化再创新，使企业生产设备升级换代

组织研发高功率密闭高效菱镁矿熔炼炉，通过加大菱镁矿熔炼炉的功率，提高电熔镁砂单炉产能，提高电熔镁砂产品品级，达到熔炼系统的高效节能目标。另外，通过对菱镁矿熔炼炉进行密闭设计，对熔炼过程产生的烟尘进行回收处理，同时对菱镁矿分解出的大量 CO_2 进行回收利用，实现“绿色熔炼”的环保目标，为镁产业冶炼发展提供强有力的发展方向。

（三）组织成立以院校为技术支撑的技术研究基地

组织形成以东北大学、大连理工大学、北京矿冶研究院等为技术支撑的综合节能技术研究基地，以东北大学科技产业集团为依托的综合节能技术转化基地，为项目的推动提供有力的技术支撑。

（四）培养一大批专业技术人才

由于引进新的技术及设备，必将造就和培养一大批专业人才，为将成熟技术和共性技术以及运行模式和成功经验进行推广应用打下了坚实的基础。

（五）推动各级政府完善与镁产业发展相关的配套政策

紧紧围绕“中国镁都”可持续发展战略的总体部署，在政府加大投入的同时，鼓励社会资本积极参与实施镁产业可持续发展战略，逐步形成政府、企业、金融机构等多元化投融资体系。

三、工作步骤和方法

遵循“政府推动，科技中介参与，大院、大所为技术依托，试点企业为应用基地，全面推广”的运行模式，同时坚持以企业为主体，“官、产、学、研、用”紧密结合，上下联动的原则，整合各方面资源，重点围绕菱镁矿改造项目开展服务。

（一）组织协调，整合各方面资源

“中心”为产业集群服务以示范工程为重要载体，遵循“政府推动，科技中介参与，大院、大所为技术依托，试点企业为应用基地，全面推广”的运行模式，积极组织协调，整合各方面资源。

（二）搭建产学研服务平台，组成技术支撑单位和队伍

积极搭建产学研服务平台，以企业为主体，“官、产、学、研、用”紧密结合，坚持上下联动，为项目的顺利实施提供有力保障。

（三）遵循市场化运行模式，将成熟技术向企业推广

创建了辽宁省技术转移平台，引进、消化、吸收、再创新，将先进技术转移到产业化生产基地。在促进先进技术向全省企业转移的同时，将成熟技术向其他企业推广，最大程度地利用先进技术及资源。

（四）承担政府交办的工作，提升服务水平

“中心’通过多次承担项目运作以及辽宁省科技厅交办的多项工作，项目运作服务水平逐步提高。通过对菱镁矿改造项目的深入研究，有效地提高了项目运作方面的服务能力和专业性，为更好地开展项目工作提供了有力保障。

（五）业务实施流程

菱镁产业服务的业务实施流程见图 2. 9-3。

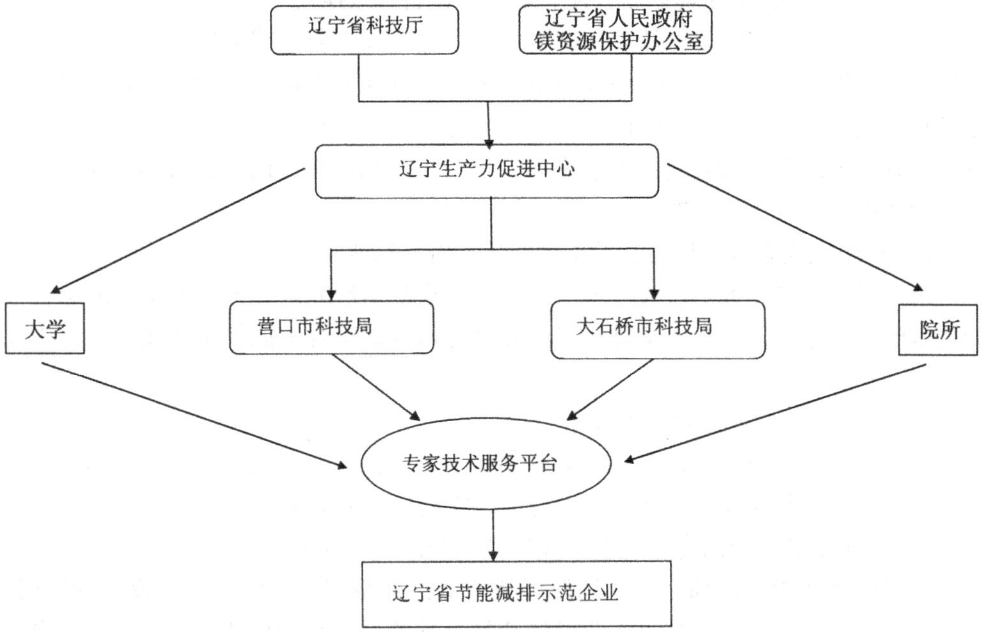

图 2. 9-3 业务实施流程图

四、服务团队

“中心”以新思维的传播者、价值和绩效的推动者为定位，以提升品质、创造价值、追求卓越为使命，以市场需求为导向，以体制、机制创新为动力，积极创建国际化一流生产力中心，打造科技中介第一品牌，实现生产力中心建设专业化、规模化、规范化的“三化”目标，充分发挥科技中介这一桥梁纽带作用，注重人才培养及团队建设。

为了有效地开展项目，特成立了菱镁矿改造项目推进领导小组，领导小组下设项目管理办公室，具体包括：组长 1 人，副组长 2 人，秘书 1 人，专家组长 4 人，为客户提供一流的服务。

五、服务成效

“中心”通过开展菱镁矿改造服务，极大程度地提升了相关中小企业的科技成果和自主创新产品的保护能力，加强了中小企业的可持续发展能力和市场竞争力。以示范工程为重要载体，积极推动项目建设，并取得了显著成效。下面以辽宁大石桥电熔镁项目例。

（一）实现菱镁矿资源综合高效利用

目前，约占菱镁矿总储量30%～40%的低品位菱镁矿资源未能得到有效利用，甚至被大量废弃和填埋，资源浪费严重。针对这一现状，开展低品位菱镁矿纯化等系列关键技术研发，深度开发低品位菱镁矿高效利用应用新领域，实现矿物资源的尽采尽用、变废为宝，彻底改变矿山采富弃贫的状况，增加可利用菱镁矿资源量近5亿吨，扩大可利用的菱镁矿资源量。

例：低品位菱镁矿高效制备电熔镁砂节能减排技术与装备项目。针对低品位菱镁矿开展提质降杂的关键技术攻关，通过自主创新和技术集成，形成具有自主知识产权的菱镁矿反浮选脱硅、脱铁新药剂与新技术，降低菱镁矿的入选品位，扩大可资利用的菱镁矿资源量，为低品位菱镁矿的高效利用提供技术支撑。实现低品位菱镁矿入选品位42%，精矿品位46.5%～47%；菱镁矿综合利用率达到75%。

（二）实现菱镁矿熔炼装备换代升级

目前，我国电熔镁砂产业基本仍在沿用20世纪70—80年代粗放的落后生产技术、工艺和装备，电耗成本约占产品总成本的60%，仅辽宁省每年耗电就达70亿kW·h，占全省工业用电总量的6.2%，占营口地区工业用电总量的50%以上。电熔镁产业的规模不断扩大，不仅造成严重的用电压力、供需矛盾和电网污染，还严重阻碍着地区经济的健康发展。

例：低品位菱镁矿高效制备电熔镁砂节能减排技术与装备项目。针对菱镁矿熔炼过程高耗能、高污染的现状，开展技术攻关，通过自主创新和技术集成，研发具有自主知识产权的绿色熔炼关键技术与装备，建立了5台3000kVA高效密闭旋转菱镁矿熔炼炉示范装备，实现高效节能、绿色环保熔炼（模拟图见图2.9-4）。实现变

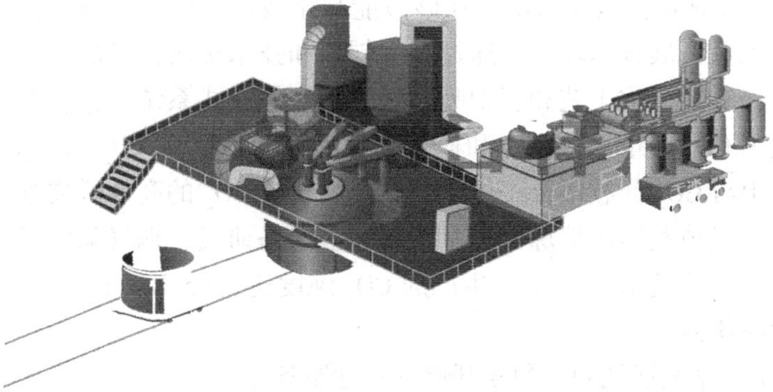

图2.9-4　熔炼装备

压器额定容量：3000kVA；炉体旋转速度：0.5～5 转/昼夜；产能：12～16 吨/炉；电熔镁单耗指标：2500kW·h/t 以下；节电率：13%。

（三）实现电熔镁生产过程的余热回收

余热综合利用是实现系统节能的有效途径，已在国内外许多行业和企业得到广泛应用。我国菱镁矿熔炼产业之所以能耗较高，与产业未有效采取余热回收利用措施导致能源综合利用水平较低直接相关。

例：低品位菱镁矿高效制备电熔镁砂节能减排技术与装备项目。通过自主创新和集成创新，开发具有自主知识产权的镁熔坨余热高效回收与利用工程化技术，利用余热分级回收与梯级利用技术方案，包括高温镁熔坨脉冲式热交换技术、物料预热装置研发、镁熔坨高温破碎技术及装置、干熄式余热回收装置及气固传热强化技术和余热强化换热过程与电熔镁砂结晶的协同调控技术等（模拟图见图 2.9-5），实现菱镁矿熔炼系统节能。完成菱镁矿熔炼余能自循环综合利用技术研发，通过余能利用折合每吨电熔镁砂节电 300kW·h 以上。

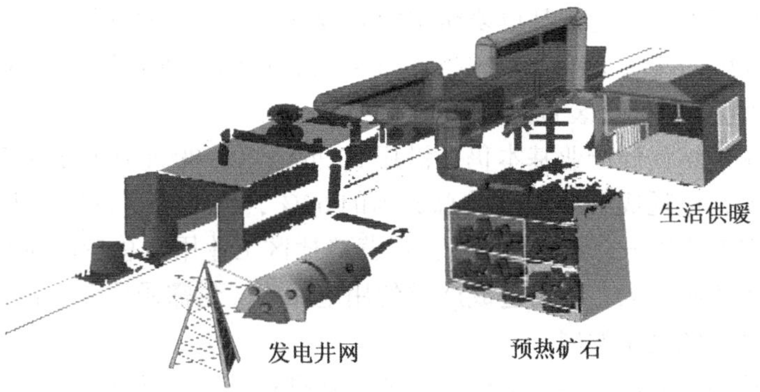

图 2.9-5　生产过程

（四）实现电熔镁产品清洁生产

菱镁矿熔炼过程中大量排放烟气、粉尘与 CO_2，造成环境严重污染，加重温室效应。每年约有 150 万吨 CO_2 排放。

例：低品位菱镁矿高效制备电熔镁砂节能减排技术与装备项目。针对菱镁矿熔炼烟气中 CO_2 回收开展技术攻关，通过自主创新和技术集成，形成具有自主知识产权的菱镁矿熔炼 CO_2 回收工艺和新型吸收剂，通过储仓式系统，整合多台菱镁矿熔炼炉，使烟气中 CO_2 含量保持稳定和连续，最大限度地提高 CO_2 回收装置的效率，同时将烟气除尘与 CO_2 回收耦合一体化，实现烟气中 CO_2 的高效低成本回收（模拟图见图 2.9-6）。完成菱镁矿熔炼 CO_2 回收技术及装备研发，烟气除尘率达到 95% 以上，实现 CO_2 回收率达 70% 以上，生产的 CO_2 纯度达到 95% 以上。

六、经验和体会

（一）落实国家发展规划，积极开展针对性服务

业务的开展要以国家政策为指引，在菱镁产业基地快速发展的同时，要更加注重绿色、低碳、可持续发展理念，使这一理念深入人心，贯彻到底。同时，项目的

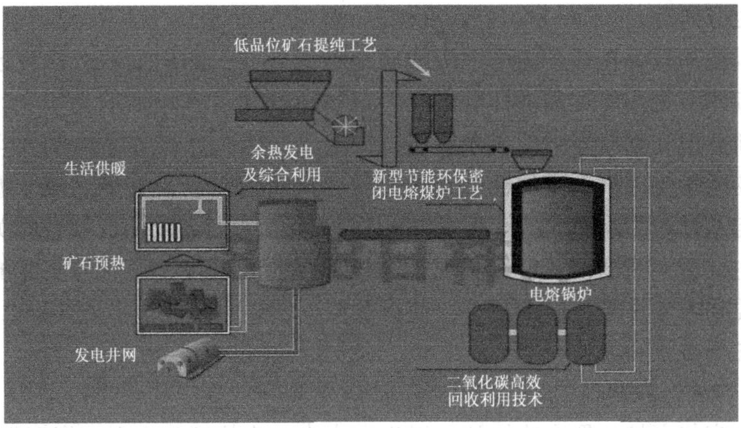

图 2.9-6　清洁生产

建设需要各方面的积极努力，要解放思想、大胆创新，积极推进菱镁产业区域体制、机制创新和资源整合。

（二）加强团队建设，最大限度地发挥各方面的积极作用

开展多方位、多层次的人才队伍建设。加强专家队伍建设，在为项目的推动提供智力支持的同时，利用好高等院校、科研院所、企业技术人才。建立各类人才各尽其能、各尽其才，形成以企业为主体、以市场为导向、产学研相结合的技术创新体系。为更好地推动项目建设，必须落实项目责任制，明确各阶段各任务的负责人，加大执行力度，计划方案要进行目标分解。

（三）整合有效资源，注重服务业务的拓展延伸

当前科技型中小企业发展中主要存在着发展资金的获取或者企业资质认可认定等问题，而由于信息的不对称以及相关项目申报的复杂程度，很多企业都无暇或者没有能力更好地获取政府的支持和认可，这就客观地要求“中心”为他们提供专业的服务，为他们获取政府资金支持、提升企业的资质提供全方位的专业支持，使其成为“中心”开展业务的基础支撑和依托。

案例提供单位：辽宁生产力促进中心

[案例三]

设立大学生实践“社区”　推动校企全面合作

一、业务背景

为推动校企合作，提高在校研究生学以致用、服务社会的能力，为企业引进智力人才，山东济南生产力促进中心（以下简称“中心”）先后与清华大学、浙江大学、南开大学、济南大学等45家高校建立了长期合作关系。十几年来，共组织323名博士、硕士研究生在济南30余家企业进行社会实践活动，参与解决百余项技术难题，受到企业和大学的好评。1999年，根据济南市人民政府和清华大学的全面合作协议，在济南建立了研究生社会实践基地。

二、业务内容

随着科技和教育在社会经济中的战略地位的确立，知识创新、科技创新已成为时代的主旋律，企业要在经济社会占有一定的地位和具有较强的竞争实力，必须拥有具有创新意识和创新能力的人才队伍。同时，作为人才培养主体的大学，在教学活动中需要为学生提供大量的社会实践机会，从而为在校学生更好地掌握知识、增长才干奠定基础。“中心”充分发挥与全国40多家知名高校的良好合作关系，积极组织研究生社会实践活动，较好实现了学校和企业的对接、学习与实践的结合、社会实际需要和人才培养方向的统一，使得学校、学生、企业等多方共赢。

三、工作步骤和方法

（一）签署合作协议

地方政府与高校签署合作协议，以生产力中心为依托建设引才聚智平台。

（二）成立领导小组

一是定期召开专题会议，研究大学生、硕士生、博士生进行社会实践和开展科技服务的各项工作，并明确生产力促进中心牵头推进整体工作，落实专人负责；二是加大财政投入，每年政府给予一定的资金支持。

（三）征集企业需求

积极筹划做好各项前期准备工作。每年3月中旬，“中心”及时向济南市企业征集实践项目，重点围绕全市经济社会发展热点难点问题、项目建设过程中遇到的技术问题、科研前沿问题，按照能较好地发挥和锻炼学生的社会实践能力的标准进行选报。

（四）进行信息对接

把选报课题与大学进行对接，进行人员课题匹配，确定实践活动方案。

（五）做好接待工作

“中心”组织有关部门、企业等做好接待工作：召开欢迎会；安排相应的参观、考察活动，开阔视野；关心研究生在济南的学习、工作和生活，协调解决工作、生活中遇到的有关问题和困难，为研究生社会实践提供较好的工作环境。此外，基地负责人通过实地查看、打电话等多种途径了解情况，及时解决研究生实践过程中遇到的困难和问题，为他们营造锻炼成长的良好环境。

（六）评价和总结

“中心”组织企业对参加实践的研究生进行评价，填写“评价表”并报送研究生所在学校。同时，“中心”每年召集相关企业负责人座谈，总结研究生的社会实践工作情况，听取他们的意见和建议，改进工作。

四、服务团队

针对研究生社会实践工作的特点，“中心”分管主任牵头组织了相应的服务团队，服务团队成员均由本科及以上学历人员组成，均来自公司、研究所、高校等单位，素质高、效率高，是一支有较强的凝聚力、创新意识和创新能力的团队，全程为社会实践工作提供高效率的服务。

五、服务成效

实践活动开展12年来，为济南企业发展提供了科技支撑。参加社会实践活动的研究生都具有较高的专业知识和技术水平，能充分发挥专业优势和专业特长，主动参与到实践单位的科研工作中，在导师的指导下，帮助实践单位解决技术难题，取得了丰硕的成果。

（一）节省企业研发成本

研究生社会实践活动为企业解决了大量的技术难题。

例1：在××公司实习的清华大学博士生方同学，参与了企业“液压式试验机在试样夹持过程中两边夹具同步夹紧”项目攻关，项目的具体过程是：在对夹式液压万能实验机中，试样的夹持是由两边两个夹紧油缸带动左右两个夹具移动的，在空载移动时要求两个液压缸同步向中间方向移动，同步精度1%以上。方博士在此次社会实践过程中，对比国内外资料进行分析比较，提出了较有价值的解决方案，很好地完成了此研究项目，同时帮助企业对主机上关键结构件进行了分析计算，使程序设计合理、算法科学精准，为企业节省研发成本200多万元。

例2：在××公司实习的清华大学博士生王同学，在社会实践期间，参与了“蓝莓工厂化组培的流程设计改进”研究工作，确立了以“蓝莓工厂化组培的流程设计改进”为目标的项目研究，在6周时间内，建立起较高水平的基础的项目数据，组培效率得到了很大提高，使得公司组培育苗能力由每年1000万株提高到2000万株。

（二）带动企业人才素质提高

在研究生社会实践中，“中心”组织研究生对相关企业进行了培训活动，对企业人才培养、技术创新、企业管理等起到了积极作用。

例：清华大学博士生马同学，参与了企业“利用有限元仿真分析软件，对受2t载荷的电子万能试验机在拉伸试验过程中试样断裂瞬间的试验机变形应力等进行仿真分析”的项目攻关，针对试验机受到的瞬时冲击对支座进行力学评估，对拉伸试验机的支座进行缓冲设计提出了合理化建议，较好地完成了整个项目。同时，马同学积极帮助企业开展培训活动，使企业员工学到了现代有限元分析软件在瞬时动态分析的工作过程，取得了良好效果。

（三）对研究生的成长和发展起到积极作用

例：在××公司实践的袁某、赵某两位博士生，承担了公司“热连轧虚拟仿真实训系统”的课题攻关，主要对热连轧虚拟仿真实训系统的物理模型、温降模型、加热炉模型。在Matlab2008环境下，对各种轧制力模型进行实现，在对比分析后选择与实际情况较为接近的模型，选用多种优化方法进行优化，在对加热炉进行建模的基础上，对其温度控制进行研究。最后将模型用C语言进行实现。对于建模中遇到的数据、经验参数不全的情况提出进一步的改进意见。两位博士还承担了公司“产品结构优化”项目的课题攻关，本项目利用钢铁企业设备工艺流程数字的模型，进行排程优化运算，对实际生产任务进行生产进度优化，将众多任务订单进行组合及排序，以找到较好的生产顺序，使所有任务在较短时间内完成。具体操作需对多个任务、多道程序、多台设备建立数字模型，转化为数学规划问题，计算出给定排序所需完成时间，然后利用优化方法如遗传算法求解安排生产任务的最优排序和最短时间。

（四）推动了校企深度合作

例：浙江大学温博士在××集团社会实践后，得到了企业的高度评价，实践活动结束后，企业和温博士签订了长期技术合作合同，以此为基础，温博士帮助企业与浙江大学建立了进一步的合作关系，促成浙江大学与该集团共建了有机高分子材料实验室，并且浙大为公司定向培养了 3 名硕士研究生。

例：浙江大学管理学院钱博士，在济南参加社会实践活动后，与济南中心建立了长期的合作关系，作为特聘专家参与承担了山东省科技厅重大科技专项——济南科技成果转化平台的策划工作，为济南的成果转化和产学研合作工作做出了较大贡献。

六、经验和体会

研究生社会实践活动为企业和高校架起了一座产学研合作的桥梁，既为济南市企业解决了多项技术难题，给企业带来了可观的经济效益，又充分发挥了高校的人才技术优势，为高校培养高水平人才创造了条件。同时，思维活跃、创新能力强的在校研究所也为企业技术开发和产品优化设计等方面带来新的思路和前沿技术，提供了一个相互交流的窗口，为提升企业核心技术的能力、产品的竞争力，打下了坚实的基础。

（一）必须确立正确的工作目标

济南中心在组织研究生社会实践活动时，以使研究生“受教育、长才干、做贡献”为目标，全程跟踪服务，确保预期效果，努力实现了高校、企业、学生的“多赢”效果。

（二）必须形成良好的运营模式

良好的组织模式是该项服务项目持续 10 多年成效显著的关键，中心在该项服务过程中，不断强化与高校院所的合作关系、积极争取政府和社会支持、充分发挥企业主体作用，形成了高校院所培养人才、企业获得实际效益、学生学的真才实干的良性发展势头。在社会实践活动中，济南市政府每年会给予此项活动资金支持、研究生社会实践活动期间的费用由企业支付，学生实践期间获得的成果由企业拥有，各方各取所需，互动多赢，实现了可持续发展。

（三）必须充分重视过程管理

整个社会实践活动牵扯面广，涉及学生、高校、企业多，持续实践比较长，所以社会实践活动中的跟踪管理必须完善，要和学校、企业定期沟通学生学习、实践情况，随时掌握学生动态，可以探索建立校外导师制度，对学生进行指导跟踪，从而取得更好实践效果。

（四）必须把握和发现合作契机

一次成功的研究生社会实践，可能是校企开展深入合作的开端，作为组织单位的生产力中要及时把握信息，发现合作契机，积极引导企业与高校开展深层次合作，实现研究生社会实践活动效益的最大化。

案例提供单位：山东济南生产力促进中心

［案例四］

发挥平台资源优势 服务区域科技创新

江苏省大型科学仪器设备共享服务平台（以下简称仪器平台）以大型科学仪器设备、分析测试服务、测试方法与标准研究等为对象，充分利用信息、网络等现代技术，通过对相关资源进行整合集成、优化配置、合理布局、开放共享，提高仪器设备资源的使用效率，避免仪器设备的重复购置和浪费，保持科学仪器设备的先进性，为科技创新提供支撑，为政府配置仪器设备资源提供决策依据。

一、业务背景

科学仪器设备是“认识和改造世界的工具”，发挥着工业生产的“倍增器”、科学研究的“先行官”、军事上的“战斗力”和社会生活中的“物化法官”的作用。

江苏省从1998年开始，通过整合全省大型仪器设备资源，组建了大型仪器协作网，是全国最早开展大型仪器协作共用的省份之一。2004年，为进一步满足各领域对大型仪器的测试服务需求，在《2004—2010年国家科技基础条件平台建设纲要》指引下，深入贯彻省委省政府关于“加强创新创业科技公共服务平台建设”精神，启动了江苏省仪器平台建设，致力于提高仪器设备资源的使用效率，避免仪器设备的重复购置和浪费，保持科学仪器设备的先进性，为科技创新提供支撑，为政府配置仪器设备资源提供决策依据，成为本省科技、经济服务的窗口。2005年8月18日，江苏仪器平台正式开通。截至2010年9月30日，仪器平台共整合全省265家单位，2330台/套，总价值近21亿元的仪器设备机组供全省共享使用，这些仪器设备资源同时也成为“全国大型科学仪器协作共用网”的入网机组。

二、业务内容

围绕“两个率先”目标和“可持续发展”战略的实施，以提升区域创新能力为核心，以专业服务为特色，以集成共享为主线，江苏统筹规划，突出重点，分步实施，致力于构建一个布局合理、装备优良、开放共享、高效运行的大型科学仪器设备共享服务平台，建设一支高水平、专业化的技术队伍，营造一种开放、竞争、联合的运行环境，更好地为全省科技、经济和社会全面、协调、可持续发展服务。具体服务内容如下。

（一）检测检验服务

仪器平台成员单位承担政府指令性产品质量检验任务，承担司法鉴定和产品质量仲裁机构的产品鉴定和产品质量仲裁检验任务，承担产品质量认证机构委托的认证产品的质量检验任务，面向全国承接各类委托检验任务。承担江苏省境内的食品质量监督抽检、生产许可证检验、仲裁、委托检验和产品鉴定，开展针对食品生产部门的产品检测服务，提供权威的可适用于国内外不同要求的检测报告。

（二）分析测试服务

仪器平台成员单位按照国家标准、IEC 61000系列，CISPR 11、14、22等标准进行各项电磁兼容性测试；提供无机和有机成分的定性和定量分析、结构分析、物相分析、表面分析、热分析、同位素分析、微区无机成分和微区开拓貌分析、无损定性和半定量分析、金属断口分析、无机有机化式产品的质量检验和鉴定以及各种矿物、岩石及宝玉的鉴定；对 CPU、DSP、SOC 及各类消费品电路进行测试，为省内众多的集成电路用户提供测试开发、设计验证、产品分析及批量生产测试等中性服务，重点扶持并推动江苏中小集成电路企业的发展。

（三）监测服务

仪器平台成员单位统一组织和协调全省的环境监测工作，制定全省环境监测发展规划和年度工作计划，编制全省环境监测技术规范，组织区域（流域）监测和专项调查，及时向省政府及社会报告全省的环境质量现状与变化动态，开展监视性监测、监督性监测、预警应急监测和委托性监测，涉及环境质量监测、污染源监测、环境影响现状评价监测、环保工程设施验收监测、污染事故与纠纷仲裁监测、环保产品检测、委托样品监测和科研监测等方面。

（四）标准研究制定

五年来，仪器平台共投入 114 万元经费，开展仪器设备功能开发、分析测试方法及标准研究，16 项分析测试方法和管理服务规范被列为地方标准。同时，各专业测试服务中心还开展了国家标准、行业标准以及地方标准制定工作。江苏省涂料颜料分析测试服务中心承担国家涂料和颜料标准归口管理、涂料和颜料标准制修订、与对口国际标准化组织技术交流和相关国际标准表态以及涂料和颜料标准样品的研制和发放工作，评估期内共完成了 111 项国家标准和行业标准的组织制修订和归口管理工作。江苏省玻璃纤维及绝热材料测试服务中心依托全国玻璃纤维标准化技术委员会和全国绝热材料标准化技术委员会，制订多项相关产品标准和试验方法标准，不但为国内行业制定了多项标准，还代表中国提出国际标准提案并被国际标准采纳，对国际标准化也作出了贡献。江苏省食品安全测试服务中心承担和参与食品检验方法国家标准、行业标准的制定、修订和验证工作，并研究制定相应的检测技术规程，辅导客户制定企业标准，为客户满足标准进行服务，协助客户进入国际市场。

（五）交流咨询培训服务

仪器平台办公室经常组织各种形式的分析测试技术交流会、标准基础知识和编写培训班，帮助仪器平台成员单位不断提高对外服务水平。各个专业测试服务中心发挥专业优势，在各个行业开展交流、咨询、培训等服务，评估期内办公室及成员单位共开展开发交流及培训 100 多场次，参加交流、培训人数达 12419 人次，为江苏省培养出更多的专业技术人才。如：江苏省集成电路专业测试服务中心开展 TR 6800测试系统培训、JC 3196 系统培训、编程技巧和失效分析培训等服务，与当地高校联合，产学研结合，面向全省 IC 企业提供上机教育，培养出更多的、具有全面素质的、高科技集成电路测试人才。

（六）开展新购大型仪器联合评议

为了控制仪器设备资源重复购置这个资源浪费的源头，江苏省在全国率先启动了仪器设备购置的联合评议工作。组织专家对省科技基础设施项目和公益型科研院所设备专项中申请新购大型仪器设备进行联合评议，经过专家联合评议，优化购置经费，有效提高了公共财政的使用效率。

为了更好地贯彻落实联合评议工作，江苏省还积极开展仪器设备联合评议专家库的建设和工作规范研究工作，建设完善联合评议专家库，为下一阶段联合评议工作顺利开展提供保障。

三、工作步骤和方法

江苏仪器平台分主体层、信息层和保障层3个层面。主体层是共享服务平台的核心和基础，信息层是共享服务平台实物资源信息的数字化系统，保障层是实现共享服务平台正常运行的保障服务系统。三个层面相互联系、相互作用，形成一个布局合理、开放共享、有利创新的共享服务平台。

（一）创新建设模式，坚持省市联动，共同推进平台建设

仪器平台的建设采用网络加节点的新模式，网络即区域协作网，节点即若干专业测试服务中心。各省辖市科技局重点建设区域协作网，省科技厅重点建设专业测试中心。

1. 建设全新的区域协作网。建立了一体化的、集成式的仪器平台信息服务系统，开发了与仪器平台信息服务系统衔接的区域协作网网站，通过集成省科技基础条件平台下的各子平台资源，实现了科技资源的整合、共享、服务，加强了省市联动共同，推进了区域科技创新一体化建设；目前，已建设开通了南京、无锡、苏州、常州、徐州、镇江、南通、扬州、连云港、盐城和淮安11个省辖市区域协作网。南京、无锡、南通、苏州、常州5个市制定了相关管理办法，且南京、南通两个市结合各自区域特色建立了市级专业测试服务中心。区域协作网与省仪器平台逐步形成因地制宜、优势互补的资源共享新格局。

2. 建设专业测试服务中心。根据专业领域科技创新及区域特色产业发展的需求，按照整合和新建相结合的原则，先后建设了16家专业测试服务中心，拥有价值3.6亿元的仪器设备368台（套）。其中，依托已建重点实验室、工程技术研究中心及具有一定基础的分析测试中心，在纤维、陶瓷、催化剂、农药生测、中药质量、生物化工、涂料等领域推荐了9家专业分析测试中心；在电磁兼容领域按虚拟组建方式及新建方式分别建设了2家专业测试服务中心；在与江苏省重大科技工作、国民经济、人民健康紧密相关的新材料、电子信息、食品安全等领域新建了5家专业测试服务中心。

（二）健全运行机制，坚持绩效优先，推动平台健康发展

在启动仪器平台建设的同时，设计制定了理事会管理制度、省级新购大型科学仪器联合评议机制、成员单位绩效评价机制、促进共享服务的激励机制等管理体制和运行机制，为仪器平台的正常、高效运行提供了制度保障。具体包括《江苏省大型科学仪器设备共享服务平台管理办法》《江苏省大型科学仪器设备共享服务平台运行绩效评价办法》《江苏省省级新购大型科学仪器设备联合评议工作管理办法》《江苏省大型科学仪器设备共享服务平台专业测试服务中心运行绩效评价办法》《江苏省大型科学仪器设备运行绩效评价工作指导书》。

（三）推行联合评议，促进合理布局，提高资金使用效率

2005—2010年，组织专家对江苏省科技基础设施项目和公益型科研院所设备专项中申请新购总价值达12.7亿元的大型仪器设备1133台（套）进行了联合评议，经过专家联合评议，建议调整和不宜购置的仪器设备507台（套），优化购置经费1.56亿元，有效提高了公共财政的使用效率。同时还积极开展仪器设备联合评议专家库的建设和工作规范研究工作，以确保更好地贯彻落实联合评议工作。截至目前，专家库共收集了全省设备管理、维修、使用和研发方面的近400名专家。

（四）整合优势资源，联系产业民生，提升平台服务能力

仪器平台网员单位拥有液相色谱、气相色谱、红外光谱、原子吸收、原子荧光、气质联用、液质联用、液相－串接质谱、电感耦合等离子光谱、电感耦合等离子光谱－质谱仪以及微生物自动鉴定系统等一批先进的检测设备，拥有一支高素质的检测人员队伍，综合检测能力处于国内领先地位。利用其仪器资源优势出色攻克了很多关键技术难题，为新兴产业发展提供了助力，为科技企业创新提供了支撑，为社会公共事业发展提供了保障。

1. 为新兴产业发展提供助力。江苏省集成电路测试服务中心为无锡、江苏省乃至长三角地区集成电路测试产业提速增效。仅2009年上半年，就为无锡及周边地区30多家企业上百个品种开展了集成电路测试服务。如为无锡××设计公司完成了6000多片圆片、1000多个批次的成品电路的测试生产，产品产值超过5000万元。测试中心还是上海、绍兴、南京等多家公司的战略伙伴，帮助这些公司成长壮大。测试中心每年测试服务收入达千万元，拉动区域集成电路产业链上产值达15亿元，多年来为本省及长三角区域集成电路产业的发展作出了重要贡献。

2. 为科技企业创新提供支撑。江苏省材料结构与成分测试服务中心是全省仪器平台最早一批专业测试服务中心，多年来为省内企业创新提供技术支持。南京××药业集团在某个新药研发中遇到难题，无法解决，测试中心实验人员运用先进仪器设备，不断摸索实验方法和实验条件，最终建立的产品质量控制体系和分析方法，帮助企业攻克了技术难题。

3. 为社会公共事业发展提供保障。南京师范大学司法鉴定中心每年为江苏省司法机构提供医物证鉴定、法医毒物鉴定、文书鉴定、痕迹鉴定、微量鉴定、声像资料鉴定、知识产权司法鉴定、计算机司法鉴定等100多件。江苏省食品安全测试服务中心完成国家质检总局、工商总局、省局和省工商局下达的各类监督检验任务，保质保量地完成了工业产品生产许可证发证检验，以及食品及其相关产品的市场准入等法定检验任务，很好地应对了乳制品中非法添加三聚氰胺等食品质量安全重大突发事件，积极配合稽查部门查处各类大案、要案，为质量技术监督行政执法和综合管理提供了可靠的技术支撑。

（五）开展保障服务，坚持市场主导，确保平台持续运行

1. 开展仪器维修与调剂服务，盘活存量。仪器平台拥有3个专业维修站，5年来共进行大型仪器设备故障维修、闲置仪器调剂580台（次），激活仪器原值6090多万元。

2. 开展试剂耗材配送服务，保障运行。仪器平台现拥有专门的试剂耗材配送中

心，为江苏省乃至全国的30余家重点企事业单位配送试剂耗材，为企事业单位节约测试成本上百万元。

四、服务团队

江苏省仪器平台的建设是一项系统工程，需要调动各方面力量共同参与，协调配合，共同推进。仪器平台服务团队主要由三部分成员构成。

（一）仪器平台理事会办公室成员

办事机构是仪器平台理事会办公室，挂靠江苏省科技条件管理服务中心（江苏省生产力促进中心科技条件服务部），负责仪器平台的建设和日常管理服务工作，包括主任1名，副主任2名，成员2名。

（二）仪器平台专家委员会成员

咨询机构是由仪器设备管理、使用、维护、开发等方面的专家组成的专家委员会，对仪器平台建设运行中的重大技术问题提出咨询指导意见，包括主任1名，副主任1名，成员7名。

（三）专业测试服务中心服务团队

目前，仪器平台已建了16家专业测试服务中心，拥有专业从业人员总数1027人，其中高级职称284人，中级职称220人，拥有博士学历73人，硕士学历174人。

五、服务成效

江苏仪器平台建设自运行以来，在提高仪器使用效率、促进资源共享共用、支撑企业技术创新等方面均取得了较好成效。

（一）拓宽共享范围，提高了仪器设备资源的使用效率

仪器平台自开通运行以来，不断拓宽共享范围，吸纳省内高等院校、科研院所、农林水利、城建环保、医药卫生、质检商检、企业等系统内的大型科学仪器设备，仪器类别覆盖32大类仪器设备中需求范围比较广泛的26大类仪器设备。入网机组服务对象不断扩大，入网机组不仅为科研院所服务，还为中小企业服务；不仅为本省服务，还为长三角地区及全国乃至国外企业服务。服务内容不断拓展，不仅为高校院所的科研提供服务，还为企业技术创新提供服务，为政府部门规范市场提供监督检测服务，同时也为广大群众提供诸如室内环境检测、司法检测等服务。开放服务总量保持年均10%以上的速度增长，仪器设备利用率明显增加。

2010年，尤其是与长三角进行对接互通后，江苏省仪器平台成员单位试服务收入达到1.16亿元，测试样品总数120万个，同比增长10.1%，直接为企业测试样品数量达到50多万个；服务总机时92万小时，同比增长13.6%；其中，为长三角兄弟省市提供服务约占17%，为省内乃至长三角地区的电子信息、生物医药、新材料及新能源等产业提供了大量的支撑服务。

（二）提供集成服务，加大了对区域经济发展的支撑力度

在扩大共享的同时，有选择地在一些基础较好的单位或部门，整合集成现有的仪器设备资源，建立专业测试服务中心，提供专业化、系统化的分析测试技术服务。

1. 支持区域特色经济发展。根据常州地区涂料化工产业发达的区域特色，依托

中国化工建设总公司常州涂料化工研究院设立的“江苏省涂料颜料分析测试服务中心”，2009年共检测涂料、颜料样品6000多个，且大部分是对常州地区相关企业服务；同时，该测试中心充分发挥其测试技术优势，开展了多项测试方法标准和行业技术标准的制定，有力地促进了常州地区的涂料产业发展。

2. 支持各行各业自主创新。仪器平台成员机组——中国药科大学核磁共振波谱仪，受江苏省某研究所委托，为其剖析了生产某种液晶材料所需的一种中间体原料，该中间体原先完全依赖进口，国内尚无生产厂家，不仅价格昂贵，而且较难购买，厂方研究人员按该机组提供的分析结果进行合成，经修饰后应用到液晶材料生产中，取得比原产品更佳的效果，为解决我国自主研发生产液晶产品排除了一大困难。

例：2009年全球金融危机波及江苏，一些规模较小、财力匮乏、技术含量低的中小企业在这场危机中的损失尤为严重，不少企业被迫倒闭。为积极应对全球金融危机，深入贯彻落实科学发展观，充分发挥大型科学仪器设备在扩内需、保增长、调结构、上水平、惠民生中的重要支撑作用，2009年，仪器平台将工作重点转移到服务地方经济发展，加快推进工业结构调整和优化升级的一线，着力加大了服务推介力度，开展了“大型科学仪器苏中行”活动。

扬州，地处江苏省中部，长江下游北岸，江淮平原南端，是上海经济圈和南京都市圈的节点城市。在金融危机的冲击下，扬州果断提出在巩固和做大石油化工、汽车船舶、机电装备3大主导产业的同时，大力发展新能源、新光源、新材料等“三新”产业。为发挥大型科学仪器在“三新”产业研发及其产业化过程中的重要支撑作用，2009年6月25日，仪器平台组织与“三新”产业有关的省材料结构与成分测试服务中心、玻璃纤维及绝热材料测试服务中心、扬州LED新光源材料测试技术服务中心、集成电路专业测试服务中心、电磁兼容专业测试服务中心、扬州光电产品环境与可靠性试验检测中心、无锡光伏产品公共服务平台7家平台成员单位赴扬州，与扬州市62家“三新”产业企业进行面对面的服务对接洽谈，将大型仪器共享共用服务主动“送货上门”。

推介会上，仪器平台理事会办公室全面介绍了江苏省仪器平台及功能子平台的技术服务内容、业务特色与服务功能；同时还根据企业服务需求，组织专业测试服务中心与企业之间以座谈的形式面对面地进行交流对接，共同商议如何为企业提供个性化技术服务。参加推介活动的各平台单位反映，与以往单独开展的零星的宣传推广活动相比，这种由政府主管部门组织、以综合性平台总体形象开展的推介活动，更能体现科技公共服务的公益性特征，凸显仪器平台的综合实力，从而极大地增强推介对接效果。

（三）发挥资源潜力，促进了社会公共事业的健康发展

江苏省仪器平台除了为企业创新提供技术支撑，还积极发挥专业测试优势，为社会公共事业发展提供物质保障。

1. 为司法部门提供检测鉴定服务。仪器平台多家专业测试服务中心利用专业仪器设备为司法机构提供司法鉴定服务，如江苏省食品营养与有毒物质有害检测中心主要承担与食品、饲料、化工等有关产品的司法鉴定工作；江苏省生物医药材料测

试服务中心每年为社会提供可仲裁的CMA报告和司法鉴定报告100多份；江苏省涂料颜料分析测试服务中心还被江苏省司法厅认定为常州涂料化工研究院司法鉴定所，开展涂料、颜料和化学建材的微量物证鉴定工作。

2. 为生命健康提供分析检测服务。仪器平台建设的食品营养与安全测试服务中心、生态环境测试服务中心等专业测试服务中心努力发挥其检测技术优势，为社会提供食品检测服务、室内空气检测服务等上万余次，在“三聚氰胺事件”“苏丹红红心鸭蛋”“太湖水污染”等重大食品安全与环境污染事件中发挥了重要作用。

例：2009年3月19日，中央电视台《每周质量报告》栏目以《死鱼真相》为题报道了连云港地区一起渔民养殖鱼大面积死亡的事故。

从2008年秋天开始，连云港灌西盐场附近很多渔民发现自家鱼塘中鱼大量死亡，经统计，共有6000多亩，4.5万斤鱼死亡。连云港市政府获此消息后非常重视，要求渔业、工商和农业多部门联合开展调查。经调查，死鱼鱼鳞都有充血现象，这些死鱼从鱼苗期开始就全部食用当地某饲料公司的鱼饲料，但是饲料公司明确表示鱼饲料中没有添加任何添加剂，连云港市农业局执法大队将封存的鱼饲料取样送到省仪器平台专业测试服务中心——江苏省食品营养与有毒有害物质检测中心——进行检测。中心接到样品后，查阅了大量文献资料，成立了专项检测小组，有针对性地开展了检测工作，结果检测出鱼饲料中含有农业部明确禁用的鱼药喹乙醇，而且含量很高。喹乙醇又称倍育诺、快育灵，对养殖动物有很明显的促生长作用。有研究报告称，喹乙醇的主要作用在于提高饲料转化率，然而它有蓄积毒性的特点，在鱼体内蓄积达到一定程度时，会对鱼的肝、肾造成很大破坏，鱼在受到刺激时，就容易大量出血而死，因它是一种基因毒剂，生殖腺诱变剂，有致突变、致畸和致癌性。《中国兽药典》（2005版）有明确规定，喹乙醇禁止用于家禽及水产养殖。

在确凿的证据面前，饲料公司终于承认为提高销售量，在鱼饲料中添加了喹乙醇，渔民也明白了使用喹乙醇的危险性。

（四）提升服务能力，强化了平台对科技创新的支撑力度

仪器平台将仪器设备应用水平作为仪器共享绩效考核评价内容，通过后补助的方式，积极引导仪器设备使用人员开展测试方法标准研究，提高测试服务水平，5年来共投入114万元经费，开展仪器设备功能开发、分析测试方法及标准研究，16项分析测试方法和管理服务规范被列为地方标准。

六、经验和体会

（一）稳扎稳打，认真做好日常工作

平台门户网站是平台对外服务的窗口，通过不断拓展网站服务功能，全省大型仪器协作网数据库更加统一协调，并加强与长三角大型仪器协作网和国家大型仪器共享平台数据库标准对接，开辟分析测试人员网上交流系统等，增强网站与服务对象之间的互动。做好供需双方的后续跟踪服务工作。

针对有关项目中使用公共财政经费购置大型科学仪器的计划以及购买大型仪器的科学性，开展联合评议，提出专家咨询意见，减少重复购置，提高新购仪器设备选型配置的科学性。

广泛开展各种宣传推介活动，提高平台在社会尤其是各类园区的知晓度，充分发挥平台共享共用的实效，营造共享互动的社会氛围，促进全省大型仪器资源共享工作。

（二）与时俱进，不断创新工作思路

入网仪器由面向基础研究转向面向技术开发和创新服务，由基本分析仪器转向基本分析与工艺、试验。细化考核指标，强化对平台成员单位技术服务能力和服务企业、社会成效的考核评价。服务领域突出新兴产业和社会民生（食品安全、环境保护等）。面对面服务对象由高校院所科研人员转向园区企业技术开发和创业人员。将工作重点放在百万元以上的大仪器共享服务上，加强与紫金呼叫平台的合作，增加网络数据库统计汇总分析功能，强化服务咨询功能，提高用户的使用效率。围绕新兴产业和食品安全、环境保护等重点领域，通过调研和征集等方式，确定指南，组织平台成员单位利用现有的大仪器资源，开展测试技术与标准研究。找准仪器研发需求。组织仪器生产、供应、使用等方面的专业人员，摸清江苏省在仪器设备、关键零部件及耗材等研发的优势领域，寻求突破口。集成研发专业力量、专家队伍、产学研队伍。组织重点攻关前期基础工作，尝试建立相关产学研合作联盟。挖掘省内科学仪器方面的自主创新成果，举办科学仪器自主创新展示、洽谈等活动。

（三）重点培养，建设一批专业化的队伍

从业人员的素质和能力直接影响着仪器平台的服务水平。科学仪器设备用在高新尖的科研和检测活动中，对于从业人员的科学素质要求更高。仪器平台每年组织相关专题沙龙、论坛等活动，促进各类专业测试人员交流、学习，提高专业测试水平；并且通过省市联动，了解园区企业对测试专业知识的需求，适时组织有关专家有针对性地培训。

（四）积极主动，争取政府指导和支持

仪器平台要坚持创新驱动的思想，一方面，要积极主动地完成仪器共享服务的各项工作，组织网员单位参与到测试技术方法研究与仪器设备自主研发的工作中来；另一方面，要争取政府的指导和支持，对成熟的研究成果集中向省标准化主管部门建立立项，制定地方标准，同时积极组织推荐申报国家科技项目和省科技计划项目，取得支持。

案例提供单位：江苏省生产力促进中心

［案例五］

利用院所优势　推进行业发展

一、业务背景

2010年，我国皮革行业规模以上企业（全部国有企业及年销售收入500万元以上的非国有企业）实现工业总产值7473亿元，占轻工行业工业总产值的5.4%；完成利税总额616亿元，占轻工行业利税总额的5.5%。

从全行业产品产量分析，2010年规模以上企业轻革（猪牛羊革）产量为7.5亿平方米（折合牛皮2.2亿标准张），占世界总产量的20%以上，居世界第一位。鞋类产品（皮鞋、旅游鞋、布鞋、胶鞋等）产量超过100亿双，占世界总产量的50%

以上，其中皮鞋产量41.9亿双；皮革服装产量6237万件，天然皮革包袋产量7.8亿只，毛皮服装产量312万件等，均名列世界产量首位，确立了我国作为皮革生产大国的地位。

2010年皮革、毛皮及制品行业进出口总值599.5亿美元，其中，出口额528.3亿美元，占轻工行业出口总额的15.1%，占全国外贸出口总额的3.4%；进口额61.1亿美元，占轻工行业进口总额的6.4%。皮革行业实现贸易顺差477.2亿美元，占2010年我国贸易顺差总额的26%，皮革行业主要产品进出口均保持了增长态势。

多年来，由于我国皮革和制鞋业的快速发展，陆续涌现并形成了一大批皮革和制鞋产业基地（集中区域），在各级政府的培育下，目前这些区域已经发展成为中国皮革和制鞋业的主体和中坚力量，形成了多个制革、制鞋（皮鞋、运动鞋等）、皮革服装、皮件等及毛皮服装、毛皮帽、毛皮挂毯等加工产业基地。具有代表性的皮革及毛皮制品集聚地有：浙江温州、广东惠州与鹤山、福建晋江、四川成都武侯、重庆璧山、安徽宿州的制鞋生产基地；浙江海宁和河北辛集的制革、皮革服装及皮革制品生产基地；广州花都区狮岭镇、福建泉州、河北白沟、温州平阳水头镇的皮具生产基地；浙江桐乡、河北肃宁、河北大营、河南桑坡、河南焦作的毛皮及制品加工等特色经济区域。如位列前五位制革企业相对集中的河北、浙江、广东、山东、福建制革产区的生产量分别占全国制革产量的26.4%、22.2%、13.9%、8.1%、6.7%，合计占全国制革生产量的77.3%以上，利润的80%，成为我国制革业最具活力的生力军。

二、业务内容

（一）协助地方政府对产业集群规划与管理

皮革和制鞋行业生产力促进中心（以下简称“中心”）派出科研、咨询、管理人员前往产业集聚区挂职工作，对现有产业集群地和当地产业集群地进行较详细的调查研究，参加包括辛集制革工业园区在内的多个制革工业区规划、污水处理工作，并提出了许多建设性建议，协助当地政府对制革集中区实行统一进区标准、统一规划、统一治污、统一供水电热、统一管理的建区原则。为安徽宿州制鞋工业园区，辽宁阜新、福建漳州等的制革工业园区进行了规划设计。

（二）在产业集群开设分支机构，为企业提供全方位服务

为更好地服务产业集群地的企业，“中心”在产业集群开设分支机构，为集群企业提供全方位服务，如设立温州研究所、广州代表处、海宁办事处、桐乡办事处、辛集办事处、宿州办事处等，为当地企业提供企业诊断，发展战略与规划咨询，企业管理咨询，科技、经济、人才、政策、市场信息咨询，相关产品的认证和质量体系认证咨询服务，项目申报、专利申报等在内的各类咨询服务。

（三）提供信息服务

利用“中心”的网站（中国皮革和制鞋网：www.leather365.com，皮革和制鞋国际工业分包网：www.clfspx.cn）以及平面媒体《中国皮革》《中国皮革制品》《精彩鞋苑》等，提供国家对相关行业政策导向，新产品、新技术、新工艺的发展趋势与新标准解读，行业动态、市场信息等信息。

(四) 提供技术服务

1. 技术与产品开发。鼓励科研人员不断开发行业急需的各类新技术，同时组织科研人员将已经成熟的各类制革、制鞋新技术推广应用到企业的实际生产中。与企业共建技术中心，如金猴鞋类技术中心、日泰研发中心等，帮助企业开展新产品、新技术、新工艺的研究开发，增强企业技术创新能力。

2. 技术服务与推广。向企业导入新技术、新产品、新工艺，推广行业共性技术、关键技术，使科技成果转化为生产力；为企业提供技术难题的诊断，解决企业在生产过程中的各种难题；提供新产品、新技术、新工艺的示范、推广和应用；为企业的技术引进、技术项目招标和科技招商引资工作提供配套服务。

(五) 标准检测服务

组织产业集群内的企业参与承担国家标准、行业标准的制修订工作，协助地方、企业制定地方标准、企业标准及新标准的宣传、贯彻；为相关部门、企业提供皮革制品、皮革、毛皮、皮革化工材料的质量检验，检测范围涉及6大类78种产品25个独立参数。

(六) 人才培训、中介服务

利用“中心”在人才、信息资源方面的优势及建立的外聘专家库，联合高校、企业专家，定期开展污水处理技术讲座、制革清洁化生产工艺、皮革毛皮行业国内外技术法规培训班、鞋设计师培训等工作，为企业培养人才。

此外，还利用“中心”渠道优势，平均每年都为十多家企业引进、招聘各类他们急需的技术、管理、设计人才。

(七) 搭建交流与合作平台

组织企业与研究开发机构和大专院校进行交流与合作，协助企业建立技术依托，全面提高企业的管理水平和科技素质；组织参加国内外学术交流会、经贸展览会、专业研讨会、考察交流等活动，开拓国内外合作渠道，帮助国内机构引入更多的先进技术、人才、资金和项目，促进我国企业和产品走向世界。

三、工作步骤和方法

面向各地制革、制鞋产业基地，搭建技术服务平台，发挥各地办事机构的作用，整合技术、人才服务资源，重点围绕制革企业开展制革清洁生产技术、信息、检测等各项服务。

(一) 深入产业基地，开展实地调研

组织科技人员深入产业基地，对产业基地的环境保护现状、清洁生产推广应用情况、人才培训和引进情况、企业间横向经济联合、区域财税政策、区域工农业布局、城镇基础设施建设等进行全面调研，掌握第一手资料。

(二) 协助研究制订产业园区规划

根据调研中掌握的第一手资料及国内外现有制革、制鞋工业园区的现状及成功经验，协助当地政府研究制订产业园区规划。

(三) 在产业集群开设分支机构

在辛集、温州、广州、温岭、江门、泉州、海宁等地建立分支机构，通过分支机构协助当地政府加强和改进对园区的管理及开展对企业的技术诊断、项目申报辅导、专利申报辅导等资讯服务工作。

（四）与企业合作建立研发中心

与企业合作建立了金猴鞋类技术中心、日泰研发中心、福建（兴业）皮革研究所、斯乃尔技术研究中心、甘肃研发中心、桐乡研究所、鹿艺鞋楦设计科研中心，帮助企业研发设计新产品与研发应用新技术。

（五）开展全方位服务

1. 协助当地政府推进产业结构的调整与升级。深入国内现有制革、制鞋产业区，开展调研与研究、收集企业资料，完成了中国制革集中区域环境保护、中国制革集中区域人才与引进政策、中国制革集中区域技术开发、引进政策的研究、中国制革集中区域经营战略与市场营销战略、中国制革集中区域资源综合经济评估和合理利用、中国制革集中区域企业间横向经济联合的研究、中国制革集中区域财税政策的研究、中国制革集中区域与农业布局以及基础设施和城镇建设等多项研究，为地方政府可持续规划与管理产业集群地当好参谋与助手。

工程咨询服务是“中心”作为专业科研院所的一项重要业务，先后为辛集制革工业区、温州滨海制革生态产业园、福建漳浦皮革工业园、阜新市皮革产业基地、无极皮革工业园及安徽宿州鞋业基地园区等项目提供了园区规划与管理、项目建议书或咨询服务。

2. 牵线搭桥，发挥中介作用，促进科研成果产业化。近年来，以中国皮革和制鞋工业研究院、四川大学、陕西科技大学、山东轻工学院、温州大学等为首的科研院所、大专院校，在制革、制鞋及制革、制鞋化工材料制备等方面的技术研究取得了较大成果，拥有了一批较成熟的技术。为此，“中心”组织科技人员通过在不同产业集群地选择多家龙头制革、制鞋企业及制革、制鞋化工材料企业，组织相关单位的科技人员进行技术推广服务，起到以点带面的示范作用，推进了科研成果的产业化。

3. 提升标准化发展水平，促进企业提高产品质量。完善皮革、皮革化工材料、鞋类等标准体系，增强标准的有效性、协调性和透明度的目标，其制、修订标准项目计划遵循的原则是开放、透明、一致以及所有利益相关方的有效参与。同时，制定适合中国国情的国际标准，有利于在国际上争夺话语权，降低企业采用国际标准的难度，打破国外检测巨头在检测及标准制修订等方面的垄断，提升我国制革和制鞋业标准化发展水平，实现标准化事业跨越式发展。

4. 搭建立体式交流与研发平台，提升服务水平。利用“中心”的网站、下属平面媒体《中国皮革》《中国皮革制品》《精彩鞋苑》等所积累的丰富信息资源，为皮革产业基地的企业提供国内外新技术、新产品、技术合作、投融资、管理、市场等方面的信息服务，帮助企业不断提高生产技术水平，改进管理方式，拓展产业链，生产出更多优质、新颖的高附加值产品。

协办温州、晋江、东莞等地的行业展会，举办各类行业重大活动，促进行业内的信息交流，促进科技技术水平的提高。组织企业管理人员及技术人员赴意大利、越南、非洲等国家考察、交流与进行经贸活动。

安排皮革行业可持续发展、加强淮河流域制革行业环境保护技术、中日环境技术交流研讨等活动，邀请了国内行业界人士和企业人员参加。为国内皮革行业相关技术人员与国外环境专家搭建了信息交流平台，使国内制革企业和行业技术人员更好地了解了国外环境技术发展趋势、技术水平以及先进的环境治理技术，为我国皮革行业和制革集中区实现可持续发展提供了技术支持。

此外，“中心”已与企业共同建立建立了包括金猴研发中心、日泰研发中心、斯乃尔技术研究中心等10余家研究中心在内的共建研发平台，一方面加强了服务能力，另一方面业加强了与企业的合作。

（六）业务流程

业务流程见图2.9-7。

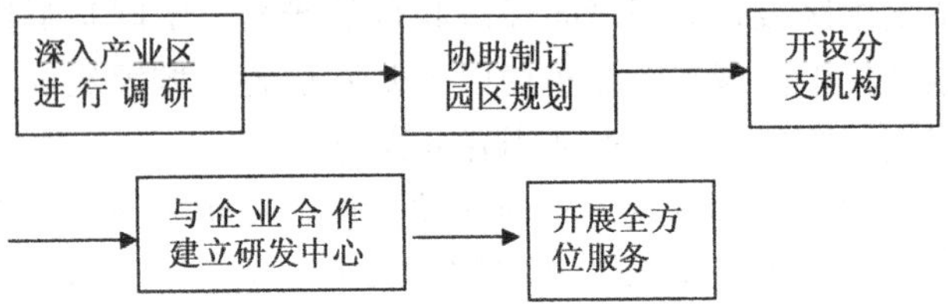

图2.9-7　业务流程图

四、服务团队

通过“中心”组织科技人员对企业进行实地考察，并对企业的生产状况进行诊断分析及实施服务。

为了保障本项工作的顺利实施，“中心”组成了包括“中心”常务副主任在内的10名骨干成员的工作团队具体负责项目的实施，由“中心”常务副主任任项目组组长。其中博士学历2人，硕士学历2人，本科学历6人。人员专业结构包括工商管理、皮革制造、材料化学、企业管理、网络工程等多个领域。团队全体成员为企业提供多层次、多种形式的援助与服务。

五、服务成效

通过“中心”组织各类专业人员与制革和制鞋产业集群地政府及当地企业技术服务，有效促进了我国制革和制鞋产业集群地的合理规划与科学发展，也促进了企业技术水平的提高及市场竞争能力的提高。

例：为了更好地服务于我国皮革工业，促进我国皮革工业持续发展，协助当地政府在发展制革业集中生产、规模经营的前提下，“中心”对我国已形成的河北辛集、无极、留史、大营，浙江海宁、温州，广东东莞，福建泉州等多个制革集中区的现有的皮革企业进行了调查，在此基础上，主持或参与了河北辛集制革工业区可持续发展和规模化管理，阜新皮革工业园区、安徽宿州鞋业工业园区、福建漳州的发展规划制订。在皮革工业区的建设规划与管理中，坚持高起点、高标准、高质量、国内一流“花园式”工业区的发展目标，实行统一进区标准、统一规划、统一治污、统一供水电热、统一管理的建区原则与办法。其中包括对皮革行业及皮革集中区的环境保护、人才培养与引进、技术开发、经营战略、市场营销战略、资源配置、横向经济联合、财税政策、工农业布局基础设施和城镇建设等多个方面的工作任务。

“中心”人员及项目组其他成员一起参与规划和管理了1个制革示范工业区——辛集市制革工业区，项目实施后，辛集制革集中区域污水治理达标排放率由20%上升到90%，科技对企业的贡献率由30%提高到50%，产值年增长率由年平均7%提高到10%左右，形成了有实力和竞争力的企业集团数家。

例：2010年，“中心”受宿州市政府委托，承担并圆满完成了安徽宿州鞋业生产基地园区规划建设项目，基地规划总用地面积约9.4平方千米，建设成为具备数亿双鞋类及制品加工能力的综合制鞋业产业集群加工基地，将内设集约加工区、商贸物流区、中心商务区、生态商住区、动力及配套设施服务区5大功能区。

宿州鞋产业基地规划到2013年，基本建成在国内乃至全球具有一定影响力的鞋业产业生产基地；到2015年，全面建成具有鲜明特色的“中国中部（宿州）鞋业生产基地”，成为“产业实力强劲、服务经济发达、公共服务优质、区域运行高效、人居环境和谐”的国际化、现代化新型鞋业产业中心。

六、经验和体会

（一）服务政府是促进产业集群地发展的有效途径

通过与地方政府合作，参与包括辛集制革工业区、辽宁阜新制革工业区、安徽宿州鞋业工业园区等在内近10个产业集群地的规划与管理，密切了与当地政府和企业的联系，促进了我国制革产业与制鞋产业结构的调整与升级。

（二）外设办事机构成为“中心”服务当地企业的得力助手

在产业集群地内设立办事机构，既是“中心”服务与当地企业沟通的桥梁，同时，这些外设机构还在当地企业开展了大量前期准备工作，成为机构服务当地企业的得力助手。

（三）与企业共建研发中心强化了“中心”的服务职能

通过与企业共建研发中心，延伸了“中心”的服务范围，强化了“中心”的服务职能力，密切了与企业交流与合作关系，有利于“中心”与这些企业实现科技资源的共享和优势互补，为区域经济的发展提供更加有力的科技支持，促进了我国制革和制鞋行业的可持续发展。

（四）加强网站建设成为树立“中心”优良形象的有效途径

先后改版了中国皮革和制鞋网，启动了国际皮革和制鞋工业分包网，利用网络的优势，为企业提供了更加快捷、方便的信息服务，树立了优良的形象。

（五）以技术服务为主线带动其他业务的拓展

技术服务是“中心”服务工作中的一个重点，而此项工作的成功开展，也极大地带动了“中心”咨询服务、培训服务、标准检测服务、人才和技术中介、工业分包等相关业务的拓展。

案例提供单位：皮革和制鞋行业生产力促进中心

附　录

附录一：《中华人民共和国中小企业促进法》（全文）（2002）

中华人民共和国主席令

第69号

《中华人民共和国中小企业促进法》已由中华人民共和国第九届全国人民代表大会常务委员会第二十八次会议于2002年6月29日通过，现予公布，自2003年1月1日起施行。

中华人民共和国主席　江泽民

2002年6月29日

目录

第一章　总　则

第一条　为了改善中小企业经营环境，促进中小企业健康发展，扩大城乡就业，发挥中小企业在国民经济和社会发展中的重要作用，制定本法。

第二条　本法所称中小企业，是指在中华人民共和国境内依法设立的有利于满足社会需要，增加就业，符合国家产业政策，生产经营规模属于中小型的各种所有制和各种形式的企业。

中小企业的划分标准由国务院负责企业工作的部门根据企业职工人数、销售额、资产总额等指标，结合行业特点制定，报国务院批准。

第三条　国家对中小企业实行积极扶持、加强引导、完善服务、依法规范、保障权益的方针，为中小企业创立和发展创造有利的环境。

第四条　国务院负责制定中小企业政策，对全国中小企业的发展进行统筹规划。

国务院负责企业工作的部门组织实施国家中小企业政策和规划，对全国中小企业工作进行综合协调、指导和服务。

国务院有关部门根据国家中小企业政策和统筹规划，在各自职责范围内对中小企业工作进行指导和服务。

县级以上地方各级人民政府及其所属的负责企业工作的部门和其他有关部门在各自职责范围内对本行政区域内的中小企业进行指导和服务。

第五条　国务院负责企业工作的部门根据国家产业政策，结合中小企业特点和发展状况，以制定中小企业发展产业指导目录等方式，确定扶持重点，引导鼓励中小企业发展。

第六条　国家保护中小企业及其出资人的合法投资，及因投资取得的合法收益。任何单位和个人不得侵犯中小企业财产及其合法收益。

任何单位不得违反法律、法规向中小企业收费和罚款，不得向中小企业摊派财物。中小企业对违反上述规定的行为有权拒绝和有权举报、控告。

第七条　行政管理部门应当维护中小企业的合法权益，保护其依法参与公平竞争与公平交易的权利，不得歧视，不得附加不平等的交易条件。

第八条　中小企业必须遵守国家劳动安全、职业卫生、社会保障、资源环保、质量、财政税收、金融等方面的法律、法规，依法经营管理，不得侵害职工合法权益，不得损害社会公共利益。

第九条　中小企业应当遵守职业道德，恪守诚实信用原则，努力提高业务水平，增强自我发展能力。

第二章　资金支持

第十条　中央财政预算应当设立中小企业科目，安排扶持中小企业发展专项资金。

地方人民政府应当根据实际情况为中小企业提供财政支持。

第十一条　国家扶持中小企业发展专项资金用于促进中小企业服务体系建设，开展支持中小企业的工作，补充中小企业发展基金和扶持中小企业发展的其他事项。

第十二条　国家设立中小企业发展基金。中小企业发展基金由下列资金组成：

（一）中央财政预算安排的扶持中小企业发展专项资金；

（二）基金收益；

（三）捐赠；

（四）其他资金。

国家通过税收政策，鼓励对中小企业发展基金的捐赠。

第十三条　国家中小企业发展基金用于下列扶持中小企业的事项：

（一）创业辅导和服务；

（二）支持建立中小企业信用担保体系；

（三）支持技术创新；

（四）鼓励专业化发展以及与大企业的协作配套；

（五）支持中小企业服务机构开展人员培训、信息咨询等项工作；

（六）支持中小企业开拓国际市场；

（七）支持中小企业实施清洁生产；

（八）其他事项。

中小企业发展基金的设立和使用管理办法由国务院另行规定。

第十四条　中国人民银行应当加强信贷政策指导，改善中小企业融资环境。

中国人民银行应当加强对中小金融机构的支持力度，鼓励商业银行调整信贷结构，加大对中小企业的信贷支持。

第十五条　各金融机构应当对中小企业提供金融支持，努力改进金融服务，转变服务作风，增强服务意识，提高服务质量。

各商业银行和信用社应当改善信贷管理，扩展服务领域，开发适应中小企业发展的金融产品，调整信贷结构，为中小企业提供信贷、结算、财务咨询、投资管理等方面的服务。

国家政策性金融机构应当在其业务经营范围内，采取多种形式，为中小企业提供金融服务。

第十六条　国家采取措施拓宽中小企业的直接融资渠道，积极引导中小企业创造条件，通过法律、行政法规允许的各种方式直接融资。

第十七条　国家通过税收政策鼓励各类依法设立的风险投资机构增加对中小企业的投资。

第十八条　国家推进中小企业信用制度建设，建立信用信息征集与评价体系，实现中小企业信用信息查询、交流和共享的社会化。

第十九条　县级以上人民政府和有关部门应当推进和组织建立中小企业信用担保体系，推动对中小企业的信用担保，为中小企业融资创造条件。

中小企业信用担保管理办法由国务院另行规定。

第二十条　国家鼓励各种担保机构为中小企业提供信用担保。

第二十一条　国家鼓励中小企业依法开展多种形式的互助性融资担保。

第三章　创业扶持

第二十二条　政府有关部门应当积极创造条件，提供必要的、相应的信息和咨询服务，在城乡建设规划中根据中小企业发展的需要，合理安排必要的场地和设施，支持创办中小企业。

失业人员、残疾人员创办中小企业的，所在地政府应当积极扶持，提供便利，加强指导。

政府有关部门应当采取措施，拓宽渠道，引导中小企业吸纳大中专学校毕业生就业。

第二十三条　国家在有关税收政策上支持和鼓励中小企业的创立和发展。

第二十四条　国家对失业人员创立的中小企业和当年吸纳失业人员达到国家规定比例的中小企业，符合国家支持和鼓励发展政策的高新技术中小企业，在少数民族地区、贫困地区创办的中小企业，安置残疾人员达到国家规定比例的中小企业，在一定期限内减征、免征所得税，实行税收优惠。

第二十五条　地方人民政府应当根据实际情况，为创业人员提供工商、财税、融资、劳动用工、社会保障等方面的政策咨询和信息服务。

第二十六条　企业登记机关应当依法定条件和法定程序办理中小企业设立登记手续，提高工作效率，方便登记者。不得在法律、行政法规规定之外设置企业登记的前置条件；不得在法律、行政法规规定的收费项目和收费标准之外，收取其他费用。

第二十七条　国家鼓励中小企业根据国家利用外资政策，引进国外资金、先进技术和管理经验，创办中外合资经营、中外合作经营企业。

第二十八条　国家鼓励个人或者法人依法以工业产权或者非专利技术等投资参与创办中小企业。

第四章　技术创新

第二十九条　国家制定政策，鼓励中小企业按照市场需要，开发新产品，采用先进的技术、生产工艺和设备，提高产品质量，实现技术进步。

中小企业技术创新项目以及为大企业产品配套的技术改造项目，可以享受贷款贴息政策。

第三十条　政府有关部门应当在规划、用地、财政等方面提供政策支持，推进建立各类技术服务机构，建立生产力促进中心和科技企业孵化基地，为中小企业提供技术信息、技术咨询和技术转让服务，为中小企业产品研制、技术开发提供服务，促进科技成果转化，实现企业技术、产品升级。

第三十一条　国家鼓励中小企业与研究机构、大专院校开展技术合作、开发与交流，促进科技成果产业化，积极发展科技型中小企业。

第五章　市场开拓

第三十二条　国家鼓励和支持大企业与中小企业建立以市场配置资源为基础的、稳定的原材料供应、生产、销售、技术开发和技术改造等方面的协作关系，带动和促进中小企业发展。

第三十三条　国家引导、推动并规范中小企业通过合并、收购等方式，进行资产重组，优化资源配置。

第三十四条　政府采购应当优先安排向中小企业购买商品或者服务。

第三十五条　政府有关部门和机构应当为中小企业提供指导和帮助，促进中小企业产品出口，推动对外经济技术合作与交流。

国家有关政策性金融机构应当通过开展进出口信贷、出口信用保险等业务，支持中小企业开拓国外市场。

第三十六条　国家制定政策，鼓励符合条件的中小企业到境外投资，参与国际贸易，开拓国际市场。

第三十七条　国家鼓励中小企业服务机构举办中小企业产品展览展销和信息咨询活动。

第六章　社会服务

第三十八条　国家鼓励社会各方面力量，建立健全中小企业服务体系，为中小企业提供服务。

第三十九条　政府根据实际需要扶持建立的中小企业服务机构，应当为中小企业提供优质服务。

中小企业服务机构应当充分利用计算机网络等先进技术手段，逐步建立健全向全社会开放的信息服务系统。

中小企业服务机构联系和引导各类社会中介机构为中小企业提供服务。

第四十条　国家鼓励各类社会中介机构为中小企业提供创业辅导、企业诊断、信息咨询、市场营销、投资融资、贷款担保、产权交易、技术支持、人才引进、人员培训、对外合作、展览展销和法律咨询等服务。

第四十一条　国家鼓励有关机构、大专院校培训中小企业经营管理及生产技术等方面的人员，提高中小企业营销、管理和技术水平。

第四十二条　行业的自律性组织应当积极为中小企业服务。

第四十三条　中小企业自我约束、自我服务的自律性组织，应当维护中小企业的合法权益，反映中小企业的建议和要求，为中小企业开拓市场、提高经营管理能力提供服务。

第七章　附　则

第四十四条　省、自治区、直辖市可以根据本地区中小企业的情况，制定有关的实施办法。

第四十五条　本法自 2003 年 1 月 1 日起施行。

附录二：国家级示范生产力促进中心认定和管理办法

第一章　总　则

第一条　为落实《中华人民共和国中小企业促进法》，实施《国家中长期科学和技术发展规划纲要（2006 - 2020 年）》（国发［2005］44 号），进一步完善社会化、网络化的生产力促进中心体系，推动生产力促进中心向专业化、规模化和规范化方向发展，加强国家级示范生产力促进中心管理，制定本办法。

第二条　生产力促进中心是国家创新体系的重要组成部分，是社会主义市场经济条件下，深化科技体制改革、促进科技与经济紧密结合、提高企业自主创新能力、密切产学研用结合、服务区域经济社会发展的科技创新服务机构。

第三条　生产力促进中心的主要功能是发挥科技服务业核心载体的作用，集聚和运用创新要素，开展研发设计、知识产权、技术交易、咨询诊断、科技创新创业、科技金融、“三农”服务等专业化服务，推动科技成果转移转化，促进提高全社会创新效率，促进知识成果传播、转化、应用，加快科技服务业发展。

第四条　科学技术部、地方科技部门负责对全国及所在地区的生产力促进中心进行宏观管理和业务指导。

第二章　认定标准

第五条　科学技术部负责国家级示范生产力促进中心（以下简称“示范中心”）的认定和管理工作。

第六条　示范中心应具备的基本条件：

（一）依法注册2年以上、名称中含有“生产力促进中心”称谓的独立法人机构，并经省级科技部门认定为省级示范中心1年以上；

（二）发展战略科学，机构设置合理，具有符合市场经济规律的体制机制，从业人员本科以上学历占70%以上；

（三）有完善的质量保证体系，通过ISO9001质量管理体系认证以及年度监督审核；

（四）具有较为完备的服务条件和设施，自主支配的办公场所、设施、设备能够满足为企业服务的需要；

（五）服务能力强，具有稳定的企业服务群体和比较显著的服务业绩。

第七条　示范中心分为企业类、事业类，其他类型的中心暂时执行事业类认定条件。

企业类示范中心须满足第六条的基本条件，并同时具备以下条件：从业人员25人以上，上年度人均服务收入25万元以上。

事业类示范中心须满足第六条的基本条件，并同时具备以下条件：上年度末总资产800万元以上，可自主支配的办公和服务面积800平方米以上。

第三章　认定程序与管理

第八条　示范中心的认定程序。

符合认定标准的生产力促进中心提出申请，经其主管部门审核同意，报省、自治区、直辖市、计划单列市、新疆生产建设兵团科技部门；

各省、自治区、直辖市、计划单列市、新疆生产建设兵团科技部门根据认定标准，综合评价，择优推荐，报科学技术部；

科学技术部组织绩效评价和专家评审，进行认定并予公布。被认定为示范中心的单位与其主管部门的隶属关系不变。

第九条　科学技术部负责组织对示范中心的运行情况及业绩进行考核，实行动态管理。考核工作按照《国家级示范生产力促进中心绩效评价工作细则》执行。

第十条　示范中心出现下列一项或几项情况时，将被取消国家级示范生产力促进中心资格。

（一）年度绩效评价时，未能符合认定条件。

本办法实施前认定的示范中心须符合第六条的认定条件；

本办法实施后认定的示范中心必须同时符合第六条和第七条的认定条件。

（二）未按时、按规定参加年度绩效评价；

（三）被要求限期整改，但未能通过整改评审；

（四）连续两年绩效评价不合格；

（五）在申报或年度绩效评价中弄虚作假。

第十一条　被取消国家级示范生产力促进中心资格的单位，两年内不得再次申报示范中心。

第四章　支撑条件

第十二条　根据《中华人民共和国中小企业促进法》，政府有关部门应在规划、用地、财政等方面为生产力促进中心提供政策支持。

第十三条　科学技术部将全国生产力促进中心工作纳入国家科技计划予以支持，示范中心的主管部门对列入国家计划的示范中心项目的经费予以匹配。

第十四条　地方科技部门要加强对生产力促进中心工作的指导和支持，完善制度和政策；有条件的地方要设立发展专项资金。

第十五条　充分发挥中国生产力促进中心协会的作用，加强资源共享和行业自律，对做出贡献的单位和个人给予表彰。

第五章　附　则

第十六条　省级科技部门可参照本办法制定省级示范生产力促进中心认定与管理办法。

第十七条　本办法由科学技术部负责解释。

第十八条　本办法自颁布之日起施行。原办法（国科发高字［2007］403号）同时废止。

附录三：国家级示范生产力促进中心绩效评价工作细则

为进一步加强国家级示范生产力促进中心（以下简称“示范中心”）的绩效评价工作，根据《国家级示范生产力促进中心管理办法》（国科发高［2011］173号），制定本细则。

一、组织实施

（一）科技部组织开展示范中心的绩效评价工作，包括：制定评价指标、评价程序和评价标准，认定和发布评价结果。

（二）各省、自治区、直辖市、计划单列市、新疆生产建设兵团科技部门，协助做好本地区示范中心的绩效评价工作。

二、工作要求

（一）按企业类和事业类分别考核排序。

1. 企业类中心。执行企业会计制度，或注册为事业单位但企业化管理并执行企业会计制度或小企业会计制度。

2. 事业类中心。执行事业单位会计制度或科学事业单位会计制度。执行非营利组织会计制度的中心参加事业类考核。

（二）每年1月25日前，示范中心须报送《生产力促进中心统计报表》。

（三）每年3月31日前，示范中心须报送下列材料。

1. 企业类中心。

（1）法人证书复印件；

（2）ISO9001质量管理体系认证（或年度监督审核）证书复印件；

（3）经审计机构出具审计报告的三张表，即："资产负债表"、"利润表"、"现金流量表"；

（4）经审计机构审计鉴定的"收入支出表"。

2. 事业类中心。

（1）独立法人证书复印件；

（2）ISO9001质量管理体系认证（或年度监督审核）证书复印件；

（3）经审计机构出具审计报告的"资产负债表"；

（4）经审计机构审计鉴定的"收入支出表"。

（四）参与评价的示范中心须按时、完整地报送相关材料。逾期不报或报送材料不符合要求，视同自动放弃示范中心资格。

（五）科技部采取信息和数据核实、专家评审、答辩等方式对参与评价的示范中心进行绩效评价，获得评价结果。

三、评价指标

（一）评价指标

企业类中心评价指标。具体指标及解释见附件1。

事业类中心评价指标。具体指标及解释见附件2。

（二）计分方法

1. 财务数据评价指标

（1）无量纲变换

每个具体指标数据按变换公式进行无量纲变化，计算出该指标的变换值，变换值保留小数点后两位。变换公式为

$$Y_{ij}=(X_{ij}-X_{i\min})/(X_{i\min}-X_{i\min})$$

其中，i代表第i项指标，j代表第j个参评中心，x_{ij}为第j个参评中心的第i项指标数据，$X_{i\max}$为该指标在全部参评中心该项数据的最大值，$X_{i\min}$为该指标在全部参评中心该项数据的最小值，Y_{ij}表示第j个参评中心第i项指标数据的变换值。

（2）指标值百分化

设定同次绩效评价中，某项指标最大值得分为100分，最小值得分为60分，中

位数得分为 80 分，则第 j 个参评中心第 i 项指标的百分化数值得分 Z_{ij} 为：

如果 $Y_{ij} \leq Y_{imid}$，则 $Z_{ij} = [(Y_{ij} - Y_{imin}) / (Y_{imid} - Y_{imin}) * 20] + 60$

如果 $Y_{ij} \geq Y_{imid}$，则 $Z_{ij} = [(Y_{ij} - Y_{imid}) / (Y_{imax} - Y_{imid}) * 20] + 80$

其中，Y_{imax}、Y_{imin} 和 Y_{imid} 分别为该指标在全部参评中心中无量纲化数值得分的最大值、最小值和中位值。中位值即该指标排序居中的参评中心的数值，若参评中心数为偶数，则为居中两个参评中心数值的平均值。

2. 统计数据评价指标

（1）统计指标的分值，企业类见附件 1，事业类见附件 2。

（2）沟通交流中的指标根据评价年度的情况，由评价机构相应给出 1.0，0.7，0.4，0.1 的分值，即为变换值。

3. 单项具体指标的最终得分 = 变换值 × 该项具体指标的最终权重，保留小数点后两位。

4. 评价指标的最终得分为所有具体指标的算术和。

（三）指标采集

1. 财务数据的获取。上报的财务报表。

2. 统计数据的获取。上报的统计数据。

四、评价结果

（一）评价结果分为 5 类。

1. A 类。即评价排在企业类、事业类前 15% 的示范中心。

2. B 类。即评价排在企业类、事业类前 15% ~40% 的示范中心。

3. C 类。即评价排在企业类、事业类前 40% ~70% 的示范中心。

4. D 类。即评价排在企业类、事业类前 70% ~90% 的示范中心。

5. E 类。即评价排在企业类、事业类后 10% 的示范中心。

（二）评价结果为 E 的示范中心，该年度评价为不合格。

五、附　则

（一）本细则由科技部负责解释。

（二）本细则自发布之日起施行。原绩效评价细则（国科办高字［2007］75 号）同时废止。

【附件 1】　企业类示范中心评价指标及解释

（一）评价指标及权重

分类	权重	具体指标	权重	来源
中心规模	22	资产总额	6	财务
		职工人均资产	6	财务
		实收资本	5	财务
		职工人均资本	5	财务

分类	权重	具体指标	权重	来源
服务成效	36	收入总计	8	财务
		主营业务收入净额	6	财务
		业务增长率	8	财务
		人均服务收入	8	财务
		服务企业总数	6	统计
财务效益	15	主营业务利润率	5	财务
		平均净资产	5	财务
		净资产收益率	5	财务
人力资源	12	职工总数	6	统计
		学士学位以上人员比例	6	统计
沟通交流	15	报表及时与准确性	5	定性
		参加行业活动情况	5	定性
		信息沟通情况	5	定性

（二）统计指标相应的分值

具体指标	取值区间	变换值
服务企业总数	$X_{ij} \geqslant 1500$	1.0
	$1500 > X_{ij} \geqslant 1200$	0.7
	$1200 > X_{ij} \geqslant 1000$	0.4
	$1000 > X_{ij} \geqslant 600$	0.2
	$X_{ij} < 600$	0.1
职工总数	$X_{ij} \geqslant 100$	1.0
	$100 > X_{ij} \geqslant 70$	0.8
	$70 > X_{ij} \geqslant 50$	0.6
	$50 > X_{ij} \geqslant 30$	0.3
	$X_{ij} < 30$	0.1
学士学位以上人员比例	$X_{ij} \geqslant 95\%$	1.0
	$95\% > X_{ij} \geqslant 90\%$	0.8
	$90\% > X_{ij} \geqslant 85\%$	0.5
	$85\% > X_{ij} \geqslant 80\%$	0.3
	$X_{ij} < 80\%$	0.2

（三）指标解释

1. 资产总额。

取值于评价当年“资产负债表”的“资产总计”的“年末数”。

2. 职工人均资产

职工人均资产 = 年末资产总额/年末职工人数。

3. 实收资本

取值于评价当年“资产负债表”的“实收资本”的“年末数”。

4. 职工人均资本

职工人均资本 = 年末实收资本/年末职工人数。

5. 收入总计

取值于评价当年“收入支出表”的“收入总计”的“年末数”。

6. 主营业务收入净额

取值于评价当年的年度“利润及利润分配表”的“主营业务收入净额”的“本年实际数”。

7. 业务增长率

业务增长率 = （本年主营业务收入总额 - 上年主营业务收入总额）/上年主营业务收入总额 ×100%。

8. 人均服务收入

人均服务收入 = 收入总计/职工总数。

9. 服务企业总数

指当年接受过中心提供某项服务的企业数量。若某企业接受过多项或多次服务，仍按一个企业计数。

10. 主营业务利润率

主营业务利润率 = 主营业务利润/主营业务收入 ×100%。

11. 平均净资产

平均净资产 = （所有者权益年初数 + 所有者权益年末数）/2。

12. 净资产收益率

净资产收益率 = 净利润/平均净资产 ×100%。

13. 职工总数

指在本中心工作并由单位支付工资的人员，以及有工作岗位，但由于学习、病伤产假等原因暂未工作，仍由单位支付工资的人员（不包括停薪留职人员）以及聘期在一年以上的中心长期聘用人员的数量。

14. 学士学位以上人员比例

指获得学士、硕士、博士学位的职工数占职工总数的比例。

15. 报表及时与准确性

按时、认真填报统计快报和年报，报表中未发现虚报、瞒报、漏报指标。

16. 参加行业活动情况

按要求参加科技部和协会组织的相关活动。

17. 信息沟通情况

及时向科技部和协会报送宣传信息，每年在协会工作网站发表的信息数量和质量。

【附件 2】 **事业类示范中心评价指标及解释**

（一）评价指标及权重

分类	权重	具体指标	权重	来源
中心规模	16	资产总额	8	财务
		职工人均资产	8	财务
发展能力	37	收入总计	8	财务
		非政府性收入比例	7	财务
		主营业务收入净额	7	财务
		业务增长率	7	财务
		服务企业总数	8	统计
服务条件	14	人均政府投入	7	财务
		政府投入增长率	7	财务
人力资源	18	职工总数	6	统计
		学士学位以上人员比例	6	统计
		中级职称以上人员比例	6	统计
沟通交流	15	报表及时与准确性	5	定性
		参加行业活动情况	5	定性
		信息沟通情况	5	定性

（二）统计指标相应的分值

具体指标	取值区间	变换值
服务企业总数	$X_{ij} \geqslant 1500$	1.0
	$1500 > X_{ij} \geqslant 1200$	0.7
	$1200 > X_{ij} \geqslant 800$	0.4
	$800 > X_{ij} \geqslant 500$	0.2
	$X_{ij} < 500$	0.1
职工总数	$X_{ij} \geqslant 80$	1.0
	$80 > X_{ij} \geqslant 50$	0.7
	$50 > X_{ij} \geqslant 30$	0.4
	$30 > X_{ij} \geqslant 20$	0.2
	$X_{ij} < 20$	0.1

具体指标	取值区间	变换值
学士学位以上人员比例	$X_{ij} \geq 85\%$	1.0
	$85\% > X_{ij} \geq 80\%$	0.7
	$80\% > X_{ij} \geq 75\%$	0.4
	$75\% > X_{ij} \geq 70\%$	0.2
	$X_{ij} < 70\%$	0.1
中级职称以上人员比例	$X_{ij} \geq 80\%$	1.0
	$80\% > X_{ij} \geq 75\%$	0.7
	$75\% > X_{ij} \geq 70\%$	0.4
	$70\% > X_{ij} \geq 65\%$	0.2
	$X_{ij} < 65\%$	0.1

（三）指标解释

1. 资产总额

取值于评价当年“资产负债表”的“资产总计”的“年末数”。

2. 职工人均资产

职工人均资产＝年末资产总额/年末职工人数。

3. 收入总计

取值于评价当年“收入支出表”的“收入总计”的“年末数”。

4. 非政府性收入比率

非政府性收入比率＝非政府性收入总额/本年度收入总额×100%。

5. 主营业务收入净额

事业类中心的“主营业务收入净额”＝本年收入总计－本年其他收入。

6. 业务增长率

业务增长率＝（本年主营业务收入总额－上年主营业务收入总额）/上年主营业务收入总额×100%。

7. 服务企业总数

指当年接受过中心提供某项服务的企业数量。若某企业接受过多项或多次服务，仍按一个企业计数。

8. 人均政府投入

人均政府投入＝上年各级政府投入总额/职工总数。

9. 政府投入增长率

政府投入增长率＝（本年各级政府投入总额－上年各级政府投入总额）/上年各级政府投入总额×100%。

10. 职工总数

指在本中心工作并由单位支付工资的人员，以及有工作岗位，但由于学习、病伤产假等原因暂未工作，仍由单位支付工资的人员（不包括停薪留职人员）以及聘期在一年以上的中心长期聘用人员的数量。

11. 学士学位以上人员比例

指获得学士、硕士、博士学位的职工数占职工总数的比例。

12. 中级职称以上人员比例

指具备中级或中级以上技术职称的职工占职工总数的比例。

13. 报表及时与准确性

按时、认真填报统计快报和年报，报表中未发现虚报、瞒报、漏报指标。

14. 参加行业活动情况

按要求参加科技部和协会组织的相关活动。

15. 信息沟通情况

及时向科技部和协会报送宣传信息，每年在协会工作网站发表的信息数量和质量。

附录四：国家大学科技园认定和管理办法

第一章 总 则

第一条 为贯彻落实《国家中长期科学和技术发展规划纲要（2006—2020年)》、《国家中长期教育改革和发展规划纲要（2010—2020年)》以及《国家中长期人才发展规划纲要（2010—2020年)》，深化科技和教育体制改革，提高自主创新能力，加快科技成果转化和产业化，加强和规范国家大学科技园建设和运行管理，根据《国务院关于实施〈国家中长期科学和技术发展规划纲要（2006—2020年)〉的若干配套政策的通知》(国发［2006］6号)，制定本办法。

第二条 国家大学科技园是以具有较强科研实力的大学为依托，将大学的综合智力资源优势与其他社会优势资源相结合，为推动高等学校产学研结合、技术转移和科技成果转化、高新技术企业孵化、战略性新兴产业培育、创新创业人才培养、服务区域经济提供支撑的平台和服务的机构。

第三条 国务院科技和教育行政管理部门负责对国家大学科技园进行宏观管理和指导；各省、自治区、直辖市、计划单列市的科技、教育行政管理部门负责对本地区国家大学科技园进行管理和指导；高校是国家大学科技园建设发展的主要依托单位。

第二章 功能与定位

第四条 国家大学科技园是国家创新体系的重要组成部分，是中国特色高等教育体系的重要组成部分；是自主创新的重要基地、产学研合作的示范基地、高校师生创业的实践基地、战略性新兴产业的培育基地；是高校技术转移和科技成果转化、创业企业孵化、创新创业人才培养的综合性科技创新平台。一流国家大学科技园是一流大学的重要标志之一。

第五条 国家大学科技园是高校实现产学研结合及社会服务功能的重要通道。

主要功能是充分利用高校的人才、学科和技术优势，孵化科技型中小企业，加速高校技术转移和科技成果的转化与产业化，开展创业实践，培育高层次的技术、经营和管理人才。

第六条 国家大学科技园是为科技企业创新创业提供条件和增值服务的机构。要大力提高创业辅导、技术平台等孵化条件和技术转移能力，不断完善人力资源、市场开拓、法律财税等专业服务能力，重点改善园区金融投资的环境与能力，拓展大学科技园的融资服务渠道。

第七条 国家大学科技园是支撑战略性新兴产业发展的重要平台。将高校资源优势与地方特色产业相结合，通过与地方共建技术平台和中试基地，面向产业需求开展技术研发与应用转化，为提升产业竞争力、培育战略性新兴产业、发展区域经济提供支撑。

第三章 认定与管理

第八条 各省、自治区、直辖市、计划单列市的大学科技园，由省级科技和教育行政管理部门向国务院科技和教育行政管理部门提出国家大学科技园认定申请，并提交《国家大学科技园认定申请报告》（报告提纲见附件）；国务院科技和教育行政管理部门组织专家组对其进行评估，根据专家组评估意见予以认定。《国家大学科技园认定申请报告》的内容和数据应可核查。

第九条 申请认定国家大学科技园，应具备以下条件：

1. 必须以具有较强科研实力的大学为依托，具有完整的发展规划，发展方向明确。

2. 必须有具备独立法人资格的专业化管理机构，实际运营时间在 2 年以上，经营状况良好。

3. 有专门的经营管理团队，管理人员中本科以上学历占 85% 以上。

4. 具有边界清晰、布局相对集中、法律关系明确、固定区域不超过 3 个、面积达 15000 平米以上的可自主支配场地；提供给孵化企业使用的场地面积应占科技园可自主支配面积的 60% 及以上。

5. 园内的在孵企业达 50 家以上。

6. 为社会提供 1000 个以上的就业机会。

7. 大学科技园 50% 以上的企业在技术、成果、技术转移和人才方面与依托高校有实质性关联。

8. 园区内有风险投资、金融机构进驻，园区筹措设立的种子资金不低于 500 万元，并至少有 3 个以上投资案例。

9. 园区建有高校学生科技创业实习基地，为大学生创业实习提供场地、资金、服务等方面的支持。

10. 地方政府和依托高校应有支持大学科技园发展的具体政策，依托高校的资源向大学科技园开放。

11. 管理规范，具有严格的财务管理制度，自身及在孵、在园企业的统计数据齐全。

第十条　国家大学科技园在孵企业应具备以下条件：

1. 企业注册地及主要研发、办公场所必须在大学科技园工作场地内。

2. 申请进入大学科技园的企业，成立时间不超过 3 年。

3. 迁入的企业，上年营业收入不超过 500 万元。

4. 企业在大学科技园的孵化时间不超过 42 个月（海外高层次创业人才或从事生物医药、集成电路设计等特殊领域的创业企业，不超过 60 个月）。

5. 企业成立时注册资金中扣除“知识产权”出资后，现金部分不超过 500 万元人民币（属海外高层次创业人才或从事生物医药、集成电路设计等特殊领域的创业企业，现金部分不超过 1000 万元人民币）。

6. 单一在孵企业使用的孵化场地面积不大于 1000 平方米；从事航空航天、现代农业等特殊领域的单一在孵企业，不大于 3000 平方米。

7. 企业研发的项目（产品），知识产权界定清晰。

8. 企业团队具有一定的经营管理能力。留学生、大学生企业的团队主要管理者或技术带头人，由其本人担任。

第十一条　国家大学科技园实施统计年报制度。国务院科技和教育行政管理部门委托有关机构负责统计数据的收集和整理，各国家大学科技园应在每年的 3 月 31 日前将上年度的建设发展绩效统计报表报送指定的机构，并同时抄报所在省级科技和教育行政管理部门。

第十二条　国务院科技和教育行政管理部门定期对国家大学科技园进行考核，实行动态管理。对达不到考核条件的国家大学科技园，限期整改；在规定期限内整改后仍达不到考核条件的，不再列为国家大学科技园；不再列为国家大学科技园的，待具备条件时，可按照本办法的规定申请认定。

第四章　政策与措施

第十三条　科技部、教育部会同有关部门，进一步研究支持国家大学科技园发展的相关政策、法规，制定科学合理的指标体系和评价办法，继续推进国家大学科技园税收扶持等政策。

第十四条　科技部、教育部负责宏观管理和指导国家大学科技园的建设、运行和发展，组织制定支持国家大学科技园建设与发展的方针、政策，编制国家大学科技园发展规划，把国家大学科技园的工作纳入国家科技和教育发展计划。根据建设发展绩效，对成绩突出的国家大学科技园给予支持。

第十五条　各省、自治区、直辖市和计划单列市人民政府的科技和教育行政部门应贯彻执行支持国家大学科技园建设和发展的各项方针和政策，将国家大学科技园工作纳入当地科技和教育发展规划，为国家大学科技园建设和发展提供必要的支持，并将国家有关优惠政策落实到国家大学科技园管理机构及其在孵、在园企业。

第十六条　高校要将国家大学科技园的建设与发展纳入学校整体建设与发展规划，在大学科技园规划、建设与发展中发挥核心作用。制定和落实相应的激励政策，向国家大学科技园开放学校的各种资源，鼓励师生到园区创业，并在园区内构建学生实习和实践基地，鼓励把国家大学科技园创业教育纳入学校的教学体系，使国家大学科技园成为高校科技成果转化与产业化的重要基地。

第十七条　推动建立大学科技园信息平台，鼓励组建大学科技园协会组织或区域性战略联盟，加强国家大学科技园之间的交流与合作，加强行业自律，促进大学科技园事业规范健康发展。

第五章　附　则

第十八条　各省、自治区、直辖市和计划单列市的科技、教育行政管理部门可参照本办法制定相应的实施办法和细则。

第十九条　本办法由国务院科技和教育行政管理部门负责解释，自发布之日生效，2006 年 11 月 24 日发布的《国家大学科技园认定和管理办法》同时废止。

《国家大学科技园认定申请报告》提纲

1. 大学科技园发展规划：包括整体规划内容、与区域经济或行业技术发展规划的协调性、与依托大学发展规划的协调性。

2. 创新创业环境：包括硬件基础设施环境，以及创业孵化体系、技术转移体系、投融资体系等软件环境。

3. 科技园发展绩效情况：包括园区内各类企业综合情况、技术研发、技术转移、企业成长和风险投资情况、以及大学生就业实践基地情况，成果转化能力、自主创新能力、对依托大学的贡献、对区域产业发展的贡献、从业人员的素质及水平情况等，并提供若干个典型的孵化企业、技术转移或风险投资的案例。

4. 科技园管理水平：包括科技园的机构设置和管理团队、管理体制和运行机制。

5. 依托高校的支持情况：包括政策制定与落实情况、资源开放程度、对科技园的投入情况。

6. 地方政府的支持情况：包括政策的制定与落实情况、对科技园的投入情况。

7. 建设特色和创新点：如根据学校专业设置的特点、行业特色、区域特色等，因地制宜，积极发展。

附录五：国家大学科技园评价指导意见

一、指导思想

为进一步贯彻《国家中长期科学和技术发展规划纲要（2006－2020 年）》、《国家中长期教育改革和发展规划纲要（2010－2020 年）》以及《国家中长期人才发展规划纲要（2010－2020 年）》，加快建立产学研结合的自主创新体系，充分发挥国家大学科技园综合性科技创新平台的优势，提高国家大学科技园发展水平和自主创新能力，加强和规范国家大学科技园管理，根据《国家大学科技园认定和管理办法》的要求，科技部、教育部组织制定了《国家大学科技园评价指导意见》，用于国家大学科技园发展绩效评价。

二、评价目的

1. 全面评价国家大学科技园的工作绩效，加强国家大学科技园的管理及分类指导，促进国家大学科技园健康、快速发展。

2. 积极引导国家大学科技园的发展，增强国家大学科技园的创新能力和服务能力。

3. 客观反映国家大学科技园的办园成效，为政府部门、高等学校和地方政府制定相关支持政策提供依据。

三、评价原则

1. 导向性原则。评价指导意见立足国家战略要求，围绕产学研结合创新的基本目标，以发展能力建设为基础，以发展绩效为导向。

2. 可操作性原则。评价指导意见类别设置合理、评价指标内涵清晰、便于判断，有关数据易于采集，且符合国家统计指标。

3. 客观公正原则。评价指导意见考虑到各园区条件或规模的差异性，以加强分类评价，充分体现客观、公正、鼓励发展的战略意图。

4. 动态调整原则。评价指导意见随着国家大学科技园的发展和完善，可以进行相应的调整，以适应不同评估时段的差异。

四、评价工作的组织

1. 科技部、教育部作为国家大学科技园的主管部门，负责组织实施国家大学科技园的评价工作，确定评价时间，聘请评价专家，审定专家组的评价意见，确定并公布评价结果。

2. 评价专家组根据两部的委托和要求，具体负责评价工作。收集、核实有关评价信息，听取评价对象的报告并答辩，进行现场考察，在认真评议的基础上，向两部提交评估意见。

3. 具体的评价工作分为两个阶段：第一阶段为基础条件复核评价，根据各国家大学科技园上报的有关评价资料和数据，复核其是否具备《国家大学科技园认定和管理办法》的基本条件；第二阶段为发展绩效评价，对通过复核评价的国家大学科技园进行发展绩效评价。

4. 被评价的国家大学科技园应按规定的内容和时限，如实上报有关评价资料和数据，向专家组现场汇报，接受专家组的现场考察和质询，配合专家组的工作。

5. 省、自治区、直辖市科技、教育行政部门负责组织协调本地区国家大学科技园接受两部组织的绩效评价工作。

6. 依托高校在地方、教育行政部门的领导下，督促、协助大学科技园做好各项准备工作，保证评价过程的顺利进行。

五、评价结果及发布

两部综合考虑专家组的评价意见，审核并确定大学科技园的评价结论，发布评价结果。

1. 国家大学科技园评价结果分为四个等级，即 A、B、C、D。A 为优秀，B 为良好，C 为整改，D 为摘牌。

2. 第一阶段的基础条件复核评价是决定大学科技园是否参加绩效评价的前提，评价结果分为合格与不合格。基础条件复核评价不合格的大学科技园，评价结果等级为 D。两部根据复核评价结果，发文公布国家大学科技园参加第二阶段发展绩效评价的大学科技园名单。

3. 第二阶段发展绩效评价是对国家大学科技园办园绩效的综合评价，评价结果分为三个等级：A、B、C。两部根据两个阶段的评价结果，发文公布国家大学科技园评价结果。

4. 两部根据评价结果，将对评价结果为 A 的国家大学科技园在有关国家科技计划中给予支持；对评价结果为 C 的国家大学科技园责成其对评价中反映出的问题进行限期整改；对评价结果为 D 的国家大学科技园予以摘牌。

5. 鉴于各国家大学科技园在发展中存在的客观差异，鼓励不同的发展模式与特色，根据一级指标的单项评价结果，发布单项评价结果为 A 的大学科技园名单。

国家大学科技园发展绩效评价指标体系

一级指标	权重	二级指标	指标特性	权重
园区服务与运营	20	创业公共服务体系	定性	6
		技术服务与转移体系	定性	4
		股权结构与运营管理	定性	5
		服务支出占总支出的比例	定量	5
创新绩效	18	园区企业平均新增自主知识产权数	定量	6
		园区内高新技术企业所占比例	定量	6
		园区企业研发经费总投入占总收入比例	定量	6
成果转化能力	17	转化高校科技成果数	定量	5
		园区依托高校成果创办的企业数	定量	6
		园区与学校科研管理部门的联动	定性	6
孵化绩效	15	在孵企业数	定量	5
		年度毕业率	定量	5
		在孵企业获得的平均融资额	定量	5
人才培养与集聚	16	高校学生进入科技园实习/实践人天数	定量	4
		园区学生创业企业数	定量	4
		接纳应届高校毕业生就业人数	定量	5
		园区引进的海外高层次人才数	定量	3
社会贡献	14	对依托高校的贡献	定性	7
		对地方经济的贡献	定性	7

一、指标解释

（一）园区服务与运营

园区服务与运营：主要从国家大学科技园园区的创业服务体系和园区的运行机制与管理体系等方面来衡量园区具备的创新创业条件。

1. 创业公共服务体系：为入园企业提供工商、税务、金融、信息、咨询、市场推广、人才交流与培训、物业、投融资（包括孵化基金、种子基金、风险投资、融资担保等）等服务。

2. 技术服务与转移体系：为园区企业技术创新活动提供专业技术支撑的专业服务平台的建设和运行情况，以及为提高园区科技成果转化能力，园区在技术转移服务方面具有的条件和采取的相关措施。

3. 股权结构与运营管理：国家大学科技园的运营机构是否具备合理的股权结构，是否具备保证园区健康快速发展的决策机制；运营机构的运营和管理能力包括：组织机构设置是否科学，应具备的各项职能能否有效行使，各项规章制度是否健全，基础管理文档是否完备，业务流程是否合理，管理控制手段是否有效，依托学校与地方政府的沟通是否顺畅有效等。

4. 服务支出占总支出的比例：上年度，运营机构用于服务企业的支出占总支出的比例。反映运营机构在服务方面的现金投入。服务支出包括直接从事园区服务的人员费用、场地费用、办公费用和其他服务型支出。该指标综合反映了运营机构的服务能力。

（二）创新绩效

创新绩效：衡量国家大学科技园作为国家自主创新的重要基地，在创新成果孵化与培育方面的绩效。

5. 园区企业平均新增自主知识产权数：用园区企业在考核周期内新增的自主知识产权总数除以园区企业总数（上年度末数据）。园区企业包括在孵企业和规模以上企业，不包括行政隶属于依托高校的机构产生的自主知识产权。自主知识产权是指园区企业通过自主研发、受让、受赠、并购等方式拥有的知识产权，以及通过5年以上的独占许可拥有其主要产品（服务）的核心技术的知识产权。自主知识产权主要包括专利、软件著作版权、集成电路布图设计专有权、植物新品种、新药等。

6. 园区内高新技术企业所占的比例：截至上年度末，园区内被认定为高新技术企业的数量占园区企业总数的比例。

7. 园区企业研发经费总投入占总收入的比例：上年度，园区企业研究经费的总投入占总收入的比例。该指标反映了园区企业对研发和技术创新的重视程度以及园区的研发创新强度。其中，总收入包括企业技术收入和产品销售收入。

（三）成果转化能力

科技成果转化：该指标衡量国家大学科技园作为产学研合作示范基地，在科技成果转化方面的绩效。

8. 转化高校科技成果数：考核周期内，以技术合同、租赁合同、服务合同等为依据，高校（任何高校）有实用价值的科技成果经园区转化形成新产品、新工艺、新材料、形成新产业的数量。科技成果包括高校本身、校内机构、高校在册师生的技术成果。这一指标反映了大学科技园推动成果转化的数量成果。

9. 园区依托高校科技成果创办的企业数：截至上年度末，园区内依托高校科技成果创办的企业总数，能直接反映高校科技成果产业化的情况。

10. 园区与学校科研管理部门的联动：园区与学校科研管理部门之间是否在机构、人员、制度等方面存在有利于成果转化的直接或间接的联系与合作。

（四）孵化绩效

孵化绩效：衡量国家大学科技园作为培育高新技术企业的摇篮，在孵化高新技术企业方面的绩效。

11. 在孵企业数：本年度内符合科技部、教育部制定的《国家大学科技园认定和管理办法》中所规定的在孵企业条件的企业总数。反映大学科技园企业孵化的数量成果。

12. 年度毕业率：年度毕业企业数与在孵企业数的比率，反映孵化器在入孵企业选择、在孵企业培育方面的工作效率。（毕业企业数：经大学科技园孵化3年后，经营状况良好，主导产品有一定的生产规模，年技工贸总收入达500万元以上，且有100万元以上的固定资产和自有资金的企业数。包括仍留在园区内的企业和迁出园区的企业。不包括入园时就不符合在孵企业条件的大中型企业。）

13. 在孵企业获得的平均融资额：考核周期内，园区在孵企业所获融资总额与在孵企业数的比值。反映了在孵企业获得各种资金（包括风险投资、银行贷款、产业化基金等）的能力。

（五）人才培养与集聚

人才培养与集聚：衡量国家大学科技园作为创新创业人才培养和集聚基地，在人才培养与集聚方面取得的绩效。

14. 高校学生进入科技园实习/实践人天数：上年度，高校学生在校期间进入园区进行实习或实践的人天数。

15. 园区学生创业企业数：截至上年度末，园区内由在校或毕业未超过两年（含两年）的本（专）科学生、研究生独自创办的或团队合作创办的具备独立企业法人资格的企业数量。学生创业企业应具备以下条件：1）企业注册地及工作场所应在依托单位内；2）企业创办人为在校本（专）科生、研究生，应届毕业生和毕业两年内（含两年）的往届毕业生；3）企业创办人或团队所占公司股份不低于30%；4）企业成立时间一般不超过3年；5）企业一般应为科技型企业。

16. 接纳应届高校毕业生就业人数：考核周期内，应届毕业本（专）科生、研究生首次就业与科技园内企业签订就业合同的人数。

17. 园区引进的海外高层次人才数：考核周期内，园区企业引进的海外高层次人才数量。海外高层次人才以各省、自治区、直辖市认定结果为标准。引进海外高层次人才可采取核心人才引进、团队引进、高新技术项目开发引进等方式，也可采取岗位聘用、项目聘用和任职等方式。

（六）社会贡献

衡量国家大学科技园作为高校服务于经济和社会发展的主要渠道，在促进经济发展和就业方面的绩效。

18. 对依托高校的贡献：在考核周期内，国家大学科技园对依托高校在资金、科研工作、学科建设等方面的贡献。国家大学科技园与依托高校之间通过收益分配、合作研究、资源共享共建等方式，促进依托高校的学科与科研的发展。具体包括：园区企业与依托高校合作成立技术研发中心；园区企业与依托高校合作承担科技项目、共同获得各级各类科技奖励等。

19. 对地方经济的贡献：主要考察在考核周期内，园区企业上缴税收总额，园区提供的就业岗位总数以及园区企业对区域技术创新的促进作用。

二、评价计分方法

（一）定量指标的计分方法

1. 定量指标数据的采集

定量指标数据采用各大学科技园每年度上报（或申请认定报告中）的统计数据Xij 。专家组现场考查时应对定量数据进行核实。

2. 定量指标值无量纲化

对二级指标数据作区间值化处理，即先求出该项指标在参与评估的大学科技园间的极差（最大值与最小值之差），然后将各个大学科技园该项指标数值减去该项指标最小值之差，再与其极差值相比，即

$$Y_{ij}=(X_{ij}-X_{imin})/(X_{imax}-X_{imin})$$

其中，i 代表某项指标；j 代表第 j 个大学科技园；X_{ij}为第 j 个大学科技园的第 i 项指标数值，X_{imax}和 X_{imin}分别为该指标在全部参评大学科技园中指标数值的最大值和最小值；Y_{ij}表示第 j 个大学科技园第 i 个指标的无量纲化数值得分。

3. 指标值百分化。设定同一批次评估中，某项指标最大值的得分为 100 分，最小值得分为 50 分，中位数得分为 75 分，则第 j 个大学科技园第 i 项指标的百分化数值得分 Z_{ij}为：

①若 $Y_{ij} \leqslant Y_{imid}$，则 $Z_{ij}=[(Y_{ij}-Y_{imin})/(Y_{imid}-Y_{imin})*25]+50$

②若 $Y_{ij} \geqslant Y_{imid}$，则 $Z_{ij}=[(Y_{ij}-Y_{imid})/(Y_{imax}-Y_{imid})*25]+75$

其中，Y_{imax}，Y_{imin}和 Y_{imid}分别为该指标在全部参评大学科技园中无量纲化数值得分的最大值、最小值和中位值。中位值即该指标排序居中的科技园的数值，若参评科技园数为偶数，则为居中两个科技园数值的平均值。

（二）定性指标的计分方法

1. 定性指标定量化

专家组主要通过大学科技园年度工作报告、现场答辩、实地考察等方式，获得定性评估的依据。各定性指标分优良、较好、一般、较差四个等级。每个等级的赋值范围为：优良（100－90）、较好（85－75）、一般（70－60）、较差（55－45）。

2. 专家打分方法

专家首先根据各定性指标不同等级的描述，根据所获得的实际资料，通过集体

评议决定指标的等级。在此基础上，各位专家在所确定等级的赋值范围内进行打分，然后对所有专家的打分进行算术平均，得到定性指标的定量化分值。

（三）综合评价得分

综合评价得分：国家大学科技园每个一级指标的得分为其所属二级指标的加权平均值，国家大学科技园总得分为所有一级指标得分的加权平均值。

附录六：科技企业孵化器认定和管理办法

第一章　总　则

第一条　为贯彻落实《中华人民共和国中小企业促进法》、《国家中长期科学和技术发展规划纲要（2006—2020 年）》、《国家中长期人才发展规划纲要（2010—2020 年）》，引导我国科技企业孵化器的健康发展，提升其管理水平与创业孵化能力，进一步营造我国科技型创业企业的成长环境，培养科技创业领军人才，制定本办法。

第二条　科技企业孵化器（以下简称孵化器），是以促进科技成果转化、培养高新技术企业和企业家为宗旨的科技创业服务载体。孵化器是国家创新体系的重要组成部分，是创新创业人才培养的基地，是区域创新体系的重要内容。

第三条　国务院和地方各级科技行政主管部门负责对全国及所在地区的孵化器进行宏观管理和业务指导。

第二章　主要功能与目标

第四条　孵化器的主要功能是以科技型创业企业（以下简称在孵企业）为服务对象，通过开展创业培训、辅导、咨询，提供研发、试制、经营的场地和共享设施，以及政策、法律、财务、投融资、企业管理、人力资源、市场推广和加速成长等方面的服务，以降低创业风险和创业成本，提高企业的成活率和成长性，培养成功的科技企业和企业家。

第五条　孵化器的发展目标：

1. 落实自主创新战略，营造适合科技创业的局部优化环境，培育高端的、前瞻的和具有带动作用的战略性新兴产业的早期企业，贡献于区域产业升级和经济结构调整，促进经济增长方式转变；

2. 落实人才强国战略，以孵化器为载体，以培养科技创业人才为目标，构建并完善创业服务网络，持续培养、造就具有创新精神和创业能力的创业领军人才，吸引海内外科技创业者服务于创新型国家建设。

第六条　鼓励大型企业、科研机构等建立专业孵化器，形成专业技术、项目、人才和服务资源的集聚，促进传统产业的技术升级和经济结构调整，提升行业竞争力。

专业孵化器是指围绕特定技术领域或特殊人群，在孵化对象、服务内容、运行模式和技术平台上实现专业化服务的孵化器。

第三章　国家级孵化器认定

第七条　国务院科技行政主管部门负责国家级孵化器的认定工作。

第八条　各省、自治区、直辖市、计划单列市、新疆生产建设兵团科技行政主管部门（以下简称省级科技行政主管部门）负责各地孵化器的认定工作，并依照本办法申请国家级孵化器认定。

第九条　申请认定国家级孵化器，应具备下列条件：

1. 发展方向明确，符合本办法第二条规定条件；

2. 领导团队得力，机构设置合理，管理人员中具有大专以上学历的占90%以上，接受孵化器专业培训的人员比例达30%以上；

3. 可自主支配的孵化场地使用面积达20000平方米以上（专业孵化器达10000平方米以上）。其中，在孵企业使用的场地（含公共服务场地）占75%以上。孵化场地面积的扩大，依据可自主支配性和在孵企业使用性的原则确定；

公共服务场地是指孵化器提供给在孵企业共享的活动场所，包括公共餐厅和接待室、会议室、展示室、活动室、技术检测室等非盈利性配套服务场地。

4. 自主支配场地内的在孵企业达80家以上（专业孵化器的在孵企业应达50家以上）；

5. 累计毕业企业达到25家以上。毕业企业和在孵企业提供的就业岗位超过1200个（专业孵化器的毕业企业15家以上，毕业企业和在孵企业提供的就业岗位超过800个）；

6. 孵化器中的在孵企业应有30%以上已申请专利；

7. 在孵企业中的大专以上学历人数应占企业总人数的70%以上；

8. 孵化器自有种子资金或孵化资金不低于300万元人民币，并至少有3个以上的资金使用案例；

9. 孵化器的运营时间一般达3年以上，并按国务院科技行政主管部门要求，至少连续2年上报相关统计数据，且数据齐全、真实；

10. 形成了创业导师工作机制和服务体系，能够提供创业咨询、辅导和技术、金融、管理、商务、市场、国际合作等方面的服务；

11. 专业孵化器应具备专业技术领域的公共平台或中试平台，并具有专业化的技术服务能力和管理团队；

12. 属经济欠发达地区的孵化器，上述条件可适当放宽。

第十条　在孵企业应具备下列条件：

1. 企业注册地和主要研发、办公场所须在本孵化器场地内；

2. 申请进入孵化器的企业，成立时间一般不超过24个月；

3. 属迁入的企业，其产品（或服务）尚处于研发或试销阶段，上年营业收入不超过200万元人民币；

4. 在孵时限一般不超过42个月（纳入“创新人才推进计划”及“海外高层次人才引进计划”的人才或从事生物医药、集成电路设计、现代农业等特殊领域的创业企业，一般不超过60个月）；

5. 企业成立时的注册资金，扣除“知识产权出资”后，现金部分一般不超过300万元人民币（纳入“创新人才推进计划”及“海外高层次人才引进计划”的人才或从事现代农业等特殊领域的创业企业，一般不超过500万元人民币；属生物医药、集成电路设计等特殊领域的创业企业，一般不超过1000万元人民币）；

6. 单一在孵企业入驻时使用的孵化场地面积，一般不大于1000平方米（从事航空航天等特殊领域的在孵企业，一般不大于3000平方米）；

7. 在孵企业从事研发、生产的主营项目（产品），应符合国家战略性新兴产业的发展导向，并符合国家节能减排标准；

8. 在孵企业开发的项目（产品），知识产权界定清晰，无纠纷；

9. 在孵企业团队具有开拓创新精神，对技术、市场、经营和管理有一定驾驭能力。留学生和大学生企业的团队主要管理者或技术带头人，由其本人担任。

第十一条　毕业企业应具备以下条件中至少二条：

1. 有自主知识产权；

2. 连续2年营业收入累计超过1000万元；

3. 被兼并、收购或在国内外资本市场上市。

第十二条　申报国家级孵化器的基本程序：

1. 申报主体向所在地的省级科技行政主管部门提出申请；

2. 省级科技行政主管部门初审合格后，于每年11月1日前向国务院科技行政主管部门提出书面推荐意见；

3. 国务院科技行政主管部门组织专家评审和会议答辩。并依据专家意见对符合条件的单位，以文件形式确认为国家级科技企业孵化器。

被认定为国家级孵化器的单位，其原产权和隶属关系不变。

第四章　孵化器管理

第十三条　国务院科技行政主管部门将孵化器工作纳入国家高新技术产业化工作体系，依据国家统计局审定的《科技企业孵化器综合情况》报表，对孵化器实行年度统计、审核和动态管理。

第十四条　国家级孵化器按照国家政策和文件规定享受相关优惠政策的扶植。

第十五条　各级地方政府和科技行政主管部门、国家高新技术产业开发区管理机构（简称国家高新区）及其相关部门，要把孵化器发展作为引进高层次科技创业人才、提升区域自主创新能力和产业技术升级的中心环节。坚持正确导向、强化目标管理、推动体制创新、促进健康发展。

第十六条　各级地方政府和科技行政主管部门、国家高新区及其相关部门，应在孵化器的发展规划、用地、财政等方面提供优惠政策支持。

第十七条　国家高新区应把发展孵化器事业作为创新发展和培育战略性新兴产业的重要内容，坚持“专业孵化+创业导师+天使投资”的孵化模式，探索和推动持股孵化及市场化运行机制，引导全国孵化器的创新发展。

第十八条　有条件的县（市、区）应根据本区域经济发展战略和目标，建立适合于自身特点和需求的孵化器，完善国家技术创新工程的地方支撑体系，提升基层科技工作对经济社会发展的贡献力。

第十九条　各类孵化器要建立创业培训、咨询和辅导的预孵化体系，完善企业成长加速机制，推动孵化器由物理空间、战略规划和资金、技术、人才、市场等深层服务构成的企业加速器建设，提高创业企业的存活率，满足毕业企业的高成长发展需求。

第二十条　孵化器应围绕大学生的创业就业工作，创建大学生科技创业见习基地。形成与大学和科研机构的战略合作关系，营造创业环境、完善孵化功能，引导大学生回籍创业就业，缩短区域差异，促进社会和谐发展。

第二十一条　孵化器应加强科技创业服务品牌建设，提升内生发展能力，完善对在孵企业的问诊、巡访和毕业企业的典礼、跟踪制度，延伸服务范围，拓展孵化功能，促进企业的加速成长。

第二十二条　孵化器毕业企业或到期尚未毕业企业，应在规定期限内迁移出孵化器，并办好有关法律和约定手续。

第二十三条　国务院科技行政主管部门依据孵化器评价指标体系，每年对国家级孵化器进行指标审核。对连续 2 年不合格的，取消其国家级资格。

第五章　附　则

第二十四条　省级以下科技行政主管部门可参照本办法制定地方孵化器认定和管理办法。

第二十五条　本办法由国务院科技行政主管部门负责解释，自 2011 年 1 月 1 日生效。

附录七：科技企业孵化器评价指标体系（试行）

一、指导思想

为规范我国科技企业孵化器的管理，鼓励并引导科技企业孵化器更好地实现其功能定位，营造自主创新环境，发展高新技术产业，加快科技成果转化，培育创业者和科技型中小企业，促进区域科技创新和经济增长。

二、设计原则

服从并服务于国家目标，从体现科技企业孵化器核心价值（培育科技型小企业、提高企业创新能力、促进区域经济发展）的角度出发建立指标体系；结果评价和过程评价相结合，通过结果评价指标促进孵化器的整体发展，通过过程评价指标引导和规范孵化器的行为标准；多选用效率等比值型指标，少用总量等规模型指标，体现“又好又快”的要求；尽可能使用可统计、可核查的定量指标，减少人为干扰因素；按少、简、易操作的原则选择指标。

三、指标体系

一级指标		二级指标	
名　称	权　重	名　称	权　重
社会效益	40	新毕业企业利润增长率	根据年度实际情况及工作重点进行实时调整
		初创期科技型小企业（在孵企业）总数	
		新毕业企业累计税收总额	
		在孵企业拥有自主知识产权数	
孵化效率	25	年度毕业率	
		每千平米孵化面积的高素质员工数	
		每千平米孵化面积的在孵企业数	
服务能力	20	在孵企业平均获得风险投资额	
		孵化器员工本科以上学历所占比例	
		单位面积公共服务平台投资额	
		孵化器孵化场地面积	
发展规范	15	孵化基金与孵化面积的比例	
		服务面积占总面积的比例	
		孵化器经营管理人员与在孵企业的比例	
		孵化器服务收入与总收入的比例	

四、指标定义

1. 社会效益指标：测度孵化器孵化和培育企业的结果，反映孵化器对区域科技创新和区域经济增长的贡献。

a）新毕业企业利润增长率：指从本年度孵化器毕业的企业自入住该孵化器起到本年度的净利润增长率的平均值；

b）初创期科技型小企业（在孵企业）总数：指本年度内符合科技部《科技企业孵化器（高新技术创业服务中心）认定和管理办法》规定条件的在孵企业（以下所有在孵企业均是这个含义）总数；

c）新毕业企业累计税收总额：指本年度从孵化器毕业的企业自入住该孵化器起到本年度所缴纳的各种税收累计总额；

d）在孵企业拥有自主知识产权数：指本年度在孵企业拥有的具有独立支配权或相对控制权的知识产权数量，包括专利、软件著作版权、集成电路布图设计专有权、植物新品种。

2. 孵化效率：测度孵化器投入产出方面的有效性，反映孵化器管理团队的经营效率。

a）年度毕业率：指本年度毕业企业数与企业总数（含本年度毕业企业、年末在孵企业数）的比率；

b）每千平米孵化面积的高素质就业人数：指平均每千平米孵化面积所拥有的在孵企业的本科以上学历就业人数；

c）每千平米孵化面积的在孵企业数：指平均每千平米孵化面积所拥有的在孵企业数；

3. 服务能力：测度孵化器的吸引风险投资能力、提供公共服务能力以及自身管理人员素质，反映孵化器在企业培育方面的综合能力和发展潜力。

a）在孵企业平均获得风险投资额：指本年度在孵企业通过各种方式（包括公募和私募）获得的股本投资总额的平均值；

b）孵化器员工本科以上学历所占比例：指孵化器经营管理队伍中本科及以上学历员工数占员工总数的比例；

c）单位面积公共服务平台投资额：指平均每千平米孵化面积所拥有的由孵化器直接或间接投资建设、运行的面向在孵企业提供共性技术、培训、信息等服务平台的一次性投资额；

d）孵化器孵化场地面积：包括孵化器办公用房、孵化企业用房及中介机构用房等实用建筑面积总额。

4. 发展规范：测度孵化器经营管理是否符合孵化器的发展方向，是否能够持续、健康发展。

a）孵化基金与孵化面积的比例：指孵化器用于企业孵化的资金与孵化器孵化面积之比；

b）服务面积占总面积的比例：指孵化器中服务于在孵企业的中介机构所使用的建筑面积与孵化器建筑面积之比；

c）孵化器经营管理人员与在孵企业的比例：指孵化器在编的经营管理人员与在孵企业数量之比；

d）孵化器服务收入与总收入的比例：指孵化器的总收入中，除房屋租金以外的服务性收入占总收入的比例。

五、分数计算

科技企业孵化器评价指标体系的分数计算按照以下步骤和办法操作。

步骤1：根据孵化器统计报表提供的数据，按照指标定义，在核实指标数据的基础上计算各指标的实际统计值。

步骤2：对于社会效益、孵化效率、服务能力三类指标，首先对其所有二级指标的统计值进行无量纲化处理，然后将指标数值百分化，得到各指标的百分制得分。

a）指标统计值无量纲化办法：先求出该项指标在参与评估的孵化器中的极差（最大值与最小值之差），然后将各孵化器该项指标统计值减去该项指标最小值之差，再与其极差值相比，变换公式如下：

$$Y_{ij} = (X_{ij} - X_{i\min}) / (X_{i\max} - X_{i\min})$$

其中，i 代表第 i 项指标，j 代表第 j 个孵化器；X_{ij} 为第 j 个孵化器的第 i 项指标数值，$X_{i\max}$ 为该指标在全部参评孵化器中指标数值的最大值，$X_{i\min}$ 为该指标在全部参评孵化器中指标数值的最小值；Y_{ij} 表示第 j 个孵化器第 i 个指标的无量纲化数值得分。

b）指标值百分化办法：设定同一批次评估中，某项指标最大值的得分为100分，最小值得分为50分，中位数得分为75分，则第j个孵化器的第i项指标百分化数值得分Z_{ij}为：

①若$Y_{ij} \leqslant Y_{imid}$，则$Z_{ij} = (Y - Y_{imin}) / (Y_{imid} - Y_{imin}) \times 25 + 50$

②若$Y_{ij} \geqslant Y_{imid}$，则$Z_{ij} = (Y - Y_{imid}) / (Y_{imax} - Y_{imid}) \times 25 + 75$

其中，i代表某项指标，j代表第j个孵化器；Y_{ij}表示第j个孵化器第i个指标的无量纲化数值得分；Y_{imin}为该指标在全部参评孵化器中无量纲化数值得分的最小值；Y_{imax}为该指标在全部参评孵化器中无量纲化数值得分的最大值；Y_{imid}为该指标在全部参评孵化器中无量纲化数值得分的中位值，即该指标排序居中的孵化器的指标得分，若参评孵化器数为偶数，则为居中的两个孵化器得分的平均值。

c）为了消除异常值的影响，对于这三类指标的二级指标，将分别根据年度的具体分布情况设定上界值，对于超出上界值的指标，得分统一设定为100，否则按上述办法计算。

步骤3：对于发展规范类指标，依据每个二级指标的散点图形状以及对部分孵化器资深从业人员的调查意见，设定其取值范围及对应分数，以引导孵化器发展，并消除异常值的影响。发展规范类二级指标得分的计算如下：

发展规范类二级指标	取值区间	计分办法
孵化基金与孵化面积的比例（千元/平方米）	$X_j \geqslant 0.5$	100分
	$0.05 \leqslant X_j < 0.5$	按步骤2计分
	$X_j < 0.05$	50分
服务面积与总面积的比例（%）	$15 \leqslant X_j < 25$	100分
	$5 \leqslant X_j < 15$ 或 $25 \leqslant X_j < 30$	按步骤2计分
	$X_j \leqslant 5$ 或 $X_j \geqslant 30$	50分
孵化器经营管理人员与在孵企业的比例（人/家）	$0.3 > X_j \geqslant 0.1$	100分
	$0.05 \leqslant X_j < 0.1$ 或 $0.3 \leqslant X_j < 0.5$	按步骤2计分
	$X_j < 0.05$ 或 $X_j \geqslant 0.5$	50分
孵化器服务收入与总收入的比例（%）	$30 \leqslant X_j < 60$	100分
	$5 \leqslant X_j < 30$ 或 $60 \leqslant X_j < 80$	按步骤2计分
	$X_j \leqslant 5$ 或 $X_j \geqslant 80$	50分

步骤4：按照事先设定的指标权重计算综合评价得分：孵化器每个一级指标（如“社会效益”）的得分为其所属二级指标的加权平均值，孵化器总得分为所有一级指标得分的加权平均值。

附录八：国家技术转移示范机构管理办法

第一章　总则

第一条　为落实《国家中长期科学和技术发展规划纲要（2006－2020年）》，推进科技进步和自主创新，加速我国的知识流动和技术转移，促进技术转移机构的健康发展，规范技术转移机构的管理，根据国家有关法律、法规和政策，特制定本办法。

第二条　本办法所指的技术转移是指制造某种产品、应用某种工艺或提供某种服务的系统知识，通过各种途径从技术供给方向技术需求方转移的过程。

技术转移机构，是指为实现和加速上述过程提供各类服务的机构，包括技术经纪、技术集成与经营和技术投融资服务机构等，但单纯提供信息、法律、咨询、金融等服务的除外。

技术转移机构可以是独立的法人机构、法人的内设机构。

第三条　技术转移机构是以企业为主体、市场为导向、产学研相结合的技术创新体系的重要组成部分，是促进知识流动和技术转移的关键环节，是区域创新体系的重要内容。

第四条　国家及地方各级科技行政部门负责对全国及所在地区的技术转移机构进行宏观管理和业务指导。

第二章　主要功能与业务范围

第五条　技术转移机构的主要功能是促进知识流动和技术转移，其业务范围是：

（一）对技术信息的搜集、筛选、分析、加工；

（二）技术转让与技术代理；

（三）技术集成与二次开发；

（四）提供中试、工程化等设计服务、技术标准、测试分析服务等；

（五）技术咨询、技术评估、技术培训、技术产权交易、技术招标代理、技术投融资等服务；

（六）提供技术交易信息服务平台、网络等；

（七）其他有关促进技术转移的活动。

第六条　大学和科研机构应建立技术转移机构或机制，整合大学和科研院所的内部资源，将其承担的国家重大科技计划、竞争前技术与共性关键技术研发、引导战略产业的原始创新和重点领域的集成创新所形成的成果，尽快转移和扩散到企业。

第七条　现有的综合性技术交易服务机构应发挥区域技术交易枢纽的作用，利用公共信息服务平台，提供覆盖技术转移全程的一站式、网络化的技术转移公共服务。

第八条　为提高技术转移服务的专业化水平与质量，鼓励建立专业性技术转移机构，支持现有技术转移机构向专业化方向发展，围绕一个或几个特定技术领域开展技术转移服务。

第三章　国家技术转移示范机构的评定与管理

第九条　国务院科技行政部门负责国家技术转移示范机构（以下简称示范机构）的管理工作，在综合考核评价的基础上，评定一批服务能力强、业绩显著、模式明确的国家技术转移示范机构，使其发挥示范带动作用，并培养其成为国家技术转移的骨干机构。

第十条 申报国家技术转移示范机构，应当具备下列条件：

（一）符合国家产业政策，发展方向明确，有符合本机构实际情况和发展要求的经营理念。

（二）有适合机构本身发展要求的独特商业模式、特色经营项目和核心竞争力。

（三）有两年以上从事技术转移业务的经历。

（四）有符合条件的经营场所；有满足经营要求的办公设备和条件；有独立的网站；有稳定的客户群及长期合作伙伴。

（五）机构主要领导者具有较强的开拓创新精神、丰富的实践经验及较高的管理水平；有符合规定的专职人员，综合性技术转移机构专职人员在20人以上；人员结构及部门设置合理，管理人员中具有大专以上学历的占80%以上；科技人员的比例不得低于本机构从业人员总数的60%。

（六）管理规范，规章制度健全，有明确的从事技术转移服务的章程、客户管理服务规范和程序、健全的内部管理制度、科学合理的员工激励和惩处制度。

（七）有较显著的服务业绩，经营状况良好。

（八）在行业内有较高的认知度和知名度；连续两年无投诉、无诉讼，或有投诉但机构无责任，有诉讼但从未败诉。

第十一条　申报国家技术转移示范机构，由符合条件的技术转移机构提出申请，经其主管部门审核同意，报省、自治区、直辖市、计划单列市或行业科技行政部门，由其择优推荐给国务院科技行政部门。

第十二条　国务院科技行政部门组织专家进行评审，依据评审意见评定“国家技术转移示范机构”并予公布。被评定为国家技术转移示范机构的单位与其主管部门的隶属关系不变。

第十三条　国务院科技行政部门将定期对国家技术转移示范机构进行考核，考核工作按照国务院科技行政部门相关机构发布的《国家技术转移示范机构评价指标体系（试行）》执行。对连续两年不能达到标准的机构，将取消其国家技术转移示范机构的资格。

第四章　扶持与促进

第十四条　根据《中华人民共和国促进科技成果转化法》和《中华人民共和国中小企业促进法》等法律、法规及《国家技术转移促进行动实施方案》，各地政府及其相关部门应在财政、税收、人才等方面为技术转移机构提供政策支持。

第十五条　国务院科技行政部门将技术转移机构的管理工作纳入国家创新环境与产业化建设的内容。在国家科技计划中安排技术转移经费，对国家技术转移示范机构的技术转移行为进行补助以支持其能力建设。

第十六条　地方和行业科技行政部门要将技术转移机构的管理工作纳入当地及本行业的科技发展计划，为技术转移机构的建设和发展提供必要的经费和条件支持。

第十七条　国务院科技行政部门将不定期对国家技术转移示范机构的工作进行评价和总结，并对做出突出贡献的单位和个人给予表彰。

第五章　附　则

第十八条　地方和行业科技行政主管部门可参照本办法制定相关细则。

第十九条　本办法由国务院科技行政部门负责解释，自发布之日起施行。

附录九：国家技术转移示范机构评价指标体系（试行）

提高自主创新能力，建设创新型国家，是全面落实科学发展观，放眼世界、面向未来的重大战略选择。为贯彻落实党的十七大精神和《国家中长期科学和技术发展规划纲要（2006－2020年)》，积极发展技术市场，大力推进自主创新，建立以企业为主体、市场为导向、产学研相结合的技术创新体系，引导和支持创新要素向企业集聚，促进科技成果向现实生产力转化，科学技术部、教育部、中国科学院共同推动实施“国家技术转移促进行动”，构建我国新型技术转移体系，开展国家技术转移示范工作，加强技术转移机构建设。为规范对国家技术转移示范机构的管理，引导其向专业化、规模化方向发展，并切实发挥示范、带动作用，根据《国家技术转移示范机构管理办法》制订《国家技术转移示范机构评价指标体系（试行)》，作为对国家技术转移机构示范机构进行考核评价的依据。

一、技术转移及技术转移机构

技术转移是指制造某种产品、应用某种工艺或提供某种服务的系统知识，通过各种途径从技术供给方向技术需求方转移的过程。技术转移机构，是指为实现和加速这一过程提供各类服务的机构。包括技术经纪、技术集成与经营和技术投融资服务机构等。但单纯提供信息、法律、咨询、金融等服务的除外。

对国家技术转移示范机构分为两类进行评价：一类是具有企业法人资格的技术转移机构（简称A类)；另一类是事业法人、社团法人或依托于大学、研究院所等各类法人的内设机构（简称B类)。

二、指标体系的制定原则

1. 引导性原则。国家技术转移示范机构评价指标体系应有利于技术转移机构完善管理机制、拓展服务功能、提高服务能力、培养技术转移人才，引导和带动技术转移机构向专业化、规模化和规范化方向发展，构建和完善国家技术转移体系。

2. 科学性原则。国家技术转移示范机构评价指标体系应准确反映技术转移示范机构的实际情况，指标全面，权重合理，范围明确，既能系统地、科学地反映技术转移示范机构的运营状况，又能促进其自身发展。

3. 可操作性原则。国家技术转移示范机构评价指标体系，设有5个一级指标和19个二级指标（B类机构为18个），其中11个二级指标为定量评价指标（B类机构为10个），8个二级指标为定性，计算方法科学，指标清晰，操作简单。

4. 可比性原则。国家技术转移示范机构评价指标体系所涉及的各级指标在对我国技术转移现状和技术转移机构的调查基础上采集而成，普遍适用于各类技术转移机构，指标具有可比性。

三、指标体系

一级指标		二级指标		变换值（K_i）
名称	权重（M_i）	名称	权重（N_i）	
1. 服务能力	0.35	1.1 员工总数	15	
		1.2 员工中本科以上人员所占比例	20	
		1.3 员工中中级职称以上人员所占比例	20	
		1.4 经营场地面积	10	
		1.5 信息化手段和专业数据库	15	
		1.6 健全的机构章程、内部管理制度和客户管理制度	20	
2. 经营状况（A类机构）	0.40	2.1 上年度成交技术转移项目数	30	
		2.2 上年度促成技术交易额	15	
		2.3 上年度营业性收入	15	
		2.4 上年度技术性收入占营业性收入的比例	25	
		2.5 上年度利税总额占营业性收入的比例	15	
2. 经营状况（B类机构）	0.40	2.1 上年度成交技术转移项目数	35	
		2.2 上年度促成技术交易额	30	
		2.3 上年度技术性收入	10	
		2.4 上年度工作经费	25	
3. 社会效益	0.15	3.1 服务企业数量	30	
		3.2 上年度组织交流活动及技术培训人次	30	
		3.3 区域或行业的示范带动作用	40	
4. 社会信誉	0.05	4.1 诚信度	60	
		4.2 知名度和美誉度	40	
5. 交流互动	0.05	5.1 报表及时与准确性	30	
		5.2 参加行业活动情况	30	
		5.3 信息沟通情况	40	

四、指标体系阐释

国家技术转移示范机构评价指标体系共设服务能力、经营状况、社会效益、社会信誉、交流互动等5个一级指标，员工总数等19个二级指标（B类机构为18个）。基本涵盖了技术转移机构业务的各个方面，其中，对A类机构和B类机构的经营状况分别进行评价。

1. 服务能力

主要考察机构的规模、人员结构、办公和经营条件、规范化管理等方面的内容。设有4个定量评价指标和2个定性评价指标。

2. 经营状况

经营状况指技术转移机构的主营业务状况、财务状况等，是衡量技术转移机构经营情况的客观尺度。对A类机构和B类机构分别进行考核。

A类机构：

经营状况的考核分为5个二级指标：上年度成交技术转移项目数、上年度促成技术交易额、上年度营业性收入、上年度技术性收入占营业性收入比例、上年度利税总额占营业性收入比例等。

2.1 上年度成交技术转移项目数

上年度成交技术转移项目数指上年度组织技术交易活动，组织实施政府的技术转移专项，组织国家重大科技计划项目成果的技术转移，以及其他成交技术转移项目数量。提供技术转移服务、促进技术转移是技术转移机构的主营业务，所以技术转移项目是评价技术转移机构的重要指标，所占权重相对较高。

2.2 上年度促成技术交易额

上年度促成技术交易额是指技术转移机构作为技术交易一方当事人或在技术交易过程中发挥了不可或缺的重要作用而达成的技术交易额，该指标是衡量一个机构服务业绩的重要指标，促成技术交易额越大，表明该机构工作越有成效。

2.3 上年度营业性收入

上年度年营业性收入是技术转移机构在一年内完成的，以货币表现的全部经营活动的总成果。它是全面反映技术转移机构的经营规模、发展状况的综合性指标。

2.4 上年度技术性收入占营业性收入的比例

技术性收入指当年技术转移机构开展技术转移及服务的收入，以及中试产品的收入（单纯的商业经营收入除外）。

上年度技术性收入占营业性收入的比例是衡量技术转移机构主营业务经营状况的重要指标，可以通过全年主营业务的营业性收入占总收入的比例得以反映。

2.5 上年度利税总额占营业性收入的比例

利税总额指机构年末利润总额、产品销售税金及附加和应交增值税之和，是评价技术转移机构当年实现的全部利润额和对社会承担义务的量化指标。

技术转移机构的全年利税总额占全年营业性收入的比例过低或呈负数，表明其经营状况出现问题，除非有其他经费渠道。

B类机构：

从上年度成交技术转移项目数、上年度促成技术交易额、上年度技术性收入、上年度工作经费等4个方面评价其经营状况。除上年度工作经费外，其他指标内容与A类相同。

2.4　上年度工作经费

上年度工作经费指内设机构上年度获得从事技术转移工作的业务经费，以及获得国家、地方各级计划项目的经费等。

3. 社会效益

主要考察该机构所承担的社会责任，包括服务企业数量、上年度组织交流活动或技术培训人次、区域或行业的示范带动作用等3个二级指标。其中1个为定性指标。

3.1　服务企业数量

服务企业数量是上年度接受过机构提供某项服务的企业数量。若某企业接受过多项或多次服务，仍按一个企业计数。

3.2　上年度组织交流活动及技术培训人次

组织交流活动或技术培训人次指上年度主办或协办的各类技术交流与合作活动的次数及技术培训的人次。

3.3　区域或行业的示范带动作用

区域或行业的示范带动作用指在技术转移实践中总结出明确清晰的工作模式，并被有关部门树立为典型，对区域或行业技术转移工作产生带动和辐射作用。

4. 社会信誉

技术转移机构的诚信问题是影响整个技术转移服务业健康发展的关键问题。因此，在评价指标体系中将社会信誉列为一级评价指标。社会信誉分解为2个二级指标：诚信度、知名度和美誉度。均为定性指标。

4.1　诚信度

诚信度将是否受到投诉、是否有诉讼和诉讼的结果作为诚信度的评价内容。在市场经济条件下，技术转移机构有被投诉或参与诉讼，或被恶意投诉和恶意诉讼的可能性，指标将投诉的调查结果和诉讼的胜诉与否作为评价技术转移机构诚信度的评价内容。

4.2　知名度和美誉度

知名度和美誉度是公众、同行所知晓的程度。技术转移机构在行业内或主管部门的被认知程度，以及相关媒体的报道情况是评价技术转移机构知名度和美誉度的主要内容。

5. 交流互动

交流互动主要考察机构能否按照要求及时准确地上报统计快报、统计年报、财务报表；机构相关活动讯息、机构简报、年度工作总结等资料；以及是否积极参加行业相关活动等情况。包括报表及时与准确性、参加行业活动情况、信息沟通情况等3个定性二级指标。

5.1　报表及时与准确性

报表及时与准确性是指及时准确地上报统计快报、统计年报、财务报表，报表中未发现虚报、瞒报、漏报指标。

5.2 参加行业活动情况

参加行业活动情况指是否按要求参加行业相关活动。

5.3 信息沟通情况

信息沟通情况是指及时向科技部和行业组织报送机构相关活动讯息，及时编写、报送机构简报、年度工作总结等资料，通过各种媒体对机构及工作进行宣传的情况。

五、计分方法

（一）计算公式

$$M = \sum K_i M_i N_i$$

其中，M：被评价机构的总得分；K_i：为变换值，即被评价机构二级指标所获得的等级系数；M_i：为一级指标权重；N_i：为二级指标权重。

（二）变换值（K_i）获取

1. 定量指标变换值的获取

二级指标	取值范围	变换值（K_i）
1.1 员工总数	$X_i \geq 100$	1.0
	$100 > X_i \geq 60$	0.8
	$60 > X_i \geq 30$	0.6
	$30 > X_i \geq 10$	0.4
	$X_i < 10$	0.2
1.2 员工中本科以上人员所占比例	$X_i \geq 80\%$	1.0
	$80\% > X_i \geq 60\%$	0.8
	$60\% > X_i \geq 40\%$	0.6
	$40\% > X_i \geq 20\%$	0.4
	$X_i < 20\%$	0.2
1.3 员工中中级职称以上人员所占比例	$X_i \geq 50\%$	1.0
	$50\% > X_i \geq 40\%$	0.8
	$40\% > X_i \geq 30\%$	0.6
	$30\% > X_i \geq 10\%$	0.4
	$X_i < 10\%$	0.2

二级指标	取值范围	变换值（K_i）
1.4 人均经营场地面积（M2）	$X_i \geq 50$	1.0
	$50 > X_i \geq 30$	0.8
	$30 > X_i \geq 20$	0.6
	$20 > X_i \geq 10$	0.4
	$X_i < 10$	0.2
2.1 上年度成交技术转移项目数（项）	$X_i \geq 10$	1.0
	$10 > X_i \geq 5$	0.8
	$5 > X_i \geq 3$	0.6
	$3 > X_i \geq 1$	0.4
	$X_i < 1$	0.2
2.2 上年度促成技术交易额（万元）	$X_i \geq 10000$	1.0
	$10000 > X_i \geq 5000$	0.8
	$5000 > X_i \geq 2000$	0.6
	$2000 > X_i \geq 1000$	0.4
	$X_i < 1000$	0.2
2.3 上年度营业性收入（万元）（A 类机构适用）	$X_i \geq 1000$	1.0
	$1000 > X_i \geq 500$	0.8
	$500 > X_i \geq 200$	0.6
	$200 > X_i \geq 100$	0.4
	$X_i < 100$	0.2
2.3 上年度技术性收入（万元）（B 类机构适用）	$X_i \geq 100$	1.0
	$100 > X_i \geq 50$	0.8
	$50 > X_i \geq 20$	0.6
	$20 > X_i \geq 10$	0.4
	$X_i < 10$	0.2
2.4 上年度技术性收入占营业性收入的比例（A 类机构适用）	$X_i \geq 70\%$	1.0
	$70\% > X_i \geq 60\%$	0.8
	$60\% > X_i \geq 50\%$	0.6
	$50\% > X_i \geq 20\%$	0.4
	$X_i < 20\%$	0.2

二级指标	取值范围	变换值（K_i）
2.4 上年度工作经费（万元）（B类机构适用）	$X_i \geq 1000$	1.0
	$1000 > X_i \geq 500$	0.8
	$500 > X_i \geq 200$	0.6
	$200 > X_i \geq 100$	0.4
	$X_i < 100$	0.2
2.5 上年度利税总额占营业性收入的比例（A类机构适用）	$X_i \geq 20\%$	1.0
	$20\% > X_i \geq 10\%$	0.8
	$10\% > X_i \geq 5\%$	0.6
	$5\% > X_i \geq 2\%$	0.4
	$X_i < 2\%$	0.2
3.1 服务企业数量（家）	$X_i \geq 500$	1.0
	$500 > X_i \geq 200$	0.8
	$200 > X_i \geq 100$	0.6
	$100 > X_i \geq 50$	0.4
	$X_i < 50$	0.2
3.2 上年度组织交流活动或技术培训人次	$X_i \geq 10$（1000）	1.0
	10（1000） $> X_i \geq 5$（500）	0.8
	5（500） $> X_i \geq 2$（200）	0.6
	2（200） $> X_i \geq 1$（100）	0.4
	$X_i < 1$（100）	0.2

2. 定性指标变换值的获取

二级指标	取值说明	变换值（K_i）
1.5 信息化手段和专业数据库	优	1.0
	良	0.8
	中	0.6
	差	0.2
1.6 健全的机构章程、内部管理制度和客户管理制度	机构章程、内部管理制度和客户管理制度均健全，且有较强的操作性	1.0
	机构章程、内部管理制度和客户管理制度均健全	0.8
	机构章程、内部管理制度和客户管理制度缺少其中之一	0.6
	机构章程、内部管理制度和客户管理制度缺少其中之二	0.4
	机构章程、内部管理制度和客户管理制度均无	0.2
3.3 区域或行业的示范带动作用	工作模式明确清晰，被有关部门树立为典型，对区域或行业具有很强的带动和辐射作用	1.0
	工作模式明确清晰，对区域或行业具有示范带动和辐射作用	0.8
	对区域或行业的示范带动和辐射作用一般	0.6
	对区域或行业没有示范带动和辐射作用	0.0
4.1 诚信度	全年无投诉、无诉讼	1.0
	有投诉但机构无责任，有诉讼但从未败诉	0.8
	有投诉且机构负次要责任，有诉讼且机构被判负次要责任	0.6
	有投诉且机构负主要责任，有诉讼且机构被判负主要责任	0.2
	有投诉且机构负全部责任，有诉讼且机构败诉	0.0
4.2 知名度和美誉度	在本地区、本行业内有很高的认知度，并为社会公众所知晓，是同行公认的权威技术转移机构；或中央级媒体对机构有正面报道；	1.0
	在本地区、本行业内有较高的认知度；或地方媒体对机构有正面报道	0.8
	在本地区、本行业内的认知度一般，地方媒体对机构既无正面报道也无负面报道	0.6
	权威媒体对该机构有负面报道	0.0

二级指标	取值说明	变换值（K_i）
5.1 报表及时与准确性	优	1.0
	良	0.8
	中	0.6
	差	0.2
5.2 参加行业活动情况	优	1.0
	良	0.8
	中	0.6
	差	0.2
5.3 信息沟通情况	优	1.0
	良	0.8
	中	0.6
	差	0.2

六、数据的采集和评价结果及其应用

（一）数据的采集

通过各示范机构上报的统计快报、统计年报、财务报表以及机构相关活动讯息、机构简报、年度工作总结获取相关数据，定性指标还需上报相关支撑材料。

（二）评价结果及其应用

1. 对国家技术转移示范机构的评价每年进行一次，委托专业评价机构或组织专家小组进行。国家技术转移示范机构有责任和义务提供评价所需资料和数据。技术转移示范机构为企业法人的按 A 类进行评价；其余机构可选择按 A 类或 B 类进行评价。

2. 国家科技行政管理部门根据评价结果，随机确定抽查对象，并组织相关专家小组进行复查，核实评价结果。

3. 国家技术转移示范机构评价结果分为优秀、合格和不合格。评价得分 85 分及以上为优秀，给予表彰；评价得分 70 分（含 70 分）至 85 分为合格；有下列情况之一的取消国家技术转移示范机构资格：（1）连续两年评价得分在 60 分（含 60 分）至 70 分之间；（2）评价得分低于 60 分。

4. 对在评价过程中提供虚假材料或串通评价机构弄虚作假的国家技术转移示范机构，经核实后，取消其国家技术转移示范机构资格。

5. 不按规定时间和要求提供评价资料的机构视为自动放弃国家技术转移示范机构资格，因自动放弃或被取消国家技术转移示范机构资格的，两年内不得重新申报国家技术转移示范机构。

附录十：中国生产力促进中心协会标准

ICS 03.080
A 01

SZ

中国生产力促进中心协会标准

SZ/T 1－2011
代替 SZ/T1.1－2001

服务业务通用要求

2011－04－20 发布　　　　2011－05－20 实施

中国生产力促进中心协会　发布

服务业务通用要求

1 范围

本标准规定了生产力促进中心开展服务业务的基本要求、服务内容、服务效果评估等。

本标准适用于各生产力促进中心服务业务。

2 规范性引用文件

下列文件对于本文件的应用是必不可少的。凡是注日期的引用文件，仅注日期的版本适用于本文件。凡是不注日期的引用文件，其最新版本（包括所有的修改单）适用于本文件。

SZ/T 4　培训服务规范

生产力促进中心管理办法

3 术语和定义

下列术语和定义适用于本文件。

3.1　共性服务

生产力促进中心通过整合社会资源为顾客普遍开展的服务。

3.2　非共性服务

生产力促进中心根据各自不同的发展环境和服务能力向顾客提供的与共性服务不同的服务。

3.3　信息服务

生产力促进中心通过采集、整理、筛选有关信息，根据顾客需求向其提供的有效服务。

3.4　信息化服务

生产力促进中心向顾客推广先进实用的信息化技术、提供技术支持等方面的服务。

3.5　咨询服务

生产力促进中心为顾客提供的技术、管理等方面的顾问服务。

3.6　培训服务

生产力促进中心为顾客提供技术、管理等方面的教育与训练服务。

3.7　工业设计服务

生产力促进中心为顾客提供有关工业设计的部分或全部服务。

3.8　工业分包服务

生产力促进中心为顾客提供有关工业分包的服务。

3.9　技术转移服务

生产力促进中心为顾客提供有关技术转移的服务。

3.10　科技金融服务

生产力促进中心为顾客提供有关科技金融的服务。

3.11 “三农”服务

生产力促进中心为农业、农村和农民提供信息和信息化、培训和农业技术等方面的服务。

3.12 孵化企业服务

生产力促进中心为培育科技型企业提供的有关服务。

4 基本要求

生产力促进中心开展服务业务时，应具备以下基本条件：

——具有独立法人资格；

——具备开展服务业务的基本设施；

——具备开展服务业务的基本人员；

——具有健全的规章制度。

5 服务内容

5.1 共性服务

——信息服务；

——信息化服务；

——咨询服务；

——培训服务；

——工业设计服务；

——工业分包服务；

——技术转移服务；

——科技金融服务；

——“三农”服务；

——其他。

5.2 非共性服务

——孵化企业服务；

——大型仪器协作共用服务；

——政府委托的专项服务；

——其他。

6 服务效果评估

生产力促进中心开展有关服务业务后，应及时通过“顾客认可评价表”、“信息反馈表”等形式对服务效果和顾客满意度进行评估，并逐步改进。

7 说明事项

使用本标准的有关说明事项参见附录A。

附录A

（资料性附录）

说 明 事 项

在使用本标准时，应注意以下问题。

A.1 执行相关文件

本标准中引用的规范性文件，各生产力促进中心应认真执行。在开展服务业务时所涉及的相关标准及规范性文件，各生产力促进中心亦应认真执行。

A.2　培训从业人员

各生产力促进中心应根据《生产力促进中心管理办法》及相关文件的要求，按照 SZ/T4 标准的要求，制定本中心从业人员的培训计划，做好员工的培训，不断提高从业人员素质，确保提供顾客满意的服务。

A.3　争创精品服务

本标准是对国内从事该项服务比较成功的生产力促进中心的工作经验的总结，对各生产力促进中心开展服务业务可起指导借鉴作用。各生产力促进中心应依据《生产力促进中心管理办法》开展有关业务工作；按本标准的要求，规范共性服务业务，树立品牌意识，注重发展精品服务。

A.4　注重服务集成

在开展单项服务时，要注意发现、形成新的相关业务。如授课人员在进行管理培训需求沟通时，可同时进行顾客咨询的需求沟通；在进行咨询或管理改善的过程中，培训往往是一种重要的推动方式，此时实施培训项目，将取得事半功倍的效果。各服务业务之间可以相互配合、互相促进，有效地增强生产力促进中心为顾客提供综合服务的能力。

ICS 03.080
A 01

SZ

中国生产力促进中心协会标准

SZ/T 2－2011
代替 SZ/T1.2－2001

信息与信息化服务规范

2011－04－20 发布　　2011－05－20 实施

中国生产力促进中心协会　发布

信息与信息化服务规范

1 范围

本标准规定了生产力促进中心信息服务与信息化服务的内容、基本要求和工作程序。

本标准适用于生产力促进中心的信息服务与信息化服务。

2 规范性引用文件

下列文件对于本文件的应用是必不可少的。凡是注日期的引用文件，仅注日期的版本适用于本文件。凡是不注日期的引用文件，其最新版本（包括所有的修改单）适用于本文件。

SZ/T 1 服务业务通用要求

SZ/T 3 咨询服务规范

SZ/T 4 培训服务规范

3 术语和定义

SZ/T 1 界定的术语和定义适用于本文件。

4 服务内容

服务内容包括信息服务和信息化服务。

4.1 信息服务

信息服务主要包括：

——有关政策法规信息；

——技术信息；

——管理信息；

——市场信息；

——其他。

4.2 信息化服务

信息化服务主要包括：

——IT 基础设施建设；

——技术支撑软件；

——业务管理软件；

——网络技术；

——其他。

5 基本要求

5.1 提供信息服务时，应通过合法渠道获取信息。提供的信息应准确、可靠、完整、及时，符合顾客的要求，不得泄露国家机密和损害有关单位的利益。

5.2 提供信息化技术推广应用和技术支持服务时，应根据顾客的要求和约定，保证其先进性、有效性和适用性。

6 工作程序

信息服务及信息化服务工作程序宜按确定的服务流程进行。信息服务流程参见附录 A，信息化服务流程参见附录 B。

6.1 信息服务

6.1.1 编制计划

根据顾客需求，编制信息服务计划。信息服务计划应包括：

——服务内容；

——时间进度；

——成本分析；

——人员安排；

——信息提供方式；

——其他。

6.1.2 采集信息

根据信息服务计划，采集信息。信息的采集可以通过查询、走访、座谈、函调、网络和数据库搜集等方式进行。

6.1.3 整理与筛选

对采集到的信息进行整理筛选和分类。必要时，可请有关专家就信息的准确性进行确认。

6.1.4 提供或发布

根据信息服务计划及时地将信息提供给顾客或以相应形式发布。

6.1.5 意见反馈

应及时收集顾客对信息服务的意见或建议，以作为改善服务质量的依据。

6.1.6 存档

存档文件应包括：

——信息服务计划；

——信息内容与责任人；

——反馈意见、建议；

——其他。

6.2 信息化服务

6.2.1 技术支持及推广应用服务

6.2.1.1 需求调研及需求分析

对顾客需求进行调研和分析，编制需求分析报告。

6.2.1.2 签订合同

经双方对需求确认后，形成书面合同。

6.2.1.3 实施

按合同要求，编制实施方案，明确人员分工及工作进度。

6.2.1.4 验收

项目完成后，应按合同规定的方式进行验收。验收应提供下列文件：

——总结报告；
——必要的测试或试验报告；
——必要的使用说明书；
——用户意见（需要时）；
——合同；
——其他。

6.2.1.5　存档

工作完成后，应将有关文件及时存档。存档文件包括：
——合同文件；
——需求分析报告；
——实施方案；
——评审或验收文件及结论；
——其他。

6.2.2　信息化咨询服务

按 SZ/T 3 的有关规定。

6.2.3　信息化人员培训服务

按 SZ/T 4 的有关规定。

附录 A
（资料性附录）
信息服务流程

A.1　信息服务流程

信息服务流程参见图 A.1。

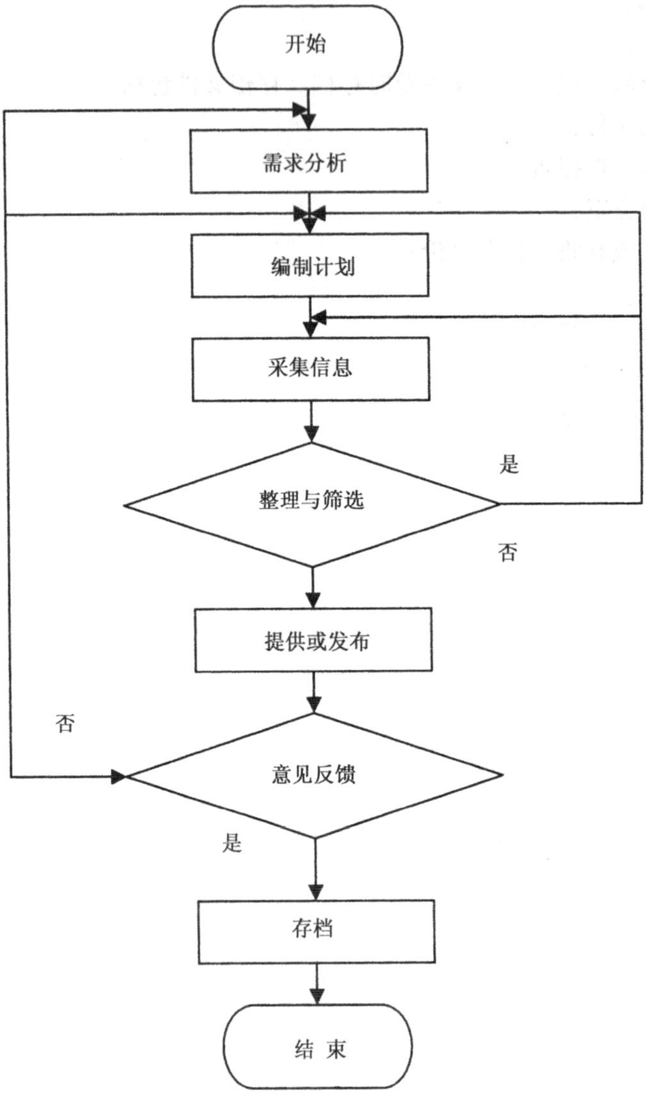

图 A.1　信息服务流程图

附录 B
（资料性附录）
信息化服务流程

B.1　信息化服务流程

信息化服务流程参见图 B.1。

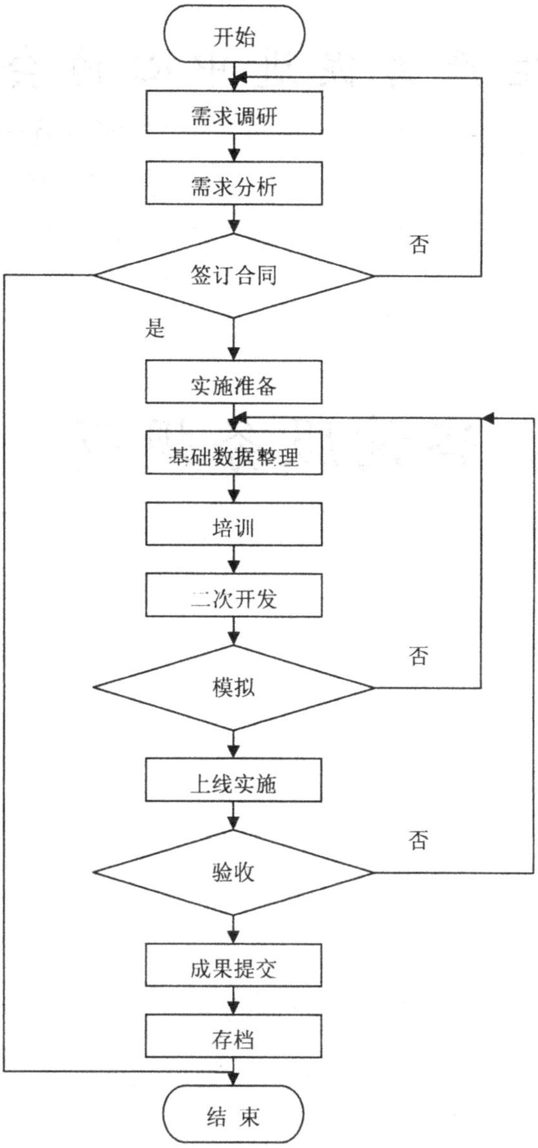

图 B.1　信息化服务流程图

ICS 03.080
A 01

SZ

中国生产力促进中心协会标准

SZ/T 3-2011
代替 SZ/T1.3-2001

咨询服务规范

2011-04-20 发布　　2011-05-20 实施

中国生产力促进中心协会　发布

咨询服务规范

1　范围

本标准规定了生产力促进中心咨询服务的内容、基本要求和工作程序。

本标准适用于各生产力促进中心的咨询服务。

2　规范性引用文件

下列文件对于本标准的引用是必不可少的。凡是注日期的引用文件，仅注日期的版本适用于本文件。凡是不注日期的引用文件，其最新版本（包括所有的修改单）适用于本文件。

SZ/T **1**　服务业务通用要求

SZ/T **2**　信息与信息化服务规范

SZ/T **4**　培训服务规范

3　术语和定义

SZ/T 1　界定的术语和定义适用于本标准。

4　服务内容

服务内容主要包括决策咨询、管理咨询、技术咨询等。

4.1　决策咨询

——行业发展战略、规划；

——区域发展战略、规划；

——企业发展战略、规划；

——专题决策咨询、规划；

——其他。

4.2　管理咨询

——企业诊断；

——管理科学化、信息化；

——无形资产评估、管理；

——生产管理及管理体系认证；

——人力资源管理；

——财务管理；

——知识产权保护；

——标准化；

——市场营销；

——其他。

4.3　技术咨询

——设计技术；

——制造技术；

——农业技术；

——节能与环保技术；

——信息化技术；

——其他。

5　基本要求

5.1　人员要求

从事咨询工作的专业人员应具备相关的专业知识和能力。必要时，应经有关部门认可、考核，并取得相应的资格。

5.2　服务方式

5.2.1 派驻式。指在服务期限内，专业咨询人员以派驻的形式到顾客处担任一定的职务，参与其有关管理工作。

5.2.2 定期会晤式。指在服务期限内，定期就服务内容与顾客进行会晤，推动服务工作的实施。

5.2.3 其他方式。

5.3　保密要求

必要时，应与顾客签订保密协议，明确保密条款及双方权责。

6　工作程序

咨询工作程序应按确定的咨询服务流程进行，其服务流程图参见附录 A。

6.1　沟通与确认

在接到顾客咨询服务的申请后，应就有关咨询内容与顾客进行沟通。必要时，应进行现场访问，以确认顾客需求、服务内容及服务程序。

6.2　需求评审

明确顾客需求后，应就顾客需求进行评审，以确保有能力满足顾客的要求。评审的主要内容包括：

——服务范围及内容；

——所涉及的专门技术；

——时间进度；

——其他。

6.3　签订合同

经评审确保有能力满足顾客需求后，与顾客签订服务合同。

6.4　提出方案

合同签订后，应按规定的要求成立咨询组（至少两人）。咨询组应针对服务内容对顾客进行全面了解和调查，分析有关情况，提出完整的咨询方案，并应得到顾客的认可。当涉及到信息和培训服务时，应按 SZ/T 2 和 SZ/T 4 的规定进行。

6.5　组织实施

按咨询方案的要求，组织实施。

6.6　咨询过程中的评审

在咨询的适当阶段，对所开展的咨询内容进行评审，以确保咨询的有效性。

6.7　提交咨询报告

咨询工作完成后，向客户提交咨询报告，主要内容包括：

a）合同中规定的咨询内容及目标；

b）目标实现情况分析及说明；

c）咨询结论；

d）对顾客后续工作的建议。

6.8 顾客认可评价

咨询报告应经过顾客的认可，并由顾客填写顾客认可评价表。顾客认可评价表的内容参见附录 B。

6.9 工作总结

咨询工作完成后，咨询组应就本次咨询工作进行总结，主要内容应包括：

——参与咨询的人员；

——历次重大活动及会议的记录；

——咨询过程中形成的主要文件；

——咨询过程中取得的经验和存在的问题；

——其他。

6.10 存档

咨询工作完成后，应将有关文件及时存档。存档文件应包括：

——合同文件；

——咨询报告；

——顾客认可评价表；

——工作总结；

——其他。

附录 A

(资料性附录)

咨询服务流程

A.1 咨询服务流程

咨询服务流程参见图 A.1。

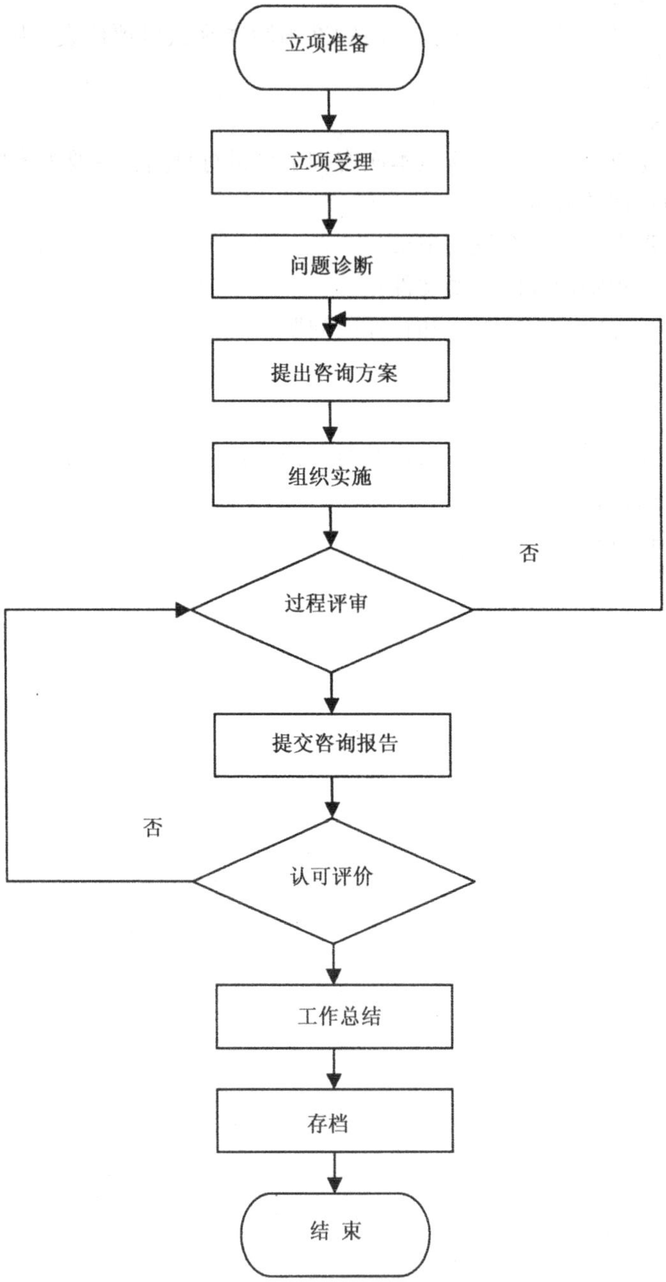

图 A.1 咨询服务流程图

附录 B
（资料性附录）
顾客认可评价表

B.1　顾客认可评价表

顾客认可评价表见表 B.1。

表 B.1　顾客认可评价表

顾客名称				
项目名称				
起止时间				
参与人员				
是否按期完成	按期□		未按期□	
满意度评价	满意□	较满意□	一般□	不满意□
意见与建议：				

填表人：　　　　　　　　　　负责人：

（单位盖章）

年　　月　　日

ICS 03.080
A 01

SZ

中国生产力促进中心协会标准

SZ/T 4－2011
代替 SZ/T1.4－2001

培训服务规范

2011－04－20 发布　　2011－05－20 实施

中国生产力促进中心协会　发布

培训服务规范

1 范围

本标准规定了生产力促进中心培训服务的内容、基本要求和工作程序。

本标准适用于各生产力促进中心的培训服务。

2 规范性引用文件

下列文件对于本文件的应用是必不可少的。凡是注日期的引用文件，仅注日期的版本适用于本文件。凡是不注日期的引用文件，其最新版本（包括所有的修改单）适用于本文件。

SZ/T 1 服务业务通用要求

SZ/T 2 信息和信息化服务规范

SZ/T 3 咨询服务规范

3 术语和定义

SZ/T 1 界定的术语和定义适用于本标准。

4 服务内容

培训主要分为技术培训和管理培训。

4.1 技术培训

技术培训主要包括：

——先进、实用技术；

——劳动技能、技巧；

——其他。

4.2 管理培训

管理培训主要包括：

——科技创新；

——发展战略；

——市场营销；

——人力资源管理；

——财务管理；

——生产管理；

——管理的信息化；

——知识产权；

——其他。

4.3 标准化培训

标准化培训主要包括：

——标准化政策；

——标准化知识；

——标准化管理；

——其他。

5　基本要求

5.1　授课人员

授课人员应具有相关专业知识或技能，并能将在工作实践中积累的经验和知识传授给他人。

5.2　培训方式

根据顾客的需求，可采用面授、函授和远程等培训方式。

6　工作程序

培训工作程序应按确定的培训服务流程进行，其服务流程图参见附录 A。

6.1　需求沟通

应及时与需要参加培训的人员进行培训需求沟通，以便了解其对培训的要求。

6.2　需求确定

明确培训要求后，应认真分析组织培训的可行性，并根据参加培训人员的学历、技术水平和工作经验等，有针对性地选择授课人员，确保培训质量和效果。

6.3　编制计划

根据确定的培训需求编制培训计划，主要包括以下内容：

——培训目的；

——培训内容；

——培训时间；

——培训地点；

——课程安排；

——授课人员；

——受训人员；

——培训期数；

——培训方式；

——考核方法；

——培训教材；

——经费预算；

——其他。

6.4　组织实施

6.4.1　培训机构应按培训计划组织培训。

6.4.2　培训结束后，应进行考试或考核，必要时由生产力促进中心颁发结业（或合格）证书。

6.5　考核方法

考核可以采用以下方法：

——表现观察；

——技能测试；

——随堂提问；

——笔试；
——复述；
——项目与作业；
——小组讨论评比；
——模拟设计；
——讲评。

6.6　信息反馈

每期培训结束后，应向学员发放信息反馈表，并限期收回。信息反馈表的内容参见附录B。

6.7　培训评估

培训结束后，应对培训效果和授课人员进行评估。

6.8　存档

培训结束后，应将有关资料及时存档。存档资料主要包括：

——培训计划；
——培训通知；
——受训人员名单；
——培训评估结论；
——结业（或合格）证书编号（颁发证书时）；
——信息反馈表；
——培训教材等。

附录 A
(资料性附录)
培训服务流程

A.1 培训服务流程

培训服务流程参见图 A.1。

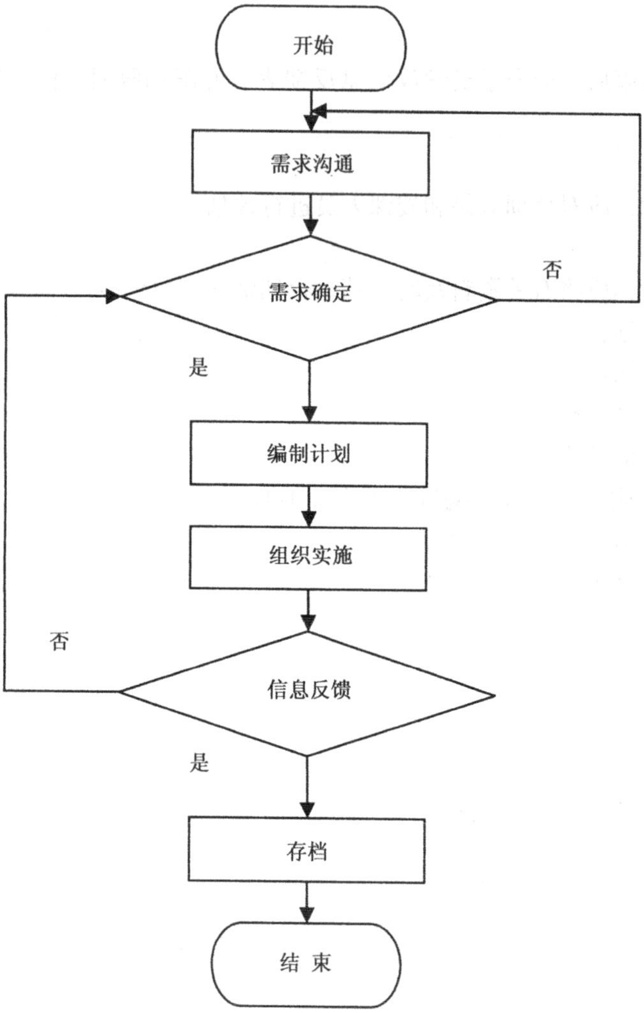

图 A.1 培训服务流程图

附录 B
（资料性附录）
信息反馈表

B.1 信息反馈表的内容

信息反馈表的内容见表 B.1。

表 B.1 信息反馈表

培训班名称				
培训时间		培训地点		
组织单位				
授课人员				
课程安排	□合理	□较合理	□一般	□不合理
教学方法	□灵活	□较好	□一般	□简单
教学手段	□多样	□较好	□一般	□单一
表达技巧	□清晰	□较好	□一般	□枯燥
教学互动	□及时	□较好	□一般	□无
组织工作	□好	□较好	□一般	□差
意见和建议：				

ICS 03.080
A 01

SZ

中国生产力促进中心协会标准

SZ/T 5 -2011
代替 SZ/T1.5 -2001

工业设计服务规范

2011 -04 -20 发布　　2011 -05 -20 实施

中国生产力促进中心协会　发布

工 业 设 计 服 务 规 范

1 范 围

本标准规定了生产力促进中心进行工业设计服务的服务模式、基本要求、服务内容。

本标准适用于各生产力促进中心的工业设计服务。

2 规范性引用文件

下列文件对于本标准的引用是必不可少的。凡是注日期的引用文件，仅注日期的版本适用于本文件。凡是不注日期的引用文件，其最新版本（包括所有的修改单）适用于本文件。

SZ/T 1 服务业务通用要求

SZ/T 2 信息与信息化服务规范

SZ/T 3 咨询服务规范

SZ/T 4 培训服务规范

3 术语和定义

SZ/T 1 界定的以及下列术语和定义适用于本文件。

3.1 工业设计

指产品设计，包括为了使生存与生活得以维持和发展所需的诸如工具、器械与产品等物质性装备所进行的设计。

4 服务模式

4.1 工业设计专业技术服务

应用工业设计相关的先进、适用专业技术和设计理念，为客户提供的相关服务。

4.2 工业设计企业孵化服务

为培育从事工业设计的企业提供的相关服务。

4.3 工业设计网络信息服务

围绕工业设计相关主题，应用网络信息技术，为客户提供的相关服务。

5 基本要求

5.1 总体要求

5.1.1 服务机构应有满足要求的场地、办公场所及必要的办公设施、通讯网络等。

5.1.2 服务机构应有专职的服务团队和健全的管理制度，并具备一定的整合社会资源的能力。

5.2 特殊要求

5.2.1 工业设计专业技术服务

5.2.1.1 服务机构应具备以下一种或一种以上工业设计共性技术服务能力：

——计算机辅助设计技术。包括：计算机辅助设计（CAD）技术、计算机辅助工业设计（CAID）技术、逆向工程（Reverse Engineering）技术等；

——快速制造技术。包括：数控加工（CNC）技术、快速成形（RP）技术、快速成形制造（RT）技术等；

——虚拟现实（VR）技术；

——协同设计技术；

——虚拟产品展示技术；

——其他专业技术。

5.2.1.2 服务机构的专业人员应具有产品设计开发相关专业知识和相应的专业技术能力。

5.2.1.3 服务机构未经允许不得向第三方泄露企业的设计方案、数据、图纸参数等技术信息。

5.2.2 工业设计企业孵化服务

5.2.2.1 服务机构的基础设施、场地应有良好的适合于工业设计企业孵化的环境和氛围。

5.2.2.2 服务机构应具有完善的配套设施。

5.2.3 工业设计网络信息服务

5.2.3.1 服务机构的硬件资源应满足网络平台建设的需要。

5.2.3.2 服务机构应为网络平台的运行提供保障。

6 服务内容

6.1 工业设计专业技术服务

6.1.1 根据顾客需求，按照现代产品设计流程及所涉及的内容，提供工业产品设计专业技术解决方案。

6.1.2 为顾客提供工业设计相关技术咨询和培训服务，并应符合 SZ/T 3 和 SZ/T 4 的有关规定。

6.2 工业设计企业孵化服务

6.2.1 为企业开展工业设计的知识产权、共性技术支撑、技术设备共享等专业服务。

6.2.2 为企业提供工业设计沟通的服务平台和产业化项目交易服务平台。

6.3 工业设计网络信息服务

6.3.1 应用网络技术为顾客提供信息服务，信息服务的要求应符合 SZ/T 2 的有关规定。

6.3.2 收集、分析工业设计的相关需求和合作信息，为供需双方进行准确的资源匹配服务。

6.3.3 为顾客提供工业设计合作项目的电子商务服务。

7 服务效果评价

服务项目结束后，应根据 SZ/T 1 的有关规定对服务效果进行综合评价。必要时，应持续跟踪服务。

ICS 03.080
A 01

SZ

中国生产力促进中心协会标准

SZ/T 6 -2011

工业分包服务规范

2011 -04 -20 发布　　2011 -05 -20 实施

中国生产力促进中心协会　发布

工业分包服务规范

1 范围

本标准规定了生产力促进中心工业分包服务的内容、基本要求和工作程序等。

本标准适用于各生产力促进中心的工业分包服务。

2 规范性引用文件

下列文件对于本文件的应用是必不可少的。凡是注日期的引用文件，仅注日期的版本适用于本文件。凡是不注日期的引用文件，其最新版本（包括所有的修改单）适用于本文件。

SZ/T 1 服务业务通用要求

SZ/T 2 信息与信息化服务规范

SZ/T 3 咨询服务规范

SZ/T 4 培训服务规范

3 术语和定义

SZ/T 1 界定的以及下列术语和定义适用于本文件。

3.1 工业分包（industrial subcontracting）

采购商（发包商）将部分产品、零部件乃至原材料等的生产或采购任务交由供应商（分包商）完成，并在供应商所完成的任务基础上形成最终产品的过程。

3.2 产量导向型分包（capacity subcontracting）

当发包商不能及时完成某项生产任务订单时，将超出自己生产能力的工作量部分委托给其他分包商完成的分包形式。在这种情况下，发包商和分包商之间一般为水平分工。它的特点是周期性和产能转包。

3.3 专业导向型分包（specialist subcontracting）

为了生产出质量更好、价格更低的产品，发包商基于分包商的某项专业优势（技术、设备或人力成本等），为了形成专业化生产，而将生产任务中的某些可独立专业化生产的部分，委托其他分包商完成的分包形式。在这种情况下，发包商和分包商之间一般为垂直型分工。它的特点是专业性和结构性转包。

4 服务内容

4.1 收集、分析有关企业在产量和产能方面的各项信息和数据（包括设备状况、技术规格、质量管理体系运行状况、空闲产能及产品类型等），并将信息和数据规范化整理保存。

4.2 协助企业寻找并确定对口的采购商（发包商）或供应商，并把分包合同或采购订单分配给具备条件的企业。

4.3 协助企业形成协作系统或产业集群，必要时帮助企业与采购商（发包商）或供应商进行谈判。

4.4 向有关投资者推荐具有潜力的工业投资项目。

5 基本要求

5.1 服务机构应具备满足服务要求的办公设施、通讯网络和必要的工作人员。

5.2 负责项目、产业、商务、网络管理等方面的工作人员应具备相关专业知识和经验，必要时应具有相应的从业资格。

5.3 所拥有信息资料应准确、可靠，更新及时。未经企业同意，不得向第三方泄露企业数据信息，经授权允许后方可对外发布。

5.4 信息的获得应符合 SZ/T 2 的有关规定，开展相关咨询或培训服务时应符合 SZ/T 3 或 SZ/T 4 的有关规定。

6 工作程序

6.1 采购商管理与服务

6.1.1 持续收集采购信息，掌握其市场发展计划。

6.1.2 定期与采购商进行信息交流，确认采购商信息。

6.1.3 对采购商进行初步评估，选择有价值的采购商。

6.1.4 在确认采购商需求与合作意向后，交流必要的业务文件，建立工作信任。

6.1.5 必要时可与采购商进行面谈或以其他方式进行直接交流。

6.1.6 对采购商具体需求进行评估，向采购商推荐合适的企业合作伙伴。

6.2 订单管理

6.2.1 订单分析和评估

6.2.1.1 获取订单后，应对订单进行综合分析。分析的重点包括：

a）订单信息的完整性；

b）订单的技术条款；

c）订单的商务条款。

6.2.1.2 订单的评估主要依据商务条款、技术条款等。

a）商务条款主要包括：采购商名称、订单信息提交方式、采购数量、报价方式及时限、交货时间、交货方式、付款方式、产品工装模具费支付方、包装要求等；

b）技术条款主要包括：产品名称、产品特性、图纸资料、使用材料及牌号、主要加工工艺、主要加工设备、技术标准和技术条件等。

6.2.2 订单分级

可对订单进行分级分类管理。一般订单可分为产量导向型和专业导向型两类，具体级别的细分和划定可根据下述办法或实际情况确定。

a）A 级订单指可以生产且前景良好的订单；

b）B 级订单指可能生产且前景良好的订单

c）C 级订单指可能生产但前景不明确的订单；

d）D 级订单指具有开发前景的询盘订单

e）E 级订单指可能的贸易机会信息。

6.3 供应商管理与服务

6.3.1 产能信息调查

6.3.1.1 选择和确定调查对象

根据采购商的订单与合作信息，调查了解相关产业基础和发展状况，选择有特色、有优势的供应商。

6.3.1.2　调查内容

调查时应注意信息的准确性和时效性，调查内容包括：

a）供应商所属行业、主要产品及分类、主要加工设备能力、检测与控制设备；

b）供应商的主要客户、产品出口情况；

c）供应商管理体系认证、商标专利使用、环境污染及治理等情况；

d）供应商对合作的需求（包括生产、技术、资金、商业等方面）；

e）供应商企业的成立时间、占地面积、人员结构、生产运转班次等。

6.3.1.3　调查方式

可以通过电子邮件、网络信息搜索或相关机构等方式获取初步信息后，通过对供应商的实地考察获取相关信息。

6.3.2　跟踪服务

掌握供应商的基本信息后，应对供应商的综合能力进行评估。必要时，应为供应商提出具体的改进措施建议并提供相应的专业服务。

6.4　供需对接

6.4.1　在确认订单信息完整且可靠时，方可对订单进行发布并进行后续的对接匹配工作。

6.4.2　在对接匹配过程中，如供应商的能力不能完全达到采购商的要求，可给予协助，必要时应请专业机构提供支持。

6.5　持续改善

项目完成后，征求采购商和供应商的意见，对项目进行总结，并对项目资料存档。

ICS 03.080
A 01

SZ

中国生产力促进中心协会标准

SZ/T 7-2011

技术转移服务规范

2011-04-20 发布　　2011-05-20 实施

中国生产力促进中心协会　发布

技术转移服务规范

1 范围

本标准规定了生产力促进中心开展技术转移服务的服务内容、基本要求和工作程序等。

本标准适用于生产力促进中心开展的技术转移服务。

2 规范性引用文件

下列文件对于本文件的应用是必不可少的。凡是注日期的引用文件，仅注日期的版本适用于本文件。凡是不注日期的引用文件，其最新版本（包括所有的修改单）适用于本文件。

SZ/T1 服务业务通用要求

SZ/T2 信息和信息化服务规范

3 术语和定义

SZ/T1 界定的以及下列术语和定义适用于本文件。

3.1 技术转移（technology transfer）

是指围绕某种技术类型产生的某种技术水平的知识群的扩散过程，即各种形态的技术从供方向受方的运动。这种运动可以在地理空间上进行，也可以在不同领域、不同组织之间进行，是一个动态过程，其实质是技术能力的转移。

3.2 技术转移服务机构（technology transfer agency）

是指提供包括技术经纪、技术咨询与培训、技术投融资等与技术转移业务相关活动的法人或法人内设机构，简称“服务机构”。

3.3 技术供给方（technology supplier）

是指技术输出方，通过各种形式将某种技术或知识群转移给需求方。

3.4 技术需求方（technology demander）

是指技术输入方通过各种形式获得某种技术式知识群。

4 服务内容

技术转移服务内容包括：

——技术信息的收集与筛选；

——技术信息分析与发布；

——组织各类技术推介；

——技术咨询、技术培训；

——技术交易信息服务平台；

——技术投融资；

——其他。

5 基本要求

5.1 服务机构应具有明确的业务范围和业务流程，具备必要的工作条件和技术手段。

5.2　服务机构应有相应的从事服务工作的专职人员，并定期对服务人员进行培训。

5.3　服务机构应建立质量管理体系，确保服务质量满足要求。

5.4　服务人员应熟悉国家关于技术转移的相关法律法规，掌握所服务行业的技术基础知识，具有一定的业务服务能力。

5.5　服务人员应尊重知识产权，保护技术供给方和技术需求方的秘密，维护行业信誉。

6　工作程序

6.1　征集信息

信息的获得应符合 SZ/T 2 的要求。

6.1.1　征集技术需求方信息

征集的技术需求方信息应围绕企业技术需求，符合科技产业发展政策，有利于解决技术研发难题，促进自主创新与技术水平提升，满足市场需求和产业化需要等。

6.1.2　征集技术供给方信息

征集的技术供给方信息应准确、详细。征集的技术应能满足企业需求，帮助需求企业解决技术难题。重点征集具有较高技术水平和明确知识产权的技术项目。

6.2　信息分类和评估

6.2.1　信息分类

服务机构对征集的技术供给方和技术需求方的信息进行分类整理，并建立信息库。

6.2.2　信息评估

服务机构对技术供给方和技术需求方的信息进行评估，分析技术需求、能力和应用前景，确定合作伙伴。

6.3　签订服务合同

服务机构与技术需求方和技术供给方进行充分沟通，明确为其提供的服务内容，并与其签订服务合同。

6.4　项目咨询

服务机构按照服务合同，为技术需求方和技术供给方制定项目对接方案，提供文件翻译、对外联络、技术评估、专家咨询、协议谈判、知识产权谈判、项目包装等服务。

6.5　鉴定技术转移合同

服务机构通过项目对接与咨询，促使技术供给方和技术需求方进行项目洽谈与对接，达成合作意向，签订技术转移合同。

6.6　信息反馈、效果评价和资料归档

6.6.1　信息反馈

服务机构跟踪技术供给方和技术需求方项目进展情况，了解双方对服务机构的满意程度，不断改进服务。

6.6.2　服务效果评价

服务项目结束后，应根据 SZ/T1 的有关规定对服务效果进行综合评价。必要时，应持续跟踪服务。

6.6.3　资料归档

服务项目结束后，服务机构应将服务资料进行整理归档。

附录 A

（资料性附录）

技术转移服务流程

A.1　技术转移服务流程

标准中涉及的技术转移服务流程如图 A.1 所示。

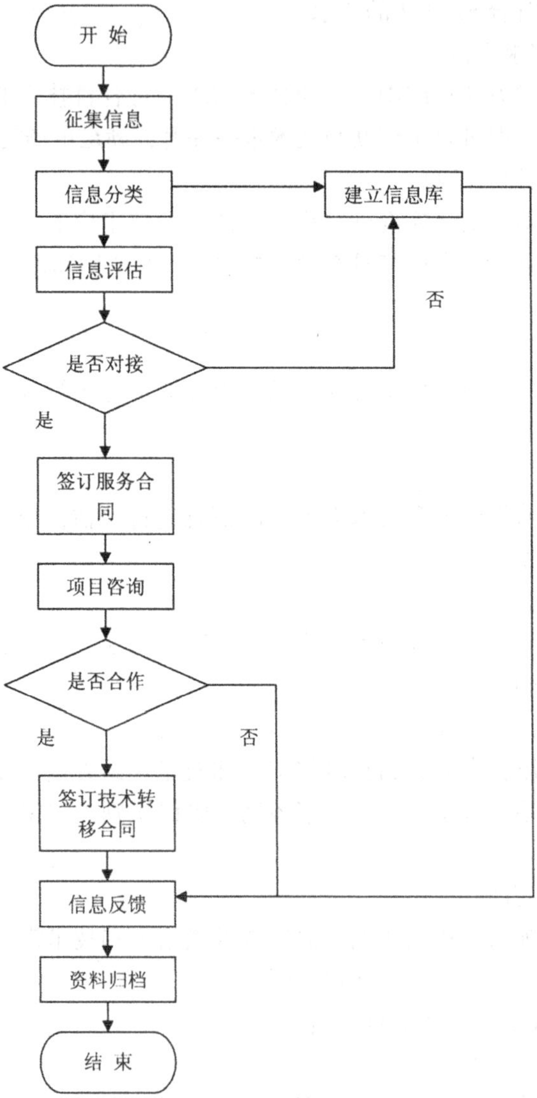

图 A.1　技术转移服务流程图

ICS 03.080
A 01

SZ

中国生产力促进中心协会标准

SZ/T 8 -2011
代替 SZ/T1.2 -2001

科技金融服务规范

2011 -04 -20 发布　　2011 -05 -20 实施

中国生产力促进中心协会　发布

科技金融服务规范

1 范围

本标准规定了生产力促进中心科技金融服务的内容、基本要求和工作程序。

本标准适用于各生产力促进中心的科技金融服务。

2 规范性引用文件

下列文件对于本文件的应用是必不可少的。凡是注日期的引用文件，仅注日期的版本适用于本文件。凡是不注日期的引用文件，其最新版本（包括所有的修改单）适用于本文件。

SZ/T1 服务业务通用要求

SZ/T2 信息与信息化服务规范

SZ/T3 咨询服务规范

SZ/T4 培训服务规范

3 术语和定义

SZ/T1 界定的以及下列术语和定义适用于本文件。

3.1 科技金融服务

生产力促进中心运用财政资金杠杆，集成各类金融要素，实现多元化科技融资的过程服务。科技金融服务涉及科技风险投资、保险、科技担保、科技资产评估、科技创业信息和科技金融服务平台等。

4 服务内容

科技金融服务主要分为信息服务、产品服务、咨询培训服务和信用服务。

4.1 信息服务

信息服务主要包括：政策信息、项目信息和投融资产品信息服务；运用现代网络技术，建立统一、权威的科技信息平台及数据库，提供信息收集、发布、查询、项目评价和交易洽谈等服务。

4.2 产品服务

产品服务主要包括：集成整合银行、担保、保险和创投等金融资源，为科技型中小企业提供科技金融产品和服务；开展融资担保（知识产权质押、应收账款、信用互保）、创业投资、短期流动贷款、科技保险和交易评估等服务。

4.3 咨询培训服务

咨询培训服务主要包括：依托服务机构集聚的专业团队和专业中介机构，提供项目信息、融资诊断和融资辅导等综合服务。

4.4 信用服务

信用服务主要包括：受金融管理部门委托，建立网上征信服务平台，开展科技信用信息征集、查询和信息发布等，为科技型中小企业提供包括信用辅导、信用评价和融资服务等综合服务。

5 基本要求

5.1 服务机构具有满足服务要求的办公设施、通讯网络和必要的工作人员。

5.2 相关工作人员应具备财务、金融、法律和企业管理等专业知识和能力，应具有相应的从业资格。

5.3 应拥有准确可靠的信息并及时更新，有稳定的金融合作伙伴。未经企业同意，不得向第三方泄露企业数据信息。

5.4 信息的获得应符合 SZ/T2 的有关规定；咨询或培训服务时应符合 SZ/T3 或 SZ/T4 的有关规定。

6 工作程序

6.1 信息服务

6.1.1 及时整理政策、项目和投融资产品等信息，并建立相应数据库。

6.1.2 及时向信息的适用对象发布信息。

6.1.3 协助信息供需双方进行沟通对接，并开展协调指导工作。

6.1.4 开展后期跟踪服务。

6.2 融资产品服务

6.2.1 收集、整理和分析投融资机构现有产品及科技企业需求动向。

6.2.2 根据企业对象的融资需求和融资条件，设计相关融资服务产品，签署相关合作协议。

6.2.3 根据融资产品的不同特点和合作协议条款，制定工作流程。

6.3 咨询培训服务

6.3.1 适时开展对中介机构、投融资机构和科技企业的信息收集及需求调查。

6.3.2 开展中介机构与项目需求方的对接。

6.3.3 对咨询培训过程进行管理。

6.3.4 咨询培训完成后对效果进行评价及跟踪服务。

6.4 信用服务

6.4.1 开展科技信用评价辅导。

6.4.2 即时征集或受理企业征信需求并采集信用评价信息。

6.4.3 组织开展信用评价和定级并建立数据库。

6.4.4 提供科技计划项目申报与管理和投融资需求对接等信用查询及信用应用服务。

6.4.5 对信用服务的效果进行评价和跟踪。

ICS 03.080
A 01

SZ

中国生产力促进中心协会标准

SZ/T 9－2011

"三农"服务规范

2011－04－20 发布　　　　2011－05－20 实施

中国生产力促进中心协会　发布

“三农”服务规范

1 范围

本标准规定了生产力促进中心对“三农”服务的内容、基本要求和工作程序。

本标准适用于生产力促进中心开展“三农”服务活动。

2 规范性引用文件

下列文件对于本文件的应用是必不可少的。凡是注日期的引用文件，仅注日期的版本适用于本文件。凡是不注日期的引用文件，其最新版本（包括所有的修改单）适用于本文件。

SZ/T 1 服务业务通用要求

SZ/T 2 信息和信息化服务规范

SZ/T 3 咨询服务规范

SZ/T 4 培训服务规范

3 术语和定义

SZ/T 1 界定的术语和定义适用于本文件。

4 服务内容

“三农”服务内容包括信息和信息化服务、农民培训咨询服务、农业技术服务等。

4.1 信息和信息化服务

4.1.1 信息服务主要包括有关“三农”的政策法规信息，农业新技术、新品种、新机具信息，农产品市场信息等。

4.1.2 信息化服务主要包括农村信息网络、信息技术设备、信息安全设施、信息交换体系等技术服务。

4.2 农民培训咨询服务

培训咨询服务主要包括为农民提供先进适用技术、管理等方面的咨询与培训。

4.3 农业技术服务

农业技术服务主要包括：

——农业种植、养殖技术，农产品深加工技术等的推广与应用；

——农产品优良品种、农药、化肥等的选用；

——循环农业技术的推广应用；

——农业科技成果的推介转化等。

5 基本要求

5.1 信息和信息化服务

5.1.1 提供的信息应合法、准确、及时，并应符合 SZ/T 2 的要求。

5.1.2 提供的信息和信息化技术要与农村经济、农民的生产生活的实际相结合，与发展现代农业的要求相结合。

5.1.3 信息化推广应用系统应做好顶层设计和统筹规划，防止重复开发建设，讲求科学、实用，注重贴近农村、农民的需求。

5.2　培训咨询服务

5.2.1　咨询与培训服务应符合 SZ/T 3、SZ/T 4 的要求，咨询和培训教师具有开展农民培训的知识和能力，能够把自己掌握的知识、技能、经验、技巧传授给农民。

5.2.2　根据农民的需求，可采取理论集中讲解、现场操作示范、远程信息咨询等培训方式。

5.3　农业技术服务

5.3.1　“三农”服务机构应拥有相应的专业知识和能力的专家队伍，必要时，应获得相应的从业资格。

5.3.2　所推荐的农业技术应先进适用、成熟可靠，符合当地农业实际。

5.3.3　根据实际需求，选派科技专家定期、不定期地为对接对象提供服务。必要时可建立专家、项目、农村三位一体的相对稳定的长效服务机制。

6　工作程序

6.1　信息和信息化服务

开展信息与信息化服务时，应符合 SZ/T 2 的要求。

6.2　咨询培训服务

开展咨询与培训服务时，应符合 SZ/T 3、SZ/T 4 的要求。

6.3　农业技术服务

农业技术服务流程参见附录 A。

6.3.1　需求调研

可采用发放需求表、网络查询、座谈和现场考察等方式，了解服务对象的需求，并进行必要的分析、汇总，提出符合当地农村实际的服务项目。

6.3.2　专家或机构的选用

根据需求调研结果，选定适当的专家或服务机构。可以采用科技专家数据库查询、涉农大专院校、科研机构推荐等方式确认服务专家或机构。必要时，应与专家或服务机构签订技术服务合同。

6.3.3　服务对接实施

受聘专家或服务机构就相关对接项目按服务实施方案开展工作，服务项目结束后应提交总结报告。

6.3.4　服务效果评价

服务项目结束后，应根据 SZ/T 1 的有关规定对服务效果进行综合评价。必要时，应持续跟踪服务。

附录 A
（资料性附录）
农业技术服务流程

A.1　农业技术服务流程

农业技术服务流程参见图 A.1。

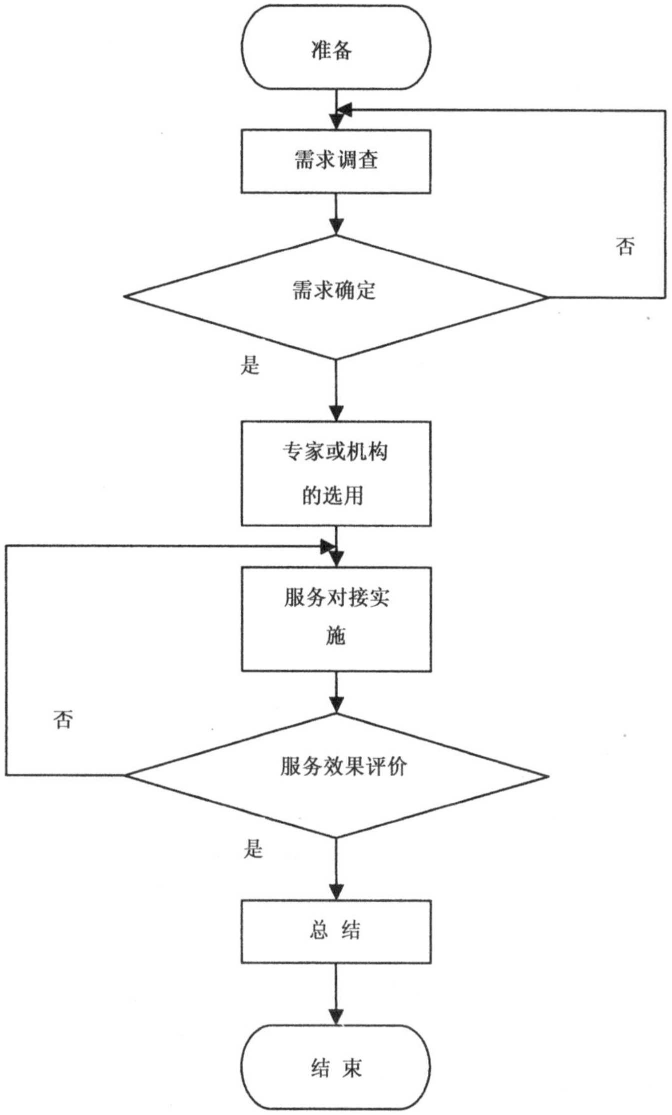

图 A.1　农业技术服务流程图